★ 新课程体系教改教材

★ 省级精品课程主教材

计算机文化基础项目教程

主　编　胡忭利　刘　辉　张　旋

副主编　王伟康

主　审　张燕荣

西安电子科技大学出版社

内 容 简 介

本书是基于应用型人才培养方案中“计算机文化基础”新课程标准而编写的项目式教材。

本书以 Windows XP、Windows 7.0 和 Office 2010 为平台，在课时紧缩的情况下，以应用为主，结合编者多年的计算机课程教学经验和实际应用，将基本操作和实用技术、计算思维、新技术融入每个精选的项目中，采用项目导向、任务驱动的方式呈现教学内容。书中项目、任务具有典型性、趣味性、实用性和可操作性，知识点涵盖广泛。

全书由 7 个项目构成，包含了课堂教学内容、综合实训内容以及一些清晰样张等，内容循序渐进，贯穿计算机文化基础教学的全过程，旨在提高读者应用计算机解决实际问题的能力。

本书可作为应用型本科、高职高专院校“计算机文化基础”“计算机应用基础”课程的教材，也可作为计算机爱好者的培训教材和自学用书。

★ 本书作为新型立体化教材，配套提供了完整的电子版课程资料，有需要的读者可通过扫描封底二维码获得。

图书在版编目(CIP)数据

计算机文化基础项目教程 / 胡忭利，刘辉，张旋主编. —西安：西安电子科技大学出版社，2021.1

ISBN 978-7-5606-5915-2

Ⅰ. ① 计…　Ⅱ. ① 胡…　② 刘…　③ 张…　Ⅲ. ① 电子计算机—高等学校—教材
Ⅳ. ① TP3

中国版本图书馆 CIP 数据核字(2020)第 215697 号

策划编辑　李惠萍
责任编辑　刘志玲　许青青
出版发行　西安电子科技大学出版社(西安市太白南路 2 号)
电　　话　(029)88242885　88201467　　邮　　编　710071
网　　址　www.xduph.com　　电子邮箱　xdupfxb001@163.com
经　　销　新华书店
印刷单位　咸阳华盛印务有限责任公司
版　　次　2021 年 1 月第 1 版　2021 年 1 月第 1 次印刷
开　　本　787 毫米×1092 毫米　1/16　印张 18.5
字　　数　438 千字
印　　数　1～3000 册
定　　价　41.00 元

ISBN 978-7-5606-5915-2 / TP

XDUP　6217001-1

* * * 如有印装问题可调换 * * *

前　言

“计算机文化基础”或“计算机应用基础”是普及计算机知识的基础课，也是高校各专业的必修课，其主要任务是让学生掌握计算机的基础知识和常用软件的操作技能，学习计算思维的思想方法，为后续相关专业课程的学习打下较好的基础。

针对高校人才培养方案改革的实际需求，基于应用型人才培养方案中“计算机文化基础”新课程标准，依托省级精品课程及资源共享课程——“计算机应用基础”课程建设，编者在多年课程改革实践的基础上编写了本教材。

本教材以 Windows XP、Windows 7.0 和 Office 2010 为平台，在课时紧缩的情况下，以应用为主，将基本操作和实用技术、计算思维、新技术融入每个精选的项目中，采用项目导向、任务驱动的方式呈现教学内容。项目是针对在校学生的实际需要选定的，其贯穿计算机应用基础教学的全过程，充分展现了理实一体化的教学理念。教材中的全部项目、任务经过多轮教学实践，反复修订，项目实用，任务经典；所涉及的知识点全面，并具有相当的趣味性、综合性、实用性和技巧性。

本教材由 7 个项目组成。其中，项目 1~3 为计算机文化基础知识，主要介绍计算机系统、计算思维、计算机新技术、操作系统的使用、Internet 的应用、常用工具软件、数制转换、信息编码；项目 4~6 为 Office 2010 中 Word、Excel、PowerPoint 的应用，项目精彩、实用，知识点和技巧丰富；项目 7 为综合实训，内容充实、丰富，为课程的实训环节提供了详尽的教学资源；附录给出了项目 4 中用到的部分清晰样张（项目 4 中的样张较小，不方便展示，只是简单示意一下），为教师的使用和学生的学习提供了极大的方便。

本教材的项目 1 由刘辉、胡忭利老师编写，项目 2、3 由王伟康老师编写，项目 4 由刘辉老师编写，项目 5 由张旋老师编写，项目 6 由袁婷老师编写，项目 7 和附录由胡忭利老师编写，全书由胡忭利、刘辉、张旋老师统稿。张燕荣老师对全书做了认真的审核，在此表示感谢。

本教材的出版得到了西安电子科技大学出版社及西安理工大学相关部门的大力支持，在此表示衷心的感谢！

由于计算机技术发展迅速，知识更新快，加之时间仓促，书中难免有不妥之处，恳请广大读者批评指正。

编　者

2020年9月

目　录

项目 1 计算机文化基础——了解计算思维和计算机新技术

当今社会已进入信息化时代，计算机在科研、教育、生产等领域得到了广泛应用，在人们的日常学习、生活中也成为了不可或缺的工具。掌握计算机基础知识，了解计算思维和新技术，掌握计算机的日常使用和维护，已是现代职场必备的基本技能之一。

【项目介绍】

计算思维是运用计算机科学的基础概念求解问题、设计系统和理解人类行为的思维活动，它不仅是计算机领域"专业人士"，也应是每位大学生的基本技能。认知计算思维可以奠定学生的计算机科学基础，促进学生对信息技术的理解，提升学生在信息社会解决问题和创新的能力。本项目主要介绍计算机结构组成、计算思维基础、计算机新技术及应用。任务分解如下：

1.1　任务：了解计算机系统

(1) 了解计算机的发展和应用。

(2) 了解计算机的硬件组成结构，掌握微型计算机硬件组成结构和软件系统。

1.2　任务：计算思维基础

(1) 了解计算和计算思维。

(2) 掌握基于计算机求解问题的方法。

1.3　任务：计算机新技术简介

(1) 了解计算机新技术及应用。

(2) 了解现代计算机技术的发展过程。

1.1　任务：了解计算机系统

1.1.1　任务描述

计算机是人类在 20 世纪最伟大的发明创造之一，它改变了人们的生活习惯和学习方

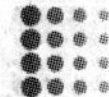

式，已成为人们生活、学习、工作的基本工具。

任务描述如下：

(1) 了解计算机的概念、发展及应用。

(2) 了解计算机的硬件组成结构，掌握微型计算机的硬件组成结构和软件系统。

1.1.2 知识点：计算机简介

计算机对于大家来说并不陌生，在此我们从专业、系统的角度简单介绍计算机的发展、类型以及应用。

1. 计算机的发展

1) 计算机的定义

计算机是一台机器，它可以根据一组指令或“程序”执行任务或进行计算。准确地说，计算机是由电子器件组成的、具有逻辑判断和记忆能力，能在给定的程序控制下快速、高效、自动完成信息的加工处理、科学计算、自动控制等功能的现代数字化电子设备。计算机通过硬件与软件的交互进行工作。

与早期的那些机器相比，今天的计算机令人惊异，它不仅运行速度快了成千上万倍，还可以放在桌子上、膝盖上，甚至口袋中，成为人们生活、学习、工作中不可或缺的工具。

2) 世界上的第一台计算机

1946 年 2 月，世界上第一台通用电子计算机 ENIAC(埃尼阿克)在美国宾夕法尼亚大学诞生。它的体型非常大。ENIAC 存在两大缺点：一是没有存储器；二是通过布线接板进行控制，虽提高了计算速度，但工作效率并不高。

ENIAC 作为世界上第一台通用计算机，它奠定了现代计算技术的基础，是计算机发展史上的一个伟大的里程碑。它的出现标志着人类社会计算机时代的开始，但也仅此而已。

3) 计算机的奠基人

冯·诺依曼参与研制了世界上第二台电子计算机 EDVAC，提出了计算机的硬件组成结构并描述了计算机的基本工作原理。他将计算机的硬件结构划分成运算器、控制器、存储器、输入设备和输出设备五大块。他所描述的计算机的基本工作原理被人们称为存储程序技术，即计算机应具有两个基本能力：一是能够存储程序，二是能够自动地执行程序。冯·诺依曼所描述的计算机的硬件结构及计算机的基本工作原理被人们沿用至今，故人们常称现代计算机为冯·诺依曼机。

4) 计算机的发展阶段

计算机的发展经历了以下几个阶段：

(1) 第一代——电子管时代(1946—1957)，其物理器件为电子管。

(2) 第二代——晶体管时代(1958—1964)，其物理器件为晶体管，软件开始使用高级语言。

(3) 第三代——中、小规模集成电路时代(1965—1970)，其物理器件为集成电路，在软件方面，操作系统进一步成熟。

(4) 第四代——大规模、超大规模集成电路时代(1971 年至今)，其物理器件为大规模或超大规模集成电路。现今的计算机广泛应用于各个领域、各行各业。

(5) 第五代——新一代计算机，即未来的超级计算机。它是把信息采集、存储、处理、通信同人工智能结合在一起的智能计算机系统，具有知识表示和逻辑推理能力，可模拟或部分代替人的智能，具有人－机自然通信能力，能够帮助人们进行判断、决策、开拓未知领域和获得新知识。新一代计算机是为适应未来社会信息化的要求而提出的，与前四代计算机有着本质的区别，是计算机发展史上的一次重大变革。

5) 计算机的发展方向

(1) 巨型化：发展高速、存储容量大和功能强大的巨型机，以满足尖端科技的需求。

(2) 微型化：发展体积小、重量轻、价格低、功能强的微型计算机，以满足更广泛的应用领域的需求，如多媒体技术的应用、办公自动化的应用及家庭娱乐等方面。

(3) 网络化：网络技术是计算机和通信技术相结合的产物，是信息系统的基础。网络化能将各种信息资源整合在一起，使联网计算机实现资源共享。

(4) 智能化：用计算机来模拟人的感觉和思维过程，使计算机具备人的某些智能，如能听，能说，能识别文字、图形和物体，并具备一定的学习和推理能力等。

(5) 多媒体化：使计算机能更有效地处理文字、图形、动画、音频、视频等多种形式的媒体信息，从而使人们能更自然、更有效地使用这些信息。

2．计算机的类型

按尺寸和功能范围分类，可将计算机分为超级计算机和微型计算机。在微型计算机中，个人计算机(PC)是为每次一人使用而设计的，是办公、家庭最常用的一类计算机。个人计算机包括台式计算机、便携式计算机、智能手机、手持式计算机和 Tablet PC。

3．计算机的应用

当今社会计算机的应用范围非常广泛，从人造卫星到家用电器，从科学计算到日常生活，无处不在使用计算机。计算机的主要应用领域如下：

(1) 科学计算：如天文、地质、气象、航天等领域涉及的大量计算问题。

(2) 数据处理：如订票管理、库存管理、财务管理、情报检索等，这是计算机在当今社会最主要的一个应用领域。

(3) 过程控制：用于实时收集和检测被控对象的参数，并按最佳方案对其进行自动控制。

(4) 计算机辅助工程：包括计算机辅助设计(CAD)、计算机辅助制造(CAM)、计算机辅助测试(CAT)、计算机辅助教学(CAI)等。

(5) 人工智能(AI)：利用计算机模拟人类的某些智能行为(如感知、思维、推理、学习等)，它是一门集计算机技术、传感技术、控制理论、材料科学于一体的边缘学科。

1.1.3　知识点：计算机系统组成

一个完整的计算机系统由硬件系统和软件系统两大部分组成，通过硬件与软件的交互进行工作。

硬件指的是计算机中可以看到和触摸到的部件，包括机箱和其内、外部的一切部件。软件指的是告诉硬件进行何种操作的指令或程序。

微型计算机是指由微处理器作为 CPU 的计算机。它由微处理器(核心)、存储器、输入和输出部分、系统总线等组成，其特点是体积较小，功能全，价格便宜，使用方便，因而得到了广泛应用。人们办公所用的台式机、笔记本电脑、智能手机等都属于微型计算机。微型计算机系统的基本组成和台式计算机硬件系统的基本配置如图 1-1 所示。

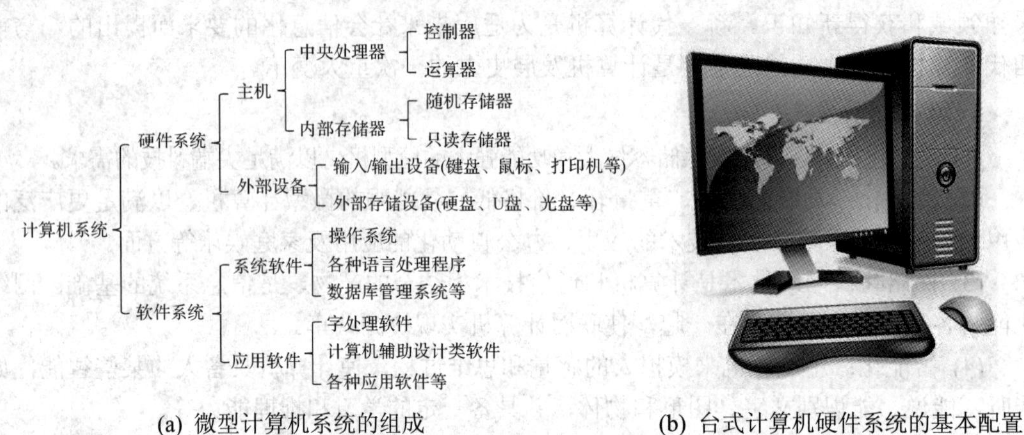

(a) 微型计算机系统的组成　　(b) 台式计算机硬件系统的基本配置

图 1-1　微型计算机系统的组成和台式机硬件系统的基本配置

1．微型计算机的硬件系统

硬件(Hardware)也叫硬设备，是计算机的各种物理设备的总称，包括组成计算机的电子的、机械的、磁的或光的元器件或装置，是计算机系统的物质基础。

微型计算机的硬件配置主要有系统单元(CPU、主板、内存、I/O 接口板、硬盘、光盘驱动器)、键盘、鼠标、显示器等。

1) 系统结构

微型计算机中，一般把中央处理器和存储器两个部分合称为主机，把各种类型的输入、输出设备统称为外设。主机和外设之间通过接口电路相连接。输入设备是主机获取外部信息的通道，输出设备是主机把处理结果向外部传送的通道。微型计算机的硬件系统由运算器、控制器、存储器、输入设备、输出设备等五部分组成，其结构框图如图 1-2 所示。

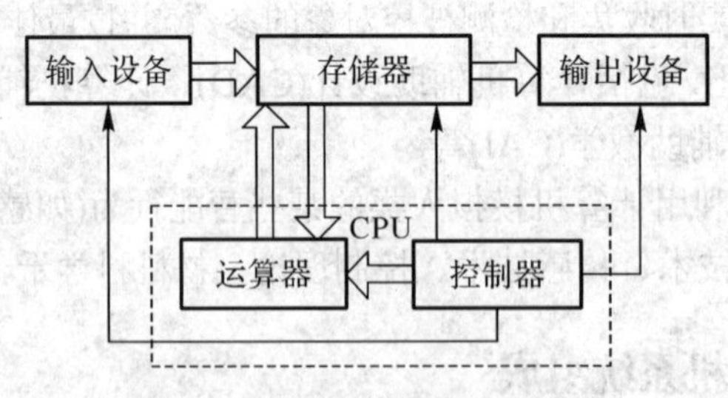

图 1-2　微型计算机的基本结构

2) 系统单元

系统单元也称为主机箱，是计算机系统的核心，其中有许多用于处理信息的电子组件。这些组件中最重要的部分是中央处理器(CPU)或微处理器，它扮演着计算机“大脑”的角色。另一个组件是随机存取内存(RAM)，它临时存储计算机开启时 CPU 使用的信息。关闭计算机时，会擦除 RAM 中存储的信息。

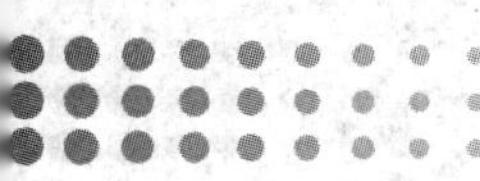

计算机的绝大部分部件通过连接线连接到系统单元上。

对微型机而言，将运算器和控制器集成在一个芯片内，形成中央处理单元，常称其为微处理器或中央处理器(CPU)。运算器是计算机中对数据进行加工处理的部件，它可在控制器的控制下进行算术运算、逻辑运算及其他操作。控制器是计算机的控制核心，它的主要功能是按照人们预先确定的操作步骤，控制计算机各部件步调一致地自动工作。

3) 存储系统

计算机通常具有一个或多个磁盘(硬盘、软盘、光盘、移动存储器)，即使关闭了计算机，磁盘也能保存信息。计算机的存储系统一般可分为三个层次，分别为高速缓冲存储器、主存储器、辅助存储器。其结构如图1-3所示。

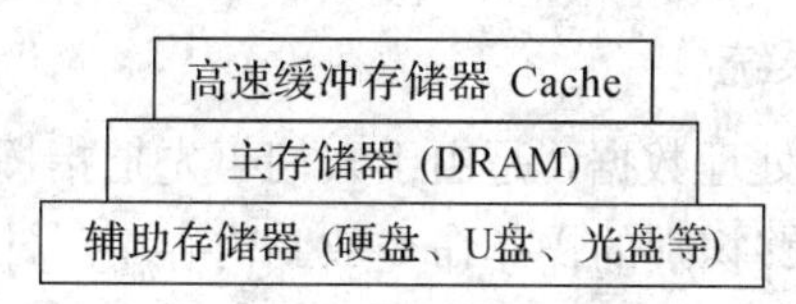

图1-3　存储器的结构

(1) 高速缓冲存储器。高速缓冲存储器用于存放一些频繁使用的程序和数据，其速度接近CPU。现在酷睿CPU一般有三级高速缓存，分别为L1 Cache、L2 Cache和L3 Cache。

(2) 主存储器。主存储器又称内存，可由CPU直接访问，用来存放将要运行的程序和有关数据。

(3) 辅助存储器。辅助存储器又称外存或辅存，用来存储后备程序、数据及其他软件，CPU不能直接访问，只能和内存之间交换信息。

(4) 存储容量及单位换算。存储容量是指存储器中所包含的存储单元的数量，常用bit、B(Byte)、KB、MB等单位表示。其中：bit (位)是最小单位，B(字节)是基本单位。1 bit可存储1位二进制信息，8个bit (位)组成1个B (字节)。一个存储单元通常可以存放8个二进制位，即存放1字节。位、字节、存储单元之间的关系如图1-4所示。

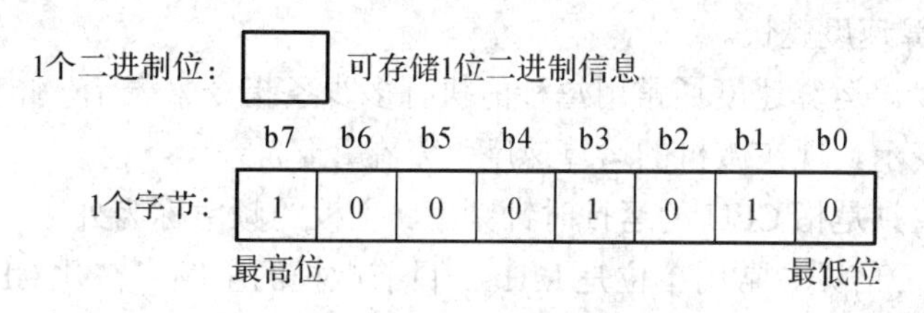

图1-4　一个存储单元的结构

若存储容量较大，可用KB、MB、GB、TB和PB来表示，它们之间的换算关系如下：

$1\ KB = 2^{10}\ B = 1024\ B$　　$1\ MB = 2^{10}\ KB = 1024\ KB$

$1\ GB = 2^{10}\ MB = 1024\ MB$　　$1\ TB = 2^{10}\ GB = 1024\ GB$

$1\ PB = 2^{10}\ TB = 1024\ TB$　　$1\ PB = 2^{50}\ B = 1024 \times 1024 \times 1024 \times 1024 \times 1024\ B$

若存储容量巨大，可用EB、ZB、YB、BB、NB、DB来表示，它们之间的换算关系如下：

$1\ EB = 2^{10}\ PB = 1024\ PB$　　$1\ ZB = 2^{10}\ EB = 1024\ EB$

$1\ YB = 2^{10}\ ZB = 1024\ ZB$　　$1\ BB = 2^{10}\ YB = 1024\ YB$

$1\ NB = 2^{10}\ BB = 1024\ BB$　　$1\ DB = 2^{10}\ NB = 1024\ NB$

(5) 字和字长。一组二进制数作为一个整体来参与运算或处理时，这组数被称作计算机的一个字(word)。一个字中包含的二进制位数称作字长。

4) 输入、输出设备

输入设备用于向计算机输入原始信息，并将这些信息变换为计算机能够识别的形式。常见输入设备有键盘、鼠标、扫描仪、数码照相机等。

输出设备用于数据的输出，它把各种信息以数字、字符、图像、声音等形式表示出来。常见的输出设备有显示器、打印机、绘图仪、投影仪等。

2．微型计算机的软件系统

计算机之所以能自动地处理数据，是由于人们事先把指挥计算机一步步操作的、由二进制代码组成的、计算机能够识别的操作命令放到内存中，计算机工作时，将这些命令逐条地取出、翻译并执行。软件(Software)是在硬件系统上运行的各类程序、运行这些程序所需要的数据及相关资料的总称。软件系统主要包括系统软件和应用软件。

系统软件是指控制、管理和协调微机及其外部设备，支持应用软件的开发和运行的各种软件的总称。它包括操作系统、语言处理程序、数据库管理系统及系统维护软件等。

应用软件是为解决各种实际问题而编制的应用程序及有关资料的总称，如文字处理软件、上网工具软件、多媒体编辑软件、企事业单位的信息管理软件等。

3．微型计算机系统的主要性能指标

(1) 字长。字长是指计算机CPU能够直接处理的二进制数据的位数。字长越大，CPU的性能就越好。目前主流的CPU都是64位微机，其字长为64位。

(2) 存储容量。存储器分为内存和外存。这里指的是内存容量，它是衡量存储器大小的重要标志。目前，微机的内存容量已达数GB，外存容量达TB。

(3) 存取周期。存取周期是指CPU从内存储器中完成一次存取数据所需的时间。存取周期越短，其运算速度越快。

(4) 运算速度。运算速度通常用每秒能执行多少条指令来表示，单位一般用MIPS(百万条指令/秒)来表示。现在微机的运算速度大多在几亿/秒。

(5) 主频。主频是指CPU的运行时钟频率。主板的频率称为外频。主频与外频的关系是：主频 = 外频 × 倍频。常用单位是MHz，目前微机的主频多在几GHz (吉赫兹)。

1.1.4　任务实现：定制个人购机方案

我们每个人都期望拥有一台属于自己的电脑。请根据个人需求和经济情况，为自己定制台式机、笔记本电脑两套购机方案。建议如下：

(1) 利用网络或去电子市场、电脑市场了解计算机的主要部件及最新配置、型号、价格等信息。

(2) 根据个人需求和经济情况，定制性价比高的台式机、笔记本电脑两套购机方案，并提交购机方案。

1.2　任务：计算思维基础

1.2.1　任务描述

计算思维是当前计算机界广为关注的一个概念，也是计算机教育需要研究的课题。

任务描述如下：

(1) 了解计算思维。

(2) 掌握基于计算机求解问题的方法。

1.2.2　知识点：计算思维的概念及发展

1. 计算

什么是计算？计算的本质是基于规则的符号串变换。也就是说，当我们给定一个已知符号串(输入)时，我们可依据一定的法则进行处理，一步一步地改变这个符号串(变换)，经过有限的步骤后得到满足预先规定的新的符号串(期望的输出)，这样的过程都可以称为计算。我们很多人认同的计算是类似于 1 + 2 = 3 这样的数学运算，其实这是根据数学法则对 1 + 2 进行计算，将其变换为 3 的过程；将一段中文文章在保持语义不变的前提下按照英文语法翻译成英文文章也是一种计算。从古至今，人们对计算的操作方式经历了一个漫长的历史发展过程。

1) 手工计算方式

旧石器时代，人们记录某种计算的方法是把一些特定的花纹刻在石头上；春秋战国时期，我国出现的筹算是用一组竹棍的不同排列进行计算；东汉时期，被称为“算圣”的刘洪发明的珠算是用算珠进行计算；后来有了纸和笔，人们又创造了一些文字符号，在纸上用笔进行计算。这些计算的共同特征是用手工操作符号，实施符号的变换。

2) 机器计算方式

人的手工计算速度是极低的，我国的数学家祖冲之用了 15 年时间将圆周率 π 推算至小数点后 7 位数。为了追求计算的速度，人类在漫长的文明进化史中发明了许许多多的计算工具。1620 年，英国数学家埃德蒙·甘特(Edmund Gunter)发明了一种使用单个对数刻度的计算设备；1630 年，英国数学家威廉·奥特雷德(William Oughtred)发明了圆形计算尺，可以完成加、减、乘、除、指数、三角函数等的运算；1642 年，法国数学家布莱士·帕斯卡(Blaise Pascal)发明了世界上第一个加法器；1673 年，德国数学家莱布尼茨(Gottfried Leibniz)在帕斯卡的基础上又制造了能进行简单加、减、乘、除的计算器；英国数学家巴贝奇(Charles Babbage)于 1812 年设计了能进行复杂且高难度计算的差分机，并于 1834 年又设计了具有更高计算功能的分析机，虽然因资金问题都没有制造出来，但是分析机体现了现代电子计算机的结构和设计思想，因此被称为现代通用计算机的雏形。

虽然人们在计算时有了这些工具的帮助，使得计算速度有了明显的提高，但这些计算工具都是手动式或机械式的，人们依然在寻求计算工具的变革，寻求计算的“超速”，直到电子计算机出现，使人类进入了一个全新的计算技术时代。

2. 计算思维

1) 计算思维的概念

计算思维属于科学思维，科学思维是人类科学活动中所使用的思维方式。在人类文明的发展史中一个重要的组成部分就是人类不断地认识自然、改造自然，这也是科学技术的发展史。目前，自然科学领域公认的三大科学研究方法是理论方法、实验方法和计算方法，对应的三大科学思维分别是理论思维、实验思维和计算思维。

(1) 理论思维。恩格斯说过：“一个民族要想站在科学的最高峰，就一刻也不能没有理论思维”。理论思维又称为逻辑思维或抽象思维，是人们认识事物时能动地使用概念、推理、判断等方法对客观世界认识的过程，具有推理和演绎的特征。以哲学和数学学科为代表，其代表人物有苏格拉底、柏拉图、亚里士多德、莱布尼茨等人。

(2) 实验思维。实验思维又称实证思维，是人类通过观察和实验获取自然规律的方法，具有观察和归纳的特征。以物理学科为代表，其代表人物有伽利略、开普勒、牛顿等人。

(3) 计算思维。计算思维又称构造思维，是指人们通过具体的算法来构造和解决具体问题，具有形式化和机械化的特征。计算思维以计算机学科为代表。

以上三种思维模式都是人类科学思维方式中固有的部分，它们各有特点，相辅相成。其中，理论思维强调推理，实验思维强调归纳，计算思维希望能自动求解，它们共同组成了人类认识世界和改造世界的基本科学思维内容，并以不同的方式推动着科学和人类文明的发展。

在计算机发明之前，理论思维和实验思维发展迅猛，而计算思维虽然随着计算工具的变革内容不断拓展，但与另两种思维模式相比，发展速度非常缓慢，直到人类通过思考自身的计算方式，在不断的科技进步和发展中发明了现代电子计算机这样的快速计算工具，才给计算思维的研究和发展带来了根本性的变化。2006 年，美国卡内基梅隆大学计算机系的周以真教授首次系统性地定义了计算思维，由此开启了计算思维大众化的全新历程。

周以真教授指出，计算思维是运用计算机科学的基础概念进行问题求解、系统设计，以及人类行为理解的涵盖计算机科学之广度的一系列思维活动。计算机科学不仅提供了一种科技工具，更重要的是提供了计算思维，即从信息变换的角度有效地定义问题、分析问题和解决问题的思维方式。她认为，如同所有人都具备“读、写、算”能力一样，计算思维也应成为必须具备的一种基本思维能力。在人类文明从农业社会、工业社会走向信息社会的今天，扫除文盲意味着让每一个人都具备阅读、写作、算术的基本技能和计算思维的思想。

计算思维是人类的思考方式，是人类解决实际问题的一种能力。计算思维不是一门孤立的学科知识，它源于计算机科学，又和数学思维、工程思维有非常紧密的联系。在每个人的日常生活中，比如出行路线规划、理财投资选择等都可以运用计算思维这种思考方式，以化繁为简，事半功倍。

2) 计算思维的本质

计算思维的本质是抽象(Abstraction)和自动化(Automation)。

抽象是把现实中的事物或解决问题的过程通过化简等方式，抓住关键特征，变为计算

设备可以处理的数学模型；自动化是把高强度的或海量的运算交给高速的计算设备进行自动处理。下面以几个例子说明计算思维的本质。

【例 1-1】 哥尼斯堡七桥问题。

18 世纪东普鲁士的哥尼斯堡城有一条河穿过，河上有两个小岛，有七座桥把两个岛和河岸联系起来，如图 1-5 所示。有人提出一个问题：一个步行者怎样才能不重复、不遗漏地一次走完七座桥，最后回到出发点？

在相当长的时间里，这个问题始终未能解决。

1736 年，29 岁的瑞士数学家莱昂哈德·欧拉(Leonhard Euler)将这一问题抽象成如图 1-6 所示的数学问题，在解答了问题的同时，还开创了数学的一个新的分支——图论。欧拉处理问题的独特之处是把一个实际问题抽象成合适的“数学模型”，这种研究方法就是“数学模型方法”，这就是计算思维中的抽象。这种抽象并不需要运用多么深奥的理论，但是这一点却是解决问题的关键。

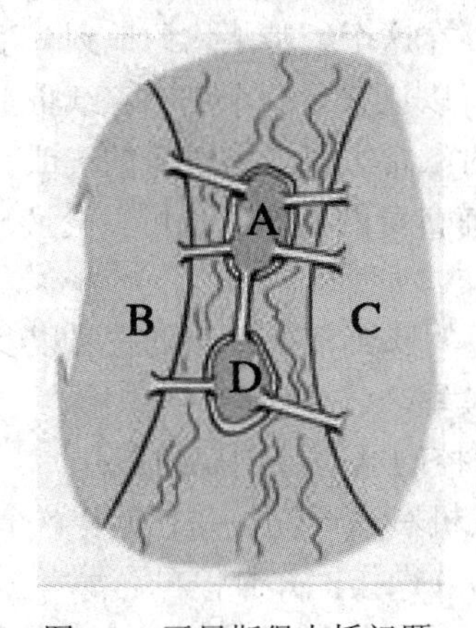

图 1-5　哥尼斯堡七桥问题

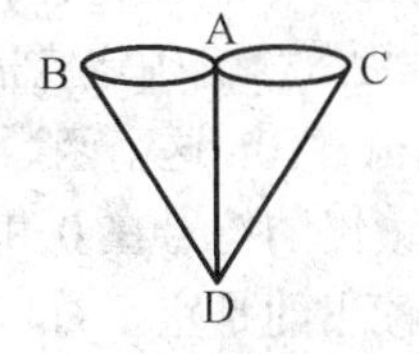

图 1-6　哥尼斯堡七桥问题的抽象

【例 1-2】 百钱买百鸡问题。

约公元 5 世纪，我国古代数学家张丘建在《张丘建算经》中出了一道题：“鸡翁一，值钱五；鸡母一，值钱三；鸡雏三，值钱一；百钱买百鸡。问鸡翁、鸡母、鸡雏各几只？”

原书没有给出解法，我国古算书的著名校勘者甄鸾和李淳风在注释该书时也没有给出解法，直到 1815 年，骆腾风用大衍求一术解决了百鸡问题，到 1874 年，丁取忠给出了一种算术解法。

根据题意，设鸡翁、鸡母、鸡雏各 x、y、z 只，建立的线性方程组如下：

$$\begin{cases} x + y + z = 100 \\ 5x + 3y + z/3 = 100 \end{cases}$$

这是一个未知量的个数不等于方程个数的不定方程组，它的解有 0 个或者多个。现在用计算机编程对这类问题通常采用“穷举法”解决，也就是对问题的所有可能情况一个一个地进行测试，在几秒内就可以找出满足条件的所有解。

【例 1-3】 图灵机——计算机的理想数学模型。

1936 年，24 岁的阿兰·图灵(Alan Turing)梦想着能有一种通用的机器，这种机器既能像八音盒一样演奏音乐，又能完成复杂的科学计算。图灵在论文中说：建造这样的计算机器是可能的，它可以完成任何的计算序列。图灵给出了他的机器模型，我们称之为图灵机，如图 1-7 所示。

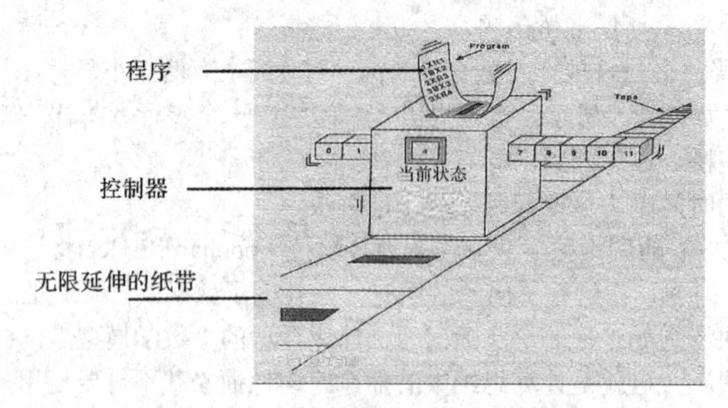

图 1-7　经典的图灵机模型

在图灵机的组成中，有一条无限延伸的纸带，在这个纸带上均匀地划分了一个一个的小格子，这些格子中可以书写任何一个符号，也可以让它是一个空白；纸带上方有一个控制器，控制器里有一个读写头，读写头用于完成对纸带上每一格符号的读或写，控制器可以沿着纸带一格一格地左移或右移，可以存储当前自身的状态，也可以变换自身的状态，可以接收设定好的程序，进行读或写或移动等动作。

图灵机的工作过程就是在程序控制下，根据读写头当前所读出的符号以及图灵机内部控制器的工作状态，来确定它需要进行移动还是读写。

以完成 f(n) = 10n 这个函数的计算为例，设置控制器的控制规则是：

(1) 如果读出的符号在 0 和 9 之间，那么图灵机右移一位，并且重复这个动作。

(2) 如果读出的是空字符，那么读写头进行写 0 操作，并且停机。

例如，在纸带上输入 82，三角形表示读写头，假设图灵机当前的状态在字符 8 处，如图 1-8(a)所示，首先读出字符 8，按照规则，读写头右移后指向字符 2，如图 1-8(b)所示；重复读，读出字符 2，按照规则，读写头继续右移，如图 1-8(c)所示；重复读，读出空字符，则在此位置写下 0，如图 1-8(d)所示；写完 0 之后按照规则停止。

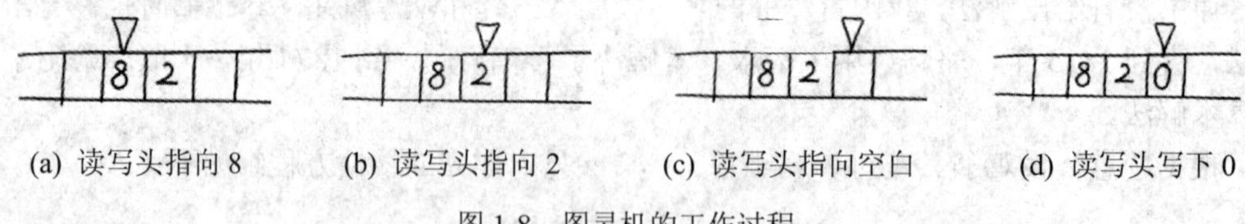

(a) 读写头指向 8　　(b) 读写头指向 2　　(c) 读写头指向空白　　(d) 读写头写下 0

图 1-8　图灵机的工作过程

当图灵机停止工作时，纸带上的符号由 82 变为 820，它完成的就是一个乘 10 的乘法运算。

可以看出，如果变换了控制规则和当前的状态，也就是利用不同的控制器，它就可以完成不同的计算内容。纸带、读写头是死的，而控制器是活的，通过变换不同的控制规则，就可以帮助人们用同一个纸带和读写头完成不同的工作。

用现代的术语来表达图灵机，它由三部分组成，一个是控制器(控制读写头的动作)，一个是内存(无限长的纸带)，一个是程序(控制规则)。在图灵机开始工作的时候，假设数据和程序写入内存中，图灵机根据输入的数据和程序开始执行操作。所以我们说图灵机是计

算机的理想数学模型，而图灵这个人被载入计算机发展的史册，被称为“计算机科学之父”，又因著名的“图灵测试”，图灵也被称为“人工智能之父”，并用他的名字设立了计算机界的诺贝尔奖——图灵奖。

1.2.3　知识点：基于计算机求解问题的方法

作为现代大学生，要能够高效地利用计算机快速地解决工作生活中遇到的各种问题，要有分析问题和解决问题的能力，这也是我们强调的计算思维能力。

在我们的生活中，当我们遇到以前曾遇到过的问题时，一般会根据前人的经验采用现成的解决问题的办法来进行处理。当我们欲利用计算机解决问题时，我们可以先查找一下有没有现成的软件来帮助我们。比如，当计算机染上了病毒时，我们可以利用一些杀毒软件；当想把照片里的人处理得更美一些时，我们可以利用图像处理软件；当要做一个求职用的个人简历时，我们可以利用文字处理软件。使用各种相关的软件，可以使我们基于计算机求解问题变得高效。

然而，并不是我们遇到的所有问题都有可用的计算机软件。就好比在现实生活中，我们也可能会遇到以前从未有人遇到过的一些问题，这时就需要我们自己通过分析之后确定一种解决办法，并且能把这种解决办法整理记录下来，变成一种经验，能让其他人重复借鉴。我们利用计算机解决这类问题时就是要能够编写出特定的程序来解决特定的问题，可用程序的方法实现计算与控制。因此，无论哪个专业，编写程序都是大学生的必修课。

当我们要解决的问题涉及多个学科、多个领域的大规模复杂问题时，就可能需要多种系统平台的支持，如硬件、软件、网络等；我们要编写的程序可能需要涉及多个处理器以及需要分布在网络上的多台计算机协调工作，这时我们就要以系统论的视角，综合、全面地分析、处理问题；在考虑技术的同时，还应考虑到经济效益、社会效益、环境效益等多方面的因素。

1.2.4　任务实现：两个有关计算思维的任务

1. 猜数游戏

游戏规则如下：两个人玩游戏，一方出数字，一方猜。出数字的一方想好一个 1 至 100 之间的数，不能让猜的人知道。猜的人每猜出一个数字，出数者根据这个数字给出“正确”或“猜大了”或“猜小了”的回答。猜数者根据回答继续猜下一个数，直至猜到数字为止。

思考： 猜数者怎样才能快速猜中数字？最优猜法有什么特点？

2. 小明和小华整理书包

星期一晚上，小明的妈妈和小华的妈妈都要求他们自己整理好书包，把不需要的书拿出来，根据图 1-9 所示的课表把第二天上课要用的书装入书包。假设学校离小明的家很远，他的妈妈每天早上送他到学校，晚上才去接他回家。而学校离小华的家很近，她每天中午都可以回家吃饭并休息一会儿，下午再去学校。他们应该如何整理书包才能使得书包的重量最轻呢？

	节次＼星期	星期一	星期二	星期三	星期四	星期五
上午	第一节	英语	数学	语文	数学	英语
	第二节	语文	美术	数学	英语	劳动
	第三节	数学	品德	英语	美术	数学
	第四节	品德	自习	美术	语文	语文
下午	第五节	美术	语文	体育	劳动	美术
	第六节	劳动	英语	品德	活动	体育

图 1-9　小明和小华的课表

思考：小明和小华整理书包的结果一样吗？哪个人上学的书包重量轻？书包轻的主要原因是什么？整理书包的过程意喻着一个和计算机存储相关联的什么思想？

1.3　任务：计算机新技术简介

1.3.1　任务描述

计算机技术包括硬件的设计、制造和软件的开发。随着计算机应用的普及和深入，人们在享受计算机带来快乐的同时，也要求它不断地更新换代，增加新功能，提升运行速度，以满足各种需求。目前计算机技术的发展向着超高速、智能化的方向前进。

任务描述如下：

(1) 了解计算机新技术及应用。

(2) 了解计算机新技术的发展过程和发展方向。

1.3.2　知识点：计算机新技术

1. 区块链

区块链(Block Chain)在近几年已悄悄走入大众视野，成为社会关注的焦点，是目前热搜的新概念。那么，什么是区块链呢？

1) 区块链的概念

从科技层面来看，它不是一种全新的技术，而是多种现有技术整合的结果，包含了“区块+链”的数据结构、分布式存储、加密算法、共识机制四大核心技术。从应用视角来看，区块链是一个分布式的共享账本和数据库。从计算机角度来看，它是一个共享数据库，存储于其中的数据或信息具有“不可伪造”“全程留痕”“可以追溯”“公开透明”等特征，基于这些特征，区块链技术奠定了坚实的“信任”基础，创造了可靠的“合作”机制，具有广阔的应用前景。

下面我们用记账功能来通俗地描述区块链的作用。

如果自己用电脑记账，那么你自己记的账别人能否相信？比如，你在自己的电脑里记了张三欠你 1 万块钱，张三说我电脑里还记了你欠我 100 万呢。那怎么办？以前这种情况这么解决：找一个公证人，你俩的账都记在公证人那里，出现纠纷时以公证人的账本为准。

现在大多都找银行，你俩的钱都存在银行里，转账、借款都有记录。

使用区块链的解决方法是：假设在一个群体中，即一个区块链中，张三和王五有笔账务，张三和王五都在自己的电脑里记下这笔账务，记好之后，他俩互相检查一下，都认可了，并将账务信息发到群中，大家都记下这笔账务，则这笔账务就算正式记下了，中间不需要第三方或者所谓"权威机构""认证机构"的参与。刘二和李四也这样记账……群中的人都以这样的方式记账，被称为"分布式"或"去中心化"，账本的准确性由程序算法决定，而非某个权威机构。群中每个人的电脑就是一个节点，每一笔或若干笔账务数据就是一个区块，而每个区块都严格按顺序排队，形成一条"链"，这就是区块链。区块链是用来共同记录公共数据的，每个人都可以参与记账，并共同认定记录的真伪。

区块链的通俗定义：区块链由一个共享的、容错的分布式数据库和多节点网络组成。分布式账本也可理解为一个分布式数据库(分布式数据库就是将数据信息单独放在每台计算机上，且存储的信息是一致的，如果有一两台计算机坏了，信息也不会丢失，你还可以在其他计算机上查看到)，在这个账本上分布着不计其数的数据，数据持续增长并且排列整齐，每一部分数据在一定的时间内组成一页账单，即区块。这些存有数据的区块通过链条串联起来成为了区块链。每个区块都包含一个时间戳和一个与前一区块的链接，这就使区块链具有了它的特性，其中的数据不可篡改、不可逆、可信任。

2) 核心技术

(1) 分布式账本。分布式账本指的是交易记账由分布在不同地方的多个节点共同完成，而且每一个节点记录的都是完整的账目，因此它们都可以参与合法性的监督交易，同时也可以共同为其作证。区块链每个节点都按照块链式结构存储完整的数据，区块链每个节点的存储都是独立的、地位等同的，依靠共识机制保证存储的一致性。

(2) 非对称加密。存储在区块链上的交易信息是公开的，但是账户身份信息是高度加密的，只有在数据拥有者授权的情况下才能访问到，从而保证了数据的安全和个人的隐私。

(3) 共识机制。共识机制就是所有记账节点之间如何达成共识，去认定一个记录的有效性的机制，这既是认定的手段，也是防止篡改的手段。

(4) 智能合约。智能合约是指基于这些可信的不可篡改的数据，可以自动化地执行一些预先定义好的规则和条款的技术。

3) 区块链技术的特性

(1) 在区块链数据库中，数据仅可通过共识算法以块的形式增加，不可修改或删除，以防止篡改；每个区块至少会包含一个块生成时间和出块签名；所有的交易数据都会被双方签名，以防止抵赖。

(2) 在区块链多节点网络中，所有节点都有浏览区块的权限，但是并不能完全控制区块；所有节点都有验证区块，参与共识，并通过共识增加数据的权力。

(3) 通过区块链可以实现：不依赖授信第三方的数据记录和链上数据溯源；通过peer-to-peer网络的数据通信和可信价值进行交换；对所有面向系统中心控制者的攻击都有非常强的抵抗能力。

4) 区块链的特性

(1) 去中心化。由于使用分布式核算和存储机制，不存在中心化的硬件或管理机构，任

意节点的权利和义务均等，系统中的数据块由整个系统中具有维护功能的节点来共同维护。

(2) 开放性。系统是开放的，除了交易各方的私有信息被加密外，区块链的数据对所有人公开，任何人都可以通过公开接口查询区块链数据和开发相关应用，信息高度透明。

(3) 自治性。区块链采用基于协商一致的规范和协议(比如一套公开透明的算法)，各个节点都按照这个规范来操作，使得整个系统中的所有节点能够在可信任的环境中自由安全地交换数据，使得对“人”的信任改成了对机器的信任，任何人为的干预均不起作用。

(4) 信息不可篡改。一旦信息经过验证并添加至区块链，就会永久地存储起来，除非能够同时控制住系统中超过51%的节点，否则单个节点上对数据库的修改是无效的，因此，区块链的数据稳定性和可靠性极高。

(5) 匿名性。由于节点之间的交换遵循固定的算法，其数据交互是无须信任的(区块链中的程序规则会自行判断活动是否有效)，区块链上面没有个人信息，这些都是加密的，是由一堆数字、字母组成的字符串，这样就不会出现身份证信息、电话号码等被倒卖的现象。

5) 区块链的分类

区块链目前分为三类：公有区块链(Public Block Chains)、行业区块链(Consortium Block Chains)、私有区块链(Private Block Chains)。

(1) 公有区块链：是对所有人开放，任何人都可以参与的区块链，完全去中心化，不受任何机构控制。其应用场景十分广泛，目前比较成熟的落地项目就是数字货币。

(2) 行业区块链：由某个群体内部指定多个预选的节点为记账人，每个块的生成由所有的预选节点共同决定(预选节点参与共识过程)，其他接入节点可以参与交易，但不过问记账过程(本质上还是托管记账，只是变成分布式记账；预选节点的多少，如何决定每个块的记账者成为该区块链的主要风险点)，其他任何人可以通过该区块链开放的 API(应用程序接口)进行限定查询。这种区块链主要应用于行业内多个机构之间的业务流转，例如供应链金融、商品溯源等。

(3) 私有区块链：仅仅使用区块链的总账技术进行记账，可以是一个公司，也可以是个人，独享该区块链的写入权限。

目前，公有区块链的应用已经工业化，而私有区块链的应用产品还在摸索当中。

6) 区块链应用领域

(1) 金融领域。区块链在国际汇兑钞、信用证、股权登记和证券交易所等金融领域有着潜在的巨大应用价值。

(2) 物联网和物流领域。区块链在物联网和物流领域也可以与其他技术天然结合。通过区块链可以降低物流成本，追溯物品的生产和运送过程，并且提高供应链管理的效率。

(3) 公共服务领域。区块链在公共管理、能源、交通等领域都与民众的生产生活息息相关，但是这些领域的中心化特质也带来了一些问题，可以用区块链来改造。

(4) 数字版权领域。通过区块链技术，可以对作品进行鉴权，证明文字、视频、音频等作品的存在，保证权属的真实、唯一性。

(5) 保险领域。在保险理赔方面，保险机构负责资金归集、投资、理赔，往往管理和运营成本较高。

(6) 公益领域。区块链上存储的数据具有高可靠且不可篡改的特征，非常适合用在社

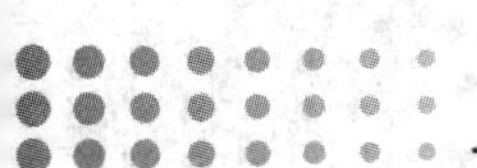

会公益场合。公益流程中的相关信息，如捐赠项目、募集明细、资金流向、受助人反馈等，均可以存放于区块链上，并可有条件地进行透明公开公示，方便社会监督。

(7) 潜在应用领域。区块链还可应用于物联网、互联网医疗、云储存、安全领域(如授权、可信服务提供)、互联网金融等领域。

7) 区块链的未来发展和应用场景

(1) 数字身份。很多人开各种证明时会遇到"证明我妈是我妈"的窘境，有了区块链，就再也不用担心了。区块链技术不可篡改的特性从根本上改变了这一情况，我们的出生证、房产证、婚姻证都可以在区块链上公证，变成全球都信任的东西，当然也可以轻松证明"我妈是我妈"。

(2) 卫生保健。简单说就是利用区块链建立有时间戳的通用记录存储库，进而达到不同数据库都可提取数据信息的目的。如你去看病，不用换个医院就反复检查，也不用为报销医保反复折腾，可以节省时间和开销。

(3) 旅行消费。我们经常会用一些 app 来寻找酒店和其他服务，各个平台从中获得提成。区块链的应用正是除去中间商，并为服务提供商和客户创建安全、分散的方式，以达到直接进行连接和交易的目的。

(4) 更便捷的交易。区块链可以让支付和交易变得更高效、更便捷。区块链平台允许用户创建在满足某些条件时变为活动的智能合约，这意味着当交易双方同意满足其条件时，可以释放自动付款。

(5) 严把产品质量关。在区块链技术下，你可以知道一个苹果从果农的生产到流通环节的全过程。其中有政府的监管信息、有专业的检测数据、有企业的质量检验数据等等。智慧的供应链将使人们日常吃到的食物、用到的商品更加安全、更加放心。

(6) 产权保护。创作者把自己的作品放在区块链上，有人使用了他的作品，他就能立刻知道，相应的版税也会自动支付给创作者。区块链技术既保护了版权，也有助于创作者更好更直接地向消费者售卖作品。

2. 云计算

云计算(Cloud Computing)时代又称为云时代，是时下 IT 界最热门、最时髦的词汇之一。

1) 云计算的定义

"云"是对计算机集群的一种形象比喻，每一群包括几十台，甚至上百万台计算机，通过互联网随时随地为用户提供各种资源和服务。使用者只需要一个能上网的终端设备(如计算机、智能手机、掌上电脑等)，一旦有需要，就可以快速地使用云端的资源，而无须关心存储或计算发生在哪朵"云"上。

对云计算的定义有多种说法，现阶段广为接受的是美国国家标准与技术研究院(NIST)的定义：云计算是一种按使用量付费的模式，这种模式提供可用的、便捷的、按需的网络访问，进入可配置的计算资源共享池(资源包括网络、服务器、存储、应用软件、服务)，这些资源能够被快速提供，只需投入很少的管理工作，或与服务供应商进行很少的交互。

从狭义上讲，云计算就是一种提供资源的网络，使用者可以随时获取"云"上的资源，按需求量使用，并且可以将其看成是可以无限扩展的，只要按使用量付费就可以。这种计算资源共享池叫作"云"，"云"就像自来水厂一样，我们可以随时接水，按照自己家的用水量给自来水厂付费就可以了。

从广义上说，云计算是与信息技术、软件、互联网相关的一种服务，是把许多计算资源集合起来，通过软件实现自动化管理，只需要很少的人参与，就能让云上的资源被快速提供。也就是说，计算能力作为一种商品，可以在互联网上流通，就像水、电、煤气一样，可以方便地取用。

总之，云计算不是一种全新的网络技术，而是一种全新的网络应用概念，云计算的核心概念就是以互联网为中心，在网站上提供快速且安全的云计算服务与数据存储，让每一个使用互联网的人都可以使用网络上的庞大计算资源与数据中心。

云计算带给我们的便利性有以下几点：

(1) 按需付费。使用者可根据自己业务需求购买适合自己当前业务规模的资源进行使用。

(2) 弹性伸缩。使用者通过点击鼠标就可以升级或降级所使用的资源，灵活性强。

(3) 可靠性高。即使服务器故障也不影响计算与应用的正常运行，因为即使单点服务器出现故障也可以通过虚拟化技术将恢复分布在不同物理服务器上的应用，或利用动态扩展功能部署新的服务器再进行计算。理论上，云计算提供了安全的数据存储和使用方式。

2) *云计算的历史*

1956 年，克里斯托弗・斯特雷奇(Christoper Strachey)发表了一篇有关虚拟化的论文，正式提出虚拟化。虚拟化是今天云计算基础架构的核心。

1961 年，约翰・麦卡锡(John McCarthy)提出把计算能力作为一种像水和电一样的公用服务(资源)提供给用户的思想。

1984 年，Sun 公司的创立者提出“网络就是计算机”的独特理念。今天的云计算正在将这一理念变成现实。

2006 年，Google 首席执行官埃里克・施密特(Eric Schmidt)在搜索引擎大会上首次提出“云计算”的概念，这是云计算发展史上第一次正式提出这一概念。

2007 年以后，云计算成为计算机领域最令人关注的话题之一，同样也是大型企业、互联网建设着力研究的重要方向。云计算实际上是网格计算、分布式计算、并行计算、网络存储、虚拟化、负载均衡等传统计算机和网络技术发展融合的产物。因为云计算的提出，互联网技术和 IT 服务出现了新的模式，引发了一场变革。

亚马逊最早推出的云计算服务 AWS(Amazon Web Service)是商业领域的一个标杆；微软公司发布的公共云计算平台 Windows Azure Platform，虽晚一些，但以“云计算为先，移动为先”为口号，不断扩大其影响力；我国的阿里云在 2018 年以 4.6%的市场份额跻身全球前三甲。

3) *云计算的应用领域*

(1) 存储云。存储云又称云存储，是一个以数据存储和管理为核心的云计算系统。使用者可以将本地的资源上传至云端，也可以在任何地方连入互联网而获取云上资源。Google 和 Microsoft 等大型网络公司都有云存储的服务。我国国内的百度云和微云是市场占有量最大的存储云。

(2) 医疗云。医疗云是指在云计算、移动技术、多媒体、大数据等新技术的基础上，结合医疗技术，使用云计算创建的医疗健康服务云平台。如现在医院预约挂号、电子病历、医保等就是云计算与医疗领域结合的产物。

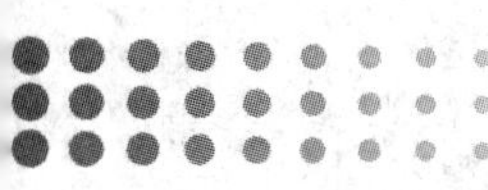

(3) 金融云。金融云是指利用运算模型，将信息、金融和服务等功能分散到庞大的分支机构构成的互联网“云”，其目的是为银行、保险和基金等金融机构提供互联网处理和运行服务，同时共享互联网资源，如用手机完成快捷支付、购买保险、基金买卖等。

(4) 教育云。教育云可以将所需要的任何教育硬件资源虚拟化，然后将其传入互联网中，以向教育机构和学生老师提供一个方便快捷的平台。如现在流行的 MOOC 就是一种教育云的应用，我国提供 MOOC 的平台有中国大学 MOOC、学堂在线、微助教等。

3．大数据

随着产业界数据量的爆炸式增长，数据以前所未有的速度积累，大数据概念受到越来越多的关注。大数据正在给数据密集型企业带来丰厚的利润，据估计仅 Google 公司在 2009 年就为美国经济贡献了 540 亿美元。学术界和产业界关于大数据的认识也在逐步清晰化并形成共识。

1) 大数据的定义

大数据(Big Data)，或称巨量资料，指的是所涉及的资料量规模巨大，以至于无法通过目前主流软件工具在合理时间内撷取、管理、处理并整理成为帮助企业经营决策的资讯。众多权威机构对大数据给予了不同的定义，获得普遍共识的是国际权威研究机构 Gartner 给出的定义：大数据是需要新处理模式才能具有更强的决策力、洞察发现力和流程优化能力来适应海量、高增长率和多样化的信息资产。

2) 大数据的特征和意义

大数据具有 4V 特征，即规模性(Volume)、多样性(Variety)、实时性(Velocity)和价值性(Value)。

(1) 规模性。数据量巨大，至少以“PB”“EB”甚至“ZB”为单位。

马丁·希尔伯特和普里西利亚·洛佩兹曾对 1986 年至 2007 年人类所创造、存储和传播的一切信息数量进行了追踪计算，研究范围大约涵盖了 60 种模拟和数字技术：书籍、图画、信件、电子邮件、照片、音乐、模拟和数字视频、电子游戏、电话、汽车导航等。据他们估算，2007 年人类大约存储了超过 300 EB 的数据，以他们估算的数据增长幅度，2013 年世界上存储的数据达到约 1.2 ZB。甚至有人估算，如果把这些数据全部记在书中，这些图书可以覆盖整个美国 52 次；如果将这些数据存储在只读光盘上，这些光盘可以堆成 5 堆，每堆都可以伸到月球。目前，百度、腾讯、阿里等网络公司数据量都已经达到 ZB 级，百度资料表明，其首页导航每天需要提供的数据已超过 1.5 PB。

(2) 多样性。数据类型多样，除了传统的销售、库存等数值数据外，还包括网页、文档、音频、视频、网络日志、通话记录、地理位置信息、传感器数据等以各种形式存在的数据。这些数据中，大约 5%是结构性数据，95%是非结构性数据，使用传统的数据库技术无法存储这些数据，这势必会引发相应技术的变革。多样化的数据来源也正是大数据的威力所在，例如交通状况与其他领域的数据都存在较强的关联性。据人们的研究发现，可以从供水系统数据中发现早晨洗澡的高峰时段，加上一个偏移量(通常是 40～45 分钟)就能估算出交通早高峰时段；同样可以从电网数据中统计出傍晚办公楼集中关灯的时间，加上偏移量可以估算出晚上的堵车时段。

(3) 实时性。处理速度快，时效性高。在数据处理速度方面，有一个著名的“1 秒定律”，即可在秒级时间范围内给出分析结果，这是大数据与传统数据挖掘相区别的显著特征。例如全国用户每天产生和更新的微博、微信和股票信息等数据，随时都在产生，随时也在传输，这就要求处理数据的速度必须非常快。2020 年新冠肺炎疫情期间使用的“一码通”能随时记录你的位置信息，并根据你所处地区的疫情在你扫码后立即显示颜色给出安全级别。

(4) 价值性。数据价值密度低，数据背后巨大的潜在价值只有通过分析才能实现。大数据技术的战略意义不在于掌握庞大的数据信息，而在于对这些含有意义的数据进行专业化处理。换言之，如果把大数据比作一种产业，那么这种产业实现盈利的关键在于提高对数据的“加工能力”，通过“加工”实现数据的“增值”。

3) *大数据的发展史*

1998 年，美国高性能计算公司 SGI 的首席科学家约翰·马西(John Mashey)在一个国际会议报告中指出：随着数据量的快速增长，必将出现数据难理解、难获取、难处理和难组织等 4 个难题，并用“Big Data”来描述这一挑战，大数据这一概念由此被提出。

2004 年，Google 依据其搜索引擎业务所做的网页抓取和索引构建这两项工作而进行的大量数据的存储和计算，发表了 3 篇论文，分别是分布式文件系统 GFS(用于处理海量网页的存储)、大数据分布式计算框架 Map Reduce(用于处理海量网页的索引计算问题)和 NoSQL 数据库系统 Big Table(一个大型的分布式数据库，用于存储数据)，这三篇论文号称大数据的“三驾马车”。

2006 年，程序员 Doug Cutting 依据 Google 的大数据论文原理，实现了类似 GFS 和 MapReduce 的功能框架，后来该框架被命名为 Hadoop。

2007 年，数据库领域的先驱人物吉姆·格雷(Jim Gray)指出大数据将成为人类触摸、理解和逼近现实复杂系统的有效途径，并认为在实验观测、理论推导和计算仿真 3 种科学研究范式后，将迎来“数据探索”这个第 4 范式，开启了从科研视角审视大数据的热潮。

2008 年，Hadoop 成为 Apache 软件基金会用 Java 语言开发的一个开源分布式计算平台，实现在大量计算机组成的集群中对海量数据进行分布式计算，适合大数据的分布式存储和计算平台。自此开源的 Hadoop 开启了大数据时代的大门。

2012 年，牛津大学教授维克托·迈尔-舍恩伯格(Viktor Mayer-Schnberger)在其著作《大数据时代(Big Data: A Revolution That Will Transform How We Live, Work, and Think)》中指出，数据分析将从“随机采样”“精确求解”和“强调因果”的传统模式演变为大数据时代的“全体数据”“近似求解”和“只看关联不问因果”的新模式。

大数据时代，人们对待数据的思维方式发生了如下变化：

(1) 从样本思维转向总体思维：不是随机抽样统计，而是面向全体数据。过去在数据处理能力受限的情况下，用随机抽样统计方法从最小的数据中得到最多的发现，然而在大数据时代，人们具备了获取和分析更多数据的能力，可以不再依赖于采样，而是通过全体样本更清楚地发现样本无法揭示的细节信息。

(2) 从精确思维转向容错思维：不是精确性，而是混杂性。舍恩伯格指出，执迷于精确性是信息缺乏时代和模拟时代的产物。只有 5%的数据是结构化且能适用于传统数据库的。如果不接受混乱，剩下 95%的非结构化数据都无法利用。只有接受不精确性，我们才能打开一扇从未涉足的世界窗户。也就是说，在大数据时代，当拥有海量即时数据时，绝

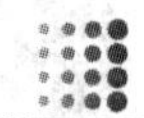

对的精准不再是追求的主要目标，适当忽略微观层面上的精确度，容许一定程度的错误与混杂，反而可以在宏观层面拥有更好的知识和洞察力。

(3) 从因果思维转向相关思维：不是因果关系，而是相互关系。一项奇葩的大数据分析结果是买啤酒的男人也会买纸尿布，这二者原本是没有因果关系的，而是通过大数据技术挖掘出来的事物之间隐藏的相关关系。

4) 大数据的应用

目前，大数据技术已经基本成熟，应用大数据并取得成功的领域也越来越多，大数据正在人类的社会实践中发挥着巨大的优势。比如，在电商行业，分析客户的购买习惯，为其推送他可能感兴趣的信息；在金融行业，阿里信用贷款根据客户的征信数据实现无须人工干预且坏账率低的无抵押、无担保贷款；在公共安全方面，警察利用大数据追捕逃犯；在医疗行业，借助大数据平台收集不同病例的特征和治疗方案，建立针对疾病特点的数据库；在农业生产中，从种植农作物的选择到收获运输等所有环节，为农民做好预决策，指导农民依据商业需求进行农产品生产；在交通领域，利用大数据了解车辆通行密度，合理进行道路规划；在教育领域，利用大数据帮助家长和教师甄别出孩子的学习问题和有效的学习方法；在体育运动方面，通过视频跟踪运动员每个动作的情况，从而制定专门的训练计划；等等。大数据的应用不胜枚举，大数据分析的影响力越来越为人们所熟知。

4．物联网

物联网与互联网有本质的不同，互联网的终端是计算机，连接的是使用计算机的人和人描述的物，而物联网的终端不仅仅是计算机，还有嵌入式计算机系统和配套的传感器，连接的是人和真实的物体，所以物联网能使所有人和物在任何时间、任何地点都可以实现人与人、人与物、物与物之间的信息交互。

1) 物联网的定义

简单地说，物联网就是物物相联的互联网。这有两层意思，一是物联网的核心和基础是互联网，是在互联网基础上的延伸和扩展的网络；二是物联网是将其用户延伸和扩展到任何物品与物品之间进行信息交换和通信的一种网络，如图1-10所示。

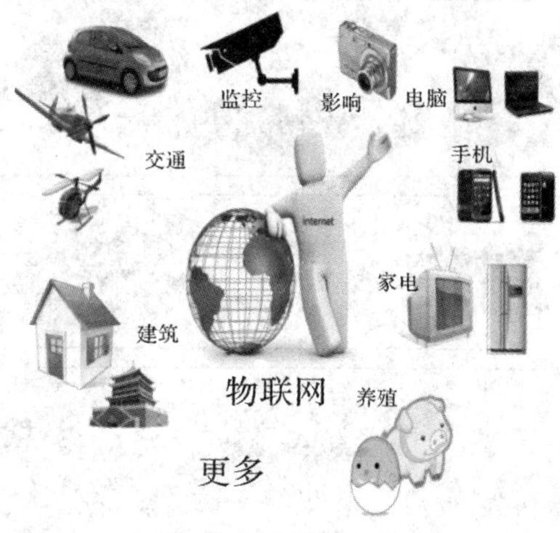

图1-10　物联网示意图

严格地说，物联网的定义是：通过射频识别(RFID)、红外感应器、全球定位系统、激光扫描器等信息传感设备，按约定的协议，把任何物品与互联网相连接，进行信息交换和通信，以实现智能化识别、定位、跟踪、监控和管理的一种网络。在这个网络中，物品(商品)能够彼此进行“交流”，而无须人工干预。其实质是利用射频自动识别技术，通过计算机互联网实现物品(商品)的自动识别和信息的互联与共享。物联网具有普通对象设备化、自治终端互联化和普适服务智能化的三个重要特征。

这里的“物品”要满足以下条件才能够被纳入“物联网”的范围：

(1) 要有数据传输通路。

(2) 要有 CPU 和一定的存储功能。

(3) 要有操作系统和专门的应用程序。

(4) 遵循物联网的通信协议和在世界网络中有可被识别的唯一编号。

2) 物联网的起源

1995 年，比尔盖茨在《未来之路》一书中曾提及物联网，但是当时受限于无线网络、硬件及传感设备的发展，未引起广泛重视。

1999 年，美国麻省理工学院的 Kevin Ash-ton 教授首次提出物联网的概念。

2003 年，美国《技术评论》提出传感网络技术将是未来改变人们生活的十大技术之首。

2005 年，在突尼斯举行的信息社会世界峰会(WSIS)上，国际电信联盟(ITU)发布《ITU 互联网报告 2005：物联网》，正式提出了“物联网”的概念。报告指出，无处不在的物联网通信时代即将来临，世界上所有的物体从轮胎到牙刷、从房屋到纸巾都可以通过因特网主动进行交换。

2008 年后，为了促进科技发展，寻找新的经济增长点，各国政府开始重视下一代的技术规划，将目光放在了物联网上。2008 年 11 月，我国在北京大学举行的第二届中国移动政务研讨会“知识社会与创新 2.0”上提出移动技术、物联网技术的发展，代表着新一代信息技术的形成，并带动了经济社会形态、创新形态的变革。

3) 物联网的架构与关键技术

物联网的架构分为感知层、网络层和应用层，如图 1-11 所示。

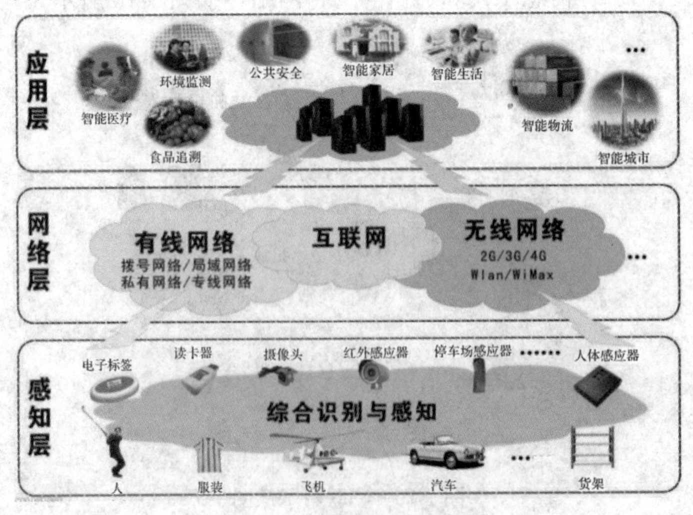

图 1-11　物联网架构示意图

(1) 感知层：由各种传感器构成，包括温湿度传感器、二维码标签、RFID标签和读写器、摄像头、红外线、GPS等感知终端。感知层是物联网识别物体、采集信息的来源。

(2) 网络层：由各种网络，包括互联网、广电网、网络管理系统和云计算平台等组成，是整个物联网的中枢，负责传递和处理感知层获取的信息。

(3) 应用层：是物联网和用户的接口，它与行业需求结合，实现物联网的智能应用。

物联网应用中的关键技术有以下几种。

(1) 传感器技术。这也是计算机应用中的关键技术。传感器类似于人的“感觉器官”，需要把获取到的各种信息进行处理和识别，并转换成数字信号计算机才能处理。

(2) RFID标签。这是物联网的基础技术，其实也是一种传感器技术，它通过射频信号非接触式地自动识别目标对象并获取相关数据，如图1-12所示。

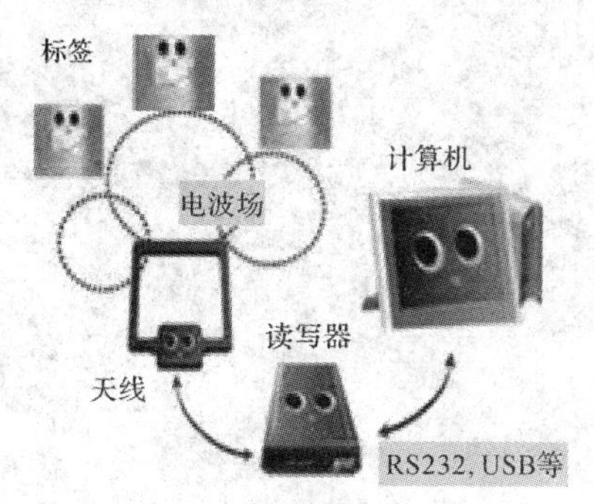

图1-12　RFID射频识别示意图

(3) 嵌入式系统技术。这是综合了计算机软硬件、传感器技术、集成电路技术、电子应用技术为一体的复杂技术。经过几十年的演变，以嵌入式系统为特征的智能终端产品随处可见，小到人们身边的MP3，大到航天航空的卫星系统，工作生活中的工控设备、家电设备、通信设备、汽车电子设备等都有嵌入式技术的应用。

4) 物联网的应用

物联网的应用非常广泛，遍及智能交通、环境保护、政府工作、公共安全、平安家居、智能消防、工业监测、环境监测、路灯照明管控、老人护理、食品溯源、敌情侦查和情报收集等诸多领域。

(1) 智能家居。智能家居是以住宅为平台，利用先进的计算机技术、嵌入式系统技术、传感器技术和网络通信技术等，将家中的各种设备(照明系统、安防系统、环境控制系统、智能家电等)有机的连接到一起的家居总称，如图1-13所示。

智能家居能让人类使用更方便的手段来管理家庭设备，比如智能家居的控制可以采用本地控制、遥控控制、集中控制、手机远程控制、感应控制、网络控制、定时控制等方式，智能家居内的各种设备相互间也可以通信，多个设备根据不同的状态可以形成联动，从而最大限度地给使用者提供高效、便利、舒适与安全的居住环境。

(2) 智能交通。智能交通是当今世界交通运输发展的热点和前沿，智能交通系统是将先进的计算机技术、传感器技术、数据通信技术、网络技术、控制技术等有效地集成运用于整个交通管理体系，建立起一种在大范围、全方位发挥作用的实时、准确、高效的综合交通管理系统，如图1-14所示。该系统包含信息采集、信息发布、动态诱导、智能管理和监控等环节，通过对机动车信息和路况信息的实时感知和反馈，在 GPS、RFID、GIS 等技术的支持下，实现车辆和路网的“可视化”管理与监控。

智能灯光
无线门磁
摄像头
无线烟雾传感
窗帘控制
智能插座
无线转红外设备
七寸家庭智能终端
可视对讲门锁
无线路由器
无线运动检测
智能遥控器
智能机顶盒
八寸家庭智能终端

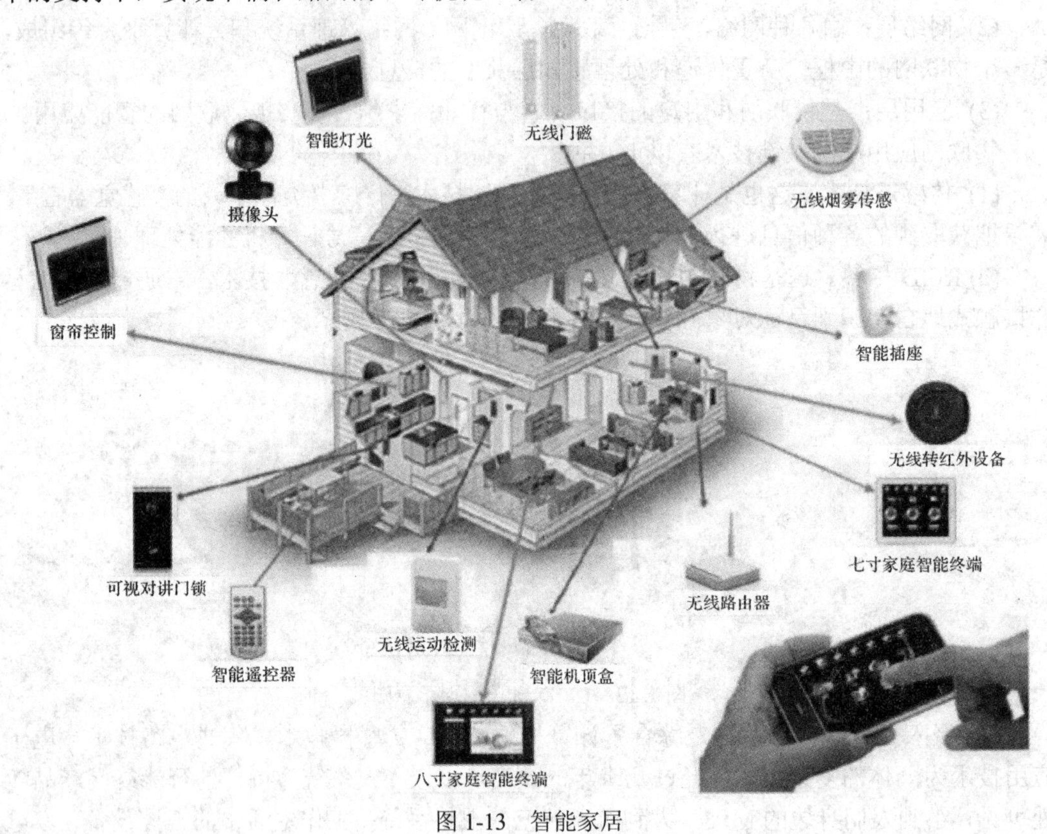

图 1-13　智能家居

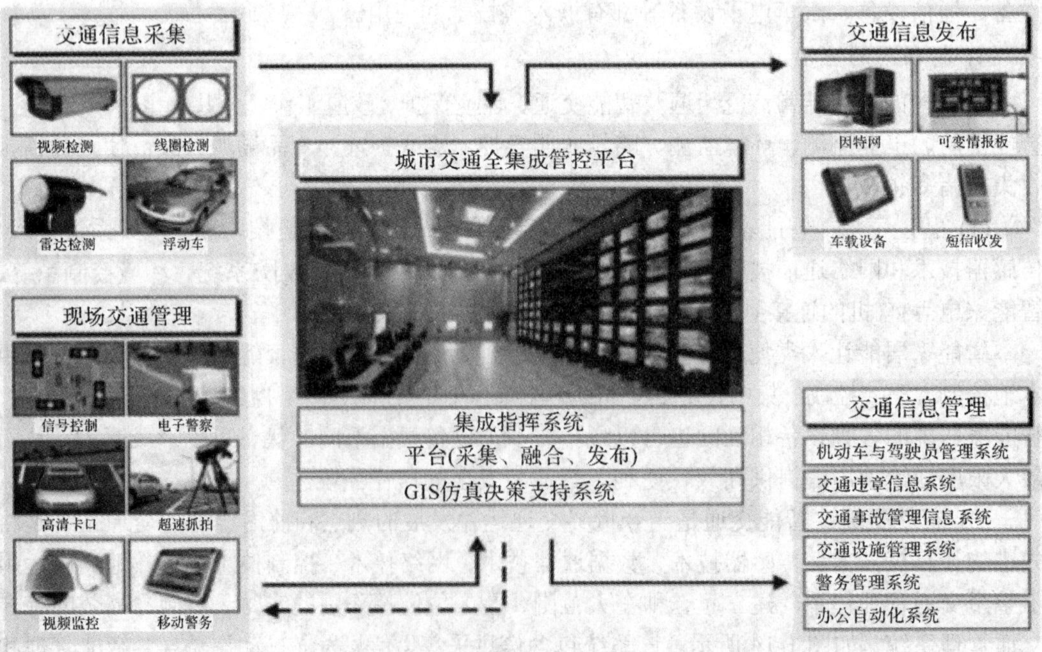

交通信息采集
视频检测
线圈检测
雷达检测
浮动车
交通信息发布
因特网
可变情报板
车载设备
短信收发
城市交通全集成管控平台
集成指挥系统
平台(采集、融合、发布)
GIS仿真决策支持系统
现场交通管理
信号控制
电子警察
高清卡口
超速抓拍
视频监控
移动警务
交通信息管理
机动车与驾驶员管理系统
交通违章信息系统
交通事故管理信息系统
交通设施管理系统
警务管理系统
办公自动化系统

图 1-14　智能交通系统

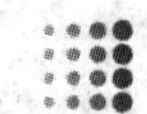

(3) 智能医疗。智能医疗是通过打造健康档案与区域医疗信息平台，利用物联网相关技术，实现患者与医务人员、医疗机构、医疗设备之间的互动，建立一个统一便捷、互联互通、高效智能的预防保健、公共卫生和医疗服务的智能医疗保健环境，为病人提供实时动态的健康管理服务，为医生提供实时动态的医疗服务平台，为卫生管理部门提供实时动态的健康档案数据。

(4) 智慧城市。智慧城市是城市信息化的高级形态。狭义上的智慧城市指的是以物联网为基础，通过物联化、互联化、智能化方式，让城市中各个功能彼此协调运作，以智慧技术高度集成、智慧产业高端发展、智慧服务高效便民为主要特征的城市发展新模式。广义上的智慧城市是指以"发展更科学，管理更高效，社会更和谐，生活更美好"为目标，以自上而下、有组织的信息网络体系为基础，整个城市具有较为完善的感知、认知、学习、成长、创新、决策、调控能力和行为意识的一种全新城市形态。

智慧城市要求在城市的发展过程中，在城市基础设施、资源环境、社会民生、经济产业、市政管理领域中，充分利用物联网、互联网、云计算、高性能计算、智能科学等新兴信息技术手段，对城市居民生活工作、企业经营发展和政府行使职能过程中的相关活动与需求进行智慧的感知、互联、处理和协调，使城市构建成为一个由新技术支持的、管理理念先进的涵盖市民、企业和政府的新城市生态系统，为市民提供一个美好的生活和工作环境，为企业创造一个可持续发展的商业环境，为政府构建一个高效的城市运营管理环境。让城市变得更聪明，让生活变得更美好。

智慧城市平台如图1-15所示。

图1-15　智慧城市平台

5) *发展趋势*

人们对物联网时代的愿景是：当司机出现操作失误时汽车会自动报警；衣服会"告诉"洗衣机对颜色和水温的要求；供电设备出现问题时可提前向检修人员预警；搬运人员卸货时，货物可能会大叫"你扔疼我了"。这就是人们期待的"智慧城市""智慧地球"。

物联网将是下一个推动世界高速发展的"重要生产力"，是继通信网之后的另一个万亿级市场。业内专家认为，物联网一方面可以提高经济效益，大大节约成本；另一方面可以为全球经济的复苏提供技术动力。物联网普及以后，对用于各种物品的传感器和电子标签及配套的接口装置的需求将为产业开拓一个潜力无穷的发展机会。

5. 人机交互新技术

人机交互是计算机科学的主要分支领域之一，旨在研究机器如何与人进行合理的交流互动。自第一台计算机诞生以来，人机交互技术就深深地影响着计算机科学的发展进程，每一次人机交互技术的革新，都会给个人电脑与互联网的普及带来新的曙光。

1) 人机交互技术

人机交互(Human-Computer Interaction，HCI)是关于设计、评价和实现供人们使用的交互式计算机系统，且围绕这些方面的主要现象进行研究的科学。人机交互技术是通过计算机 I/O 设备以有效的方式实现人与计算机对话的技术。该技术包括人到机器的信息交换和机器到人的信息交换这两个部分，人通过输入设备给机器输入有关信息和回答问题等，输入设备从传统的键盘、鼠标逐步发展到数据服装、眼动跟踪器、数据手套等设备，用手、脚、声音、姿势或身体动作甚至脑电波等向计算机传递信息；机器通过输出或显示设备给人提供大量有关信息及提示等，输出设备从传统的显示器、打印机、绘图仪逐步发展到三维打印机、头盔式显示器、洞穴式显示环境等。可以看出，人机交互模式随着其使用人群的扩大和不断向非专业人群的渗透，越来越回归到一种自然、便捷的方式。

2) 虚拟现实技术

虚拟现实(Virtual Reality，简称 VR)是利用计算机等设备创造一种崭新的人机交互手段，模拟产生一个逼真的三维视觉、触觉、嗅觉等多种感官体验的虚拟世界，从而使处于虚拟世界中的人产生一种身临其境的感觉。在这个虚拟世界中，人们可直接观察周围世界及物体的内在变化，与其中的物体之间进行自然的交互，并能实时产生与真实世界相同的感觉，使人与计算机融为一体，如图 1-16 所示。

图 1-16　一个虚拟现实场景

虚拟现实技术具有 3 个显著特征：沉浸性(Immersion)、交互性(Interaction)和想象性(Imagination)，被称为 3I 特性。

(1) 沉浸性。沉浸性是指能让人完全融入虚拟环境中，就好像在真实世界中一样。

(2) 交互性。在虚拟现实系统中，人们可以利用一些传感设备，以自然的方式与虚拟世界进行交互，实时产生与真实世界相同的感知。例如，当人用手去抓取虚拟环境中的物体时，手就有握东西的感觉，而且可感觉到物体的重量。

(3) 想象性。虚拟环境是设计者根据自己的主观意识想象出来用来实现一定目标的，使用者进入虚拟空间也可以根据自己的感觉和认知能力吸收知识，创立新的概念和环境。

这 3 个“I”突出了人在虚拟现实系统中的主导作用：

(1) 人不只是被动地通过键盘、鼠标等输入设备和计算环境中的单维数字化信息发生交互作用，从计算机系统的外部去观测计算处理的单调结果，而是能够主动地沉浸到计算机系统所创建的环境中，计算机将根据使用者的特定行为实现人机交互；

(2) 人用多种传感器与多维化信息系统的环境发生交互，即用集视、听、嗅、触等多

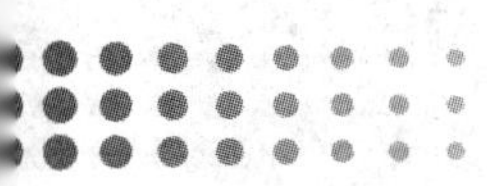

感知于一体的、人类更为适应的认知方式和便利的操作方式进行人机交互，以自然、直观的人机交互方式来实现高效的人机协作，从而使参与者沉浸其中，有“真实”体验；

(3) 人能像对待一般物理实体一样去直接体验、操作信息和数据，并在体验中插上想象的翅膀，翱翔于这个多维信息构成的虚拟空间中，成为和谐人机环境的主导者。

虚拟现实技术的应用前景非常广阔，目前遍及到商业、医疗、工程设计、娱乐、教育和通信等诸多领域。

3) 可穿戴技术

可穿戴技术(Wearable Technology)最早是于20世纪60年代由麻省理工学院媒体实验室提出的创新技术，它实际上是让虚拟和现实世界无缝结合的增强现实技术。利用该技术可以把多媒体、传感器和无线通信等技术嵌入人们的衣物中，可支持手势和眼睛转动等多种交互方式，主要探索和创造可直接穿戴的智能设备。这相当于将计算机穿戴在人体上，计算机伴随在人们的日常生活中，随时实现一定的交互，提供各种帮助。目前被大多数人熟悉且受欢迎的可穿戴设备就是智能手表。在未来世界，可穿戴产品就像现在的手机一样，贯穿在我们的生活中。

1.3.3 任务实现：观察你所处的世界

不管你是去商场购物还是进入图书馆学习，或是进入智能办公大楼，请仔细观察你周围的环境，说说有哪些地方嵌入了计算机新技术的应用。

请开动你的思维，在你的生活和学习过程中，还有哪些地方不是很方便，需要我们利用计算机新技术来提升我们的生活和工作的舒适度？

1.4 习 题

一、单选题

1．迄今为止电子数字式计算机都属于冯·诺伊曼式的，这是由于它们都是建立在冯·诺伊曼提出的__________的核心思想基础上的。

A．二进制

B．程序顺序存储与执行和计算机硬件的基本结构

C．采用大规模集成电路

D．计算机分为五大部分

2．计算机软件一般包括系统软件和__________。

A．字处理软件　　B．应用软件

C．管理软件　　D．科学计算软件

3．下列说法错误的是__________。

A．计算就是符号串的变换

B．一个问题是可计算的，则该问题具有相应的算法

C．算法是求解问题的方法

D．数据加密不属于计算

4．计算思维属于__________。

A．科学思维　　　　　　　　　　　　B．理论思维

C．实验思维　　　　　　　　　　　　D．宗教思维

5．大数据思维方式出现了 3 个变化，下列__________不在其中。

A．人们处理的数据从样本数据变成全部数据

B．由于是全样本数据，人们不得不接受数据的混杂性，放弃对精确性的追求

C．人类通过对大数据的处理，放弃对因果关系的渴求，转而关注相互联系

D．社交网络数据成为数据分析的主流

二、填空题

1．世界上第一台电子计算机于__________年诞生于__________，名为__________。

2．计算机的 1 个存储单元能够存储_________字节的数据，1 个字节由_________个二进制位组成。

3．计算思维的本质是_________和_________。

4．1936 年图灵提出了一种理想的计算机器的数学模型，被称为_________。

三、思考题

1．报数游戏。规则如下：两个人从 1 开始轮流报数 1、2、3、…，每人每次可报一个数或两个数，比如一个人先报 1，另一个人接着报 2 或者报 2、3，然后两人轮流接替着向后报数，谁报到 36 谁就输了。要求：如果你和另一人玩这个游戏，若你先报数，如何控制你一定能赢而另一人一定会输？

2．计算机新技术有哪些？

项目 2 计算机基础操作——操作系统和 Internet 应用

在信息化时代，计算机基础知识、基本操作和常用软件是当今社会人们必须掌握的基本技能之一，也是大、中专院校学生学习专业课程的基础。

【项目介绍】

由于计算机基础知识和技能大家基本都已掌握，所以在本项目中，以 Windows XP 和 Windows 7 操作系统为平台，简单、系统介绍计算机的基本操作、资源管理、Internet 应用和常用工具软件的使用。任务分解如下：

2.1　任务：操作系统的使用

(1) 掌握计算机的基本操作。

(2) 掌握 Windows 的基本操作，学会管理计算机。

2.2　任务：Internet 的应用

(1) 了解 Internet 和 Internet 发展的热点。

(2) 了解浏览器，掌握浏览器的基本操作。

(3) 学会使用网络搜索资源、收发邮件、上传及下载数据。

2.3　任务：熟悉常用工具软件

(1) 了解常用工具软件。

(2) 掌握常用工具软件的基本用法。

说明：由于本项目内容大家基本都已掌握，并且操作也熟练，故此部分内容只做简单介绍，部分内容只给出要求，读者自行完成。

2.1　任务：操作系统的使用

2.1.1　任务描述

操作系统是计算机必配的系统软件，是计算机正常运行的指挥中心，为用户提供高效、

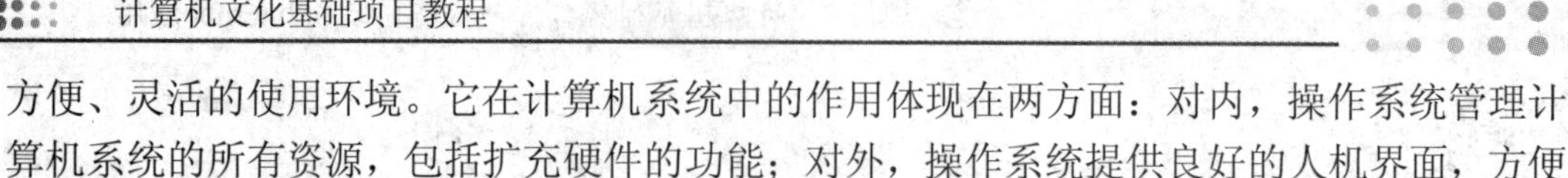

方便、灵活的使用环境。它在计算机系统中的作用体现在两方面：对内，操作系统管理计算机系统的所有资源，包括扩充硬件的功能；对外，操作系统提供良好的人机界面，方便用户使用计算机。没有操作系统，计算机就无法使用。

常用的操作系统有 Windows、UNIX、Linux 等。

Windows 操作系统是美国微软公司研发的系列操作系统，问世于 1985 年。随着计算机硬件和软件的不断升级，微软的 Windows 也在不断升级，架构从 16 位、32 位到 64 位，系统版本从最初的 Windows 2.0 到大家熟知的 Windows 95、Windows 98、Windows 2000、Windows XP、Windows Vista、Windows 7、Windows 8、Windows 10 和 Windows Server 服务器企业级操作系统，微软一直致力于 Windows 操作系统的开发和完善，是当前应用最广泛、在个人计算机领域普及度很高的操作系统。

Windows XP 是目前使用比较广泛的操作系统。Windows 7 是微软公司 2009 年 10 月推出的新一代操作系统。Windows 8 是 2012 年 10 月正式推出的具有革命性变化的操作系统。Windows 10 是 2015 年 7 月，美国微软公司正式发布的计算机和平板电脑操作系统。本项目以 Windows XP 和 Windows 7 作为操作平台，介绍各知识点。

任务描述如下：

(1) 掌握 Windows XP 的基本操作，学会通过 Windows XP 系统来组织、管理计算机的资源，完成 Windows 工作环境的设置。

(2) 了解 Windows 7 的工作环境和基本操作。

2.1.2 知识点：鼠标和键盘的基本操作

目前计算机的绝大多数操作都由鼠标和键盘来完成。

1. 鼠标操作

鼠标是一个基本的输入设备，基本操作有指向、单击、右击、双击、拖动、滚动。

2. 键盘操作

键盘是向计算机输入信息的主要设备。键盘主要由五个键区组成，如图 2-1 所示。

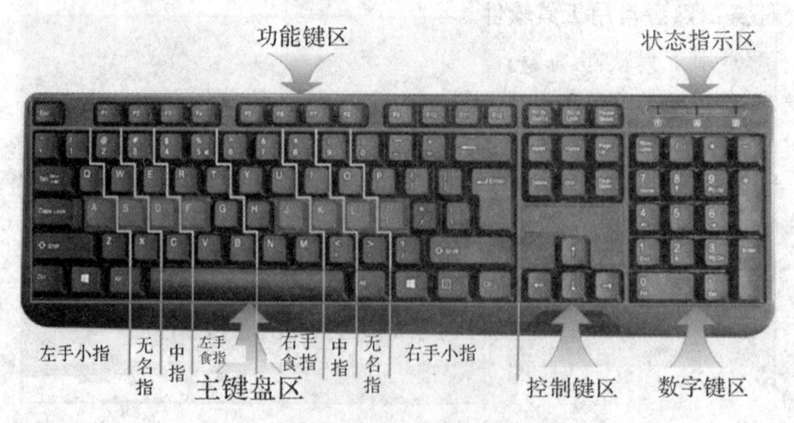

图 2-1 计算机键盘示意图

键盘是计算机最常用的输入设备，要求同学们在课下利用打字软件(如金山打字通)练

习，能够熟练操作键盘，基本实现盲打。

2.1.3　知识点：Windows XP 操作介绍

1. Windows XP 桌面操作

1) 认识 Windows XP 桌面

Windows XP 桌面是启动 Windows XP 后的整个屏幕画面，上面存放着经常用到的应用程序和文件夹的图标，由桌面图标、桌面背景和任务栏三部分组成，如图 2-2 所示。

图 2-2　Windows XP 桌面

桌面图标是一种快捷方式，用来快速启动程序、文档、文件夹，如【我的电脑】【我的文档】【网上邻居】【回收站】等图标。

任务栏是位于桌面下方的蓝色长条。任务栏分为【开始】按钮、快速启动栏、活动任务区和通知区域等几部分。

2) Windows XP 桌面操作

(1) 创建桌面快捷方式，更改桌面背景。

(2) 设置屏幕保护程序，更改屏幕分辨率。

3) 任务栏设置

(1) 改变任务栏的大小和位置。(注：任务栏被锁定时其大小和位置不可改变。)

(2) 锁定/解锁任务栏，将常用程序添加到快速启动栏。

(3) 使用经典【开始】菜单。

4) 使用联机帮助

Windows XP 提供了功能强大的帮助系统，当我们使用计算机遇到问题无法解决时，可以在帮助系统中寻找解决的方法。

单击【开始】按钮，选择【帮助和支持】命令，打开“帮助和支持中心”窗口。直接单击相应的主题进行查看，或者在【搜索】文本框中输入要查找内容的关键字，然后单击【开始搜索】按钮 ，进行快速查找。

5) 正确关闭计算机

要关闭计算机，应单击【开始】按钮，选择【关机】命令。关机时，计算机关闭所有打开的程序以及 Windows 本身，然后完全关闭计算机和显示器。

2．汉字输入工具

Windows 自带的汉字输入工具有微软全拼、智能 ABC 等。非 Windows 自带的文字输入工具有搜狗拼音、谷歌拼音输入法、QQ 拼音输入法、紫光拼音、极品五笔等，这些输入法需要用户自行下载、安装。安装完毕后，这些输入法自动加入语言栏菜单，其启动、切换与自带输入工具完全相同。目前简单好用的有搜狗拼音输入法、极品五笔输入法等。

1) 汉字输入法的切换

用户可根据喜好选择使用汉字输入法。切换输入法的操作方法如下：

方法 1：用鼠标单击任务栏中的输入法图标，在弹出的快捷菜单中单击所需输入法。

方法 2：使用快捷键【Ctrl + Shift】在各个输入法之间切换；按【Ctrl + 空格键】可进行中英文输入状态的切换。

2) 手工添加和删除输入法

对于系统中已经安装的输入法，可将其添加到语言栏菜单，方便用户使用；也可将不常使用的输入法从语言栏菜单删除，使其更简洁。操作如下：

(1) 单击【开始】，再单击【控制面板】，在【控制面板】窗口双击【区域和语言选项】图标。

(2) 在【语言】选项卡中单击【详细信息】按钮，打开“文字服务和输入语言”对话框，可以设置系统启动的默认输入法、添加或删除语言栏中的输入法，如图 2-3 所示。

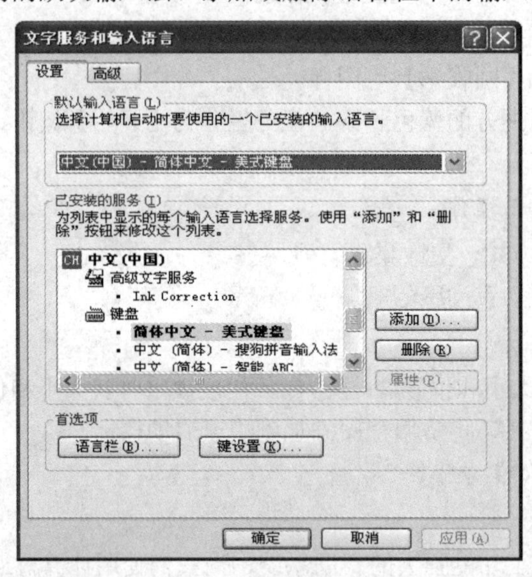

图 2-3 “文字服务和输入语言”对话框

3．“我的电脑”操作

1) 认识 Windows XP 的文件

(1) 文件。文件就是指以指定名称存储在磁盘中的一组相关信息的集合。文件中可以包含各种类型的信息：应用程序、文档、图片、声音、视频等。为了方便管理，可以把文件放到文件夹中。管理文件和文件夹一般都在“我的电脑”窗口中进行。

(2) 路径。文件在磁盘中具有固定的位置，即路径。路径由驱动器、文件夹、子文件

夹组成。如“C:\图片\cat.jpg”表明文件“cat.jpg”的路径为“C:\图片”，即存储位置在 C 盘根目录下的“图片”文件夹中。在同一个文件夹中不允许文件同名。

(3) 文件的命名规则。文件和文件夹的名称可以由字母或数字组成。文件和文件夹的名称最大长度不能超过 255 个字符。为了区分文件和文件夹，人们的习惯做法是：文件夹只有名称，无后缀；文件名后一般应加 1～4 个字符的后缀(也称为扩展名)，文件名和后缀之间用小数点隔开。

(4) 文件的类型。文件的类型可以通过文件的图标或扩展名显示出来。文件的类型通常有多种，如可执行程序文件(.com 和 .exe)、图像文件(.bmp、.jpg、.gif)、音频文件(.mp3、.wav)、视频文件(.avi、.mpeg、.rmvb)、文本文件(.txt)等。

2) 浏览、管理文件或文件夹

使用“我的电脑”和“资源管理器”来浏览、管理文件和文件夹。“我的电脑”窗口如图 2-4 所示，“资源管理器”窗口如图 2-5 所示。

文件的查看方式有：缩略图、平铺、图标、列表、详细信息等。

图 2-4　“我的电脑”窗口

图 2-5　“资源管理器”窗口

3) 文件操作

在计算机中，对文件的操作是一个必不可少的操作。最基本的、最常用的操作有：

(1) 创建文件夹。

(2) 选定文件或文件夹。

(3) 复制/移动文件或文件夹。

(4) 删除文件或文件夹。

(5) 还原已删除的文件或文件夹。

(6) 搜索文件或文件夹。

(7) 查看和设置文件或文件夹的属性。

(8) 查看隐藏的文件和文件夹。

4．多个窗口快速切换

如果桌面上打开了多个窗口，要在某个窗口中进行操作，需要先将该窗口切换为当前窗口。当前窗口总是显示在其他窗口的前面。可通过以下方法在多个窗口间快速切换。

方法 1：用鼠标左键单击某个窗口，切换到该窗口。

方法 2：在任务栏上单击某个程序按钮进行窗口切换。

5. Windows XP 工作环境设置

“控制面板”是 Windows 系统的一个重要组成部分，是用户对计算机系统进行配置的重要工具。用户通过它可以设置工作环境、添加或删除程序、建立账户等。主要操作有：

(1) 添加/删除程序。

(2) 设置系统日期、时间，创建新账户等。

(3) 其他设置(输入法、开始菜单、设备和打印机等)。

2.1.4 知识点：Windows 7 操作介绍

Windows 7 是微软公司推出的新一代操作系统，于 2009 年 10 月正式发布并投入市场。它继承了 Windows XP 的实用和 Windows Vista 的华丽，同时进行了一次大的升华。Windows 7 可以让用户更加快捷、简单地使用计算机。

Windows 8 是微软公司于 2012 年 10 月正式推出的具有革命性变化的操作系统，系统独特的 Metro 开始界面和触控式交互系统，让人们的日常电脑操作更加简单和快捷。Windows 8 启动速度更快，占用内存更少，并兼容 Windows 7 所支持的软件和硬件。

1. Windows 7 的新特色

Windows 7 的设计主要围绕着用户个性化、娱乐视听的优化、用户易用性等特点，并新增了很多特色功能，其中最具特色的是“跳转列表”、Windows Live Essentials、轻松实现无线联网、轻松创建家庭网络以及 Windows 触控技术等。

(1) “跳转列表”。“跳转列表”可以帮助用户快速访问常用的文档、图片、歌曲或网站。在开始菜单和任务栏中都能找到“跳转列表”。用户在“跳转列表”中能看到的内容取决于程序本身，如 Word 程序的“跳转列表”显示的是用户最近打开的 Word 文档。

(2) Windows Live Essentials。Windows Live Essentials 是微软提供的一个软件包，其中包括 Messenger、照片库、Mail、Writer、Movie Maker、家庭安全以及工具栏。

(3) 轻松实现无线联网。通过 Windows 7 系统，用户随时可以轻松地使用便携式电脑查看和连接网络。Windows 7 的无线连接给用户带来了更加自由自在的网络体验。

(4) 轻松创建家庭网络。在 Windows 7 系统中加入了一项名为家庭组(Home Group)的家庭网络辅助功能，用户可以通过这项功能更加轻松地在家庭电脑之间共享文档、音乐、照片及其他资源，也可以更加方便地共享打印机。

(5) Windows 触控技术。触控技术已在 Windows 系统中应用多年，只是功能相对有限。在 Windows 7 中首次全面支持多点触控技术，只需在触摸屏上使用手指轻点或划动，即可浏览在线报纸、翻阅相册以及拖曳文件和文件夹等。

2. Windows 7 版本

微软公司发布了六款适用于不同用户的 Windows 7 版本：Windows 7 Starter(初级版)、Windows 7 Home Basic(家庭普通版)、Windows 7 Home Premium(家庭高级版)、Windows 7

Professional(专业版)、Windows 7 Ultimate(旗舰版)和 Windows 7 Enterprise(企业版)。

3．Windows 7 的安装方式

Windows 7 操作系统常用的安装方式有两种，即全新安装和升级安装。全新安装是指在新硬盘或已经格式化的磁盘分区上安装操作系统。升级安装是指将磁盘中已存在的操作系统从低版本升级到高版本，例如从 Windows Vista 升级到 Windows 7。升级安装方式只是将必要的系统文件进行升级，原操作系统中的系统设置和个人资料会被保留。

4．Windows 7 桌面

1) Windows 7 桌面概述

启动 Windows 7 后，屏幕显示 Windows 7 桌面，桌面基本与 Windows XP 相同，桌面的组成元素主要包括背景、桌面图标、开始按钮和任务栏。

2) Windows 7“开始”菜单

“开始”菜单是计算机程序、文件夹和设置的主门户。“开始”菜单主要由常用程序列表、所有程序、启动菜单、关机按钮和搜索框组成，如图 2-6 所示。

(1) 常用程序列表。此列表中主要存放系统的常用程序。此列表会随着时间动态变化，如果列表超过 10 个，会按照先后顺序依次替换。

(2) 启动菜单。如图 2-6 右侧所示，启动菜单中列出 Windows 经常使用的程序链接，有文档、计算机、控制面板、图片等，单击不同选项，即可快速打开相应的程序。

(3) “所有程序”按钮。单击“所有程序”按钮可以查看系统中安装的所有软件，如图 2-7 所示。单击文件夹图标，可以展开相应的程序；单击“返回”按钮，可隐藏所有程序列表。

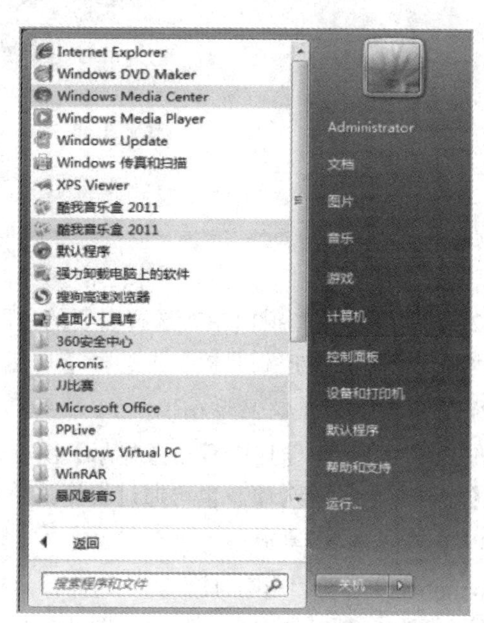

图 2-6　“开始”菜单　　　　图 2-7　“开始”菜单|“所有程序”

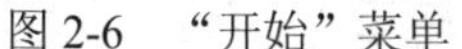

(4) 搜索框。搜索框主要用来搜索计算机上的资源，是快速查找资源的有力工具。在搜索框中直接输入需要查询的文件名，按回车键即可进行搜索操作。

(5) “关机”按钮。“关机”按钮主要用来对系统进行关闭操作。

3) Windows 7 任务栏

启动 Windows 7 后，任务栏会自动显示在屏幕的底部，用户可以对任务栏进行一些设置。设置方法基本与Windows XP 相同。

4) Windows 7 窗口

当打开一个程序、文件或文件夹时，屏幕上即可显示一个对应窗口。其窗口及窗口操作与 Windows XP 窗口相同。

5. Windows 7 个性化工作环境

Windows 7 操作系统允许用户根据自己的喜好设置桌面主题、屏幕分辨率、屏幕保护程序，定制窗口颜色和外观等。

1) Windows 7 “桌面主题”

Windows 7 为用户提供了多种风格的主题，用户可以选择相应的效果，操作如下：

(1) 右击桌面空白处，选择【个性化】命令，打开“个性化”窗口，如图 2-8 所示。

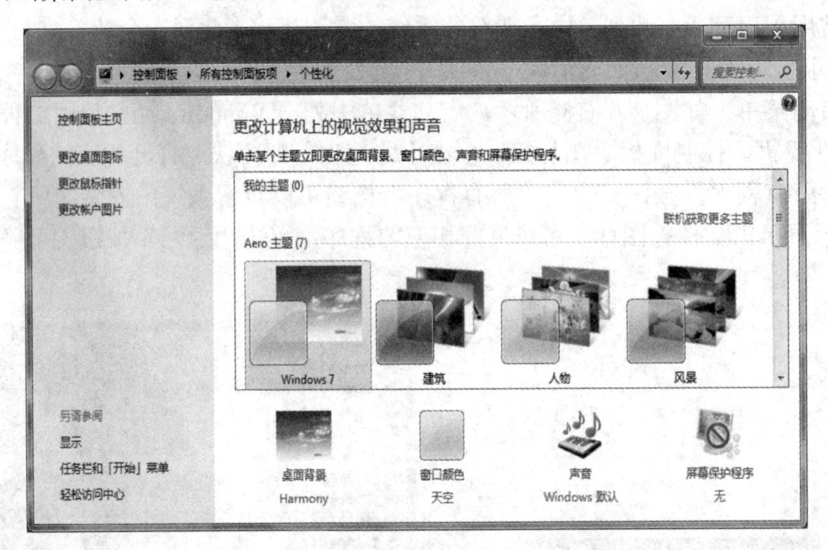

图 2-8 “个性化”窗口

(2) 在“个性化”窗口中，选择需要的主题样式。

用户还可以在【控制面板】中选择【个性化】进行设置更改。

2) Windows 7 更改显示属性

在“控制面板”窗口中双击【显示】图标，在“显示”窗口中按需要设置【调整分辨率】【校准颜色】等选项。也可通过快捷菜单设置屏幕分辨率。

3) Windows 7 “桌面小工具”

Windows 7 中有“小工具”的小程序，这些小程序可以提供即时信息，可轻松访问常用工具。例如，可以使用小工具显示图片幻灯片、查看不断更新的标题或查找联系人。在 Windows 7 桌面可添加自己的小工具图标，操作方法如下：

在桌面空白处单击鼠标右键，在弹出的快捷菜单中选择【小工具】命令，打开“小工

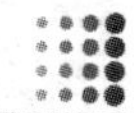

具”窗口，如图 2-9 所示。双击要添加的小工具，桌面上就会出现某个小工具图标。

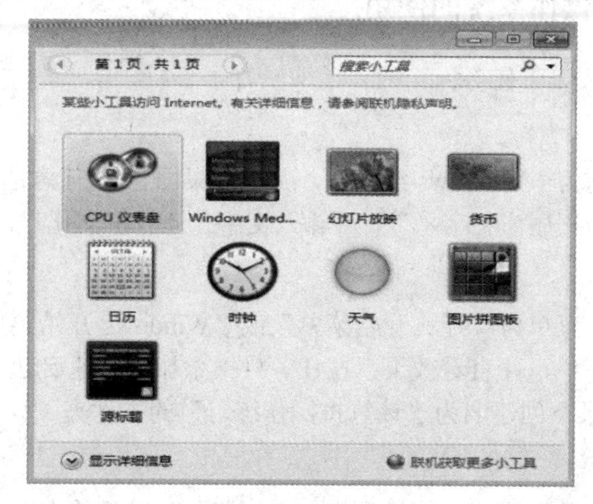

图 2-9　“小工具”窗口

4) Windows 7“控制面板”

控制面板中的设置选项按类别分主要有系统和安全、网络和 Internet、硬件和声音、程序、外观和个性化、时钟语言和区域、轻松访问中心等。进入控制面板的方法如下：

(1) 单击【开始】，在“启动菜单”区域选择“控制面板”，打开“控制面板”窗口。

(2) 在【查看方式】右侧有三种方式(类别、大图标、小图标)显示“控制面板”窗口。

(3) 将鼠标指针指向某项目的图标或名称，在该项目旁会出现这个项目的详细含义，如果要打开这个项目，单击其图标或名称即可。

6. Windows 7“计算机”操作

Windows 7 中的“计算机”是系统提供的常用资源管理工具，同 Windows XP 中的“我的电脑”。用户可以通过它查看本地计算机的所有资源，管理计算机中的文件及文件夹。

打开“计算机”的操作如下：双击桌面上的【计算机】图标，打开“计算机”窗口，如图 2-10 所示。在“计算机”窗口中，可以浏览文件、管理文件(复制、移动、删除、搜索等)，其操作同 Windows XP。

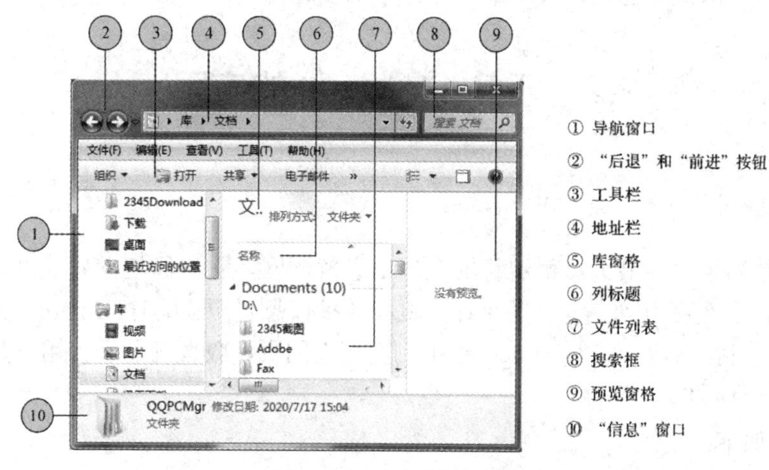

图 2-10　“计算机”窗口

2.1.5 任务实现：操作系统的使用

请同学们独立完成以下任务：

1．桌面设置

(1) 设置桌面主题为“Windows 经典”，并更改桌面背景(任意选择一个图片背景)。

(2) 设置屏幕保护程序为“字幕”，并输入文字“计算机文化”，等待时间为 1 分钟。

2．任务栏设置

(1) 更改【开始】菜单为“经典开始菜单”或“Windows 开始菜单”。

(2) 自动隐藏任务栏，并查看效果；在任务栏中添加“快速启动图标”及“桌面”。

(3) 在 D 盘根目录下创建名为“计算机操作练习”的文件夹。

3．窗口操作

(1) 打开“我的电脑”或“计算机”窗口，浏览各个磁盘的内容。

(2) 分别按照“名称”“类型”“大小”“可用空间”排列图标。

(3) 分别以“缩略图”“列表”“图标”“详细信息”方式显示窗口图标。

4．文件及文件夹操作

(1) 在桌面创建一个以自己姓名命名的文件夹。

(2) 利用搜索功能，搜索几个图片文件，将搜索的图片文件复制到自己的文件夹中。

(3) 将该文件夹移动到其他磁盘中。利用窗口搜索功能，搜索自己创建的文件夹。

5．设备管理操作

(1) 查看并记录计算机的配置，如 CPU 型号、内存大小、计算机名、显卡以及网卡型号。

(2) 记录本机 IP 地址和网关及 DNS 服务器的 IP 地址。

6．控制面板操作

(1) 将“搜狗输入法”设置为启动的默认输入法。

(2) 查看“控制面板”中的图标，并调整系统日期和时间。

(3) 使用自己的姓名创建一个用户账户，不要设置密码。

2.2 任务：Internet 的应用

2.2.1 任务描述

Internet 是当今世界最大、最流行的全球信息资源网。它已经把世界数以千计的地区和用户连在一起，使其互通信息，共享计算机和各种信息资源。同时，Internet 也给现实生活带来很大的便利，人们可以在 Internet 上浏览相关网页、收发邮件和使用下载工具来下载自己喜欢的音频和视频文件。

任务描述如下：

(1) 了解 Internet 的基本知识。

(2) 掌握 IE 浏览器的基本操作，学会申请电子邮箱并利用电子邮箱发送和接收电子邮件、学会检索信息以及使用聊天工具。

(3) 掌握迅雷下载工具的使用方法。

2.2.2　知识点：Internet 简介

1．Internet 的定义

Internet 即互联网，或因特网、英特网，是广域网实现的一个典型。从计算机技术的角度来看，我们可以这样说明它：Internet 是一个以 TCP/IP 网络协议连接各个国家、各个地区以及各个机构的计算机网络的数据通信网。从信息资源的角度看，Internet 是一个集各个部门、各个领域的各种信息资源为一体，供网上用户共享的信息资源网。

从通信协议、物理连接、资源共享、相互联系、相互通信的角度综合考虑，一般认为 Internet 符合以下三点：

(1) Internet 是一个基于 TCP/IP 协议族的网络；

(2) Internet 是一个网络用户的集团，用户使用网络资源，同时也为该网络的发展壮大贡献力量；

(3) Internet 是所有可被访问和利用的信息资源的集合。

2．Internet 的发展

Internet 始于 1969 年的美国，是美国在军用计算机网络 ARPANET 的基础上，经过不断的发展变化而形成的。

20 世纪 80 年代，美国国家科学基金会 NSF 决定自己出资，利用 ARPANET 发展出来的 TCP/IP 通信协议，建立名为 NSFNET 的广域网。从 1986 年至 1991 年，NSFNET 的子网从 100 个迅速增加到 3000 多个。NSFNET 的正式营运以及实现与其他已有和新建网络的连接真正成为 Internet 的基础。20 世纪 90 年代开始，因特网实现了全球范围的电子邮件、WWW、文件传输、图像通信等数据服务的普及。

在中国，1994 年中国科学技术网(CSTNET)首次实现和 Internet 直接连接，同时建立了我国最高域名服务器，标志着我国正式接入 Internet。相继又建立了中国教育和科研计算机网(CERNET)、中国公用计算机互联网(CHINANET)和中国金桥信息网(CHINAGBN)，从此中国用户日益熟悉并使用 Internet。

3．Internet 的特点和应用

Internet 在现实生活中应用很广泛，它提供了丰富的服务。Internet 的常见应用包括：

(1) 通讯(即时通讯、电子邮件、微信等)；

(2) 社交(facebook、微博、空间、博客、论坛等)；

(3) 浏览、查询信息(查询各种信息，浏览网站，足不出户尽知天下事)；

(4) 网上贸易 (电子商务、网上购物、售票、工农贸易等)；

(5) 云端化服务(网盘、笔记、资源、计算等)；

(6) 资源共享化(电子市场、门户资源、论坛资源、视频、音频、文档等媒体、游戏、信息等)；

(7) 服务对象化(互联网电视直播媒体、数据以及维护服务、物联网、网络营销、流量等)。

4．Internet 发展的前沿领域

随着互联网的发展，不断有新的应用和概念诞生，其中区块链、物联网、云计算和大数据得到了重点关注，并引发了广泛的研究热潮，目前应用广泛。

5．全球互联网未来发展趋势

(1) 互联网已成为全球产业转型升级的重要助推器。

(2) 互联网已成为世界创新发展的重要新引擎。

(3) 互联网已成为造福人类的重要新渠道。

(4) 互联网已成为各国治国理政的新平台，成为国际交流合作的新舞台。

(5) 互联网已成为国家对抗的新战场，成为国际竞争的新利器。

(6) 互联网已开启信用社会发展新序幕，成为人类面临的共同挑战。

2.2.3 知识点：浏览器的使用

1．浏览器介绍

浏览器是一种显示网页服务器或者文件系统的 HTML 文件内容，也是让用户与这些文件交互的软件。个人电脑上常见的网页浏览器包括 Internet Explorer、Mozilla 的 Firefox、Apple 的 Safari、Opera、Google Chrome、GreenBrowser、360 安全浏览器、搜狗高速浏览器、腾讯 TT、傲游浏览器、百度浏览器、腾讯 QQ 浏览器等。

Internet Explorer 简称 IE 或 MSIE，是微软公司推出的一款网页浏览器，采用免费与操作系统捆绑的方式提供给用户。因此，它是目前使用最广泛的网页浏览器。在此以 IE 浏览器作为工具，介绍浏览网页、保存网页、脱机浏览等学习内容。

IE11 浏览器官方版是目前最流畅和流行的浏览器之一，其性能与之前版本相比更为优越，用户体验更好。为了推行最新的 Web 标准，IE11 浏览器更好地支持 HTML5 标准。为了提升游戏体验和视频体验，IE11 浏览器增加了 WebGL 的支持。

2．浏览网页

浏览网页是互联网最重要、最常用的功能之一。浏览网页的方法较多，常用的有以下两种。

1) 直接输入网址

浏览网页最常用的方法是在地址栏中直接输入该网站的地址。如果是初次访问的网站，必须在地址栏中输入该网站的地址；如果要打开曾经访问过的网站，在地址栏的下拉列表框中选择所需网址即可。此外，也可用浏览器中的“工具栏”“链接栏”“收藏夹”“历史记录”打开曾经访问过的网站。

2) 使用“网址导航”网站

(1) 网址导航。网址导航(Directindustry Web Guide)是互联网最早的网站形式之一，它实际上就是一个集合较多网址，并按一定条件进行分类的网址站。网址导航方便用户快速找到自己需要的网站，而不用去记住各类网站的网址。现在的网址导航一般还自身提供常用查询工具以及邮箱登录、搜索引擎入口，有的还有热点新闻等功能。常用的网址导航网站有：http://www.hao123.com、http://www.2345.com、http://hao.qq.com。

(2) 浏览导航网站。在桌面上双击【浏览器】图标，打开 Internet Explorer 浏览器，在地址栏中输入要浏览的网站地址："http://www.hao123.com"，然后按回车键，即可打开"hao123"网址导航页面。

3．保存 Web 页面

若浏览到包含有用信息的网页，可把整个网页或网页中的部分图像、动画以文件的形式保存到自己计算机的硬盘上，以便以后能脱机查看。

(1) 保存浏览器中的当前页。其操作方法为：单击【文件】|【另存为】菜单命令，打开"保存网页"对话框，在文件名框中输入一个文件名，单击【保存】按钮即可。

(2) 保存网页中的图像、动画。其操作方法为：在图像或动画上单击右键，在弹出的菜单中选择【图片另存为】命令。在打开的对话框中选择适当的文件夹，并在【文件名】框中输入文件名，单击【保存】按钮即可。

4．收藏网页

收藏网页是指把网站地址和网页信息保存到浏览器的收藏夹中。浏览网页时，遇到喜欢的网页还可以把它放到【收藏夹】里。操作方法如下：

(1) 单击工具栏上的【收藏夹】按钮，打开"收藏夹"窗口。

(2) 单击"收藏夹"窗口中的【添加】按钮，弹出"添加到收藏夹"对话框，在此对话框中建立一个新文件夹，或选择一个收藏网页的文件夹，单击【确定】按钮，完成收藏。

5．设置主页

主页是打开浏览器时所看到的第一个页面，在启动 Internet Explorer 的同时，系统打开默认主页。为了使浏览 Internet 时更加快捷和方便，用户可以将访问频繁的站点设置为主页。例如将"百度"设置为主页，操作步骤如下：

(1) 打开 Internet Explorer 浏览器，单击【工具】菜单的【Internet 选项】命令，打开"Internet 选项"对话框。

(2) 在【主页】栏的【地址】中输入"http://www.baidu.com"，单击【确定】按钮即可。

6．浏览器加速技巧

1) 加快 IE 的搜索速度

大多数人使用搜索引擎时都习惯于进入网站后再输入关键词搜索，这样会大大降低搜索效率。实际上，IE8 及以后版本的 IE 浏览器内置了多个搜索引擎，支持直接从地址栏中进行快速高效的搜索。在浏览器中，单击搜索框后的箭头，即可以看到已经安装的搜索程序。

2) 使用加速器

在打开的网页中，选中文本内容，单击【加速器】按钮，即可以利用加速器从任何正在查看的网页来搜索、转换、共享内容或通过电子邮件发送内容。另外，还可以创建和分享通过创建加速器来扩展的在线服务，比如天气查询等。

2.2.4 知识点：搜索引擎的使用

在 Internet 上获取所需资源，通常是先查找到该资源，然后将其下载到计算机上。

要在茫茫网页的海洋中搜索到自己所需的信息，就需要借助搜索引擎工具。搜索引擎是互联网上最重要也是最常见、最流行的一种信息检索工具，是对网络信息资源进行收集、标引和检索的信息服务系统。国外的搜索引擎有 Google(谷歌，http://www.google.com)、Yahoo(雅虎，http://search.yahoo.com)，国内著名的搜索引擎有百度(http://www.baidu.com)、中搜(http://www.zhongsou.com)等。

1. 百度搜索引擎

百度是全球最优秀的中文信息检索与传递技术供应商，在中国所有具有搜索功能的网站中，由百度提供搜索引擎技术支持的超过 80%。百度搜索引擎的使用技巧如下：

(1) 简单搜索。只要在搜索框中输入关键词，并单击【百度一下】按钮，百度就会自动找出所有符合全部查询条件的资料，并把最相关的网站或资料排在前列。

(2) 输入多个关键字搜索。输入多个关键字，可以获得更精确更丰富的搜索结果。关键词和关键词之间用空格隔开。通常输入两个关键词搜索即可获得准确的搜索结果。

(3) 排除无关资料。有时排除含有某词语的资料有利于缩小查询范围。百度支持“–”功能，用于有目的地删除某些无关网页，但减号之前必须留一个空格，语法是“A–B”。

(4) 并行搜索。使用“A|B”可搜索包含关键词“A”或包含关键词“B”的网页。

2. 谷歌搜索引擎

谷歌(Google)公司是一家位于美国的跨国科技企业，谷歌开发的互联网搜索引擎，目前被公认为是全球规模最大的搜索引擎之一。它提供了简单易用的免费服务，主要有网页搜索、图片搜索、地图搜索、新闻搜索、博客搜索、论坛搜索等，用户可以在瞬间得到相关的搜索结果。谷歌提供基本搜索和高级搜索两种方法。

(1) 基本搜索。在搜索框中输入检索词，并单击【Google 搜索】按钮。如果是多个检索词，它们之间用空格隔开，系统默认为逻辑与运算。如果要进行短语或专用词检索，则应在专用词上加双引号，或者用 –、\、+、= 等作为短语的连接符。

(2) 高级搜索。高级搜索是指在检索中使用限制检索的方法。例如，将检索限制在某些网站上，在检索词后面加“site:网站”；将检索限制在某一类文件中，在检索词后面加“filetype:文件类型”。

Google 只会返回符合全部查询条件的网页，在英文检索中不区分字母大小写。

2.2.5 知识点：互联网通信

聊天工具又称 IM 软件或者 IM 工具(IM 为 Instant Messaging 的缩写，译为即时通讯、实时传讯)，主要提供基于互联网络的客户端实时语音、文字传输，这是一种可以让使用者在网络上建立某种私人聊天室的实时通讯服务。大部分的即时通讯服务提供了状态信息的特性——显示联系人名单，查看联系人是否在线及能否与联系人交谈。目前，在互联网上受欢迎的即时通讯软件包括 QQ、Skype、MSN、飞信、微信等。

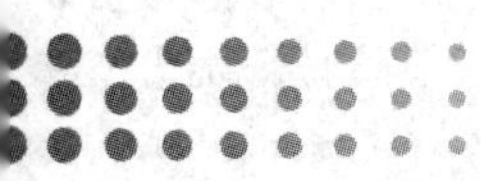

1. 使用 QQ

QQ 是深圳市腾讯科技计算机系统有限公司开发的一款基于 Internet 的即时通信软件。它支持在线聊天、视频电话、点对点传文件、共享文件、网络硬盘、自定义面板、QQ 邮箱等多种功能，并可与移动通讯终端等多种通讯方式相连。用户使用 QQ 可以方便、实用、高效地和朋友联系，而这一切都是免费的。

聊天是腾讯 QQ 最基本的功能，它提供如下三种聊天模式：

(1) 文字聊天。文字聊天是最常用的一种聊天模式，主要是通过聊天窗口向好友发送即时文字消息。

(2) 语音聊天。只要配置完整的音频装置，就可通过该聊天工具和好友进行通话。

(3) 视频聊天。只要在计算机上安装视频和音频设备，如摄像头与麦克风，就可以和好友进行视频聊天，相当于可视电话的功能，只不过是通过计算机网络来实现。

2. 使用微信

微信是腾讯公司推出的免费即时通讯服务的聊天软件。用户可以通过手机、平板电脑快速发送语音、视频、图片和文字。微信提供公众平台、朋友圈、消息推送等功能，同时可通过微信将内容分享给好友，也可将精彩内容分享到微信朋友圈。微信支持多种语言，仅耗少量的流量。

2.2.6　知识点：注册邮箱及在线收/发邮件

电子邮件是通过 Internet 邮寄的邮件，目前电子邮件已经成为人们之间信息传递和计算机之间资源传递的重要途径。电子邮件像电话一样迅捷，在正常情况下，从北京发出一封电子邮件，对方无论在世界任何一个国家，几分钟内即可收到。电子邮件不仅可传送文字信息，还可传送所有形式的计算机上的数据信息，如二进制文件、图像、声音及视频等。

1. 申请免费邮箱

Internet 再也不是免费的午餐，原先提供免费电子邮箱的很多网站已经开始进行收费。但就目前情况来说，仍可找到一些提供免费邮箱的网站，如搜狐网和新浪网等。

2. 撰写及发送邮件

撰写及发送邮件的操作步骤如下：

(1) 进入自己的邮箱。

(2) 写信。如果需要发送图片或者带有格式的文档内容，需要使用附件上传附件。

(3) 发送信件。

3. 接收邮件

接收邮件的操作步骤为：进入自己的邮箱；收信。

2.2.7　知识点：下载工具

迅雷是一款新型的基于多资源的超线程技术的下载软件。作为“宽带时期的下载工具”，迅雷针对宽带用户做了特别的优化，能够充分利用宽带上网的特点，带给用户高速下载的全新体验。同时迅雷推出了“智能下载”的全新理念，通过丰富的智能提示和帮助，让用户真正享受到下载的乐趣。以下简要介绍迅雷 7.0。

(1) 窗口组成。迅雷 7.0 的窗口主要由“标题栏”“菜单栏”“工具栏”“任务管理栏”“任务列表栏”“扩展按钮”“连接信息栏”和“状态栏”等几部分组成。

(2) 任务分类说明。任务管理栏中包含一个目录树，分为【正在下载】【已下载】和【垃圾箱】三个分类，单击其中一个分类就会看到该分类里的任务。每个分类的作用如下：

【正在下载】：没有下载完成或者错误的任务都在这个分类，当开始下载一个文件的时候，就需要单击【正在下载】查看该文件的下载状态。

【已下载】：下载完成后任务会自动移动到【已下载】分类，如果发现下载完成后文件不见了，单击【已下载】分类就会看到。

【垃圾箱】：用户在【正在下载】和【已下载】中删除的任务都存放在迅雷的【垃圾箱】中，【垃圾箱】的作用就是防止用户误删，在【垃圾箱】中删除任务时，会提示是否把存放于硬盘的文件一起删除。

2.2.8 知识点：电子商务应用

Internet 和计算机技术的发展除了给人们生活中带来翻天覆地的变化外，其技术也走入了传统的商业模式中，形成了一种崭新的电子商务模式。在全球各地广泛的商业贸易活动中，在 Internet 开放的网络环境下，基于浏览器/服务器应用方式，买卖双方不谋面地进行各种商贸活动，实现消费者的网上购物、商户之间的网上交易和在线电子支付以及各种商务活动、交易活动、金融活动和相关的综合服务活动，形成了一种新型的商业运营模式。

1. 网上购物

网上购物是通过互联网检索商品信息，并通过电子订购单发出购物请求，然后填上私人支付账号或信用卡号码，厂商通过邮购的方式发货或通过快递公司送货上门。我国的网上购物，一般付款方式是以款到发货(直接银行转账或在线汇款)，担保交易(淘宝支付宝、百度百付宝等)和货到付款等三种方式进行。

2. 网上银行

网上银行又称网络银行、在线银行或电子银行，它是各银行在互联网中设立的虚拟柜台，银行利用网络技术，通过互联网向客户提供开户、销户、查询、对账、行内转账、跨行转账、信贷、网上证券、投资理财等传统服务项目，使客户足不出户就能够安全、便捷地管理活期和定期存款、支票、信用卡及个人投资等。

3. 网上支付

网上支付是电子支付的一种形式，它是通过第三方提供的与银行之间的支付接口进行的即时支付方式，这种方式的好处在于可以直接把资金从用户的银行卡中转账到网站账户中，汇款马上到账，不需要人工确认。客户和商家之间可采用信用卡、电子钱包、电子支票和电子现金等多种电子支付方式进行网上支付。采用在网上电子支付的方式节省了

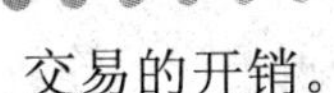

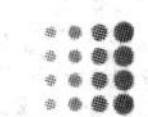

交易的开销。

2.2.9　任务实现：网络应用

前面已经对 Internet 及在 Internet 上获取所需要资源、在线收发邮件等知识点进行了介绍。现利用前面所学的知识来完成以下任务：

(1) 利用搜索引擎(谷歌或百度)搜索西安市风景图片，并将搜索结果保存在本机。

(2) 使用搜索引擎查找“西安理工大学”主页。

(3) 在搜狐网站(http://www.sohu.com)注册免费邮箱，并用此邮箱给任课教师发送带有附件的邮件，其中附件为 Word 文档，文档输入内容为“我的家乡”。

(4) 利用迅雷下载工具下载 360 安全卫士。

(5) 访问京东商城或拼多多等购物平台，进行一次购物体验。

2.3　任务：熟悉常用工具软件

2.3.1　任务描述

种类繁多的工具软件作为计算机的辅助工具，极大地方便了人们的工作。它们的功能、使用方法各不相同。本任务对工作和学习中经常用到的工具软件进行介绍，以帮助大家做到触类旁通，从而更好地学习和使用工具软件。

任务描述如下：

(1) 了解计算机常用工具软件的功能。

(2) 掌握计算机常用工具软件的使用方法。

2.3.2　知识点：工具软件介绍

1. Windows 附件

Windows XP 的附件中有许多常用的应用程序，单击【开始】|【所有程序】|【附件】后，就可以选择其中某个工具。以下是几种常用的工具。

(1) 记事本。记事本是一个简单的查看和编辑文本文件(.txt)的编辑器。记事本功能较少，使用方便快捷。

(2) 写字板。写字板是一个操作简便、使用方便的文字处理程序，可以创建和编辑简单的文本文档。

(3) 计算器。打开“计算器”程序窗口，默认为标准型计算器。在【查看】菜单中选择【科学型】，可以切换到科学型计算器。

(4) 压缩文件管理器 WinRAR。

WinRAR 是目前网络中最流行的压缩工具，也是装机必备工具之一，主要用于备份数据、缩减 E-mail 的附件、创建和解压 RAR、ZIP 或其他格式的压缩文件。WinRAR 具有界面友好、使用方便、占用磁盘空间小、功能强大等特点。

① 压缩文件。可以对文件夹和文件进行压缩，生成一个压缩文件，便于携带或运输。

② 解压文件。对于压缩文件，必须先将其解压才能打开。

2．键盘打字软件

1) 金山打字通

金山打字通是金山公司推出的一款教育软件，主要由金山打字通和金山打字游戏构成。其中，金山打字通集合了英文打字、拼音打字、五笔打字三种主流输入法，为用户定制了个性化的练习课程，是计算机初学者进行键盘盲打训练的好帮手。

2) 打字高手

打字高手是一款非常不错的打字软件，其包括指法训练、五笔教学、英文测试、中文测试以及成绩查询等功能。该软件功能实用，使用便捷，已广泛应用于家庭、学校及培训考核机构。

3．网络安全软件

随着 Internet 迅猛发展和网络社会化的到来，网络已经无所不在地影响着人类社会生活的各个方面，而计算机病毒对于计算机的安全性造成了极大的威胁。

1) 计算机病毒及特点

计算机病毒是编制者在计算机程序中插入的破坏计算机功能或者破坏数据、影响计算机使用并且能够自我复制的一组计算机指令或者程序。目前它是计算机安全面临的最大威胁，它能导致计算机系统运行缓慢、反复启动或使程序无法启动，造成系统工作异常和数据丢失。目前已知病毒有 8 万多种，且每天都有几十种新病毒问世。计算机病毒的预防是保证计算机安全的首要问题。

计算机病毒具有寄生性、传染性、破坏性、隐蔽性、潜伏性和可触发等特点。

2) 使用常用免费杀毒软件——360 安全卫士

360 安全卫士是奇虎公司推出的安全类上网辅助工具软件，它拥有查杀流行木马、清理系统插件、杀毒、系统实时保护、修复系统漏洞等强劲功能，同时还提供系统全面诊断、弹出插件免疫、清理使用痕迹以及应用软件管理等特定辅助功能，并且提供对系统的全面诊断报告，方便用户及时发现问题，为每一位用户提供全方位的系统安全保护。

(1) 电脑体检。360 安全卫士启动后默认打开“电脑体检”界面，可对电脑系统进行快速一键扫描，对木马病毒、系统漏洞、恶评插件等问题进行检查，并全面解决潜在的安全风险，提高电脑的运行速度。

(2) 查杀流行木马。木马查杀是 360 安全卫士的一项重要功能。进入 360 安全卫士界面后，单击【木马查杀】按钮可实现此功能。“360 云查杀引擎”查杀木马较一般方法速度快十倍、内存节省 80%，能查杀出目前网络流行的绝大部分木马程序。第一次使用时建议选择【全盘扫描】按钮，全面检查系统中是否存在木马，耐心等待扫描完毕。扫描结果将显示在界面下方的列表中，在扫描结果中全选或者只选择某几项，然后单击【立即处理】按钮清除选定的木马。

3) 其他常用免费杀毒软件介绍

(1) Avira AntiVir Personal(小红伞)。这是一款个人版本的德国著名防病毒、杀毒软件，

它能有效地保护个人电脑以及工作站，可以检测并移除超过 60 万种病毒，并支持网络更新。

(2) Anti-Spyware Toolkit(超级巡警)。这是一款能轻松对付熊猫烧香、维金、灰鸽子、我的照片、机器狗、AV 终结者、ARP 病毒、盗号木马等流行病毒的强大杀毒软件。超级巡警对付国内流行病毒尤其是来自网页的威胁的本领堪称一流。

(3) Clam Win。它是一款功能非常优秀的免费防毒软件，号称最低功耗的“静音杀毒软件”，它占用资源非常少。除了强大的文件与电子邮件防护能力之外，它还拥有在线更新病毒码、及时侦测等功能。

(4) Dr.Web Cureit。它的全名是 Dr.Web Antivirus for Windows，即鼎鼎大名的“大蜘蛛”，这是一款俄罗斯出品的功能强大的杀毒防毒工具，采用新型的启发式扫描方式，提供多层次的防护方式，紧紧地和用户的操作系统融合在一起，拒绝接纳任何恶意代码进入，如病毒、蠕虫、特洛伊木马以及广告软件、间谍软件等。它是一种新型的基因式扫描杀毒软件。

4) 设置系统自带的防火墙

防火墙是近些年发展起来的一种保护计算机网络安全的技术性措施，由软件和硬件设备组合而成，在内部网和外部网、专用网与公共网之间构造了保护屏障。

Win7 自带的防火墙提供了可以针对不同网络环境进行设置的界面，其操作方法如下：

(1) 打开【控制面板】，在【控制面板】窗口选择大图标状态。

(2) 双击【Windows 防火墙】图标，显示【Windows 防火墙】设置界面。

(3) 在左侧窗格中，单击【更改通知设置】或【打开或关闭 Windows 防火墙】选项，均可打开【自定义设置】窗口，这里有两个设置区域【家庭或工作(专用)网络位置设置】和【公用网络位置设置】，用户可以根据需要选中任一个区域的复合框。

4．看图和图像处理软件

1) Windows 图片和传真查看器

Windows 图片和传真查看器是集成在 Windows 操作系统中的一个看图软件，它是我们常用的图片浏览工具。在未安装其他图片浏览软件之前，系统将默认用它来浏览图片。

2) ACDSee 看图软件

ACDSee 是非常流行的看图工具之一。它提供了良好的操作界面，简单且人性化的操作方式以及优质的快速图形解码方式。ACDSee 支持丰富的图形格式，具有强大的图形文件管理功能。

3) 图像处理软件

Adobe Photoshop 简称 PS，是由 Adobe Systems 开发和发行的图像处理软件。Photoshop 主要处理以像素所构成的数字图像。使用其众多的编修与绘图工具，可以有效地进行图片编辑工作。Photoshop 是目前广泛流行、非常典型的一款图像处理软件。

5．音频播放和编辑软件

1) 千千静听

千千静听是一款集本地、在线播放为一体，拥有海量音乐曲库的音乐播放器。千千静听具备音效调节、格式转换、歌词显示等众多功能，具有小巧精致、操作简捷、功能强大等特点。

2) 酷我音乐盒

酷我音乐盒是一款融歌曲和MV搜索、在线播放、同步歌词为一体的音乐聚合播放器，是国内首创的多种音乐资源聚合的播放软件。酷我音乐盒包含一键即播、海量的歌词库支持、图片欣赏、同步歌词等功能。

3) 多米音乐

多米音乐播放器是互联网上集音乐的发现、获取和欣赏于一体的一站式个性化音乐服务平台，为用户提供实时更新的海量曲库，具有一点即播的速度、完美的音画质量和一流的MV。

4) 音频编辑软件

Adobe Audition是一款专业音频编辑软件，原名为Cool Edit Pro，被Adobe 公司收购后改名为Adobe Audition。它可以录制、混合、编辑和控制音频。

6．视频播放和编辑软件

1) 暴风影音

暴风影音(Media Play Classic)是最常用的视频播放软件之一，除了支持 RealOne、Windows Media Player等多媒体格式外，暴风影音还支持QuickTime、DVDRip以及APE等格式。所以它又有“万能播放器”的美称。

2) 豪杰超级解霸

豪杰超级解霸是一款老资格的国产视频播放软件，强大的解压VCD/DVD播放器，支持RM、RMVB、MOV、SWF、MP3、WMA等多种流行的音、视频格式的播放。

3) PPLive

PPLive是一款全球安装量很大的P2P网络电视软件，支持对海量高清影视内容的“直播+点播”功能，可在线观看电影、电视剧、动漫、综艺、体育直播、游戏竞技、财经资讯等视频娱乐节目，是广受网友推崇的必备软件。

4) 视频编辑处理软件

会声会影是一款功能强大的视频编辑软件，其英文名为 Corel Video Studio Pro Multilingual，该软件具有图像抓取和编修功能，可以抓取/转换 MV、DV、V8、TV 和实时记录抓取画面文件，并提供了100多种的编制功能与效果，可导出多种常见的视频格式，甚至可以直接制作成DVD和VCD光盘。会声会影支持各类编码，包括音频和视频编码，是最简单好用的DV、影片剪辑软件。

7．硬盘备份和还原软件

Ghost 软件是美国 Symantec(赛门铁克)公司推出的一款出色的硬盘备份还原工具，可以实现FAT16、FAT32、NTFS、OS2等多种硬盘格式的分区及硬盘的备份还原。

Ghost是General Hardware Oriented Software Transfer的英文缩写，意思是“面向通用型硬件的传输软件”。Ghost 以其功能强大、使用方便而著称，成为硬盘数据备份和恢复类的优秀软件之一。

Ghost软件分为DOS版和Windows版本。在DOS系统运行时，先要将计算机启动进

入 DOS 环境，在 DOS 提示符下，输入 Ghost 命令并按回车键即可进入程序主界面。在 Windows 环境下运行时，只需单击 Ghost32 程序即可进入程序主界面。

8. 屏幕截图工具

1) HyperSnap

HyperSnap 是一款运行于 Windows 平台的屏幕截图工具。它可以很方便地将屏幕上的任何一个部分捕捉下来。它不仅能抓取标准桌面程序，还能抓取 DirectX 游戏、视频或 DVD 屏幕图。它能以 20 多种图形格式(包括 BMP、GIF、JPEG、TIFF、PCX 等)保存并阅读图片，可以用快捷键或自动定时器从屏幕上抓图。

2) QQ 截图工具

在 QQ 中提供了截图功能。使用热键 Ctrl + Alt + A 可以开启 QQ 截图功能。然后使用鼠标左键拖动选择截取的范围，用户可以在截图中添加空心方形、增加箭头、文字、笔迹或是马赛克图像，也可一键转发、保存或收藏截图。另外，通过菜单栏中的手机图片，还能快速将截图通过手机 QQ 分享到自己的手机中，实现 PC 端和移动端的无缝对接。

9. 手机常用 App

随着科技的迅猛发展，智能手机越来越普及，手机软件的制造商也越来越多，每年推出不少的手机 App。App 是英文 Application 的简称，是指智能手机的第三方应用程序，统称移动应用，也称手机客户端。下面介绍一些目前非常受欢迎的手机 App。

1) QQ 和微信

QQ 是腾讯公司开发的一款基于 Internet 的即时通信(IM)软件，支持在线聊天、视频通话、点对点断点续传文件、共享文件、网络硬盘、自定义面板、QQ 邮箱等多种功能。微信则是腾讯为智能手机终端提供即时通讯服务的应用程序，支持跨通信运营商、跨操作系统平台，通过网络快速发送免费语音短信、视频、图片和文字(需消耗少量网络流量)，同时，也可以使用共享流媒体内容的资料和基于位置的社交插件“摇一摇”“漂流瓶”“朋友圈”“公众平台”“语音记事本”等服务插件。

2) 支付宝和淘宝

支付宝是一款国内领先的第三方支付平台，是目前国人使用最多的支付平台之一，也是一款非常普遍的电子支付平台。

淘宝是阿里巴巴旗下的一款网购零售电商平台。目前淘宝已经成为世界范围的电子商务交易平台之一。

3) 滴滴出行和高德地图

滴滴出行是一款作为人们出行来说必不可少的软件，它涵盖出租车、专车、快车、顺风车在内的一站式出行服务平台，是一款非常方便实用的软件。

高德地图支持全程语音导航，交通路况实时播报，智能计算到达目的地所需的时间，规划避堵路线方案，现已覆盖全国 364 个城市，可导全国道路里程达 352 万公里。

4) 抖音

抖音是现如今最流行的一款 App，可以用抖音来记录我们生活中的点点滴滴，同时也可以通过抖音来了解各个地方的风俗，也可以让更多的人认识到你。

2.3.3 任务实现：常用工具软件的使用

前面已经对计算机常用软件及功能进行了介绍，现利用所学的知识来完成以下任务：

(1) 利用 ACDSee 工具，查看【我的文档】|【我的图片】中的图片文件。

(2) 利用千千静听工具，播放【我的文档】|【我的音乐】中的音乐文件。

(3) 利用暴风影音工具，播放【我的文档】|【我的视频】中的视频文件。

(4) 利用 360 安全卫士对本机进行系统修复及系统体检。

(5) 利用压缩工具把【我的文档】中的所有图片、音乐、视频压缩成一个压缩包。

2.4 习　　题

一、填空题

1．Windows 中的鼠标操作有单击、双击、__________、滚动、拖动等。

2．Windows 系统中，复制文件和粘贴文件使用的一组快捷键是__________。

3．在 Windows 系统中，按住__________键，可以选定多个不连续的文件或文件夹。

4．在 Windows 系统中，被删除的文件或文件夹将存放在__________。

5．计算机网络是很多计算机彼此互联，以__________和__________为目的的计算机系统。

二、操作题

1．在网络上搜索一张自己喜欢的图片，下载保存到 D 盘中以自己姓名命名的文件夹内，并将该图片设置为计算机的桌面背景。

2．将自己手机拍摄的照片导入到 D 盘中以自己姓名命名的文件夹内，再在此文件夹内建几个子文件夹，用剪切和粘贴的方法用子文件夹分类管理这些图片。

3．如果你想和远在外地的好朋友使用计算机发信息，可以有几种方法来实现？

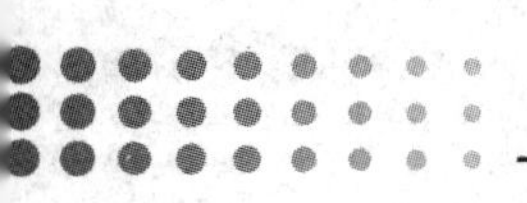

项目 3

计算机编码知识——计算机中的数制和信息编码

计算机能够对数据信息进行高速自动处理。而这些数据在自然界中以多种形式呈现，可以是数字、字符、符号、声音、图形、图像等。这些数据信息在计算机中的表示、存储和输出也是计算机专业和其他专业必须了解的知识。

【项目介绍】

计算机的主要功能是进行信息处理，计算机内的所有信息都采用二进制的数字化编码形式，而人类采用十进制计数居多。所以，大家需要了解二进制及运算、进制之间的转换、信息在计算机中的表示等相关知识。任务分解如下：

3.1　任务：计算机中的数制

(1) 了解数制的概念，掌握常用的进位计数制。

(2) 熟记 20 以内的二进制、十六进制数据。

3.2　任务：数制转换

(1) 掌握数制转换的方法。

(2) 能够熟练进行 100 以内十进制、二进制、十六进制数之间的转换。

3.3　任务：信息编码

(1) 了解数据在计算机中的表示形式。

(2) 了解常用数据在计算机中的编码。

3.1　任务：计算机中的数制

3.1.1　任务描述

计算机是对数据信息进行高速自动化处理的电子设备。而这些数据信息可以以数字、字符、符号及表达式等形式出现。计算机的主要功能是进行信息处理，计算机内的任何信息都必须采用二进制的数字化编码形式才能被计算机存储、处理和传送。

3.1.2　知识点：数制与常用进位计数制

1．数制的概念

(1) 进位计数制。进位计数制是指按进位的规则进行计数的方法。

(2) 进位计数制的三个基本要素。数位、基数和位权合称为进位计数制的三要素。

数位：指数码在一个数中所处的位置，用 ±n 表示。

基数：指一个数位上允许使用的数字符号的数目，用 R 表示。

位权：每个数位上的位权是一个固定值，是指在某种进位计数制中，每个数位上的数码 1 所代表的实际数值(固定值)。

2．常用的进位计数制

常用的进位计数制有二进制、十进制、八进制、十六进制。

不同的进位计数制以基数来区分。若以 R 代表基数，则在 R 进制中，具有 R 个数字符号，它们分别是 0、1、2、…、R−1。采用的进位规则为由低位向高位逢 R 进一。

二进制中，R = 2，使用 0、1 共两个数字符号，逢二进一。

十进制中，R = 10，使用 0、1、2、…、8、9 共 10 个数字符号，逢十进一。

八进制中，R = 8，使用 0、1、…、7 共 8 个数字符号，逢八进一。

十六进制中，R = 16，使用 0、1、…、9、A、B、C、D、E、F 共 16 个数字符号，逢十六进一。

1) *位权表示法*

一个数中，处在不同位置上的数字符号所代表的值不同。一个数字符号在某个固定位置(数位)上所代表的值，可用该数位上的数码与其位权的乘积来表示。

位权与基数的关系是：各进位计数制中位权的值恰好是基数的若干次幂，小数点左边第 1 位的位权是基数的 0 次幂，第 2 位的位权是基数的 1 次幂，以此类推，小数点右边第 1 位的位权是基数的 −1 次幂，第 2 位的位权是基数的 −2 次幂，以此类推。因此，任何数制表示的数都可以写成按位权展开的多项式之和。

【例 3-1】 将十进制数 3058.72 按权展开。

解　在十进制数中，3058.72 可表示为

$$3058.72 = 3 \times 10^3 + 0 \times 10^2 + 5 \times 10^1 + 8 \times 10^0 + 7 \times 10^{-1} + 2 \times 10^{-2}$$

其中：10^3、10^2、10^1、10^0、10^{-1}、10^{-2} 分别表示十进制数各数位上的位权。

【例 3-2】 将二进制数 10111.01 按权展开。

解　在二进制数中，10111.01 可表示为

$$(10111.01)_2 = 1 \times 2^4 + 0 \times 2^3 + 1 \times 2^2 + 1 \times 2^1 + 1 \times 2^0 + 0 \times 2^{-1} + 1 \times 2^{-2}$$

其中：2^4、2^3、2^2、2^1、2^0、2^{-1}、2^{-2} 分别表示二进制数各数位上的位权。

2) *计数制的表示*

(1) 后缀法：用加后缀的方法来区分不同的数制。例如，在数字后面加上后缀 B 表示一个二进制数，后缀为 D 或不加后缀表示十进制数，后缀为 H 表示十六进制数。

(2) 下标法：用下标表示法来区分不同的数制。例如，二进制数表示为$(110010)_2$，十进制数表示为$(1234)_{10}$，十六进制数表示为$(1C2A0)_{16}$。

常用进位计数制的表示方法及其对应关系如表 3-1 所示。

表 3-1　常用进位计数制的对应关系

十进制	二进制(B)	十六进制(H)	十进制	二进制(B)	十六进制(H)
0	0000	0	8	1000	8
1	0001	1	9	1001	9
2	0010	2	10	1010	A
3	0011	3	11	1011	B
4	0100	4	12	1100	C
5	0101	5	13	1101	D
6	0110	6	14	1110	E
7	0111	7	15	1111	F

3.1.3　知识点：二进制运算

1．二进制数的算术运算

在计算机中，所有数据均以二级制形式表示并存储。

(1) 二进制加法。二进制加法的运算规则如下：

0 + 0 = 0，0 + 1 = 1，1 + 0 = 1，1 + 1 = 0(进位为 1)

(2) 二进制减法。二进制减法的运算规则如下：

0 – 0 = 0，1 – 0 = 1，1 – 1 = 0，0 – 1 = 1(有借位，借 1 当 2)

(3) 二进制乘法。二进制乘法的运算规则如下：

0 × 0 = 0，0 × 1 = 0，1 × 0 = 0，1 × 1 = 1

(4) 二进制除法。二进制除法的运算规则如下：

0 ÷ 1 = 0，1 ÷ 1 = 1，0 ÷ 0 和 1 ÷ 0 均无意义

注：在计算机中，二进制的加法运算是最基本的算术运算，利用加法运算(补码相加)可实现减法运算；利用加法运算和移位操作可以实现乘法运算；利用减法运算和移位操作可实现除法运算。

2．二进制数的逻辑运算

二进制数的逻辑运算包括“非”“与”“或”“异或”等，逻辑运算的基本特点是**按位操作**，即根据两操作数对应位的情况确定本位的输出，而与其他相邻位无关。

(1) “非”逻辑运算。“非”逻辑运算即逻辑取反，运算符号为“¯”。运算规则如下：

$$\overline{0}=1，\overline{1}=0$$

即“见 0 为 1，见 1 为 0”。

(2) “与”逻辑运算。“与”逻辑也叫逻辑乘，运算符为“×”或“∧”。运算规则如下：

0∧0 = 0，0∧1 = 0，1∧0 = 0，1∧1 = 1

即“见 0 为 0，全 1 为 1”。

(3) “或”逻辑运算。“或”逻辑也叫逻辑加，运算符为“+”或“∨”。运算规则如下：

$$0\vee0=0，0\vee1=1，1\vee0=1，1\vee1=1$$

即“见1为1，全0为0”。

【例3-3】 求八位二进制数$(10100110)_2$和$(11100011)_2$的逻辑“与”和逻辑“或”。

解 逻辑运算只能按位操作，其竖式运算的运算方法如下：

$$\begin{array}{r}10100110\\ \wedge\ \ 11100011\\ \hline 10100010\end{array}\qquad\qquad\begin{array}{r}10100110\\ \vee\ \ 11100011\\ \hline 11100111\end{array}$$

所以

$$(10100110)_2\wedge(11100011)_2=(10100010)_2$$
$$(10100110)_2\vee(11100011)_2=(11100111)_2$$

(4) “异或”逻辑运算。“异或”逻辑运算的运算符为“⊕”。运算规则如下：

$$0\oplus0=0，0\oplus1=1，1\oplus0=1，1\oplus1=0$$

即“相同为0，不同为1”。

【例3-4】 设：A = 10010101，B = 00001111，求$\overline{A}$、$\overline{B}$和A⊕B。

解 $\overline{A}=01101010$，$\overline{B}=11110000$，A⊕B的竖式运算如下：

$$\begin{array}{r}10010101\\ \oplus\ \ 00001111\\ \hline 10011010\end{array}$$

所以

$$A\oplus B=10011010$$

3.2 任务：数制转换

3.2.1 任务描述

用二进制表示数据位串很长，读和写均不方便，因此常采用八进制或十六进制来表示二进制数。人们熟悉十进制数，计算机认识二进制数，二进制数又常采用十六进制来表示，因此需要了解十进制与非十进制之间的相互转换。

3.2.2 知识点：数制转换

1. 非十进制转换为十进制

将任意进制的数据转换为十进制数据，转换方法为：按权展开求和。即：将非十进制数写成按位权展开的多项式之和的形式，然后以十进制的运算规则求和。

【例3-5】 将二进制数1100101.01B转换为十进制数。

解

$$\begin{aligned}1100101.01B&=1\times2^6+1\times2^5+1\times2^2+1\times2^0+1\times2^{-2}\\&=64+32+4+1+0.25\\&=101.25\end{aligned}$$

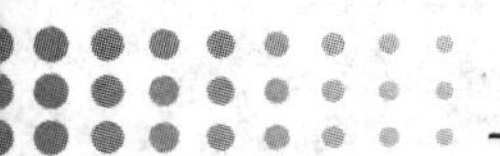

【例 3-6】 将十六进制数 2FE.8H 转换为十进制数。

解

$$
\begin{aligned}
2FE.8H &= 2 \times 16^2 + F \times 16^1 + E \times 16^0 + 8 \times 16^{-1} \\
&= 2 \times 256 + 15 \times 16 + 14 \times 1 + 8/16 \\
&= 512 + 240 + 14 + 0.5 \\
&= 766.5
\end{aligned}
$$

2. 十进制转换为非十进制

将十进制转换为其他进制，转换方法为：整数部分采用除基数取余法；小数部分采用乘基数取整法。

1) 整数部分的转换

将十进制数转换为 R 进制数时，整数的转换采用除 R 取余法，即把待转换的十进制数的整数部分不断除以 R，并记下每次相除所得余数，直到商为 0 为止。将所得余数按逆序读取，即为这个十进制整数所对应的 R 进制整数。

【例 3-7】 将十进制数 215 分别转换为二进制和十六进制数。

解 将 215 转换为二进制数时采用除 2 取余法；转换为十六进制数采用除 16 取余法。

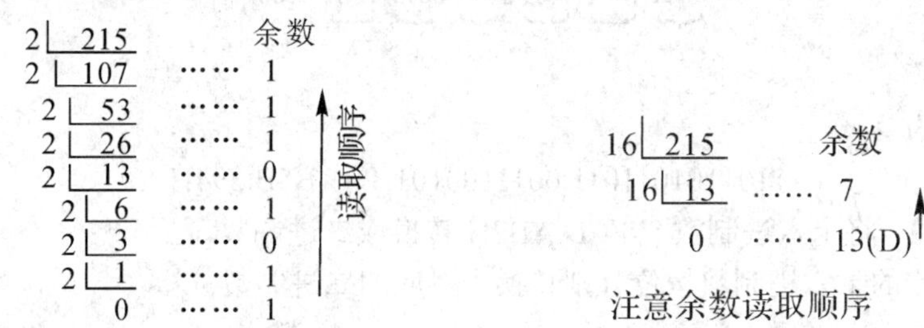

结果：215 = 11010111B　　　　结果：215 = 0D7H (注意余数读取顺序)

2) 小数部分的转换

小数部分的转换采用乘 R 取整法，即把待转换的小数部分不断乘以 R，每次相乘后都要取其整数，直到剩余部分为 0 为止。将每次所取的整数按顺序读取，就是这个十进制小数所对应的二进制小数。

【例 3-8】 将十进制数 226.125 转换为二进制数。

解 对整数部分的转换采用除 2 取余法；对小数部分的转换采用乘 2 取余法。

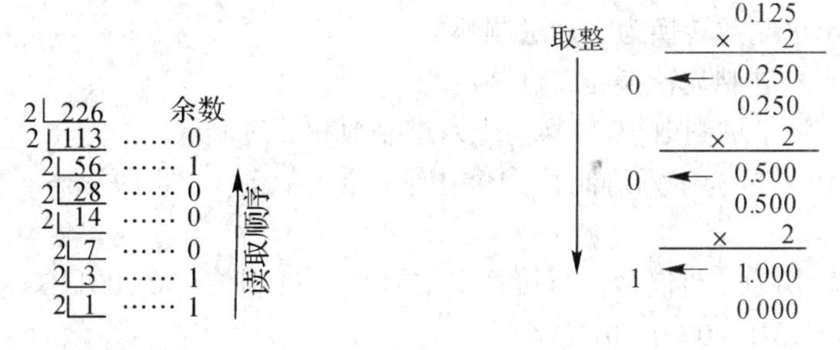

结果：226 = 11100010B　　　　结果：0.125 = 0.001B

所以

$$226.125 = 11100010.001B$$

注：在进行十进制小数部分的转换时，有时乘不尽，根据精度取适当的位数即可。

3．非十进制数制之间的相互转换

非十进制数制之间的转换，可采用以下几种方法进行。

方法 1：间接法。将这个非十进制数先转换为十进制数，再将十进制数转换为需要的非十进制数。

方法 2：将二进制数转换为 R 进制数(八进制、十六进制)。具体方法为：将二进制数以小数点为中心，分别向前、向后每 n 位一组(八进制三位一组、十六进制四位一组)，不足 n 位用“0”补足，然后把每组二进制数对应的 R 进制数写出即可。

方法 3：将 R 进制数转换为二进制数。具体方法为：把 R 进制数每个数位上的数字对应的二进制数码写出来，即一位八进制写成三位二进制，一位十六进制写成四位二进制。

【例 3-9】 将二进制数 1101101011011.0011100101B 转换为十六进制数。

解　将给定的二进制数以小数点为界分别向前、向后每四位一组，分组转换。

$$\underbrace{0001}_{1}\ \underbrace{1011}_{B}\ \underbrace{0101}_{5}\ \underbrace{1011}_{B}.\underbrace{0011}_{3}\ \underbrace{1001}_{9}\ \underbrace{0100}_{4}$$

转换结果为

$$1101101011011.0011100101B = 1B5B.394H$$

【例 3-10】 将十六进制数 89FCD.AB2H 转换成二进制数。

解　将给定的十六进制数按位分别转换为对应的二进制数。

$$\underbrace{8}_{1000}\ \underbrace{9}_{1001}\ \underbrace{F}_{1111}\ \underbrace{C}_{1100}\ \underbrace{D}_{1101}\ .\ \underbrace{A}_{1010}\ \underbrace{B}_{1011}\ \underbrace{2}_{0010}\ H$$

转换结果为

$$89FCD.AB2H = 10001001111111001101.101010110010B$$

4．小数值数字(0～100 之间)的数制快速转换方法

在一些相关专业课中和一些控制系统中，经常用到一个字节范围(0～127)数值的进制转换，在此给出简便的快速口算步骤。

步骤 1：将十进制数转换为十六进制数。

步骤 2：将十六进制数转换为二进制数。

【例 3-11】 将十进制数 19 转换为十六进制数和二进制数。

解　(1) 将 19 转换为十六进制数。19 中有 1 个 16，余 3，即 19 ÷ 16 = 1(商)……3(余)，故为 13H。

(2) 将 13H 转换为二进制数，直接写出 13H 的二进制数 0001 0011B。

(3) 结果 19 = 13H = 0001 0011B。

【例 3-12】 将十进制数 37 转换为十六进制数和二进制数。

解　(1) 将 37 转换为十六进制数。37 中有 2 个 16，余 5，即 37 ÷ 16 = 2(商)……5(余)，故为 25H。

(2) 将 25H 转换为二进制数。直接写出 25H 的二进制数 0010 0101B。

(3) 结果 37 = 25H = 0010 0101B。

【例 3-13】 将十进制数 98 转换为十六进制数和二进制数。

解　(1) 将 98 转换为十六进制数，98 中有 6 个 16，余 2，故为 62H。

(2) 将 62H 转换为二进制数，直接写出 62H 的二进制数 0110 0010B。

(3) 结果 98 = 62H = 0110 0010B。

显然，这种方法很快速方便。

3.3　任务：信息编码

3.3.1　任务描述

计算机要处理的信息是多种多样的，如日常的十进制数、文字、符号、图形、图像和语言等。但是计算机无法直接“理解”这些信息，所以需要采用数字化编码的形式对信息进行存储、加工和传送。信息的数字化表示就是采用一定的基本符号，使用一定的组合规则来表示信息。计算机中采用的是二进制编码。不同的信息其二进制编码规则不一样。在此介绍常用信息的二进制编码规则。

3.3.2　知识点：数据在计算机中的表示

数据在计算机中的表示形式称为机器数。机器数所表示的数值大小称为这个机器数的真值。机器数所表示的数，其数值范围受计算机字长的限制。例如：16 位字长的微机中，无符号整数的最大值是 $(1111111111111111)_2 = (65\ 535)_{10}$，运算时，如果数据的值超过机器所能表示的数值范围，运算就会出错，这种错误称为“溢出”。

在计算机中，用机器数的最高位表示数的符号，并且规定符号位：“0”表示正数，“1”表示负数。

计算机只能识别二进制数码信息，因此，一切非二进制数码信息，如数字、字母、汉字、图形、图像等都要用二进制数的特定编码表示。当然编码可以有多种方法，为了便于交换、处理、传输，必须采用统一的编码方法。

3.3.3　知识点：信息在计算机中的编码

1．数值数据编码

计算机中的数值数据编码常采用两种方法，一种为带符号数的二进制编码，另一种为二-十进制编码。以下我们将分别进行介绍。

带符号的数值数据在计算机中有三种编码方法：原码、反码和补码。目前多使用补码。

1) *原码*

机器数的原码表示方法是：用机器数的最高位表示符号位，符号位为 0 表示正数，为

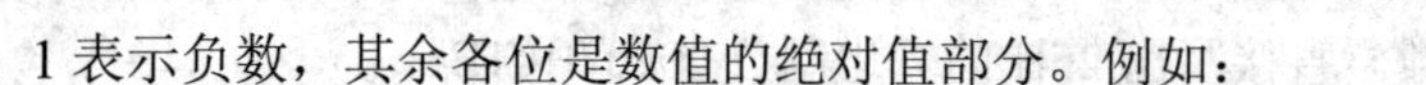

1 表示负数，其余各位是数值的绝对值部分。例如：

$X1 = +1000101B$　　　　$[X1]_{原} = [+1000101]_{原} = 01000101B$

$X2 = -1010111B$　　　　$[X2]_{原} = [-1010111]_{原} = 11010111B$

原码的性质：

(1) 在 X≥0 时，符号位为 0，其余各位为数值的绝对值。

(2) 在 X<0 时，符号位为 1，其余各位为数值的绝对值。

2) *反码*

机器数的反码表示方法是：用机器数的最高位表示符号位，正数的反码与原码相同；负数的反码，其数值位部分由数值的绝对值按位取反得到。例如：

$X1 = +1010001B$　　　　$[X1]_{反} = [+1010001]_{反} = 01010001B$

$X2 = -1010101B$　　　　$[X2]_{反} = [-1010101]_{反} = 10101010B$

反码的性质：

(1) 在 X≥0 时，$[X]_{反} = [X]_{原}$。

(2) 在 X<0 时，反码的符号位为 1，其余各位由数值的绝对值按位取反得到。

3) *补码*

机器数的补码表示方法是：用机器数的最高位表示符号位。正数的补码与原码相同，负数的补码其符号位为 1，数值位部分由数值的绝对值按位取反，末位加 1 得到。例如：

$X1 = +1010001B$　　　　$[X1]_{补} = [+1010001]_{补} = 01010001B$

$X2 = -1010101B$　　　　$[X2]_{补} = [-1010101]_{补} = 10101011B$

补码的性质：

(1) 在 X≥0 时，$[X]_{补} = [X]_{原} = [X]_{反}$。

(2) 在 X<0 时，$[X]_{补} = [X]_{反} + 1$。

微机中一般都采用补码表示法，因为用补码运算时，同一加法电路既可以用于有符号数相加，也可以用于无符号数相加，而且减法可用加法来代替，从而使运算简化。

2．西文字符编码

西文字符常用 ASCII 码。ASCII 码是美国国家标准委员会制定的一种包括数字、字母、通用符号、控制符号在内的字符编码集，叫美国国家信息交换标准代码，如表 3-2 所示。

在 ASCII 码表中包含的字符类型有：控制字符 34 个；数字符号 0～9 共 10 个；大、小写英文字母 52 个；其他字符 32 个。表中给出的是西文字符的二进制和十六进制编码，取码的方法为：从表中首行的 2～9 列取二进制编码的高三位 $b_6b_5b_4$(十六进制的高位)，从首列的 2～17 行取二进制编码的低四位 $b_3b_2b_1b_0$(十六进制的低位)，将高位与低位组合(高位在前，低位在后)即为一个字符的 ASCII 码值。例如，字符 A 的 ASCII 码值的取法为：在表中找到字符 A，沿着字符 A 所在列向上找到首行，首行所在单元格中的三位数字 100 即为二进制的高三位编码(括号中的数字 4 为十六进制编码的高位)，沿着字符 A 所在行向左找到首列，首列所在单元格中的四位数字 0001 即为二进制的低四位编码(括号中的数字 1 为十六进制编码的低位)，将高位与低位组合，其二进制编码就为 100 0001B，十六进制编码为 41H，转换后十进制编码就是 65。

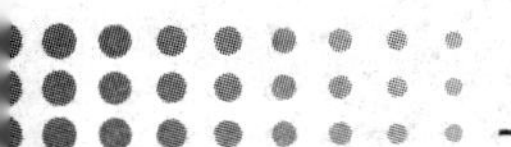

表 3-2　美国国家信息交换标准代码

$b_3b_2b_1b_0$	$b_6b_5b_4$							
	000 (0)	001 (1)	010 (2)	011 (3)	100 (4)	101 (5)	110 (6)	111 (7)
0000 (0)	NUL	DLE	SP	0	@	P	、	p
0001 (1)	SOH	DC1	!	1	A	Q	a	q
0010 (2)	STX	DC2	”	2	B	R	b	r
0011 (3)	ETX	DC3	#	3	C	S	c	s
0100 (4)	EOT	DC4	$	4	D	T	d	t
0101 (5)	ENQ	NAK	%	5	E	U	e	u
0110 (6)	ACK	SYN	&	6	F	V	f	v
0111 (7)	BEL	ETB	’	7	G	W	g	w
1000 (8)	BS	CAN	(	8	H	X	h	x
1001 (9)	HT	EM	)	9	I	Y	i	y
1010 (A)	LF	SUB	*	:	J	Z	j	z
1011 (B)	VT	ESC	+	;	K	[	k	{
1100 (C)	FF	FS	,	<	L	\	l	|
1101 (D)	CR	GS	-	=	M	]	m	}
1110 (E)	SO	RS	.	>	N	^	n	~
1111 (F)	SI	US	/	?	O	_	o	DEL

3. 中文字符编码

每个国家使用计算机都要处理本国语言。计算机处理汉字的基本方法如下：

(1) 首先将汉字以外码形式(也称为输入码)输入计算机。

(2) 将外码转换成计算机能识别的汉字机内码进行存储和处理。

(3) 输出显示时，将汉字机内码转换成字形码，以点阵形式输出。

汉字的输入、处理、输出过程，实际上是汉字的各种代码之间的转换过程。

1) 输入码

输入码也叫外码，是用来输入汉字到计算机中的一组键盘符号。目前，常用的输入码有拼音码(全拼、简拼、微软拼音、搜狗拼音等)、五笔字型码、自然码、表形码、区位码等，每个人可根据自己的需要进行选择。在此推荐使用搜狗拼音输入法。

2) 机内码

(1) 国标码。1981 年我国颁布了《信息交换用汉字编码字符集—基本集》，即国家标准 GB2312—80。该字符集共收集两级汉字 6763 个，其中一级 3755 个常用汉字，按拼音字母顺序排列；二级 3008 个次常用汉字，按部首顺序排列。这个国标码为每个汉字确定了二进制代码。

(2) 区位码。区位码是国标码的另一种形式，它把国标 GB2312—80 中的汉字、图形符号组成一个 94 × 94 的方阵，分别用“区”和“位”表示，区号 + 位号即区位码，用两字节表示。区位码最大的特点是没有重码，缺少规律很难记忆，常用于一些特殊的地方。

(3) 机内码。由区位码变换之后就得到机内码。

汉字的机内码、区位码、国标码之间的关系如下：

(1) 把国标码前两位和后两位十进制数分别转换为十六进制数(各为一个字节)。

(2) $(国标码前两位)_{16}$+80H = $(区码)_{16}$，$(国标码后两位)_{16}$+ 80H = $(位码)_{16}$。

(3) $(区码)_{16}$+ A0H = $(机内码前两位)_{16}$，$(位码)_{16}$+ A0H = $(机内码后两位)_{16}$。

(4) $(机内码前两位)_{16}$ 连接上$(机内码后两位)_{16}$，即为汉字的机内码(为两个字节)。

3) *字形码*

字形码也称为汉字的输出码。汉字输出时都采用图形方式，类似于生活中的十字绣。无论汉字的笔画多少，每个汉字都写在同样大小的方格中。有笔画的位置用黑点表示，无笔画的位置用白点表示。在计算机中用一组二进制数表示点阵，用 0 表示白点，用 1 表示黑点。一般的汉字系统中汉字字形点阵有 16 × 16、24 × 24、48 × 48，点阵数值越大汉字越逼真，显示和打印质量越好。

计算机输出汉字时，先找到显示字库的首址，再根据机内码找到字型码，然后根据字型码通过字符发生器的控制在屏幕上扫描，0 的地方不显示，1 的地方显示亮点，这样就显示出字符。汉字字型码有显示用的和打印用的；按照不同的字体又有宋体、楷体、黑体等字模，汉字字模按国标码的顺序排列，以二进制文件形式存储在存储器中，构成汉字字模字库，简称汉字库。

4．图形、图像编码

在计算机科学中，图形与图像两个概念既有区别又有联系。

1) *图形编码*

图形是指由外部轮廓线条构成的矢量图，即由计算机运算而绘制的直线、圆、矩形、曲线、图表等，也称为矢量图形。

(1) 编码和存储方式：图形是用一组指令集合来描述图形的内容，存储的是画图函数。

(2) 缩放：图形在进行缩放时不会失真，可以适应不同的分辨率。

(3) 处理方式：对图形可以进行旋转、扭曲、拉伸等等。

(4) 算法：对图形可以用几何算法来处理。

(5) 文件格式：由于编辑图形所用软件不同，其文件格式也不一样。常用格式有以下几种：

① AI 格式。这是 Illustrator 中的一种图形文件格式，用 Illustrator、CorelDraw、Photoshop 均能打开、编辑、修改等。

② CDR 格式。这是 CorelDraw 中的一种图形文件格式。

③ DWG、DXB、DXF 格式。这三种格式都是 AutoCAD 中使用的图形文件格式。

④ WMF 格式。WMF 是 Microsoft Windows 中常见的一种图元文件格式，具有文件短小、图案造型化的特点，只能在 Microsoft Office 中调用编辑。

⑤ EMF 格式。EMF 是由 Microsoft 公司开发的 Windows 32 位扩展图元文件格式。

⑥ EPS 格式。EPS 是用 PostScript 语言描述的一种 ASCII 图形文件格式。

2) 图像编码

图像则是指由扫描仪、摄像机等输入设备捕捉实际的画面并以数字形式存储的信息，是由许多像小方块一样的像素点阵构成的位图，也称为位图图像。现实生活中的图像需要数字化后才能在计算机中存储、处理。

(1) 数字化方式。

① 利用扫描仪将报纸、杂志、照片等素材数字化。

② 利用数码相机直接拍照获得数字化图像。

(2) 编码和存储方式。图像存储的是图像的像素位置信息、颜色信息以及灰度信息。

(3) 缩放。图像放大时会失真，可以看到整个图像是由很多像素组合而成的。

(4) 处理方式。对图像可以进行对比度增强、边缘检测等处理。

(5) 算法。对图像可以用滤波、统计的算法。

(6) 图像分辨率。图像分辨率 = 图像宽度的像素数目 × 图像高度的像素数目。

(7) 图像大小。图像大小 = 分辨率 × 位深度 / 8 (单位：字节)。

(8) 文件格式。由于记录的内容和压缩方式不同，图像的文件格式也不同。

常见的文件格式有以下几种：

① BMP 格式：位图文件，是 Windows 操作系统中的标准图像文件格式。

② GIF 格式：动画图像，特点是压缩比高，占用磁盘空间较少。

③ JPG 或 JPEG 格式：其压缩技术十分先进，可以用最少空间得到较好的图像质量。

④ TIFF 格式：其特点是存储的图像信息多，图像质量好，有利于原稿的复制。该格式有压缩和非压缩两种形式。

⑤ PSD 格式：这是著名的 Adobe 公司的图像处理软件 Photoshop 的专用格式。

5．视频、音频编码

1) 音频信号编码

音频信号的计算机化处理实际上就是进行模拟信号的数字化转换。数字化的声音易于用计算机软件处理，现在几乎所有的专业化声音录制、编辑器都是数字方式。对模拟音频数字化过程涉及音频的采样、量化和编码。

数字音频文件的种类有很多，有 WAV 波形、MIDI、MP3、VOC、VOX、PCM、AIFF、MOD 和 CD 唱片等数字音频文件。

2) 视频信号编码

当连续的图像变化超过每秒 24 帧画面以上时，根据视觉暂留原理，人眼无法辨别每幅单独的静态画面，看上去是平滑连续的视觉效果，这样的连续画面称为视频。

视频文件可以分成两大类：影像文件和流式视频文件。

(1) 影像文件不仅包含了大量图像信息，同时还容纳了大量的音频信息。所以，影像文件一般可达几 MB 至几十 MB，甚至更大。

常见的影像文件格式有 AVI 格式、MOV 格式和 MPEG/MPG/DAT 格式等。

(2) 流式视频文件。它是随着国际互联网的发展而诞生的，流式视频采用一种“边传边播”的方法，即先从服务器上下载一部分视频文件，形成视频流缓冲区后实时播放，同时继续下载，为接下来的播放做准备。

常见的流式视频格式有 RM 格式、MOV 格式和 WMV 格式等。

3.4 习　　题

一、单选题

1. 计算机内的任何信息都必须采用________编码存放、处理。

A. 二进制　　B. 十进制　　C. 十六进制　　D. 八进制

2. 带符号的数值数据在计算机中采用________编码方法。

A. 原码　　B. 反码　　C. 补码　　D. ASCII 码

3. 西文字符在计算机中采用________编码方法。

A. 机内码　　B. 输入码　　C. 补码　　D. ASCII 码

4. 在计算机中输入汉字时采用________编码方法。

A. 机内码　　B. 输入码　　C. 拼音码　　D. 字形码

5. 在计算机中输出汉字时采用________编码方法。

A. 机内码　　B. 输入码　　C. 字型码　　D. 字形码

二、填空题

1. 17 的十六进制数是________________，二进制数是________________。
2. 66 的十六进制数是________________，二进制数是________________。
3. 十六进制使用 0、1、…、9、____________________共十六个数字符号。
4. 二进制数$(1010\ 0110)_2$和$(1111\ 0000)_2$的逻辑“与”是____________________。
5. 二进制数$(1010\ 0110)_2$和$(1111\ 0000)_2$的逻辑“或”是____________________。
6. 二进制数$(0011\ 0110)_2+(0011\ 0001)_2$的结果是__________________________。
7. 将十进制数 126.18 转换为二进制数，结果是__________________________。
8. 将二进制无符号数 $(1111\ 1111)_2$ 转换为十进制数，结果是______________。
9. 将二进制带符号数 $(1111\ 1111)_2$ 转换为十进制数，结果是______________。
10. 计算机处理汉字的基本方法是 ____________________________________。

三、思考与操作题

1. 在画图工具中创造一副图像，分别保存为不同色的位图文件，如单色、16 色、256 色、24 位位图，然后比较这些图像的不同(质量、大小等)。

2. 设有一副黑白图像，计算机如何进行二进制编码表示？

3. 设有一副 16 色图像，分辨率为 400 × 300，请问计算机保存这幅图像需要多少字节？

Word 2010 应用——制作“求职书”

我们的生活和工作中经常会用到各种各样的电子文档和打印稿，而 Word 是微软公司 Office 软件中的一个重要组件，它是一个功能强大的文档处理软件，不仅提供了一整套编辑、设置工具，还具有易于使用的界面，常用于制作和编辑日常文档和办公文档。

【项目介绍】

每一位在校生在临近毕业时均需要制作个人求职书。本项目以学生毕业时的需求——“求职书”制作作为教学内容，通过对求职书文档中的封面、自荐信、简历表、成绩表、作品等五部分的制作，系统介绍 Word 2010 中文版的基本操作和常用功能。任务分解如下：

4.1　任务：基础操作——制作“求职书”简单版

利用 Word 创建“求职书”文档，并在其中输入、编辑个人求职书的封面及自荐信，完成其中的格式设置及排版，制作出一份清新朴素的个人求职书封面和自荐信，并保存、预览或打印。

4.2　任务：图文操作——制作“求职书”图文版

利用 Word 提供的各种精美符号和图文混排功能，制作一份精致美观、夺人眼球的求职书封面和自荐信，并保存、预览或打印。

4.3　任务：表格操作——制作简历、成绩表经典版

制作个人简历表和主要课程成绩表，完成相关的计算，并保存、预览或打印。

4.4　任务：综合操作 1——制作展示作品

制作展示作品：荣誉证书、美文排版、横排成绩单、校园小报等，完成图文混排操作。

4.5　任务：综合操作 2——制作“求职书”完美版

将前面各任务中完成的文档合并成一个完整的文档，并生成 PDF 格式文档。

4.6　任务：高级操作——制作“求职书”高级版

本任务介绍 Word 中的高级应用：大纲级别、样式和主题、导航窗格的使用、目录的制作、邮件合并等。完成“求职书”完美版的制作(包含制作“求职书”批量信封、目录等)。

说明：任务完成后的实例样张参见附录。

4.1　任务：基础操作——制作“求职书”简单版

4.1.1　任务描述

假设我们即将步出校园，为了求职，需要向用人单位推荐自己，求职书就是推销自我最常用的书面材料。在此，我们利用 Word 2010 创建“求职书”简单版文档，介绍文字的编辑、字体和段落格式的设置、文档的页面设置等技巧。

任务描述如下：

(1) 新建一个“求职书-简单版”文档。

(2) 在“求职书-简单版”文档中，参照图 4-1 版面效果和项目 8 附录 1 的内容编辑封面、自荐信和个人简历文字，并设置格式。

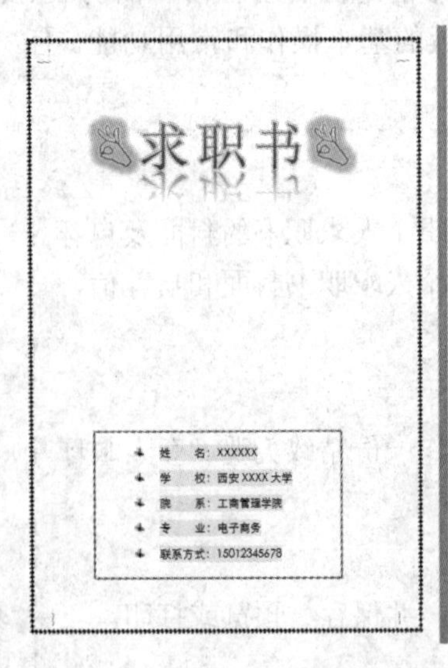

(a) 封面

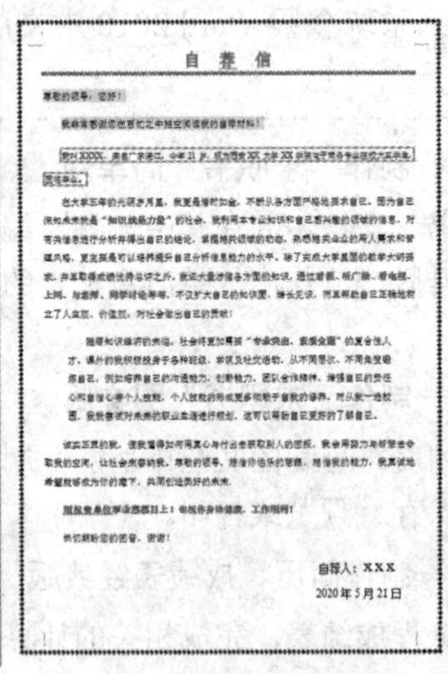

(b) 自荐信

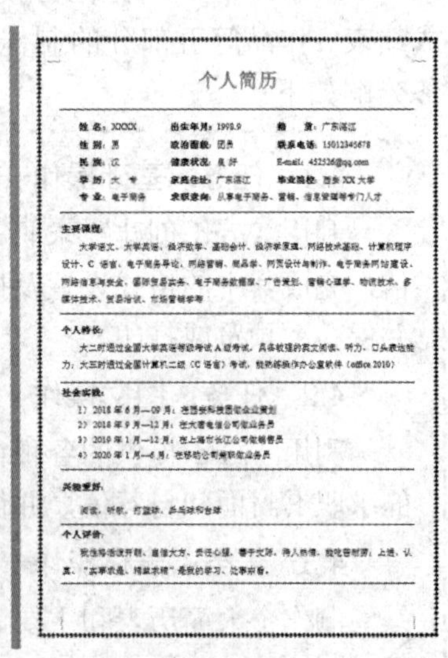

(c) 个人简历

图 4-1　“求职书”简单版

(3) 页面布局：A4 纸张，纵向，上边距为 2.5 厘米，下、左、右边距为 2 厘米。

(4) 预览或打印出一份清新雅致的简单版“求职书”。

(5) 按要求保存文档，文件名为“学号-姓名-求职书-简单版”。

① 保存文档为 .docx 模式(2010 模式)。

② 保存文档为兼容模式 .doc(97-2003 模式)。

③ 将文档保存为 PDF 文档。

4.1.2　知识点：认识 Word 2010

1. Office 2010 简介

Office 软件是 Microsoft 公司推出的经典办公软件，是众多办公自动化软件中的佼佼者，有一系列版本。实用的版本有 Office 2003、Office 2007、Office 2010，最新的版本有 Office 2013、Office 2016、Office 365。新版本的功能有所增加。

Office 2010 版本功能强大，操作方便，界面清新，目前还在普遍使用。

Office 2010 中集成了关系型数据库管理系统 Access、电子表格处理软件 Excel、企业级收集信息和制作表单工具 InfoPath Designer、InfoPath Filler、数字笔记本 OneNote、电子邮件客户端 Outlook、制作视频软件 PowerPoint、桌面出版应用软件 Publisher、P2P 的协同办公软件 SharePoint Workspace、字处理软件 Word 等组件，以及矢量绘图软件 Visio、项目管理软件 Project、快速开发 SharePoint 应用程序的工具 SharePoint Designer 等独立组件。

安装 Office 2010 时，可以在提供的集成组件中进行选择安装，没有必要完全安装。其中，Word、Excel、PowerPoint 是现代办公中不可缺少的工具。

2. Word 2010 的启动

安装 Office 2010 后，就可以使用 Word 2010 了。

启动 Word 2010 常用以下方法：

方法 1：单击【开始】|【程序】|【Microsoft Office】|【Microsoft Word 2010】命令。

方法 2：双击桌面上的 Word 2010 快捷图标(如果桌面上有此图标)。

方法 3：双击一个已经存在的 Word 文档，即可启动 Word 2010，同时打开该文档。

3. 退出 Word 2010

退出 Word 2010 的方法通常有以下两种：

方法 1：单击【文件】选项卡，选择【退出】命令。

方法 2：单击窗口右上角的【关闭】按钮。

4. Word 2010 的工作界面

启动 Word 2010 后，屏幕上即显示如图 4-2 所示的工作界面。Word 2010 的工作界面主要包括标题栏、快速访问工具栏、功能区、滚动条、标尺、文档编辑区和状态栏。

1) 标题栏

标题栏位于窗口的第一行，显示了当前文档的文件名及软件名称，右侧从左至右依次为“最小化”“最大化/还原”和“关闭”按钮，左侧依次为“系统控制菜单”和“快速访问工具栏”。

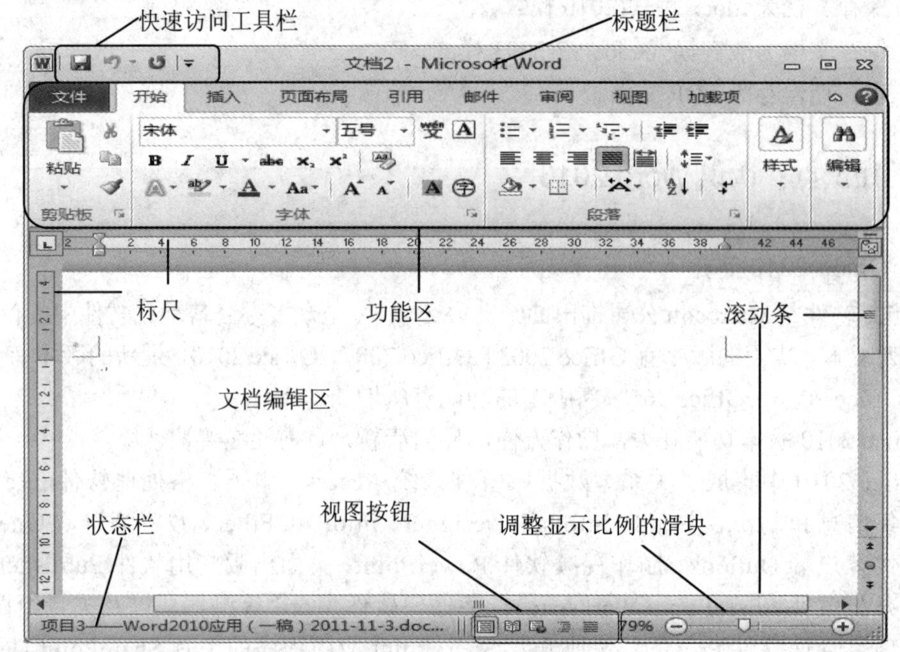

图 4-2　Word 2010 工作界面

2) 快速访问工具栏

快速访问工具栏是一个可自定义的工具栏，实现常用操作工具的快速选择和操作，默认有【保存】【撤销】和【重复】三个常用按钮和一个【自定义快速访问工具栏】按钮，如图 4-3 所示。使用【自定义快速访问工具栏】按钮可以将自己需要的常用命令添加到快速访问工具栏上。

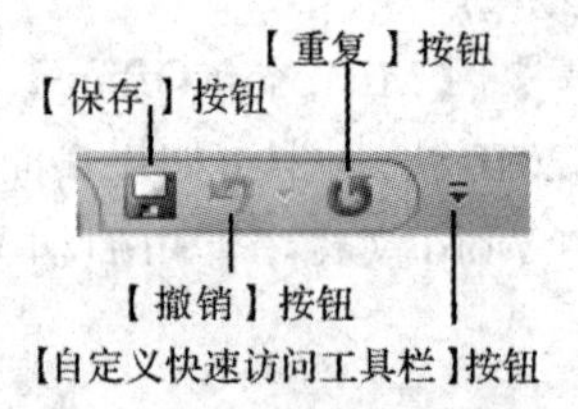

图 4-3　快速访问工具栏

3) 功能区

Word 2010 的功能区取代了传统的菜单栏和工具栏。它将经过组织的命令呈现在一组选项卡中。功能区主要包括以下组成部分：选项卡、组、命令和对话框启动器，如图 4-4 所示。

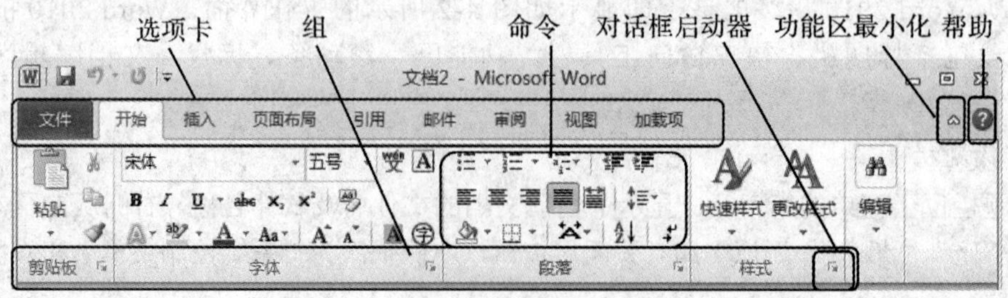

图 4-4　Word 2010 功能区

(1) 选项卡。选项卡中显示与应用程序中的每个功能区最为相关的命令。每一个选项卡对应一个功能区面板。Word 2010 提供了“文件”“开始”“插入”“页面布局”“引用”“邮件”“审阅”“视图”和“加载项”等选项卡。

① 【文件】选项卡。【文件】选项卡不同于其他选项卡，不仅用颜色进行区分，操作也不一样。单击【文件】选项卡，可打开如图 4-5 所示的命令选项。【选项】按钮用于查看并选择各种设置，单击它即可打开如图 4-6 所示的“Word 选项”对话框。

图 4-5　打开的【文件】选项卡

图 4-6　“Word 选项”对话框

② 上下文选项卡。上下文选项卡是 Word 2010 在编辑特定类型的对象时出现的特定命令集，仅在需要时才出现。例如，选择图片后就会出现【绘图工具】和【图片工具】选项卡，选项卡中的命令用于编辑图形。

(2) 组。组是将一系列相关命令集合起来的组织形式。每个选项卡中包括若干个“组”，比如“开始”选项卡包括“剪贴板”组、“字体”组、“段落”组、“样式”组、“编辑”组。通过“组”将相关命令集中在一起，方便找到命令按钮，便于操作。

(3) 命令。命令是“组”中罗列的图标。Word 2010 中命令可实时预览，这种新的实时预览技术只需花较少的时间和精力便可获得极佳的效果。操作方法是移动鼠标指针到命令上时，会立即显示应用编辑或格式更改后的效果，如果满意，只需单击鼠标左键即可。

(4) 对话框启动器。对话框启动器位于“组”的右下角，可通过“对话框启动器”来打开所熟悉的对话框，再进行进一步的操作。

4) 滚动条

滚动条分为水平滚动条和垂直滚动条，水平滚动条在窗口下方，垂直滚动条在窗口右方。滚动条的显示与隐藏，可通过修改“Word 选项”来进行设置。设置步骤如下：

(1) 单击【文件】选项卡，单击【选项】按钮，打开“Word 选项”对话框。

(2) 在“Word 选项”对话框中，单击【高级】选项，勾选或去掉【显示】项下的【显示水平滚动条】【显示垂直滚动条】复选框，单击【确定】按钮，就可以根据设置显示或隐藏滚动条。操作如图 4-7 所示。

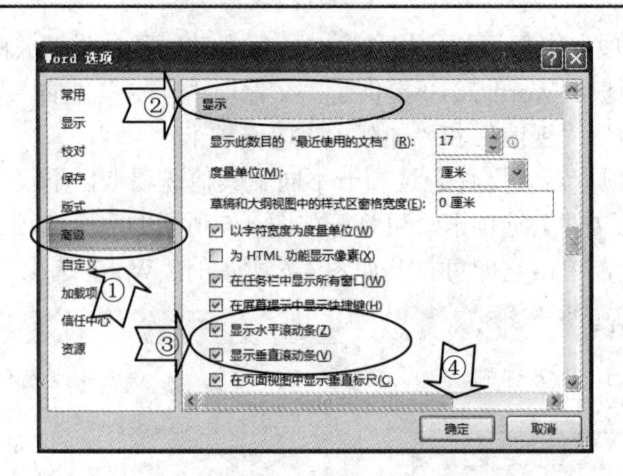

图 4-7　设置滚动条显示或隐藏的操作

5) 标尺和文档编辑区

标尺用于排版时控制版心、缩排与制表位等，它分为水平标尺和垂直标尺。单击垂直滚动条上方的标尺标记，可以显示或隐藏标尺。

文档编辑区是主要的工作面板，文字的录入、对象的插入等都在这个区域进行。文档编辑区里有一条不停闪烁的黑色短竖线，叫作"插入点"，它是文字录入、对象插入的位置，如图 4-8 所示。

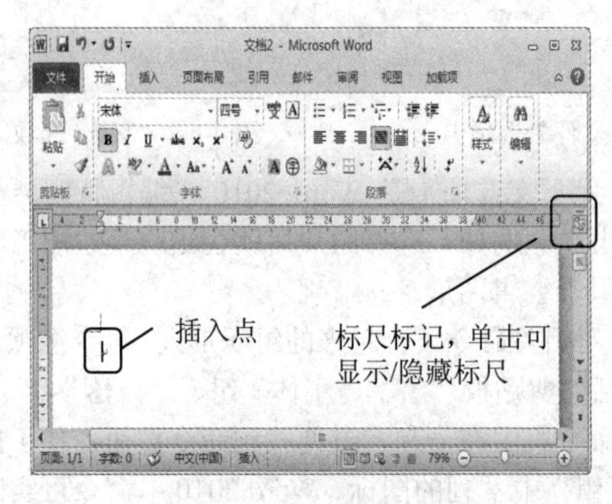

图 4-8　"标尺"标记

6) 状态栏

状态栏显示了当前文档的页面状态、字数状态、语言状态、编辑状态、视图状态和显示比例等，如图 4-9 所示。

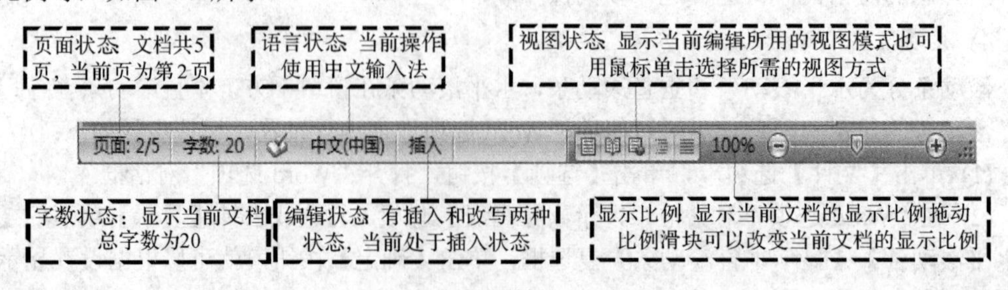

图 4-9　"状态栏"及说明

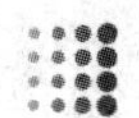

5. 功能区最小化/还原操作

单击窗口右上角的【功能区最小化】按钮可以隐藏功能区，再次单击即可展开功能区。

6. Microsoft Word 帮助

单击窗口右上角的【Microsoft Word 帮助】按钮 可以打开帮助，以方便自学。

4.1.3 知识点：创建“求职书”文档

1. 创建文档

启动 Word 2010 后，系统会自动建立一个空白文档，默认的文档名是“文档 1”。

如果需要再建新文档，可以用以下几种方法。

方法 1：使用“新建”命令创建文档。操作步骤如下：

(1) 单击【文件】选项卡，单击【新建】命令，打开【可用模板】。

(2) 在【可用模板】中选择所需要的文档模板，单击【创建】按钮，或者直接双击一个模板。常使用双击【空白文档】图标创建一个新的文档。操作如图 4-10 所示。

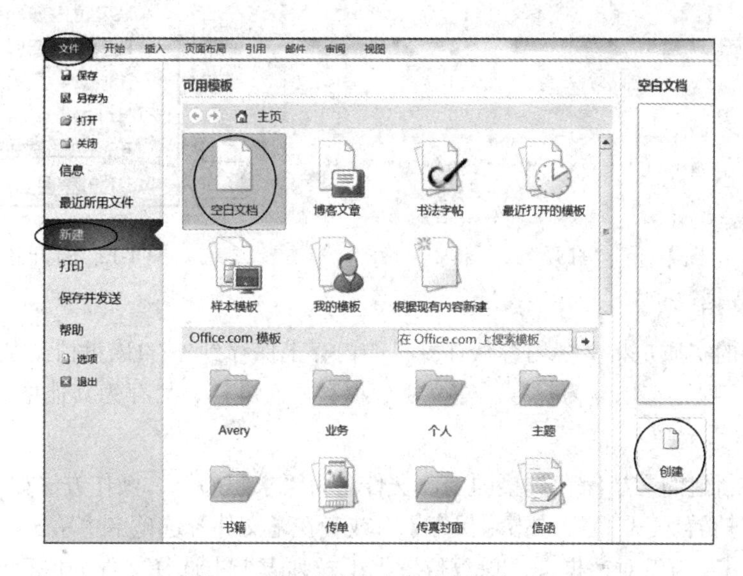

图 4-10　创建新空白文档的操作图示

方法 2：使用快捷键创建文档。直接按下【Ctrl + N】，自动建立一个默认的空白文档。

2. 打开文档

在 Word 2010 中打开文档，有多种方式可供选择。

1) 打开已有文件

如果要对一个已经存在的文档进行操作，则需要先打开这个文档。打开已有文件常用以下几种方法。

方法 1：在 Word 窗口中打开文档。单击【文件】|【打开】命令，弹出“打开”对话框，如图 4-11 所示。在“打开”对话框中的【文件类型】列表框中选择好文件类型，默认文件类型为 Word 文档；在【查找范围】列表框中找到要打开的文件并双击，或者选中该

文件后单击【打开】按钮，即可打开选择的文件。

注：在选择文件之前，【打开】按钮显示为灰色，不可使用。

方法 2：使用快捷键打开文档。直接按【Ctrl + O】，弹出“打开”对话框，其余操作同上。

方法 3：使用“我的电脑”打开文档。打开“我的电脑”，找到文档，在其上双击即可。

2) 打开文件的同时修复被破坏的文档

若 Word 文档被损坏了，则可通过修复操作挽救被损坏的文档，方法是在“打开”对话框中，单击“打开”按钮右侧的箭头，在弹出的菜单中选择【打开并修复】命令，如图 4-12 所示。

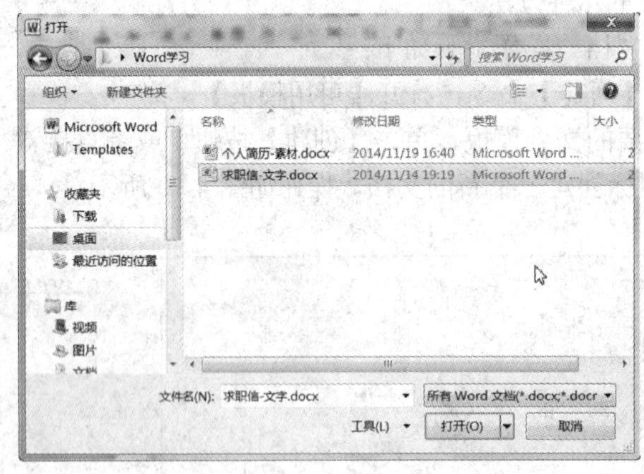

图 4-11 “打开”对话框

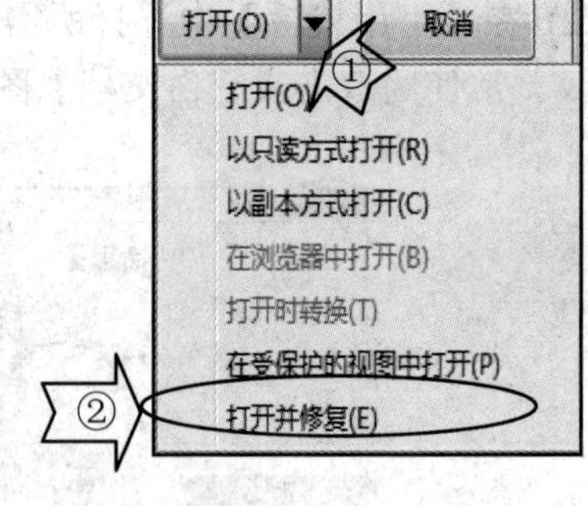

图 4-12 打开并修复文件

3．保存文档

保存文档的实质是将文档内容从计算机的内存上保存到外存(磁盘)上，从而永久存储。Word 2010 中，保存文档分为保存新建文档、保存原有文档、另存为其他格式文档几种。

1) 保存新建文档

若需要将新建的文档保存到桌面上，文件名为“求职书”，操作方法如下：

(1) 在快速访问工具栏中单击【保存】，或者在【文件】选项卡中单击【保存】命令。

(2) 在“另存为”对话框的【保存位置】下拉列表框中选择文件的保存位置，在【文件名】下拉列表框中输入文档的名称“求职书”，在【保存类型】下拉列表框中选择文件的类型为 Word 文档(*.docx)，单击【保存】按钮，即可保存文档。

2) 保存原有格式文档

对于已经保存过的文档，再次保存时不再弹出“另存为”对话框，而是以相同的文件名直接覆盖前次保存的文档。

如果需要将文档保存为另一个文件，执行【文件】选项卡中的【另存为】命令，打开“另存为”对话框，再以相同的文件名将文件保存到其他位置，或换名保存在同一位置。

3) 另存为其他类型文档

在“另存为”对话框的“保存类型”下拉列表框中，提供有多种文档格式供用户选择。几种常见的 Word 2010 默认的文件类型与扩展名对应关系如表 4-1 所示。

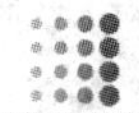

表 4-1　Word 2010 默认的文件类型与扩展名对应关系

文档类型	扩展名	文档类型	扩展名
Word 文档	.docx(默认)	Word 97–2003 文档	.doc
启用了宏的文档	.docm	PDF	*.pdf
模板	.dotx	纯文本	*.txt
启用了宏的模板	.dotm		

4) 另存为低版本文档

在 Word 2010 中可以打开低版本的文档，但在低版本的 Word 中，通常不能直接打开 Word 2010 版本的文档。为了兼容版本，在 Word 2010 中可以把文档另存为低版本的文档，即将 .docx 文档另存为 .doc 文档。保存为低版本的文档模式称为兼容模式，在标题栏会显示“[兼容模式]”字样。

另存为低版本文档的方法为：在“另存为”对话框的“保存类型”下拉列表框中选择“Word 97–2003 文档(.doc)”，单击【保存】按钮即可。

4．恢复文档

有时发生某些意外，比如突然断电、死机等导致文档未来得及保存，如果设置有“自动恢复”功能，在再次打开 Word 时，就可以恢复部分已经完成的文档。

1) 设置“自动恢复”功能

设置“自动恢复”的操作方法如下：

(1) 单击【文件】选项卡，单击【选项】按钮，打开“Word 选项”对话框。

(2) 在“Word 选项”对话框中，选择【保存】选项，在【保存文档】项下勾选【保存自动恢复信息时间间隔】复选框，并在文本框内进行时间设置，在【自动恢复文件位置】框中，即可看到恢复文档的默认保存位置“C:\Documents and Settings\Administrator\Application Data\Microsoft\Word”。单击【确定】按钮，操作如图 4-13 所示。

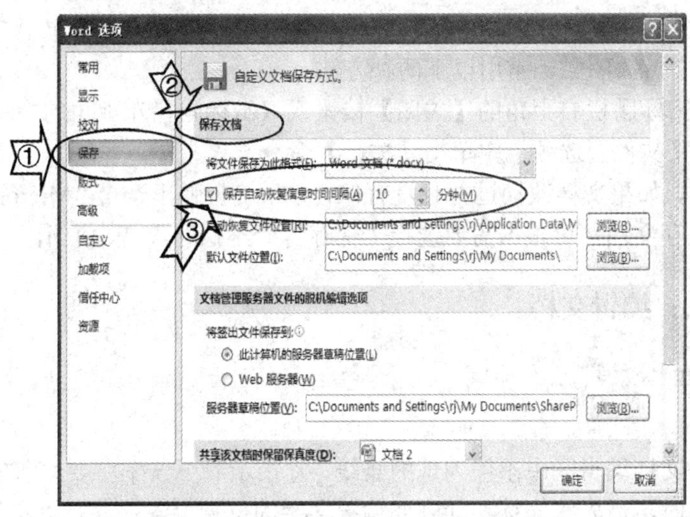

图 4-13　设置“自动恢复”功能操作图示

2) 自动恢复文档

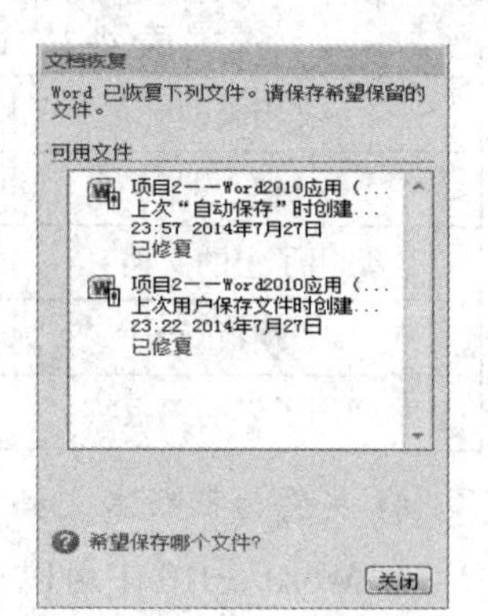

图 4-14 “文档恢复”窗口

出现意外后再次打开 Word 或者打开某文档时，系统会自动弹出“文档恢复”窗口，如图 4-14 所示。在【可用文件】列表框中单击需要恢复的文档即可。

3) 手动恢复文档

打开 Word 窗口时，有时系统并不自动弹出“文档恢复”窗口，这时可以手工恢复文档。具体操作方法如下：

(1) 在图 4-13 中的【自动恢复文件位置】文本框中，查看到恢复文件所在的位置。

(2) 在“我的电脑”中，按照恢复文件所在的位置打开文件夹，会看到一系列扩展名为 .asd 的文档，如图 4-15 所示。按修改日期找到最后一次保存的那个文档，双击打开，即可恢复部分已经完成的最近的那个文档，然后把文档另存即可。

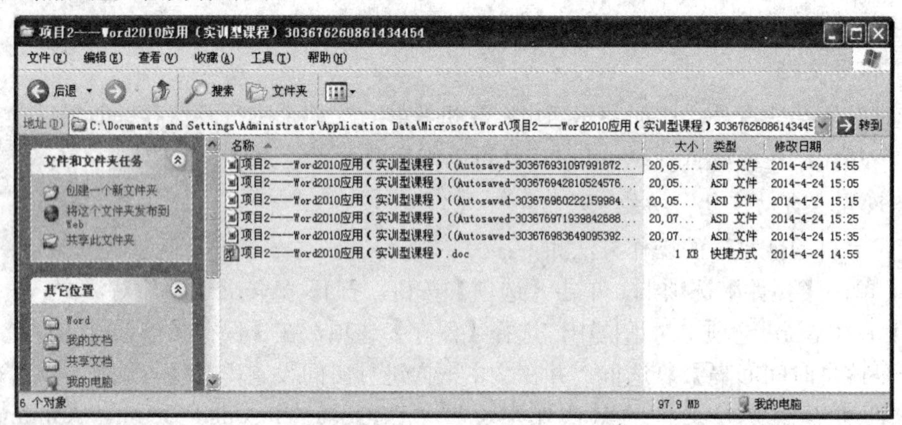

图 4-15 文件恢复窗口示例

5. 关闭文档

Word 2010 中，关闭文档常用以下两种方法：

方法 1：单击标题栏右上角的【关闭】按钮或双击标题栏左上角的系统图标。

方法 2：在【文件】选项卡中单击【关闭】命令。

关闭文档时，如果文档改动过并且没有保存，系统会弹出一个“Microsoft Word”对话框，询问是否保存文档，可根据需要选择“保存”“不保存”或“取消”。

4.1.4 知识点：编辑文档

1. 输入文本

1) 定位插入点

插入点就是文档编辑区中不停闪烁的竖线，它指示着下一个将要输入的字符或插入对象的位置。输入时，需先将光标移动到要输入文字的位置上，这就是“定位插入点”。

(1) 使用鼠标定位插入点。只需将鼠标移到所需位置，然后单击鼠标左键即可完成。

如果是在空白文本区上定位插入点，则可利用“即点即输”功能在文本空白区任何位置双击鼠标左键即可。

如果要定位的目标位置不在当前窗口中，可先滚动窗口，使目标位置出现在窗口中。滚动窗口常用以下两种方法：

方法1：使用滚动条，如图4-16、图4-17所示。

- 单击水平滚动条上的按钮①、②，使窗口左、右滚动。
- 单击垂直滚动条上的按钮③、④，使窗口上、下滚动一行。
- 拖曳水平或垂直滚动条上滑块⑤、⑥，可快速滚动文档。
- 默认状态下，单击按钮⑦、⑧，窗口向上、向下滚动一页。

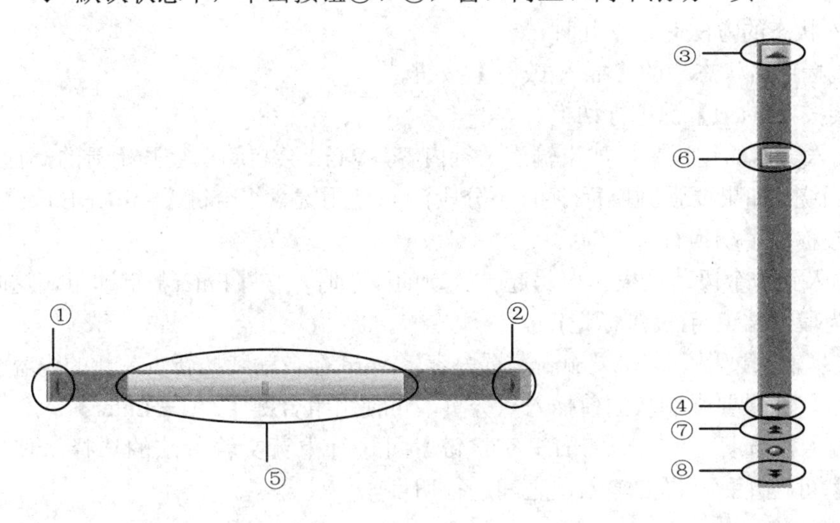

图4-16　水平滚动条上的按钮　　　　图4-17　垂直滚动条上的按钮

方法2：使用鼠标的滚轮也可以快速滚动文档。

(2) 使用键盘定位插入点。常用方法如表4-2所示。

表4-2　常用的移动插入点按键

键盘操作	移动插入点方式
【↑】或【↓】	向上或向下移动一行
【→】或【←】	向右或向左移动一个字母
【Home】或【End】	移动到当前行的开始处或结尾处
【PageUp】或【PageDown】	向上或向下移动一屏
【Ctrl + ↑】或【Ctrl + ↓】	向上或向下移动一个段落
【Ctrl + →】或【Ctrl + ←】	向右或向左移动一个句子
【Ctrl + PageUp】或【Ctrl + PageDown】	移动到本屏幕顶或屏幕尾
【Ctrl + Home】或【Ctrl + End】	移动到文档的开头或结尾

2) 输入文本内容

输入的文本内容将出现在插入点光标后面，此时Word会自动调整后面文本的位置，以保持整个文档的完整性。在Word中输入内容时，需要注意以下几点：

(1) 当前输入状态。在输入文本之前，应先注意一下状态栏的“插入/改写”状态区中显示的是什么。如果是“插入”二字，则表明当前状态为插入状态，此时输入的内容会自动插入到插入点处；如果是“改写”二字，则表明当前状态为改写状态，此时输入的内容会取代插入点后面的内容。图 4-18 所示的是插入/改写状态。

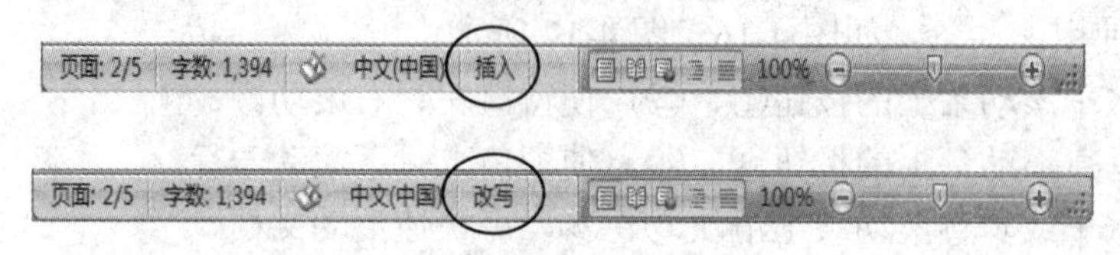

图 4-18 状态栏呈现的“插入/改写状态”

更改当前输入状态的方法有以下几种：

方法 1：用鼠标单击状态栏的【插入/改写】按钮。

方法 2：直接按【Insert】键进行切换。

(2) 行。在输入文本的过程中，如果输满一行内容，Word 会自动换行开始新的一行，这一特性称为字回绕。如果要强制换行(换行不分段)，可使用键盘组合键【Shift + Enter】，这时行末的符号被称为手动换行符。

(3) 段。当输入到一个段落结束，要另起一个新的段落时，按【Enter】键即可，这时行末的符号被称为段落结束符(段落标记)。

(4) 页。在文本输入过程中，如果输满一页内容，Word 会自动续插新页，新的内容会自动进入到第二页。如果要强制从当前插入点分页，可使用组合键【Ctrl + Enter】。

(5) 中英文输入法选择。使用【Ctrl + 空格键】可进行中英文输入法的选择，使用【Shift + 空格键】可在几种不同的输入法之间进行切换。

3) 输入符号

(1) 输入键盘上的符号。通过键盘可直接输入键盘上的常用符号。输入时请注意区分中文标点符号和英文标点符号。在英文输入法状态下输入的符号全部为英文符号，在中文输入法状态下，单击符号输入法状态条上的中英文符号按钮，就可以切换中文符号和英文符号。图 4-19(a)所示为英文符号状态，图 4-19(b)所示为中文符号状态。

(a) 英文符号状态

(b) 中文符号状态

图 4-19 英文/中文符号状态

(2) 使用“符号”对话框输入符号。使用“符号”对话框可以输入键盘上没有的特殊符号，此时输入的符号和字符的类型取决于选择的字体。操作方法如下：

① 单击【插入】选项卡 |【符号】功能组 |【Ω 符号】命令，操作如图 4-20 所示。

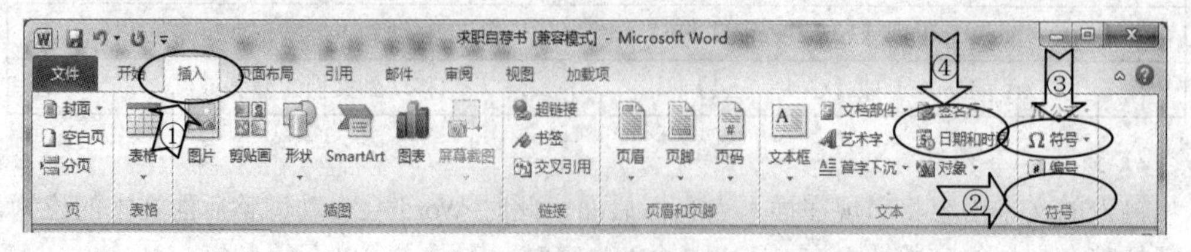

图 4-20 插入符号和插入日期操作图示

② 在弹出的下拉列表中单击所需的符号。

③ 如果要输入的符号不在列表中，可单击【其他符号】命令打开“符号”对话框，如图 4-21 所示。在字体框中选择所需的符号字体，在符号框中选择要输入的符号，然后单击【插入】按钮即可。成功插入符号后，【取消】按钮变为【关闭】按钮，若不再输入新的符号，则单击【关闭】按钮。

④ 如果需要输入一些特殊符号，可在图 4-21 窗口中单击【特殊字符】选项卡，如图 4-22 所示，在列表中选择所需的特殊符号，单击【插入】按钮即可。

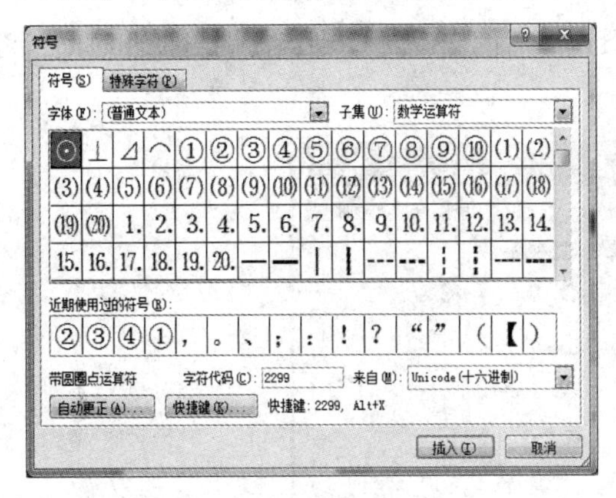

图 4-21　“符号”对话框

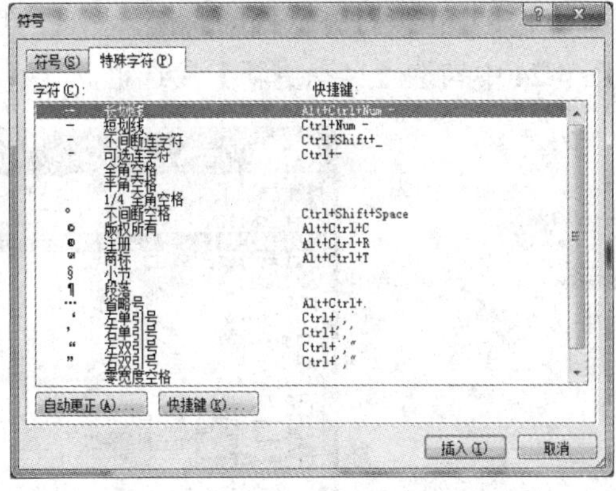

图 4-22　“符号”对话框中的“特殊符号”

(3) 使用快捷键输入特殊符号。在文档中如果需要经常输入一些特殊符号，可为该符号指定快捷键，然后用快捷键快速输入该符号。例如为符号“【”指定快捷键，操作方法如下：

① 在图 4-21 中选择所需的符号“【”，单击【快捷键】按钮，打开“自定义键盘”对话框，如图 4-23 所示。

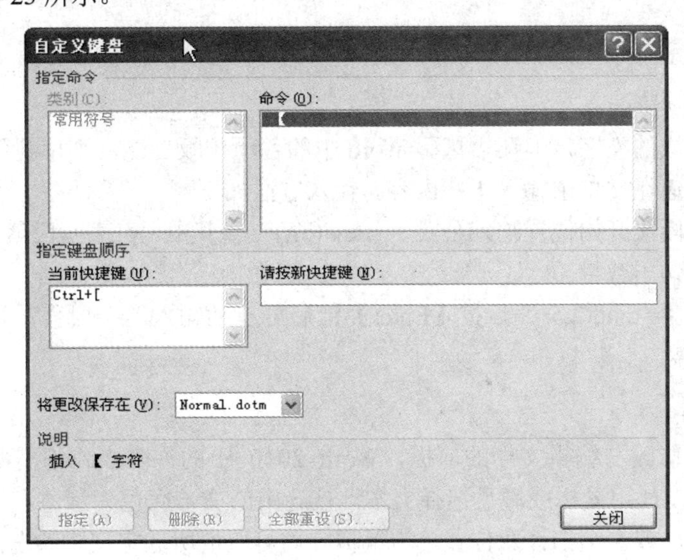

图 4-23　“自定义键盘”对话框

② 为符号“【”指定快捷键。例如输入“Ctrl + [”，然后单击【指定】按钮，将快捷键符号指定到“当前快捷键”框中，最后单击【确定】按钮。

③ 在文档中需要输入符号“【”时，直接按快捷键【Ctrl + [】即可。

特殊符号的输入也可使用中文输入法的软键盘来输入。

4) 输入日期和时间

Word 2010 中输入日期和时间的操作方法如下：

(1) 单击【插入】选项卡｜【文本】组｜【日期和时间】命令，打开“日期和时间”对话框。操作如图 4-20 中的操作④所示，打开的“日期和时间”对话框如图 4-24 所示。

(2) 在“日期和时间”对话框的【可用格式】框中单击所需的日期和时间格式，单击【确定】按钮。

如果想在下次打开文档的时候，插入的日期和时间自动更新到当前的日期和时间，可在图 4-24 中勾选【自动更新】复选框。

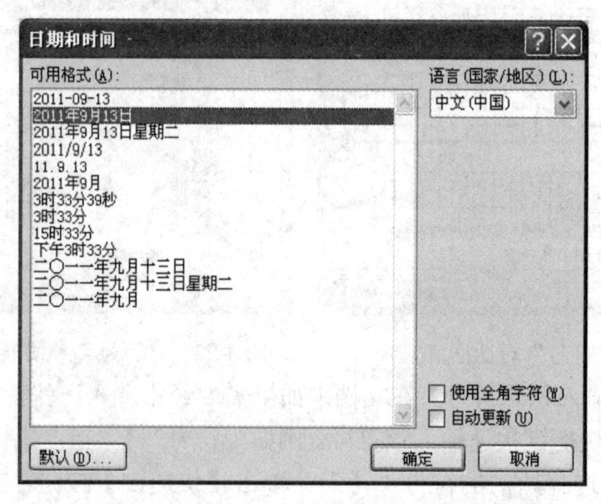

图 4-24 “日期和时间”对话框

注意：当在对应的组中找不到所需命令时，需把窗口尺寸调大。

5) 输入虚拟内容

如果没有现成的文字，但还需试验 Word 中的各项排版功能，则可利用 Word 2010 的虚拟文本功能快速在文档中输入一些内容。输入方法如下：

在一个新的段落开始位置输入公式“=rand(p,s)”，其中，p 表示段落数量，s 表示每个段落中包含的句子数量。

例如，输入“=rand(2,5)”，按【Enter】键后可自动输入两个段落，每个段落包含五句话。

2. 选择文本

选择文本是修改与编辑文档的前提，Word 2010 中的许多操作都需要先选定文本。Word 2010 中可以使用鼠标或键盘选择文本，被选中的文本底色为深色。选定文本后，按任意光标移动键，或在文档任意位置单击鼠标，均可取消所选定文本的选定状态。

1) 使用鼠标选择文本

用鼠标选定文本有两种方法：在文本编辑区内选定文本和在文本选择区内选定。

(1) 在文本编辑区内选定文本。常用方法如表 4-3 所示。

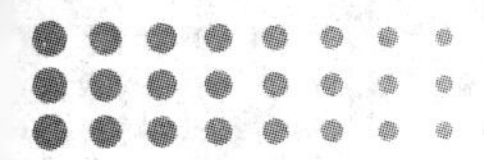

表 4-3　使用鼠标在文本编辑区内选定文本的常用方法

选　择	操　作
任意数量的文本	在文档中拖曳鼠标，到要选定文本的结束位置时松开鼠标左键
一个词	在单词中的任意位置双击鼠标左键
一个句子	按下【Ctrl】键，然后在句中的任意位置单击
一个段落	在段落中的任意位置快速单击鼠标三次
较大的文本块	先单击要选择的内容的起始处，再滚动到要选择的内容的结尾处，然后按下【Shift】键，同时在要选择内容的结尾处单击鼠标
竖列文本	按下【Alt】键，同时拖曳鼠标
不连续的文本	按下【Ctrl】键，同时拖曳鼠标

(2) 在文本选择区内选定文本。文档正文左边的空白区域为文本选择区，在文本选择区，鼠标指针为斜向的空心状。在文本选择区选定文本的常用方法如表 4-4 所示。

表 4-4　使用鼠标在文本选择区内选定文本的常用方法

选　择	操　作
一行文本	将指针移到行的左侧文本选择区，单击鼠标左键
一个段落	将指针移到段的左侧文本选择区，双击鼠标左键
多个连续段落	在第一段左侧文本选择区，双击鼠标并拖曳，直至要选择的结束段
不连续的行	先在第一行的选择区单击鼠标，然后按下【Ctrl】键，再在各行单击鼠标
整篇文档	将指针移到文本的左侧文本选择区，快速单击鼠标三次；或将指针移到文本的左侧文本选择区，按下【Ctrl】键，同时单击鼠标左键；或者在【编辑】组单击【选择】|【全选】命令

(3) 使用“选择”命令进行选择。单击【开始】选项卡|【编辑】组中的【选择】按钮，显示“选择”菜单，执行菜单中的对应命令即可选择所需对象。

2) 使用键盘选择文本

使用键盘选择文本的快捷键如表 4-5 所示。

表 4-5　选定文本使用的快捷键

按　键	将选定范围扩大到	按　键	将选定范围扩大到
【Shift + ←】	左侧的一个字符	【Ctrl + Shift + ←】	单词开始
【Shift + →】	右侧的一个字符	【Ctrl + Shift + →】	单词结尾
【Shift + ↑】	上一行	【Ctrl + Shift + ↑】	段首
【Shift + ↓】	下一行	【Ctrl + Shift + ↓】	段尾
【Shift + Home】	行首	【Ctrl + Shift + Home】	文档开始
【Shift + End】	行尾	【Ctrl + Shift + End】	文档结尾
【Ctrl + A】	整篇文档	【Esc】	取消所选文本

3. 删除文本

删除文本的常用方法如表 4-6 所示。

表 4-6　删除文本的常用方法

按　　键	功　　能
【Backspace】	删除插入点左边的汉字或字符
【Delete】	删除插入点右边的汉字或字符
【Ctrl + Backspace】	删除插入点左边的一个词
【Ctrl + Delete】	删除插入点右边的一个词
选定文本，按【Backspace】或【Delete】	删除选定的文本

4. 复制、移动文本

复制文本是将选择的文本通过复制命令再复制一份到剪贴板上，然后用粘贴命令将剪贴板上内容粘贴到目标位置。移动文本就是利用剪切命令将选择的内容转移到剪贴板上，然后用粘贴命令将剪贴板上的内容粘贴到目标位置。

1) 文本的复制

方法 1：选定文本，单击【开始】选项卡【剪贴板】组中的【复制】命令，定位插入点到目标处，单击【剪贴板】组中的【粘贴】命令。

方法 2：选定文本，按组合键【Ctrl + C】，定位插入点到目标处，按组合键【Ctrl + V】。

方法 3：选定文本，按下【Ctrl】键同时用鼠标将选定的文本拖曳到目标处。

2) 文本的移动

方法 1：选定文本，单击【开始】选项卡【剪贴板】组中的【剪切】命令，定位插入点到目标处，单击【剪贴板】组中的【粘贴】命令。

方法 2：选定文本，按组合键【Ctrl + X】，定位插入点到目标处|按组合键【Ctrl + V】。

方法 3：选定文本，用鼠标将选定的文本拖曳到目标处。

3) 粘贴操作介绍

(1) 使用“粘贴选项”。执行粘贴后，在粘贴内容的尾部会出现一个“粘贴选项”标识，如图 4-25(a)所示。单击这个标识或在【剪贴板】组中单击【粘贴】按钮下方的箭头，如图 4-25(b)所示，均可打开“粘贴选项”框，如图 4-25(c)所示。单击相应按钮可进行特定操作。

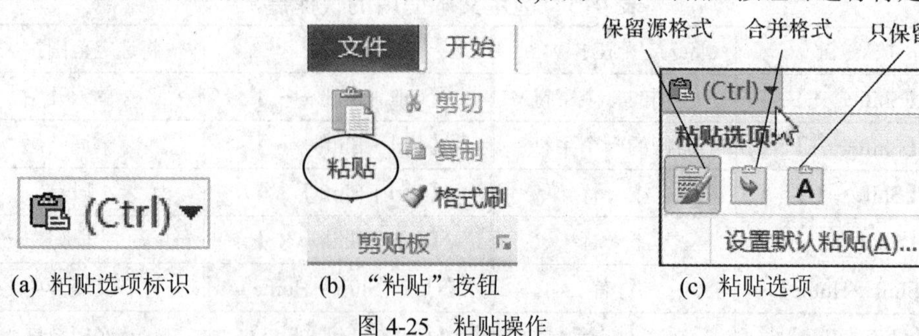

(a) 粘贴选项标识　　(b) “粘贴”按钮　　(c) 粘贴选项

图 4-25　粘贴操作

① 单击“保留源格式”：以源格式进行粘贴。

② 单击“合并格式”：将粘贴内容与周围文本的外观相符。

③ 单击“只保留文本”：仅粘贴文字内容。

④ 单击“设置默认粘贴”：可自动打开“Word 选项”对话框中的【高级】选项，可在【剪切、复制和粘贴】组中设置粘贴操作的默认格式。

如果不需要“粘贴选项”标识，可以按【Esc】键取消它。

(2) 选择性粘贴。在粘贴时还可通过“选择性粘贴”操作粘贴特定的内容。粘贴操作如下：

① 在【开始】选项卡【剪贴板】组中，单击【粘贴】按钮下方的箭头，执行【选择性粘贴】命令，打开“选择性粘贴”对话框。

② 选中【粘贴】选项，在【形式】列表中选择粘贴内容的格式，单击【确定】按钮。

4) Office 剪贴板

通过 Office 剪贴板，用户可以从 Office 文档或其他程序中复制多个项目到 Office 剪贴板上，然后有选择地粘贴暂存于 Office 剪贴板中的内容到当前或另一个 Office 文档中，使粘贴操作更加灵活。

(1) 打开剪贴板任务窗格。

在【开始】选项卡的【剪贴板】组中单击“剪贴板”对话框启动器按钮，即可打开“剪贴板”任务窗格，如图 4-26(a)所示。单击【选项】按钮，可以进行选项设置。

(2) 复制项目。从 Office 文档或其他程序中复制多个项目到 Office 剪贴板上。

(a) “剪贴板”任务窗格

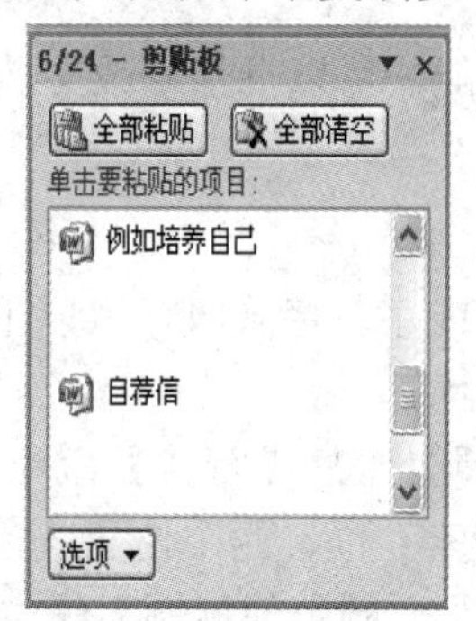

(b) 清除剪贴板中所有项目

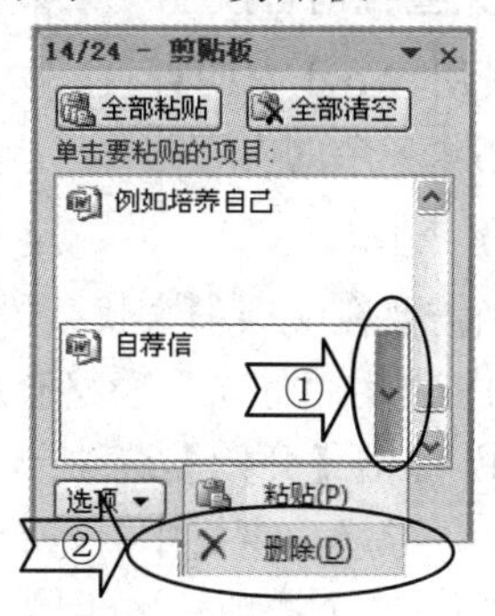

(c) 清除剪贴板中某项目

图 4-26　Office 剪贴板

(3) 粘贴项目。

① 插入点定位在目标位置。

② 在剪贴板窗格中，单击相应按钮完成所需操作。

◇ 单击【全部粘贴】：将剪贴板中的项目按复制时的顺序全部粘贴到目标位置。

◇ 单击某项目：只粘贴该项目到目标位置。

◇ 单击【全部清空】：清除剪贴板中所有项目，如图 4-26(b)所示。

◇ 单击某项目右侧的箭头，打开下拉选项，选择【删除】命令，清除该项目，如图 4-26(c)所示。

5．撤销与恢复操作

1) 撤销操作

在文档编辑过程中，如果操作错误，可以通过“撤销”命令来撤销当前错误的操作。

撤销操作的方法如下：

方法 1：单击快速访问工具栏上【撤销】按钮右侧的箭头，打开下拉选项，选择要撤销的操作内容。操作如图 4-27 所示。

方法 2：按【Ctrl + Z】键盘组合键，可按操作次序逆序地快速撤销错误的操作。

图 4-27　撤销与恢复按钮

2) 恢复操作

恢复与撤销操作是效果相反的操作。当出现了错误的撤销操作以后，就可以通过“恢复”命令，快速恢复错误的撤销操作。恢复操作的方法如下：

方法 1：单击快速访问工具栏上的【恢复】按钮(位于【撤销】按钮的右边)。如果需要恢复多个操作，可反复单击【恢复】按钮。

方法 2：按【Ctrl + Y】键盘组合键，可快速恢复错误的撤销操作。

6. 查找与替换

使用 Word 中的查找、替换功能，可以批量修改文档中的文本、格式等错误，也可以批量删除多余的内容。

1) 查找

当需要在文档中查找某段文字或字符格式时，有以下两种方法。

(1) 使用“导航”窗格查找内容。

① 单击【开始】选项卡【编辑】组的【查找】命令，打开“导航”窗格，如图 4-28 所示。“导航”窗格中有一个“搜索”框、两个箭头(分别为“上一处 标题”和“下一处 标题”)、三个选项卡(分别为【浏览文档中的标题】【浏览文档中的页面】【浏览当前搜索的结果】，当前停留在第三个选项卡上)。

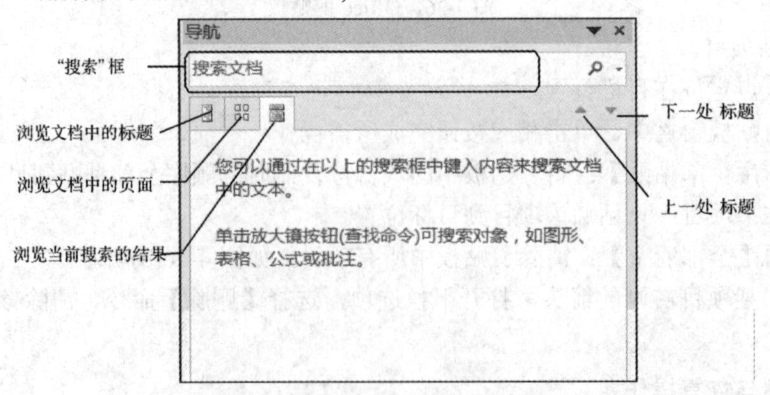

图 4-28　导航窗格的【浏览您当前搜索的结果】选项卡

② 在“搜索”框中输入要查找的文字后，即时就可看到结果(找到匹配项的结果或没

有匹配项的结果提示)。如果查找到多个匹配项，单击箭头可以查看下一个或上一个结果。

(2) 使用【高级查找】命令查找内容或包含格式的内容。

① 在【开始】选项卡【编辑】组中单击【查找】命令右边的箭头，单击【高级查找】，打开“查找和替换”对话框，如图 4-29(a)所示。

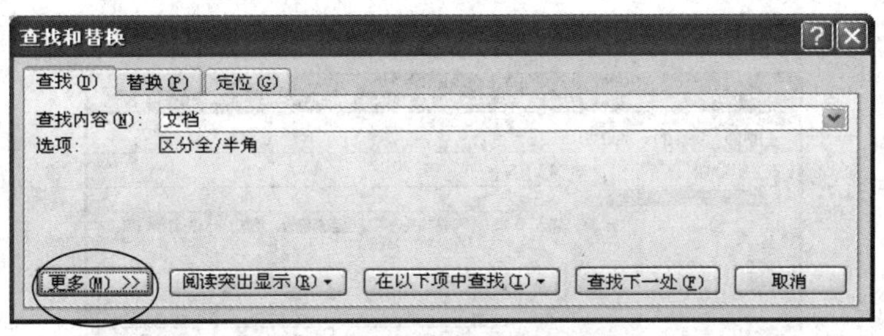

(a) “查找和替换”对话框

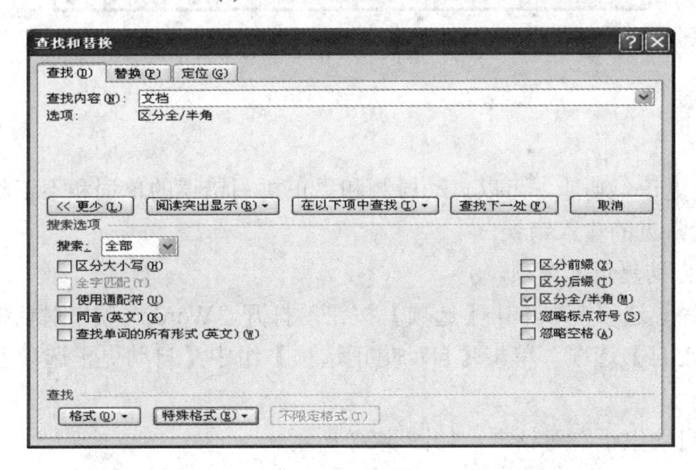

(b) 打开“更多”内容的“查找和替换”对话框

图 4-29　“查找和替换”对话框中的【查找】选项卡

② 可在【查找内容】框中输入需要查找的文字，单击【查找下一处】按钮即可完成内容的查找。

③ 若查找的内容包含一定的格式，单击【更多】按钮，打开更多内容的“查找和替换”对话框，如图 4-29(b)所示。此时可使用【格式】按钮设置查找的格式，使用【特殊格式】按钮设置特殊字符，最后单击【查找下一处】按钮即可完成文字且包含格式的查找。

2) 替换

(1) 单击【开始】选项卡【编辑】组的【替换】命令，打开“查找和替换”对话框，选择“替换”选项卡。

(2) 在【查找内容】框输入原内容，可通过【格式】按钮和【特殊格式】按钮设置原内容的格式。

(3) 在【替换为】框输入需替换的内容，也可通过【格式】按钮和【特殊格式】按钮设置替换内容的格式。

(4) 单击【替换】、【全部替换】或【查找下一处】按钮，以完成替换找到的当前内容或替换找到的全部内容或查找下一处内容等操作。

3) 快速定位文档位置

(1) 单击【开始】选项卡【编辑】组的【查找】命令右边的箭头，单击【转到】，打开“查找和替换”窗口并停留在【定位】选项卡上，如图 4-30 所示。

(2) 在左边【定位目标】框中选择定位目标，在右边输入框中输入对应的内容，单击【前一处】或【下一处】按钮即可快速定位。

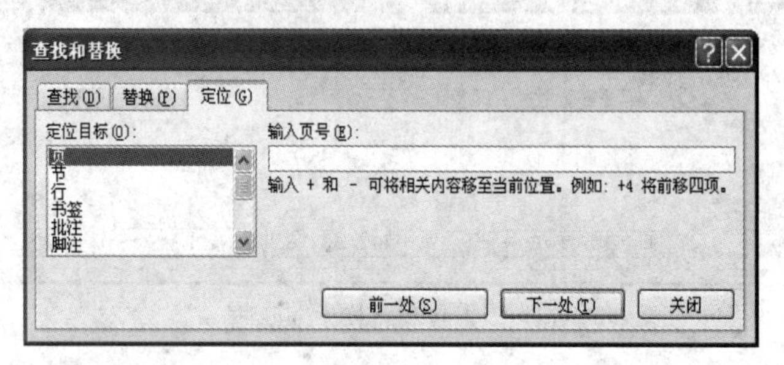

图 4-30 “查找和替换”对话框中的【定位】选项卡

7. 知识扩展

1) 自动更正

使用“自动更正”功能，可以自动检测和更正拼写错误的单词和不正确的大写，帮助用户更改一些较常见的输入错误。

(1) 设置【自动更正】选项。

① 在【文件】选项卡中单击【选项】按钮，打开“Word 选项”对话框。

② 单击【校对】选项，单击【自动更正选项】组中【自动更正选项】按钮，操作步骤如图 4-31 所示。

③ 打开“自动更正”对话框，如图 4-32 所示。

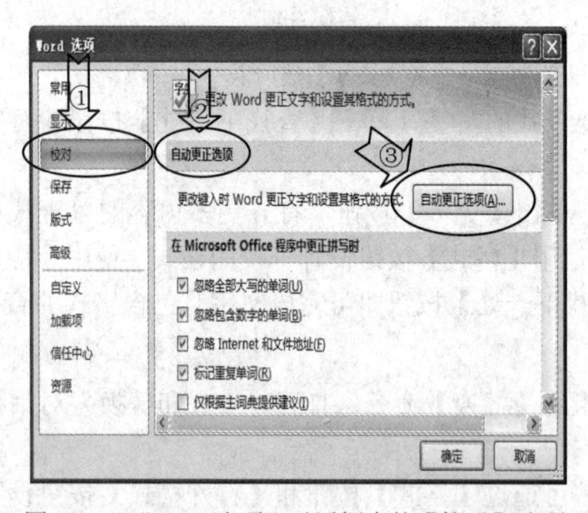

图 4-31 “Word 选项”对话框中的【校对】选项

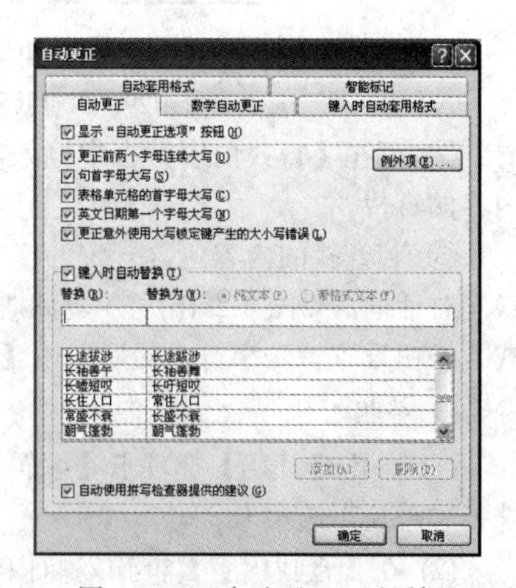

图 4-32 “自动更正”对话框

④ 单击对应选项卡，勾选需要自动更正的项目，然后单击【确定】按钮。

(2) “自动更正”功能的用法。

① 在“自动更正”对话框中勾选一些选项，可以实现对应功能。如句首字母大写、自动项目符号列表、匹配左右括号等。

② 利用自动更正可将经常使用的一些固定的长词或长句等缩写输入。在【自动更正】选项卡中的【替换】框内输入缩写内容，在【替换为】框内输入实际的内容，单击【添加】按钮将要替换的项目一一添加完成，然后单击【确定】按钮，就可使缩写内容与实际要输入的内容建立对应关系，并添加到本机词库中备用。输入时，只需输入缩写内容，然后按空格或回车键即可，这样可以提高录入效率。

③ 在一些特殊情况下，有时不需要自动更正，可以将自动更正功能关闭。关闭的方法为：在“自动更正”对话框中去掉勾选的选项，然后单击【确定】按钮。

2) 拼写和语法检查

使用 Word 的拼写和语法检查功能，可以用来检查文档中的拼写错误和语法错误。红色波浪线标记的是可能有拼写错误，绿色波浪线标记的是可能有语法错误。

(1) 设置/关闭自动拼写和语法检查功能。

① 在【文件】选项卡中单击【选项】按钮，打开“Word 选项”对话框。

② 单击【校对】，在【在 Microsoft Office 程序中更正拼写时】组中，勾选或去掉对应项目的复选框，单击【确定】按钮。

(2) 自动拼写检查和语法检查的工作方式。

如果在键入时自动检查拼写，就可以减少许多录入错误。例如，在文档中键入中文词“好象”和英文词“Offie”，文档中会标记出红色波浪线，表明这可能有拼写错误。在红色波浪线或绿色波浪线上单击鼠标右键就可以查看 Word 给出的更正建议，根据需要选择即可，也可以忽略，甚至还可以将它添加到词典中。

3) 字数查看

在 Word 2010 的状态栏左端，依次可以看到文档的当前页数、总页数、选中文字的字数、总字数。

4.1.5　知识点：文档的页面布局

1. 【页面布局】选项卡

【页面布局】选项卡主要进行页面格式的设置，使用最为频繁的是【页面设置】功能组，如图 4-33 所示。

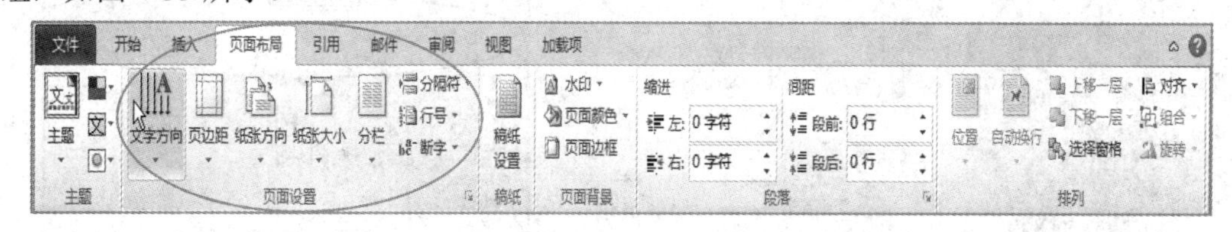

图 4-33　页面设置功能组

2. 设置页面格式

使用【页面设置】功能组中的命令可以设置文档的纸张大小、方向、页边距等。

1) 设置纸张大小

设置文档的纸张大小，操作方法如下：

(1) 选择标准纸张：单击【页面布局】选项卡，在【页面设置】组中单击【纸张大小】

按钮，弹出纸张尺寸列表，选择需要的纸张规格即可。普通文档常用 A4 规格。

(2) 自定义纸张大小：如果列出的纸张规格不符合要求，可在纸张尺寸列表中单击【其他页面大小】命令，打开“页面设置”对话框【纸张】选项卡，输入纸张的【高度】和【宽度】，单击【确定】按钮。

2) 设置纸张方向

纸张的默认方向为纵向，有时需要纸张方向为横向。操作方法如下：

在【页面布局】选项卡中，单击【页面设置】组中的【纸张方向】按钮，选择纸张的方向即可。

3) 设置页边距

页边距是指正文边框到页面四周的空白区域。Word 中，当选定了纸张大小以后，在页面的四个角会出现页边距提示标记。设置页边距的操作如下：

(1) 选择页边距库中的类型：单击【页面设置】组中的【页边距】，在弹出的页边距列表中选择所需的类型。操作如图 4-34 所示。

(2) 自定义页边距：若列表库中的类型不能满足需要，可通过自定义页边距来实现。在图 4-34 中，单击下方的【自定义边距】命令，打开“页面设置”对话框的【页边距】选项卡，在上、下、左、右框中输入新值，单击【确定】按钮。操作如图 4-35 所示。

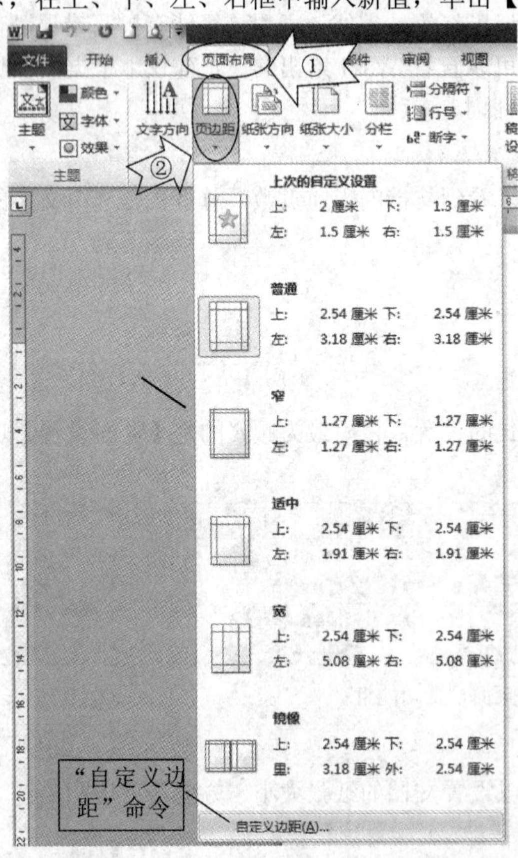

图 4-34　页边距操作图示

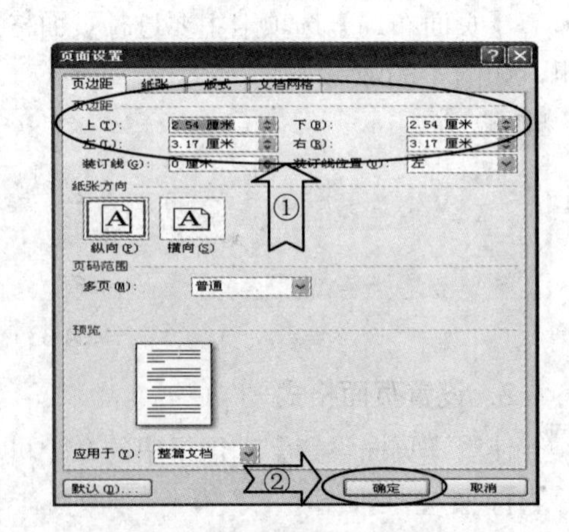

图 4-35　自定义页边距操作图示

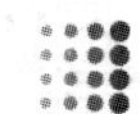

4) 改变文字方向

在文档中，文字方向默认为水平显示，但有时需要为垂直方向或者旋转一个角度。操作方法：选中文字，单击【页面设置】组中的【文字方向】，单击所需的文字方向命令即可。注：更改文字方向时一般是整页进行更改。

3．文档视图

1) 视图模式

Word 2010 为用户提供了多种视图模式供用户查看和编辑文档，共有页面视图、阅读版式视图、Web 版式视图、大纲视图和草稿视图五种。

(1) 页面视图：页面视图是文档最常用的一种视图模式，用于编辑页眉和页脚、调整页边距、处理分栏和图形对象等，该视图最接近打印结果。用户可在该视图中键入和编辑文档，并且能够即时看到版面效果。在页面的分界处双击鼠标可以隐藏页面的空白处。

(2) 阅读版式视图：阅读版式是以图书的分栏样式在计算机屏幕上显示文档的视图。在该视图中，文档的显示大小将进行调整以适应屏幕，功能区等窗口元素被隐藏起来。可以单击【工具】按钮选择各种阅读工具。单击【关闭】按钮可返回到页面视图。

(3) Web 版式视图：以网页的形式显示文档。

(4) 大纲视图：用缩进标题的形式显示文档的层次结构和级别。在大纲视图中，能查看文档的结构，方便地折叠和展开文档来查看标题和正文，广泛用于长文档的浏览和设置。

(5) 草稿视图：草稿视图取消了页面边距、分栏、页眉页脚和图片等元素，仅显示标题和正文，是最节省计算机系统硬件资源的视图方式，一般不常用，但某些特定操作必须在草稿视图中进行，比如删除分页符、删除分节符等操作。

2) 视图模式的切换

要在这几种视图之间进行切换，可通过单击状态栏上的“视图状态”按钮来进行，如图 4-36(a)所示；也可通过【视图】选项卡上【文档视图】组中的按钮来进行切换，如图 4-36(b)所示。

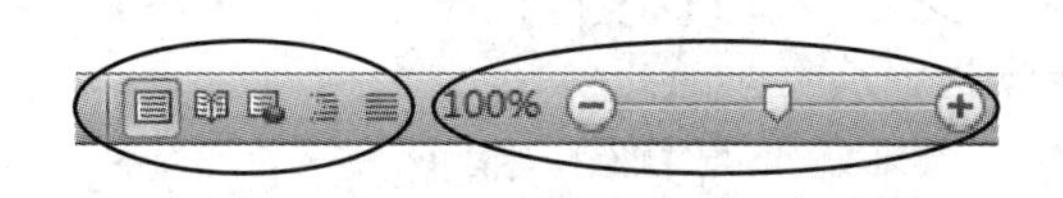

(a) 视图模式切换按钮和显示比例控件

(b) 【文档视图】功能组

图 4-36　视图模式切换

4．设置文档显示比例

使用 Word 提供的改变显示比例功能，可以对显示区域进行放大或缩小，还可以根据需要任意调整显示比例。显示比例的改变并不影响文档的实际打印效果。

1) 使用显示比例控件

“显示比例控件”如图 4-36(a)右端所示。具体的操作方法如下：

(1) 拖动滑块可任意调整显示比例。

(2) 单击⊕或⊖按钮能够以 10%的大小增加或减小显示比例。

(3) x%是当前的显示比例，单击它会弹出“显示比例”对话框。

2) 使用“显示比例”对话框

(1) 单击【视图】选项卡【显示比例】组中的【显示比例】命令，打开“显示比例”对话框，如图 4-37 所示。

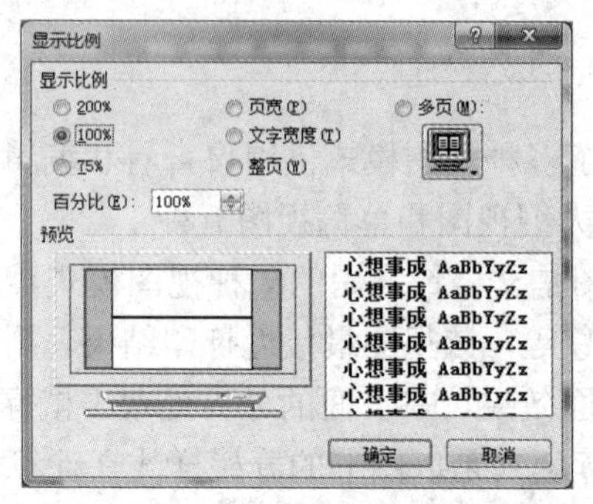

图 4-37 “显示比例”对话框

(2) 在“显示比例”对话框中，根据需要可以选择预设的比例，也可以设定微调的百分比，在预览框中还可以看到显示比例的效果。为了看到真实效果，显示比例常选 100%。

4.1.6 知识点：设置字体格式

1. 【字体】功能组

使用【开始】选项卡【字体】功能组中的各命令，可以对文档快速设置常用的字体格式，如图 4-38 所示。

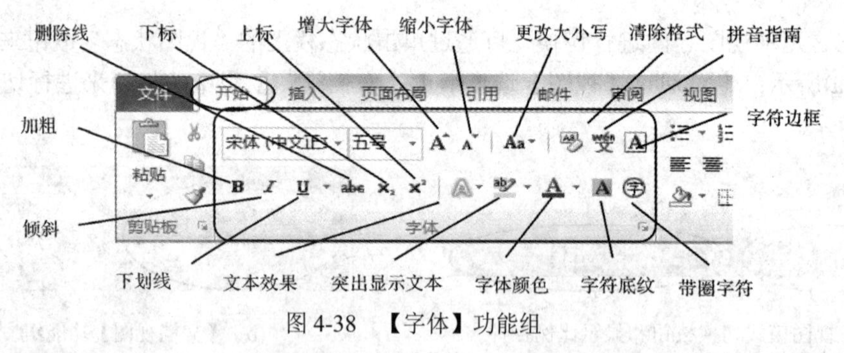

图 4-38 【字体】功能组

2. 设置字体格式

设置文档的字体，就是设置文字的表面样式。Word 2010 中可以使用的字体取决于已经安装的字体，默认正文的中文字体为“宋体”，西文字体为“Times New Roman”。

1) 使用【字体】组命令按钮

(1) 使用【字体】组命令按钮设置字体格式。该方法方便快捷，具体操作步骤如下：

① 选择文本。

② 单击【开始】选项卡【字体】组中的各种命令按钮，选中的文本即可按对应命令样式显示。各种功能可以叠加使用。【字体】组中的各命令按钮功能如下：

◇ “字体”按钮：设置文本的字体。书刊正文常用宋体。

◈ “字号”按钮：设置文本的字体大小。书刊正文常用五号字。

◈ “增大字体”/“缩小字体”按钮：用于增大或缩小字体的字号。

◈ “加粗”/“倾斜”/“下画线”/“删除线”按钮：分别用于字体的加粗、倾斜，给字体加下画线、删除线。

◈ “上标”/“下标”按钮：分别用于设置上标或下标。

◈ “文本效果”按钮：用于设置文本的外观效果，有内置的样式可直接使用，也可通过下设的轮廓、阴影、映像、发光级联菜单自设奇特效果。设置选项及效果如图 4-39 所示。注：在兼容模式下此功能不可使用。

◈ “突出显示文本”按钮：以不同的背景颜色突出显示文本。取消突出显示的方法为：选中突出显示的文本，单击“突出显示文本”按钮旁边的小箭头，选择“无颜色”。

◈ “字体颜色”按钮：用于设置文本的颜色。单击旁边的小箭头，有主题颜色、标准色、其他颜色、渐变色及其他渐变色可供选择使用。

◈ “字符底纹”按钮：用于给文本加灰色背景。

◈ “带圈字符”按钮：用于给文字加圈。一次只能给一个文字加圈。

◈ “字符边框”按钮：用于给文本加边框。

◈ “拼音指南”按钮：用于给文本加拼音。

◈ “更改大小写”按钮：用于选用句首字母大写、全部大写、全部小写等。

◈ “清除格式”按钮：清除选定文本的所有格式，只留下纯文本，清除后的格式为宋体、五号字。

各种设置后的效果如图 4-40 所示。

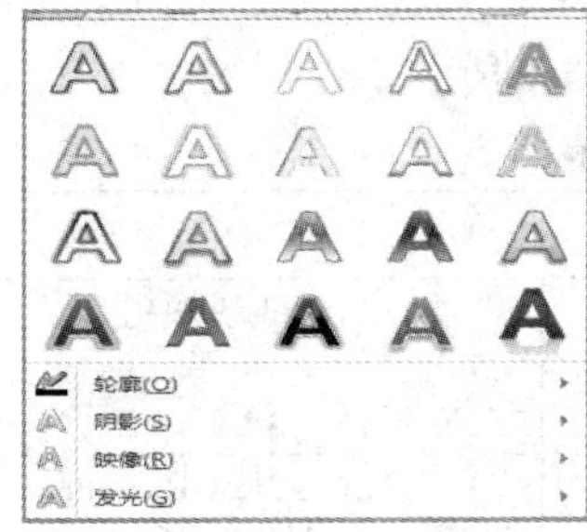

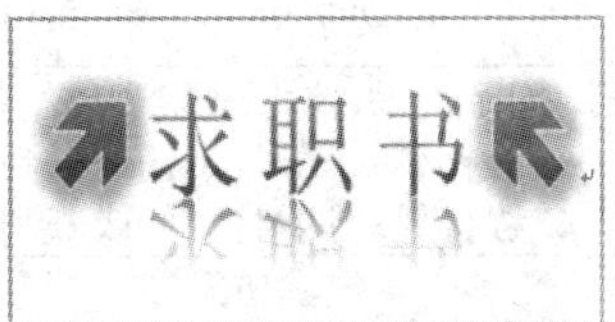

图 4-39　文本效果设置选项和设置效果

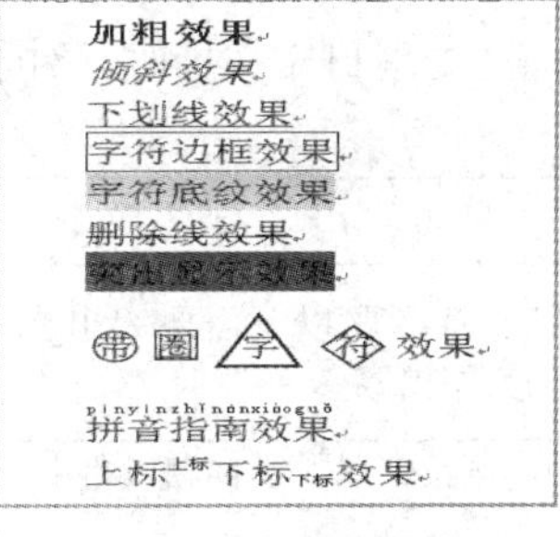

图 4-40　各种设置效果

(2) 取消设置的字体格式。根据要取消的操作，可使用不同的方法。

方法 1：取消一种格式。选定文本，再次单击对应按钮，使该按钮处于非选中状态。

方法 2：取消所有格式。选定文本，单击“清除格式”按钮。

2) 使用“字体”对话框

字体对话框中包含最完整的字体设置命令。如果在【字体】功能组中提供的字体设置命令还不能满足要求，则可以打开“字体”对话框来进行更多的设置。操作步骤如下：

(1) 选定文本。

(2) 在【开始】选项卡【字体】组中，单击对话框启动器按钮，打开“字体”对话框。

(3) 使用“字体”对话框设置字体。使用“字体”对话框可以设置多种字体样式，设置完毕按【确定】按钮即可。

(4) 使用“字体”对话框的【高级】选项卡设置字符缩放、字符间距、字符位置。字符缩放是指将文字当前尺寸按百分比垂直和水平地拉伸或压缩文本；字符间距是指字符与字符之间的距离；字符位置是指基于基线提升或降低选中的文本内容。具体操作方法如下：

① 在“字体”对话框中，单击【高级】选项卡。

② 在【缩放】【间距】【位置】框中选择需要的选项，在对应的【磅值】框中选择或输入大小值，单击【确定】按钮。

设置着重号、阴影、空心、阳文、阴文及缩放、间距、位置后的效果如图 4-41 所示。

3) 使用“浮动工具栏”

当选定了文本后，Word 2010 会在选中文本的附近启动一个“浮动工具栏”，若隐若现，用户只需将鼠标指针移动到它上面，“浮动工具栏”即可清晰显示，如图 4-42 所示。用户可直接在浮动工具栏上选择所需的操作命令。

禁用浮动工具栏方法：在“Word 选项”对话框中，单击【常用】选项，在右侧取消【选择时显示浮动工具栏】的勾选，最后单击【确定】按钮。

着重号效果
阴影效果
空心效果
阳文效果
阴文效果

字符缩放 150%的效果
字符间距加宽 2.5 磅的效果
字符位置提升 5 磅的效果

图 4-41　各种字体及缩放、间距、位置设置后的效果

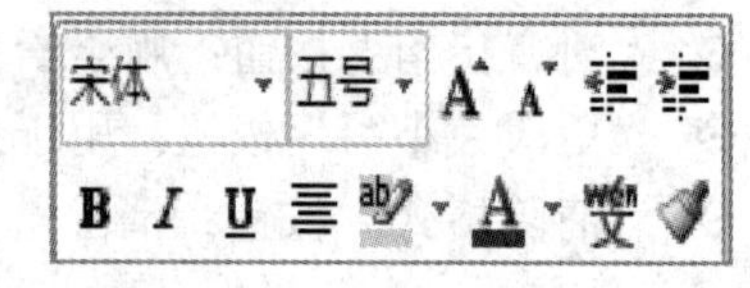

图 4-42　Word 2010 的浮动工具栏

3. 日常文档行业规范

在处理日常文档时，对于格式有一些行业规范，如表 4-7 所示。

表 4-7　文档中字体应用规范

用　　途	中文字体及字号	英文字体及字号
文章标题以及需要突出显示的文字内容	黑体、宋体 一级标题：二号(文件或书刊) 二级标题：四号(文件或书刊)	Arial 或加粗 14 磅 12 磅
常规正文以及子标题段落用文字	宋体、仿宋体 四号(文件)、五号(书刊)	Times New Roman 或 Courier New、12 磅、10 磅
修饰型文字(手写体等)	楷体、行楷等	Brush Script

4. 知识扩展

1) 首字下沉

首字下沉是将文档中段首的一个文字放大，并进行下沉或悬挂。具体操作步骤如下：

(1) 选择要设置首字下沉的段落或将插入点放于要设置首字下沉的段落中。

(2) 单击【插入】选项卡【文本】组中的【首字下沉】按钮，选择【下沉】或【悬挂】命令。操作及效果如图 4-43 所示。首字下沉的字体、行数、距正文的距离都取默认值。

(3) 也可使用【首字下沉选项】命令，设置首字下沉及选项。方法为：在图 4-43 窗口中选择【首字下沉选项】命令，打开“首字下沉”对话框，如图 4-44 所示。在这个对话框中完成设置，然后单击【确定】按钮即可。

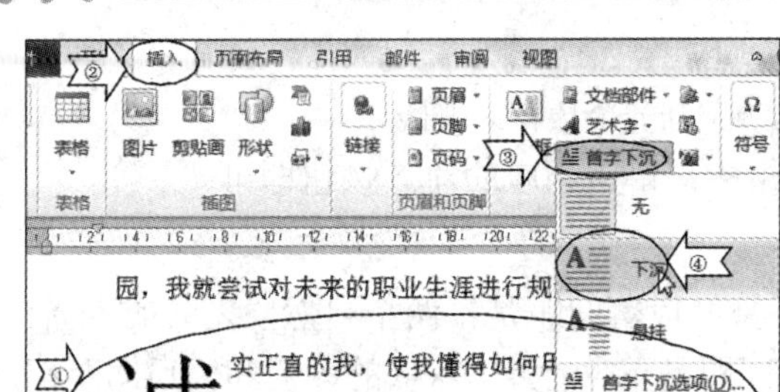

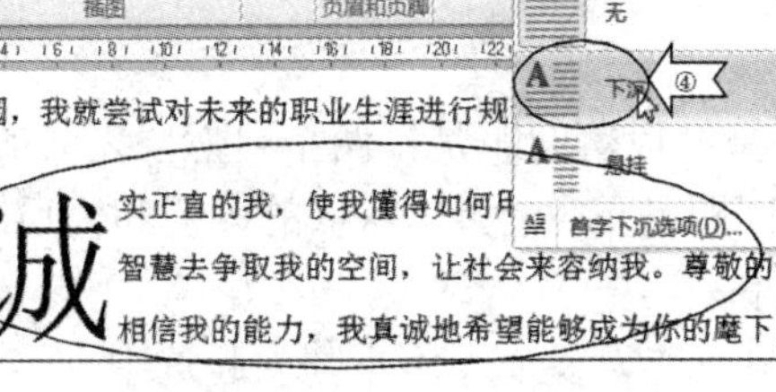

图 4-43　“首字下沉”操作图示

图 4-44　“首字下沉”对话框

2) 翻译

Word 2010 提供的“翻译”功能可以将中文、英文相互翻译，使得中英文的转换简单易实现。操作方法为：选择要翻译的字或词，单击【审阅】选项卡【语言】组中的【翻译】命令，选择【翻译所选文字】。

4.1.7　知识点：设置段落格式

1. 【段落】功能组

在【开始】选项卡的【段落】功能组中提供了段落设置的若干命令，如图 4-45 所示。

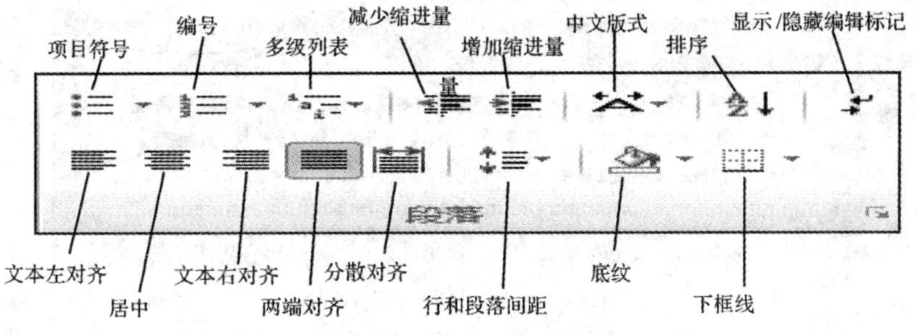

图 4-45　【段落】功能组

2. 设置段落格式

1) 设置段落对齐方式

(1) 水平对齐。

水平对齐有多种方式，每种方式的意义如表 4-8 所示。

表 4-8　水平对齐方式及其意义

对齐方式	使用的按钮	意　义
文本左对齐		段落的每一行左边缘都靠左边界对齐
文本右对齐		段落的每一行右边缘都靠右边界对齐
居　中		段落的每一行都对齐左右边界间的中心位置
两端对齐		段落的每一行都对齐左右两边的边界
分散对齐		段落的每一行根据左右边界分散对齐

(2) 设置水平对齐。具体操作步骤如下：

① 光标放于要设置对齐的段落中，若为多个段落，则选中。

② 在【开始】选项卡的【段落】组中，单击相应的对齐按钮即可。

2) 设置行和段落间距

行间距是指段落中行与行之间的距离；段落间距是指两个自然段之间的距离，分为段前间距和段后间距。中文文档默认的行间距是单倍行距，默认的段前和段后间距都是 0 行。

(1) 设置行间距。具体操作方法如下：

① 光标放于要设置行间距的段落中，若为多个段落，则一起选中。

② 在【开始】选项卡的【段落】组中，单击【行和段落间距】按钮，在行间距下拉列表中选择所需的行间距即可。操作如图 4-46 所示。

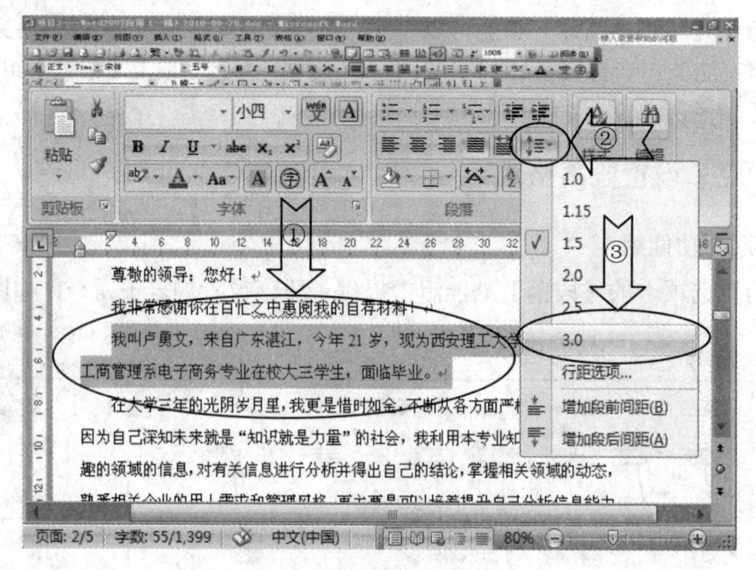

图 4-46　设置行间距的操作图示

③ 若在行间距列表中没有所需要的行间距，可以单击【行距选项】命令，打开“段落”对话框，进行手工设置。

(2) 设置段前、段后间距。具体操作方法如下：

① 光标放于要设置段落间距的段落中，若为多个段落，则选中。

② 在【段落】组中单击【行和段落间距】按钮，在下拉列表中选择【增加段前间距】或【增加段后间距】命令。若设置过【增加段前间距】或【增加段后间距】，则此命令变为【删除段前间距】或【删除段后间距】。

③ 若增加段前间距、增加段后间距不能满足需要，可以单击【行距选项】命令，打开“段落”对话框，进行手工设置(具体操作见后文)。

3) 设置段落缩进

为了使段落层次分明，需要在某些段落设置缩进。有左缩进、右缩进、首行缩进、悬挂缩进。首行缩进主要用于正文段落，通常情况下首行缩进两个汉字；悬挂缩进是除了首行以外其他行向右缩进，常用于条款、法规等格式。

(1) 使用“增加缩进量”“减少缩进量”按钮设置缩进。具体操作方法如下：

① 光标放于要设置缩进的段落中，若为多个段落，则选中。

② 在【段落】组中单击【增加缩进量】按钮，可使段落整体左缩进。

③ 在【段落】组中单击【减少缩进量】按钮，可使段落整体左缩进减少。

(2) 使用“标尺”设置缩进。具体操作如下：

① 显示标尺。在“垂直滚动条”的顶端，单击“标尺”按钮，即可显示水平标尺和垂直标尺。也可在【视图】选项卡的【显示】组中，勾选【标尺】选项。

② 光标放于要设置缩进的段落中，若为多个段落，则需要一起选中。

③ 在“水平标尺”上拖动左缩进、右缩进、首行缩进、悬挂缩进滑块进行设置，各滑块(也称缩进标记)如图4-47所示。若要看到缩进的尺寸，拖动时按住【Alt】键即可。

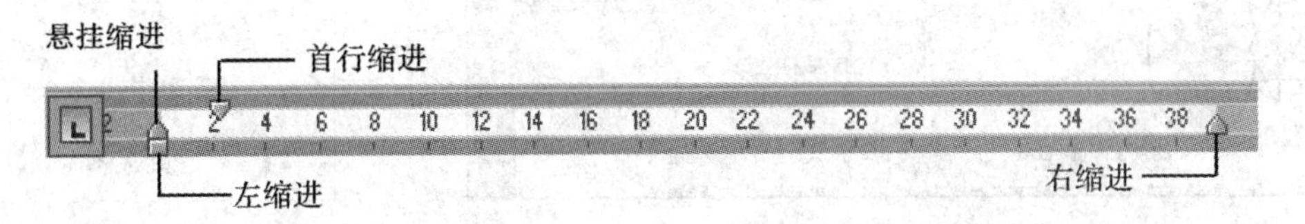

图4-47　“水平标尺”上的缩进标记(滑块的含义)

4) 使用“段落”对话框设置段落格式

“段落”对话框包含完整的段落设置命令，如果【段落】组中提供的段落设置命令不能满足要求，则可以使用“段落”对话框来进行更多的设置。

(1) 打开“段落”对话框。操作为：在【开始】选项卡的【段落】组中，单击“段落”对话框启动器。

(2) 在“段落”对话框中设置段落格式。具体操作如下：

① 在【对齐方式】框中设置段落的水平对齐方式。

② 在【缩进】组中的【左侧】、【右侧】框中设置段落的左缩进、右缩进；在【特殊格式】框中选择段落的首行缩进或悬挂缩进或无缩进，在【磅值】框中设置缩进值。

③ 在【间距】组中设置段落的段前、段后间距。

④ 在【行距】框中选择行距，在【设置值】框中设置行距值。

行距有多种，常用的有单倍行距、1.5倍行距、固定值行距。

说明：设置了“固定值”行距后，行距固定，行距不会随行中的字体大小而变，若行距固定值较小，行中字体较大时，会出现行中字体显示不全的现象。解决方法为：将行距固定值增大或设为单倍行距即可。

⑤ 设置完毕，单击【确定】按钮。

3．设置项目符号与编号

Word中可以给现有文本段落添加项目符号或编号，开始新的段落时可以继续使用上一段的项目符号或编号。用户可以选择“项目符号库”或“编号库”中的符号或编号，也可定义新项目符号或编号。

1) 项目符号

(1) 使用“项目符号库”中的项目符号。具体操作方法如下：

① 插入点置于要设置项目符号的段落中或选中，多个段落时必须选中。

② 在【开始】选项卡的【段落】组中单击【项目符号】，可直接添加默认项目符号。

③ 单击【项目符号】按钮右侧的小箭头，可在【项目符号库】中选择项目符号。操作步骤如图 4-48(a)所示，效果如图 4-48(b)所示。

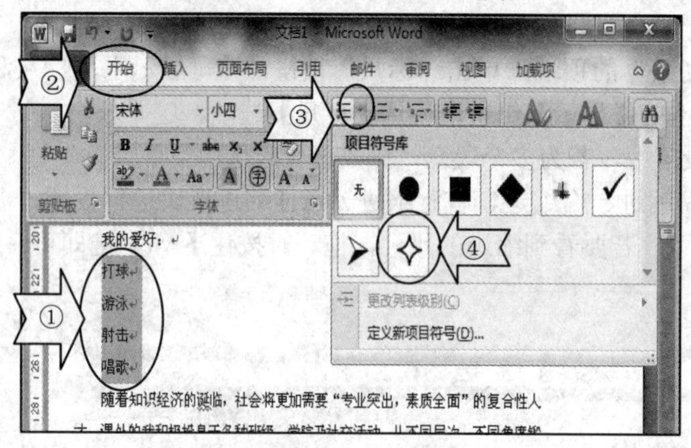

(a) 设置项目符号的操作图示

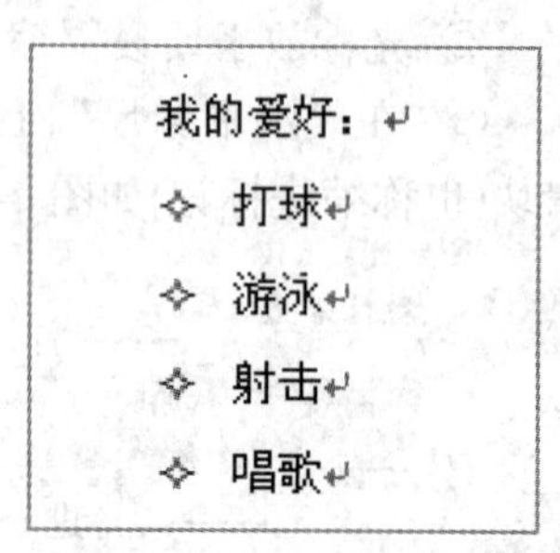

(b) 设置项目符号后的效果

图 4-48 设置项目符号

(2) 定义新项目符号。如果"项目符号库"中的符号不符合自己的要求，可以通过定义新项目符号来添加其他的项目符号。具体操作方法如下：

① 插入点置于要设置项目符号的段落中或将其选中，多个段落时必须选中。

② 在图 4-48(a)窗口中选择【定义新项目符号】命令，打开"定义新项目符号"对话框，如图 4-49(a)所示；单击【符号】按钮，打开"符号"对话框，如图 4-49(b)所示，选择需要的符号，单击【确定】按钮。

③ 在"定义新项目符号"对话框中，单击【对齐方式】下拉列表，可以设置项目符号的对齐方式；单击【图片】按钮，可以选择"图片符号项目"库中的图片作为项目符号；单击【字体】按钮，可以设置所选项目符号的字体、大小、颜色等。

④ 单击【确定】按钮，设置完毕。

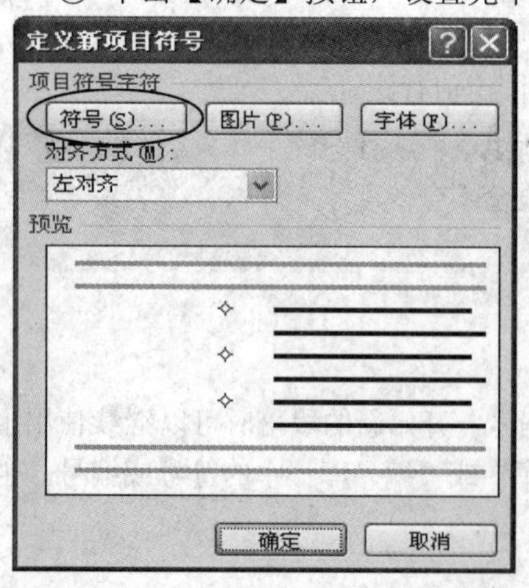

(a) "定义新项目符号"对话框

(b) "符号"对话框

图 4-49 "定义新项目符号"对话框及操作图示

2) 编号

(1) 使用“编号库”中的编号。操作方法基本同使用项目符号库中的项目符号。不同的是：在【开始】选项卡的【段落】组中单击【编号】或【编号】右侧的小箭头，打开“编号”列表，在【编号库】中选择所需的编号即可。具体操作步骤及效果如图 4-50 所示。

(2) 定义新编号格式。使用“定义新编号格式”可以设置其他编号。操作方法如下：

① 选择要设置编号的段落。在【段落】组中单击【编号】右侧的小箭头，执行【定义新编号格式】命令，打开“定义新编号格式”对话框。

② 在“定义新编号格式”对话框中，单击【编号样式】下拉列表，选择所需要的编号样式，在【编号格式】框中可以添加符号，单击【字体】按钮对编号字体进行设置，单击【确定】按钮完成设置。操作步骤如图 4-51 所示。

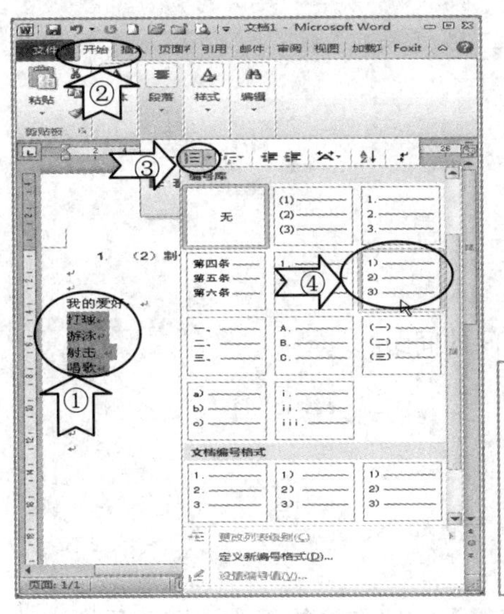

图 4-50　设置编号的操作及效果

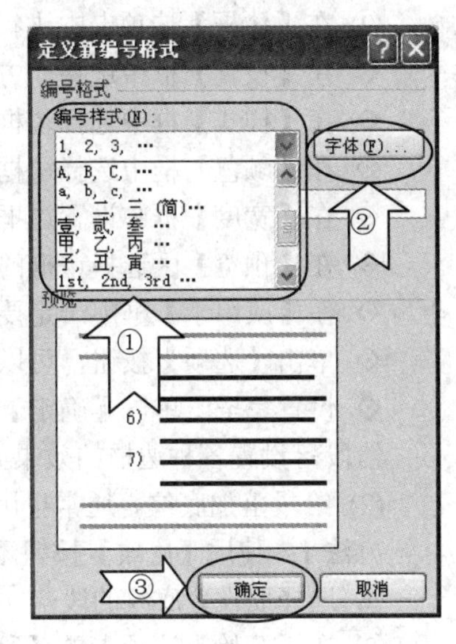

图 4-51　定义新编号操作

4．设置边框和底纹

使用边框和底纹可以突出部分文本，美化文档。在 Word 中，边框和底纹一共分三类：段落边框和底纹、文本边框和底纹以及页面边框和页面颜色(包括水印)。

1) 给段落设置边框和底纹

给段落加边框和底纹指的是给整个段落或多个段落加一个完整的方框和底纹。

(1) 给段落加边框。通常用以下两种方法。

方法 1：使用【边框】按钮添加简单边框。具体操作方法如下：

① 选择要设置边框的段落。

② 在【开始】选项卡的【段落】组中单击【框线】按钮右边的箭头，在边框样式列表中选择需要的样式，操作如图 4-52 所示。

方法 2：使用【边框】选项卡设置多姿多彩边框。具体操作方法如下：

① 单击图 4-52 窗口中的【边框和底纹】命令，打开“边框和底纹”对话框，单击【边框】选项卡，如图 4-53 所示。

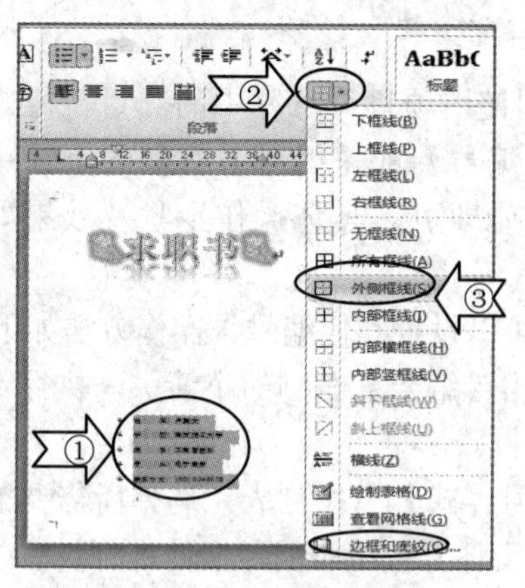

图 4-52　设置边框的操作图示

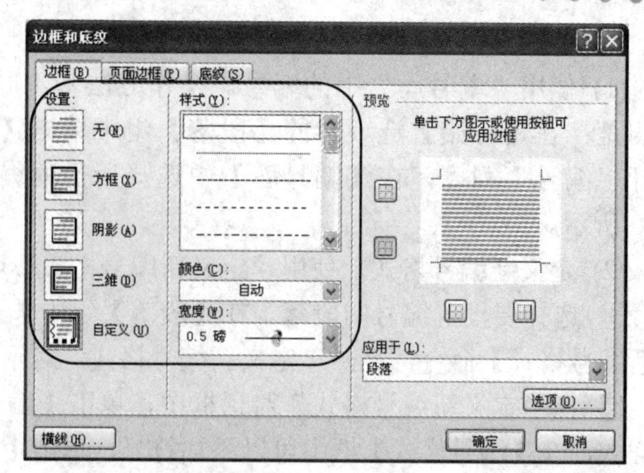

图 4-53　“边框和底纹”对话框中的【边框】选项卡

② 在【边框】选项卡中进行如下设置：

◇ 在【设置】框中选择“方框”。

◇ 在【样式】框中选择边框的线型样式。

◇ 在【颜色】框中选择边框的颜色。

◇ 在【宽度】框中设置边框的宽度。

◇ 在【预览】区选择边框的位置。

◇ 在【应用于】框中一定要选择“段落”。

◇ 单击【选项】按钮，可以设置边框与正文之间的间距。

◇ 设置完毕，单击【确定】按钮。

给段落设置各种边框的效果如图 4-54 所示。

(2) 给段落加底纹。通常也用两种方法。

方法 1：使用【底纹】按钮添加单色底纹。操作方法如下：

① 选择要设置底纹的段落。

② 在【开始】选项卡的【段落】组中单击【底纹】按钮右边的箭头，在颜色框中选择一种底纹颜色即可。此法添加的底纹只在文字底下(也称为给文本加底纹)。

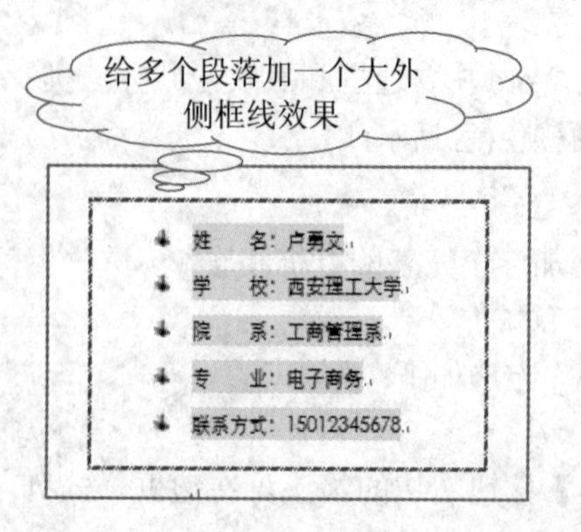

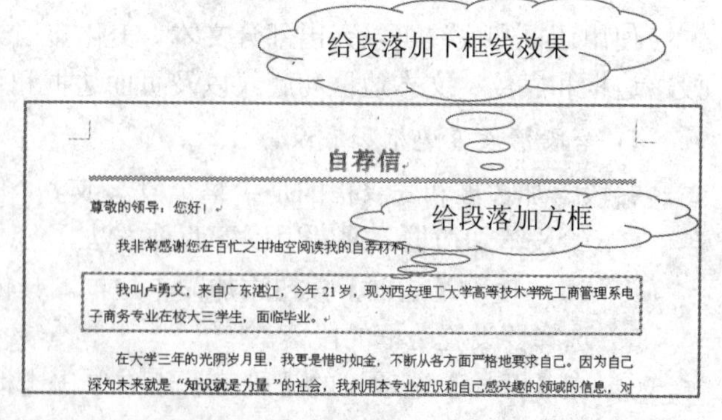

图 4-54　设置的各种段落框线效果

方法 2：使用【底纹】选项卡添加花色底纹。操作方法如下：

① 选择要设置底纹的段落。

② 在“边框和底纹”对话框中单击【底纹】选项卡，在【填充】框中选择底纹的

颜色，还可在图案【样式】框选择底纹的图案样式，在【颜色】框选择图案的颜色。在【预览】区查看底纹效果。在“应用于”框中一定要选择“段落”。

③ 设置完毕，单击【确定】按钮。

设置各种底纹的效果如图4-55所示。

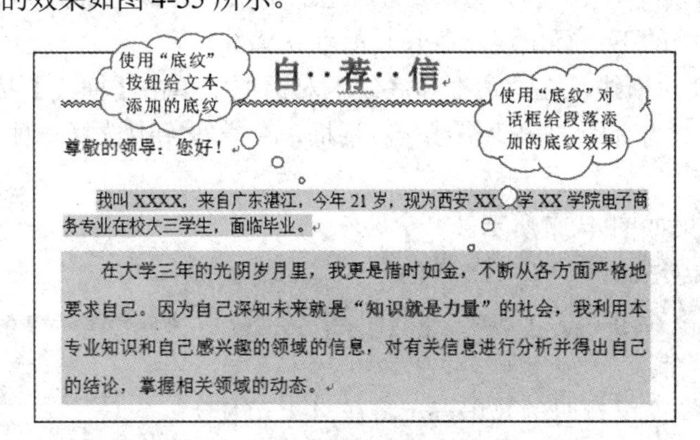

图4-55　底纹效果

2) 给文本设置边框和底纹

给文本添加边框和底纹与给段落添加边框和底纹的操作方法基本相同，但效果不一样。

操作方法不同的是：选定时只选定文本，不要选定段落。在方法2中使用对话框时，【应用于】框一定要选择“文本”。给文本添加的底纹和边框效果如图4-56上半部分所示。给段落添加的底纹和边框效果如图4-56下半部分所示。

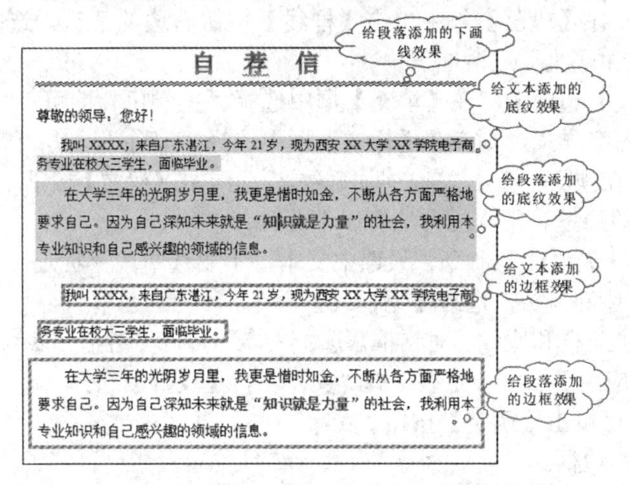

图4-56　给文本、段落添加底纹、边框的效果

3) 设置横线

在设置文档版面时，有时需要给标题或某个段落下方加一条长线或一条艺术型横线，以增加文档美观度。常用方法有以下两种。

方法1：给段落加下框线的方法。操作步骤如下：

① 选定段落。打开“边框和底纹”对话框。

② 选择【边框】选项卡，置线型、颜色、宽度，在“预览”区去掉其他框线，只保留下框线，单击【确定】按钮，即可在选定的段落下方出现一条长横线。

方法 2：使用横线按钮。操作步骤如下：

① 插入点置于要放置横线的行末(也可为一个空行)。

注意：此时不要选定文本或段落，否则被横线替换。

② 在【段落】组中单击【框线】按钮右边的箭头，在边框样式列表中选择“横线”命令，即可在光标处的下一行出现一条长长的默认横线。

③ 若要插入其他横线，在“边框和底纹”对话框中单击【横线】按钮(边框、底纹、页面边框三个选项卡均有)，打开“横线”对话框，在横线库中选择一种喜欢的图案，然后单击【确定】按钮。

添加的横线效果如图 4-57 所示。

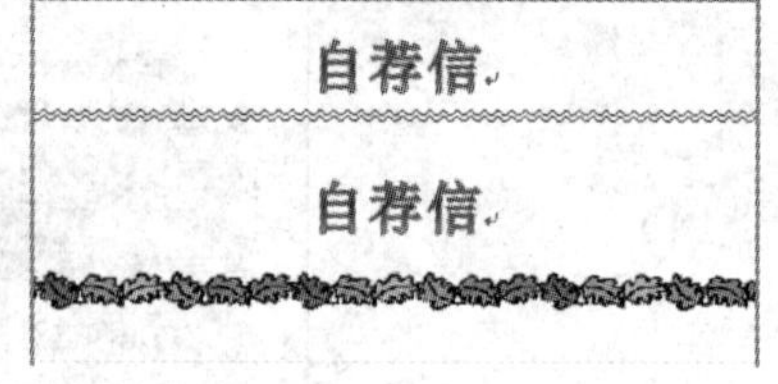

图 4-57　添加的横线效果

说明：若安装 Office 时没有安装 Office 的剪辑库，则此“横线”功能不能用。

方法 3：手工绘制。

手工绘制属于图文混排时的知识点，将在 4.2 节任务中进行介绍。

4) 删除边框、底纹和横线

(1) 删除文本的底纹。

选中文本，在【段落】组中单击【底纹】按钮右边的箭头，在【颜色】框中选择“无颜色”即可。

(2) 删除段落的底纹。

① 选中段落，在【段落】组中单击【框线】按钮右边的箭头，选择【边框和底纹】命令，打开“边框和底纹”对话框。

② 选择【底纹】选项卡，在【填充】框中选择“无颜色”即可。

③ 若设置了图案样式，则应在【样式】框中选择“清除”，方可删除。

④ 设置完毕，在预览区查看，若去掉了底纹，方可单击【确定】按钮，否则需要重新设置。

(3) 删除文本的边框。常用的方法有以下两种：

方法 1：使用【无框线】命令。只选中文本，不要选中段落标记，在【段落】组中单击【框线】按钮右边的箭头，选择【无框线】命令。

方法 2：使用“边框和底纹”对话框。选中文本，打开“边框和底纹”对话框，在【边框】选项卡上，【应用于】框一定要选择“文本”，【设置】选择“无”，在预览区查看，若去掉了边框，方可单击【确定】按钮。

(4) 删除段落的边框。

删除段落边框的操作方法基本同删除文本的边框，不同的是：选中段落时要连同段落标记一同选中，在“边框和底纹”对话框中，【应用于】框一定要选择“段落”。

(5) 删除横线。其方法为：选中横线，按【Delete】键。

5. 设置页面边框

在 Word 中，可以给整个文档的页面设置边框，这样可以使页面更有吸引力。

1) 设置简单页面边框

(1) 在“边框和底纹”对话框中，选择【页面边框】选项卡。或者在【页面布局】选项卡【页面背景】组中单击【页面边框】按钮，打开“边框和底纹”对话框中的【页面边

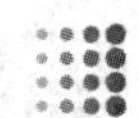

框】选项卡，如图 4-58 所示。

(2) 在【页面边框】选项卡上，【设置】选择“方框”，在【样式】【颜色】【宽度】框中设置边框的样式、颜色、宽度，单击【选项】按钮，设置边框与文字或页边的间距。

(3) 设置完毕，单击【确定】按钮。此时文档的每一页都有相同的页面边框。

2) 设置艺术型页面边框

在“边框和底纹”对话框中的【页面边框】选项卡上的【艺术型】框中选择一个艺术图案，在【宽度】框设置艺术图案的宽度(一般设置为 7～12 磅)，最后单击【确定】按钮。添加了艺术型边框的效果如图 4-59 所示。

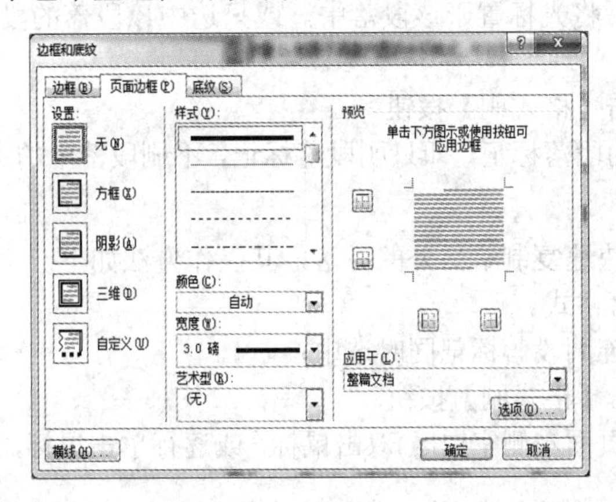

图 4-58　“边框和底纹”对话框中的【页面边框】选项卡　图 4-59　添加了艺术型页面边框的效果

6．删除页面边框

删除页面边框的方法为：单击“边框和底纹”对话框中的【页面边框】选项卡，【设置】选择“无”，然后单击【确定】按钮。

4.1.8　知识点：复制格式

在 Word 中，使用复制格式功能可以快速地将某一文本或某一段落的格式复制到另一组文字或段落上，这样可避免进行重复的格式设置操作。使用格式刷实现复制格式。

1．复制格式

1) 复制字体格式

将已设置好的文本格式快速复制给另外的文本，其操作方法如下：

(1) 设置好源文本的所有格式，然后选中。

(2) 在【开始】选项卡【剪贴板】组中，单击或双击【格式刷】按钮，如图 4-60 所示。

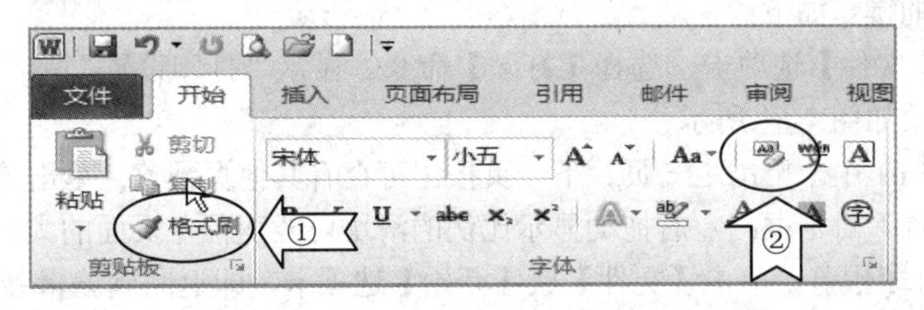

图 4-60　格式刷

(3) 光标变为刷子状，用光标刷过要复制字体格式的目标文本，则刷过的文本就和源文本格式相同。

说明：单击【格式刷】按钮，只能使用一次；双击【格式刷】按钮，可以多次连续使用在不同的地方。

2) 复制段落格式

将已设置好的段落格式快速复制给另外的段落，即只复制段落格式，不复制字体格式。其操作方法如下：

(1) 设置好源段落的所有格式。然后将光标置于该段落中，或只选中该段落的段落标记，或选中该段落及段落标记。

(2) 在【剪贴板】组中，单击或双击【格式刷】按钮。

(3) 用光标刷过要复制格式的段落的段落标记，即只刷段落标记，不刷段落中的文本。

3) 字体、段落格式同时复制

将已设置好的字体、段落格式同时快速复制给另外的段落，其操作方法如下：

(1) 设置好源段落的所有字体、段落格式。

(2) 选中该段落及段落标记(一定要连同段落标记同时选中)。

(3) 在【剪贴板】组中，单击或双击【格式刷】按钮。

(4) 在要复制格式的段落的选择区(页面左侧空白区)双击鼠标，或逐行单击鼠标，或用格式刷刷过。

2．清除格式

Word 中字体格式、段落格式等可以一次全部清除，但不同的格式清除方法不同。

1) 一次清除文本的所有格式

在【开始】选项卡的【字体】组中单击【清除格式】按钮，即可一次清除文本所有格式(样式、文本效果、字体、段落、边框、底纹等)，如图 4-60 步骤②所示。

2) 清除突出显示文本

操作方法为：在【开始】选项卡的【字体】组中单击【突出显示文本】按钮右侧的箭头，选中“无颜色”。

4.1.9 知识点：预览或打印文档

文档编排完成之后，需要输出打印。在打印之前，可以先预览文档的打印效果。

1．打印预览

打印预览的操作如下：

(1) 单击【文件】选项卡，选择【打印】命令。显示“打印设置”和“预览”界面，操作和预览效果如图 4-61 所示。

(2) 在图 4-61 中，单击上一页、下一页按钮可查看其他页预览；单击【页面设置】可打开“页面设置”对话框；左右拖动显示比例的滑块可改变预览页面的大小。

(3) 退出打印预览。单击【文件】或【开始】选项卡，即返回到编辑界面。

图 4-61　“打印预览”操作和预览结果图示

2. 打印文档

当文档预览的结果满意后，可打印文档。其操作步骤如下：

(1) 设置打印选项。在图 4-61 中的【设置】区设置打印的范围、页数、纸张方向、纸张大小、打印份数、打印机等。

(2) 设置完毕，单击【打印】按钮，即可开始打印。

注：若【打印预览】和【打印】功能不能使用，请先安装打印机驱动程序。

4.1.10　知识点：扩展知识

1. 插入页(空白页、分页)

Word 2010 提供的插入封面、空白页、分页等功能，使封面制作、分页操作变得简单。

1) 插入空白页

在文档中，有时需要在一个地方插入一张空白页，用插入空行的方法麻烦且不利于排版。正确简单的方法如下：

(1) 光标置于要插入空白页的位置。

(2) 单击【插入】选项卡，在【页】组中单击【空白页】，即可在光标处插入一张空白页，光标位于新页上。

2) 插入分页(手动分页)

插入分页即手动分页，也称强制分页，主要用于在 Word 文档的任意位置强制分页，使分页符后边的内容转到新的一页，分页符前后文档始终处于两个不同的页面中，不会随着字体、版式的改变合并为一页。手动分页不同于 Word 文档中的自动分页，方法如下：

(1) 打开 Word 2010 文档窗口，将插入点定位到需要分页的位置。

(2) 在【插入】选项卡的【页】组中，单击【分页】按钮即可，文档即可从原插入点处强制分页，插入点在分页后的位置。

3) 删除手动分页

Word 文档中自动插入的分页符不能删除，但可以删除手动插入的分页符，方法如下：

(1) 在视图切换区单击“草稿视图”，如图 4-62 所示。

(2) 在草稿视图中，可看到分页线。

“......................”线型为自动分页线，如图 4-63 所示。

“……分页符……”线型为手动分页线，如图 4-64 所示。

图 4-62 视图切换按钮

图 4-63 自动分页线

图 4-64 手动分页线

在手动分页线上最左端单击鼠标，光标即可选中分页符线，然后按【Delete】键。

(3) 在视图切换区单击“页面视图”，将视图切换到页面视图，即可看到手动分页被删除。也可在页面视图中选中包含分页的前后行，按【Delete】键即可。

2. 创建与应用封面

Word 2010 提供了一个封面库，库中包含了预先设计的各种封面，使用起来很方便。

1) 添加封面

用户可以在封面库中选择一个封面插入到自己的文档中。插入封面的操作如下：

(1) 在【插入】选项卡中的【页】组中单击【封面】，如图 4-65 所示。

(2) 在内置的选项库中单击需要的封面类型(如“边线型”)，即可在文档的首页插入封面，如图 4-66 所示。

说明：不管光标在文档的什么位置，总是在文档的最前面插入封面。如果插入了新封面，则替换原封面。

(3) 在插入的封面上选择封面的一个区域(如键入文档标题)，输入自己的内容，替换掉示例文本，生成自己所需的封面。

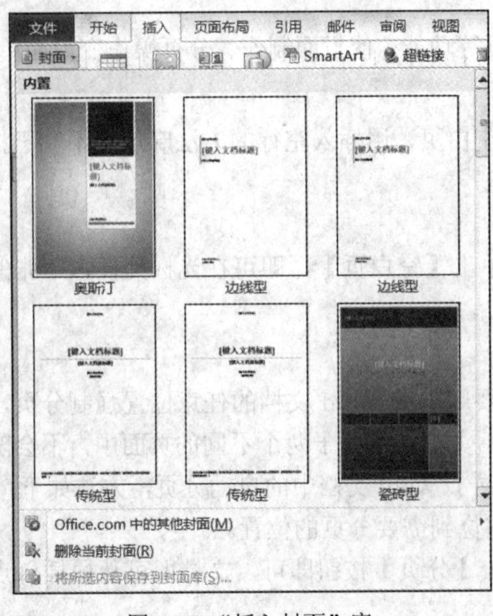

图 4-65 “插入封面”库

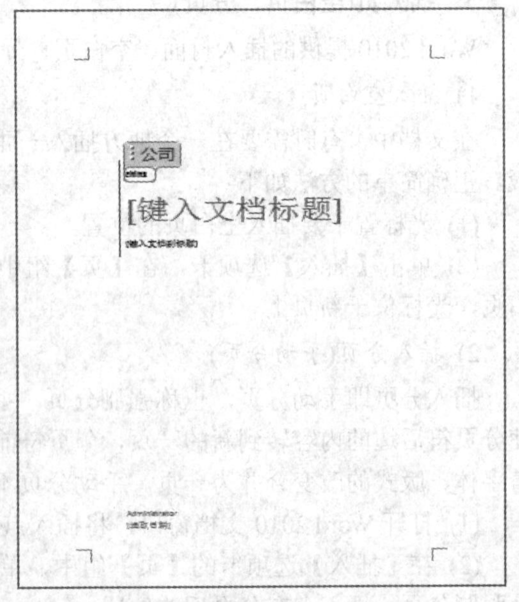

图 4-66 “插入封面”操作结果

2) 删除封面

在【插入】选项卡的【页】组中单击【封面】，再单击【删除当前封面】命令即可删除封面。

3) 自主设计封面

如果内置的封面选项库中没有合适的封面，也可以自己设计制作封面。本书中的“求职书”封面就是自己制作的封面。请读者自主设计制作个人的封面。

4) 将自主设计的封面保存到封面库

如果想把自主设计的封面保存到封面库中，操作步骤如下：

(1) 选中制作好的封面(全选封面内容)。

(2) 在【插入】选项卡中的【页】组中单击【封面】按钮，在下方的菜单中选择【将所选内容保存到封面库】命令，打开“新建构建基块”对话框。

(3) 在“新建构建基块”对话框中，定义【名称】、选择【库】类型、指明【类别】、添加【说明】文本、设置【保存位置】(默认为当前文档，若想在其他文档中使用该封面，则需保存到“Normal”)。

(4) 设置完成单击【确定】按钮，在封面库中即可看到自己制作的封面。

3．设置分栏

分栏排版常见于报纸、期刊、杂志中，在Word中也可以使用分栏效果。

1) 设置分栏

设置分栏的操作如下：

(1) 选定要分栏的文本，单击【页面布局】选项卡，在【页面设置】组单击【分栏】按钮，根据需要选择栏数即可，操作界面如图4-67所示。

(2) 如果要进行更多的分栏设置，可在图4-67中单击【更多分栏】命令，打开“分栏”对话框，如图4-68所示，进行分栏参数设置。如果在多栏之间需设置分隔线，可勾选“分隔线”，设置结束后单击【确定】按钮。

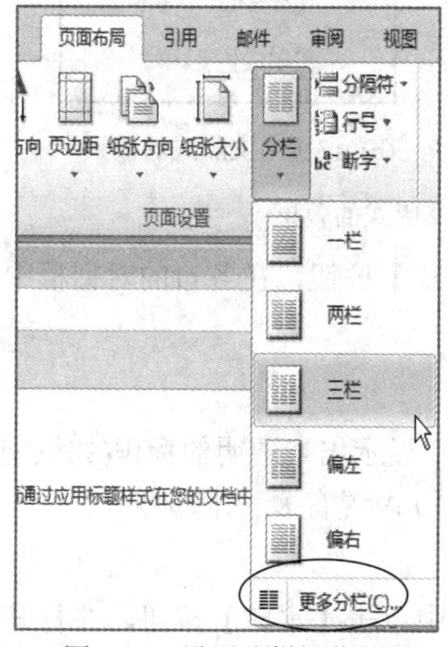

图4-67　设置分栏操作图示

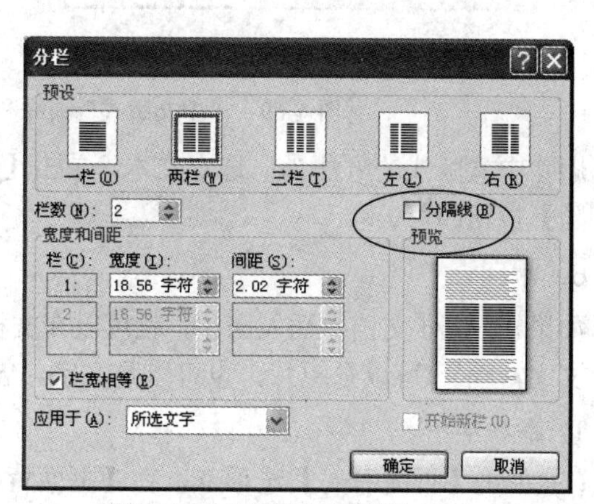

图4-68　“分栏”对话框

2) 删除分栏

删除分栏的操作如下：

选定要删除分栏的文本。单击【页面布局】选项卡，在【页面设置】组单击【分栏】按钮，选择栏数为“一栏”，或在“分栏”对话框中选择栏数为“一栏”即可。

4．显示/隐藏编辑标记

在编辑文档时输入的空格、回车等都会产生格式标记，这些可以被显示或被隐藏。显示/隐藏的方法如下：

(1) 单击【文件】|【选项】，打开“Word 选项”对话框，单击【显示】，在【始终在屏幕上显示这些格式标记】组中，去掉对应符号的勾选。

注：该操作是能够隐藏编辑标记的前提条件。

(2) 在【开始】选项卡的【段落】组中，单击【显示/隐藏编辑标记】命令，可以显示段落标记和其他格式标记符号，也可隐藏这些符号。

5．中文版式

Word 2010 里的“中文版式”可以实现“纵横混排”“合并字符”“双行合一”操作。设置中文版式的操作方法如下：

首先选定文本，在【开始】选项卡的【段落】组中单击【中文版式】按钮，如图 4-69(a)所示，选择要设置的中文版式命令，完成相应操作，效果如图 4-69(b)所示。

(1) 纵横混排可以让选择的文字与原文字形成纵横向混合排版的效果。

(2) 合并字符可将选择的文本内容(最多 6 个汉字)合并成一个字符的大小。

(3) 双行合一可将选择的文字按两行并为一行显示。

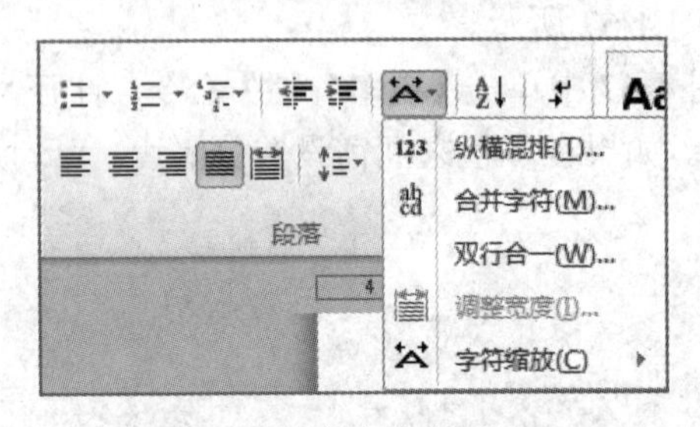

(a) “中文版式”命令

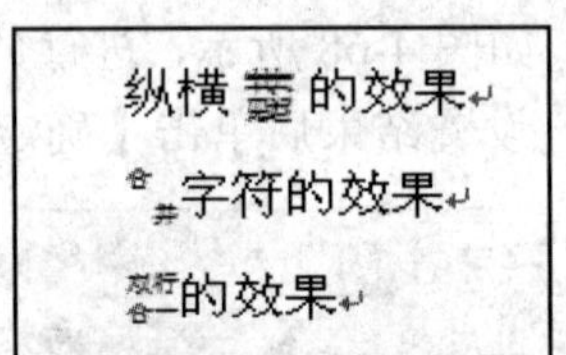

(b) 设置中文版式的效果

图 4-69 “中文版式”命令和设置中文版式的效果

删除中文版式的方法为：选定文本，单击【中文版式】按钮，在各自的对话框中单击【删除】按钮即可。

6．水印

如果在 Word 文档中插入水印，就可以在文档背景中显示出半透明的标识(如机密、草稿等文字)。水印可以是图片，也可以是文字，Word 2010 内置有多种水印样式。

1) 添加水印

(1) 单击【页面布局】选项卡，在【页面背景】组中单击【水印】按钮，在打开的内置库中选择一种样式即可。操作步骤界面及效果如图 4-70 所示。

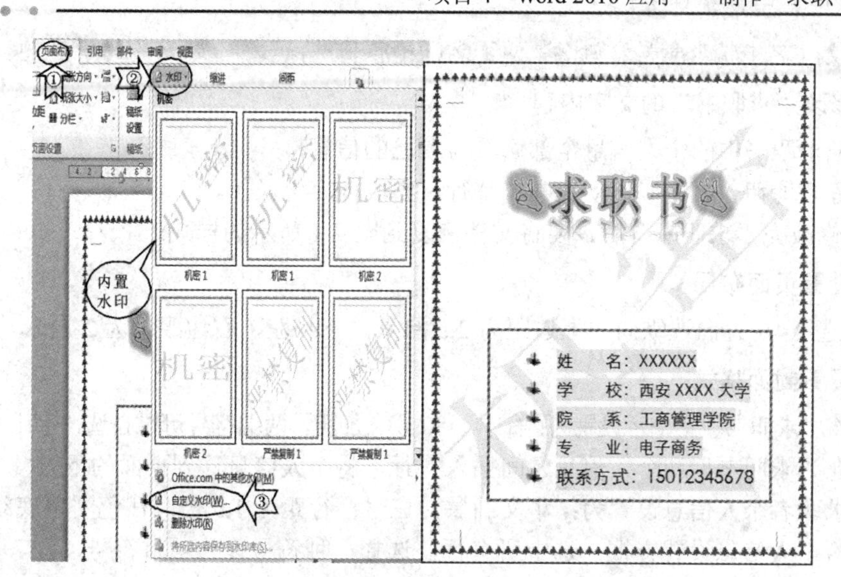

图 4-70　添加水印操作图示及效果

(2) 如果不用内置样式，可单击【水印】按钮，在下拉框中单击【自定义水印】命令。在打开的“水印”对话框中(如图 4-71 所示)，选择“图片水印”或“文字水印”单选框，设置图片水印或文字水印效果，最后单击【确定】按钮。

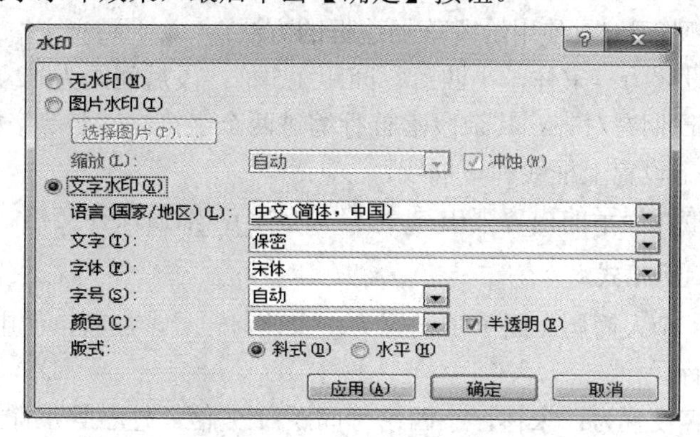

图 4-71　“水印”对话框

2) 删除水印

如果不想要水印效果，可以删除水印。操作如下：

单击【水印】按钮，在图 4-70 窗口中的水印下拉框中单击【删除水印】命令即可。

4.1.11　任务实现：制作“求职书”简单版

参照图 4-1 所示内容或附录 1 完成本节任务，具体操作要求及步骤如下所述。

1. 创建“求职书”文档

(1) 新建一个 Word 文档。参照图 4-1 所示内容，输入求职书的文字，或打开“求职书素材”文档，将内容复制到新建的文档中。

(2) 保存文档。将文档保存为“学号(后两位)-姓名-求职书-简单版.docx”。

注：文件名中带上学号和姓名，便于老师检查作业，学号、姓名均为学生的真实信息。

2．修改“求职书”的文字内容

(1) 把求职书中的个人信息全部修改为自己的信息。

(2) 练习剪切、复制、移动文本、整行、整段内容等操作。

编辑修改完“求职书”后，要将文档恢复到图 4-1 所示的样式。

3．设置页面布局

纸张选 A4，方向选纵向，上边距为 2.5 厘米，下、左、右边距均为 2 厘米。

4．设置封面格式

(1) 将“求职书”三个字设置为：宋体、80 磅、加粗，两端符号可以自选，应用文本效果。

(2) 在“求职书”和个人信息之间插入空行，将个人信息移到页面的下方。

(3) 求职者个人信息设置为：华文细黑，三号；行距为 1.5 倍；浅色文字底纹。

(4) 给个人信息设置方框：选中所有行，选择一种符号作为项目符号，左、右均缩进 6 字符，首行缩进 4 字符，使用【段落】组【外侧框线】按钮设置方框。

(5) 在求职者个人信息后插入一个空行，再插入一个分页符，然后保存文档。

5．设置自荐信格式

(1) 将第 2 页第 1 行“自荐信”三个字设置为：宋体，二号，加粗，蓝色，居中；在字的下面设置波浪型下边框(使用给段落加边框的方法)。

(2) 信件内容设置为：宋体，小四；行间距 1.5 倍；段后间距为 12 磅；信件称呼左对齐；信件的署名和日期右对齐；其余段落首行缩进两个字符；姓名等字样加粗；每一部分的第 1 行和最后一行设置上框线和下框线。

(3) 信件中需重点展示的内容突出显示(格式自定)，然后保存文档。

6．设置个人简历格式

(1) 将第 3 页“个人简历”四个字设置为：宋体，一号，加粗，使用文本效果，居中，段前段后间距 0.5 行。

(2) 简历表内容设置为：宋体，小四；行间距 1.5 倍；姓名等字样加粗；每一部分的第一行和最后一行设置上框线和下框线，其余部分参考样张设置；设置完成后保存文档。

7．打印预览

(1) 执行打印预览。若打印的部分超出了纸张页面或对预览效果不满意，适当调整格式，在 A4 页面全部按要求显示文档内容，直到对预览效果满意为止(见图 4-1)。

(2) 调整显示比例到合适值(50%～55%)，在屏幕上能够全部显示整个文档(三页)。

8．保存文档

(1) 将文档保存为 2010 模式“学号(后两位)-姓名-求职书-简单版.docx”。

(2) 将文档保存为兼容模式“学号(后两位)-姓名-求职书-简单版.doc”。

(3) 将文档保存为 PDF 格式“学号(后两位)-姓名-求职书.pdf”。

(4) 关闭文档。

4.2　任务：图文操作——制作“求职书”图文版

4.2.1　任务描述

为了使求职书美观、漂亮，利用 Word 提供的图文混排功能，设计精美的求职书封面和自荐信。

任务描述如下：

(1) 打开“求职书”简单版文档。参照附录 2 完成“求职书”图文版。

(2) 参照图 4-72(a)所示样张，对“求职书”文档封面进行图文混排美化。插入图片、文本框、艺术字等，尽可能引起招聘者的注意。

(3) 参照图 4-72(b)和图 4-72(c)所示样张，对“求职书”中的自荐信和个人简历进行图文混排美化。设置分栏、底纹，插入图片、艺术字、组合图形、SmartArt 图形等，使页面美观。

(4) 保存“求职书”文档。

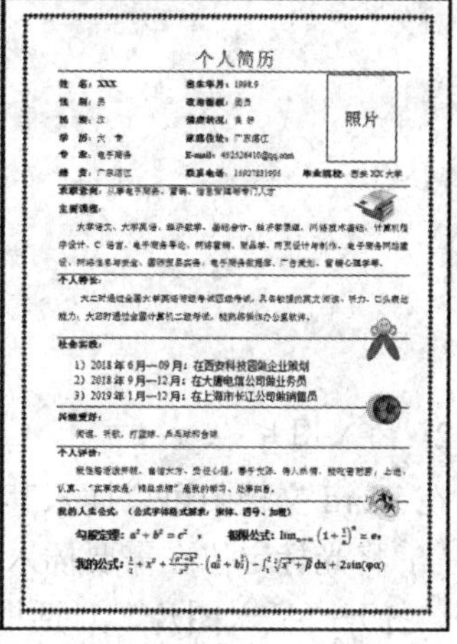

(a) 封面　　(b) 自荐信　　(c) 个人简历

图 4-72　“求职书”图文版

4.2.2　知识点：插入、编辑图片

1. 插入剪贴画和图片

Word 程序中提供了丰富的剪贴画，在文档中可随意插入需要的剪贴画。

1) 插入剪贴画

插入剪贴画的操作方法如下：

(1) 将光标定位在需要插入剪贴画的位置，单击【插入】选项卡【插图】组中的【剪贴画】命令，打开“剪贴画”任务窗格。

(2) 在“剪贴画”任务窗格中，在【搜索文字】文本框中输入所需剪贴画的关键字，或输入*.*，单击【搜索】按钮，找到满足条件的剪贴画。

(3) 在剪贴画列表中，单击需要的剪贴画即可。操作步骤及效果如图 4-73 所示。

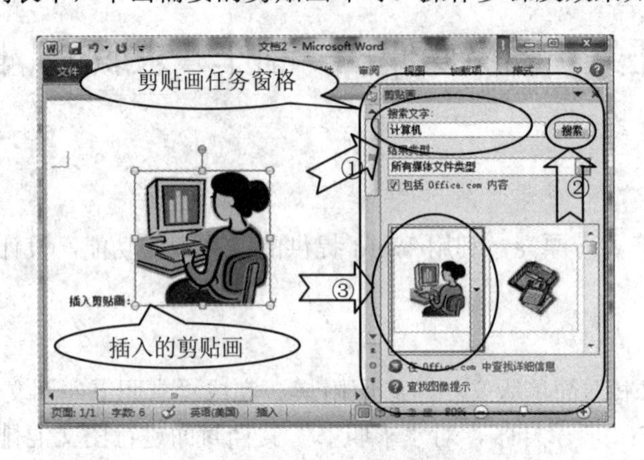

图 4-73　插入剪贴画操作及效果图示

(4) 单击“剪贴画”任务窗格右边的向下箭头，弹出如图 4-74 所示的菜单，选择【插入】也可插入剪贴画，还可根据需要选择其他功能。

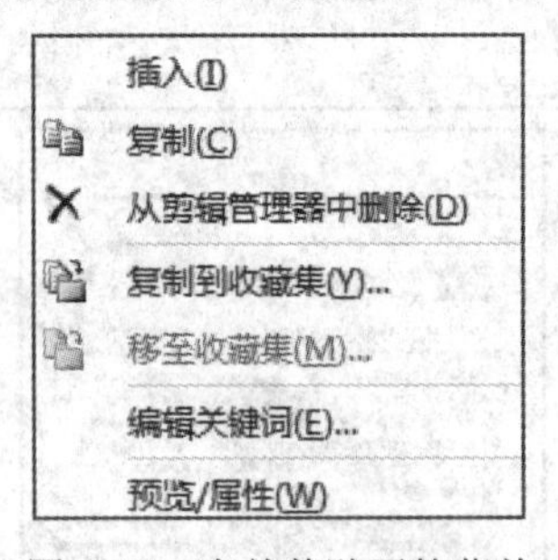

图 4-74　有关剪贴画的菜单

2) 插入图片

在 Word 文档中可以插入其他来源的多种格式图片。插入图片的操作如下：

(1) 将光标定位在需要插入图片的位置，单击【插入】选项卡【插图】组中的【图片】命令，打开“插入图片”对话框。

(2) 找到图片的存储位置，选择图片，单击【插入】按钮。

2. 编辑剪贴画和图片

1) 选择/移动图片

剪贴画和图片同属于图形对象，要对其进行编辑，首先需要选择对象。选择图形的操作为：用鼠标在图形对象上单击，选中的图形对象四周会出现八个控制点，在最上边的控制点上还有一个绿色圆形图标，同时，出现【图片工具】|【格式】选项卡，如图 4-75 所示。这个选项卡就属于上下文选项卡。

图 4-75　【图片工具】|【格式】选项卡

2) 复制/删除图片

复制图片和删除图片的方法同文本操作方式。

3) 改变图片大小

改变图片大小常用的方法有以下两种：

方法 1：用鼠标拖动图片的八个控制点之一，即可改变图片大小。建议在四个角的位置拖动控制点，这样操作图形不失真。

方法 2：选择图片，在【图片工具】|【格式】选项卡的【大小】组中直接修改【高度】和【宽度】中对应的数值。此种方法可精确地改变图片大小。

4) 裁剪图片

使用“裁剪图片”功能可以删除图片上不需要的部分。操作方法如下：

(1) 选择图片，在【图片工具】|【格式】选项卡的【大小】组中，单击【裁剪】按钮，图片上即出现八个裁剪控制点。

(2) 将鼠标指针指向其中的一个控制点，然后向里拖动到合适位置，在图片外单击鼠标即可。操作如图 4-76 所示。

图 4-76　裁剪图片操作图示

5) 调整图片效果(亮度、对比度、颜色等)

(1) 更改图片的亮度和对比度，操作方法为：首先选择图片，再在【图片工具】|【格式】选项卡的【调整】组中，单击【更正】按钮，在打开的模板中选择即可。

(2) 更改图片的颜色，操作方法为：选择图片，在【图片工具】|【格式】选项卡的【调整】组中，单击【颜色】按钮，在打开的【重新着色】模板中选择即可。也可单击【其他变体】，自定义其他的颜色，或者单击【设置透明色】使图片透明。

6) 更改图片样式(边框、效果)

更改图片的样式即更改图片的边框和效果。操作方法如下：

(1) 选择图片，在【图片工具】|【格式】选项卡的【图片样式】组中，在图片总体外观样式框中单击想要的样式。也可使用【图片边框】按钮，选择是否要加边框及边框的颜色、线型和粗细等。

(2) 在【图片样式】组中，单击【图片效果】按钮，可选择给图片加上预设效果、阴影、映像、发光、柔化边缘、棱台、三维旋转等效果。

7) 设置文字环绕方式

在文档中，如果需要让文字以某种方式与图片环绕排版，需要先进行设置，具体操作方法主要有如下两种。

方法 1：选择图片，在【图片工具】|【格式】选项卡的【排列】组中，单击【位置】按钮，在列出的环绕方式中选择需要的环绕方式即可。

方法 2：选择图片，在【图片工具】|【格式】选项卡的【排列】组中，单击【自动换行】按钮，在列出的菜单命令中选择一种环绕方式。

设置文字环绕方式的操作和环绕效果如图 4-77 所示。

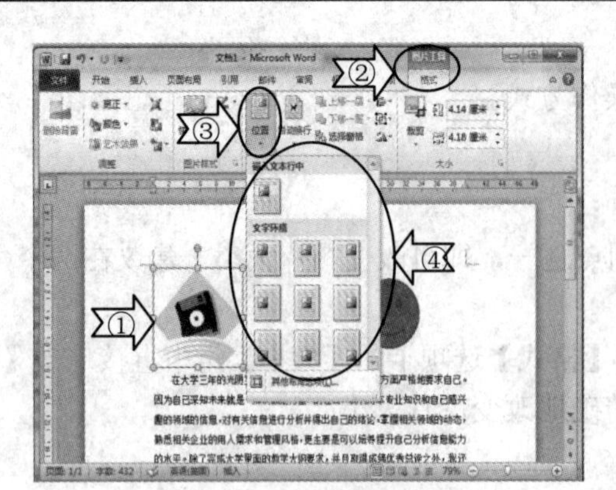

图 4-77　设置文字环绕的操作和四周型环绕效果图示

8) 旋转图片

旋转图片主要有以下两种方法。

方法 1：选择图片，用鼠标旋转图片上绿色的圆形图标。

方法 2：选择图片，在【图片工具】|【格式】选项卡的【排列】组中，单击【旋转】按钮，选择旋转图片的一种方式。

3. 插入形状

Word 2010 提供的形状包括线条、基本几何形状、箭头、公式形状、流程图形状、星、旗帜和标注。插入一个形状后，会出现【绘图工具】上下文选项卡，如图 4-78 所示。

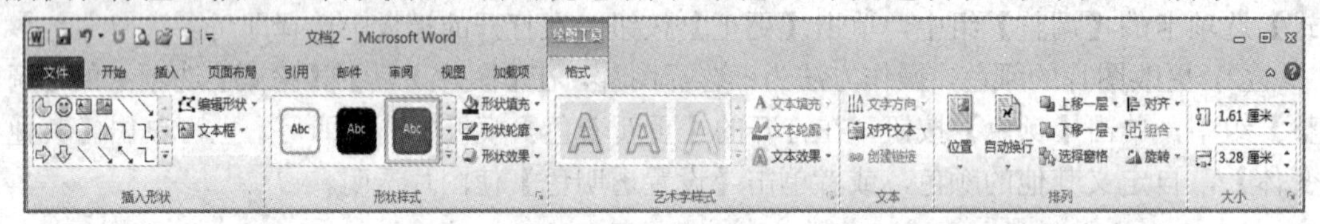

图 4-78　【绘图工具】|【格式】选项卡

1) 插入形状

以插入一个笑脸形状为例，具体的操作方法如下：

(1) 在【插入】选项卡的【插图】组中，单击【形状】按钮，在打开的形状列表中，选择“笑脸”形状。操作步骤及效果如图 4-79 所示。

(2) 在文档上拖动光标，即可绘制一个笑脸形状。操作步骤及效果如图 4-80 所示。

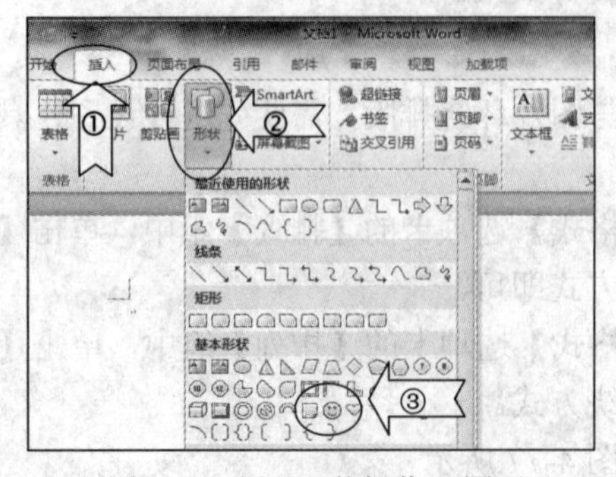

图 4-79　插入形状操作(1)图示

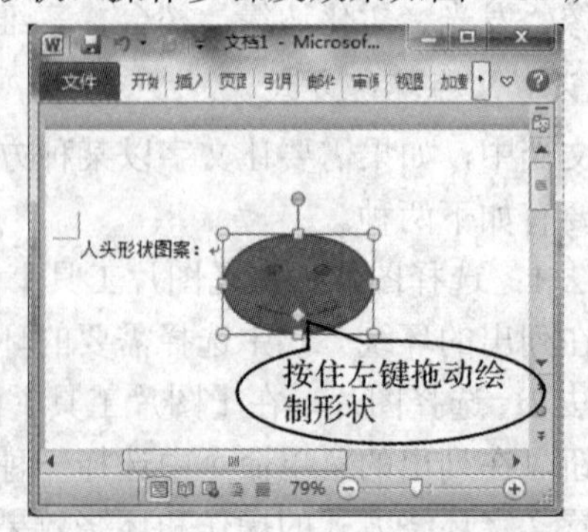

图 4-80　插入形状操作(2)及效果图示

2) 删除形状

删除形状的操作方法为：先选中形状，再按【Delete】键即可。

4．编辑形状

形状的基本编辑(移动、复制、改变大小等)，其操作方法同图片操作，故不再讲述。下面讲述的操作方法也适用于图片、剪贴画。

1) 设置形状的样式

设置形状的样式具体操作方式为：选择形状，在【绘图工具】|【格式】选项卡的【形状样式】组中，选择一种内置的样式，或者使用【形状填充】按钮，给形状填充一种颜色；使用【形状轮廓】【形状效果】按钮，设置形状的边框和效果。

2) 在形状上添加文字

插入形状后，可在形状上添加文字。具体操作方法为：选中形状，直接输入文字即可。或右击形状，在快捷菜单中选择【添加文字】命令。

3) 改变形状

插入形状后，有时需要改变形状。具体操作方法为：选中形状，在【绘图工具】|【格式】选项卡的【插入形状】组中，单击【编辑形状】按钮，选择【更改形状】级联菜单中需要的形状即可。

4) 多个形状的对齐与均匀分布

多个形状的对齐与均匀分布的操作方法如下：

(1) 选中多个形状。方法为：按下【Shift】键或【Ctrl】键，单击每个形状。

(2) 在【绘图工具】|【格式】选项卡的【排列】组中，单击【对齐】按钮，选择一种对齐方式。

(3) 若要均匀分布形状，请在【排列】组中单击【对齐】按钮，选择【横向分布】或【纵向分布】。

5) 调整图片/形状的叠放次序

在文档中插入了多个图形对象(包括图片、形状、文本框、艺术字等)后，有时需要多个图形重叠在一起，那么就存在谁在上谁在下的问题。设置叠放次序的方法为：选中图形对象，在【绘图工具】/【图片工具】的【格式】选项卡上，单击【排列】组中的【上移一层】【置于顶层】或【下移一层】【置于底层】命令。

说明：调整图形的叠放次序时，图形对象必须是处于环绕方式或浮于文字上方才可。

6) 组合形状/取消组合

(1) 组合形状。在文档中，有时需要用多个形状来构成一个图形，这就需要将多个独立的形状组合为一个完整的图形，以防止散开。组合操作方法如下：

① 将要组合的每个图形先设置为环绕方式(紧密环绕或浮于文字上方等均可)。

② 选中多个图形，在【绘图工具】|【格式】选项卡的【排列】组中，单击【组合】按钮，即可把多个独立的形状组合成一个完整图形。组合后，会出现一个带控制点的实线框将多个形状框住。图 4-81 为将太阳形、笑脸、椭圆组合为一个图形的操作效果图。

说明：组合只对环绕方式的图形起作用，嵌入的图形不能组合。

(2) 整体操作组合后的图形。操作方法为：用鼠标指向一个形状的边沿处，当指针变为 时单击鼠标左键即可选中整体图形(图4-81所示为选中状态)，然后对图形进行操作(移动、复制、改变大小、设置格式等)。

(3) 操作组合图形中的某个形状。例如，改变图4-81中的笑脸形状样式，操作方法为：选中整体图形，然后再在笑脸形状上单击鼠标，使笑脸形状被实线框住，组合图形被虚线框住，然后使用【绘图工具】|【形状样式】组中的样式更改笑脸的样式，操作效果如图4-82所示。

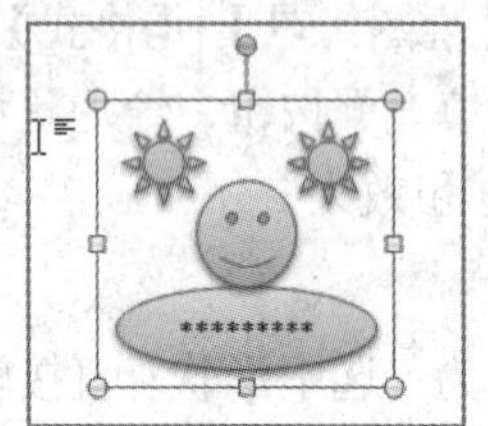

图4-81　组合形状的操作

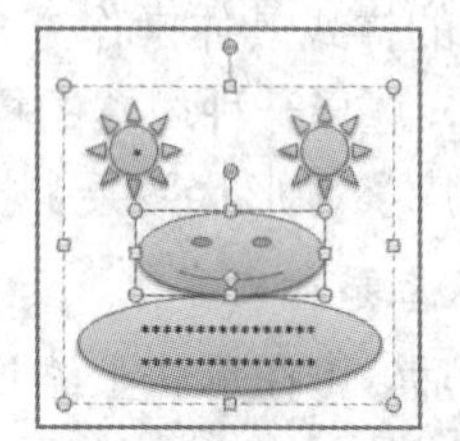

图4-82　选中组合图形中的某个形状图示

(4) 取消组合。操作方法为：选中图形。在【绘图工具】|【格式】选项卡的【排列】组中单击【取消组合】命令。

说明：在插入形状和组合形状时，2010模式与兼容模式样式有所不同，主要有两点：

(1) 两者的【绘图工具】|【格式】选项卡不同，形状的选中状态不同。

(2) 形状组合后的操作不同。在兼容模式中，不能对组合图形中的任何一个形状进行独立操作，必须取消组合后，才可进行。而在2010模式中可以对组合图形中的任何一个形状直接操作，无须取消组合。

5．插入文本框

文本框可理解为一个装文本的容器，使用它可在文档中编辑位置灵活的文本。

1) 插入/删除文本框

插入文本框的方法有以下两种。

方法1：使用Word内置的文本框。操作方法如下：

① 在【插入】选项卡的【文本】组中单击【文本框】按钮。

② 在内置的文本框样式中选择需要的一种，即可在光标插入点附近生成一个文本框，修改里面的文字信息即可。

方法2：使用“绘制文本框”命令绘制简单文本框。操作方法如下：

① 在【插入】选项卡的【文本】组中，单击【文本框】按钮，在下方的命令菜单中选择【绘制文本框】命令(绘制横排文本框)，或选择【绘制竖排文本框】命令。也可在【插入】选项卡的【插图】组中单击【形状】按钮，在基本形状中选择【横排文本框】或【竖排文本框】。

② 在文档中按下鼠标左键并拖动，即可绘制出文本框。

③ 选中文本框，然后在文本框中输入文字信息。

删除文本框的操作为：在文本框的边框上单击鼠标，使其选中(出现带控点的实线框)，按【Delete】键。

2) 设置文本框格式

(1) 文本框中文字格式的设置方法同文档中的字体、段落等的格式设置。

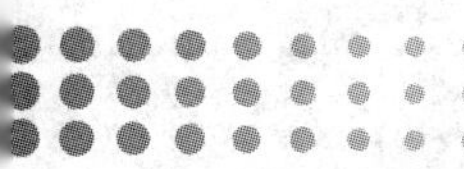

(2) 对文本框设置填充颜色、边框样式、环绕方式等，操作方法同形状对象。

(3) 文本框的其他设置。在实际应用中，经常需要文本框能够根据内容的多少自动改变大小，也需要设置文本框内边距与文字之间的间距，操作方法如下：

先选中文本框，再在【绘图工具】|【格式】选项卡中，单击【形状样式】组中的【对话框启动器】按钮，打开“设置形状格式”对话框，如图4-83所示。在左侧选中【文本框】，在右侧对文本框进行设置。

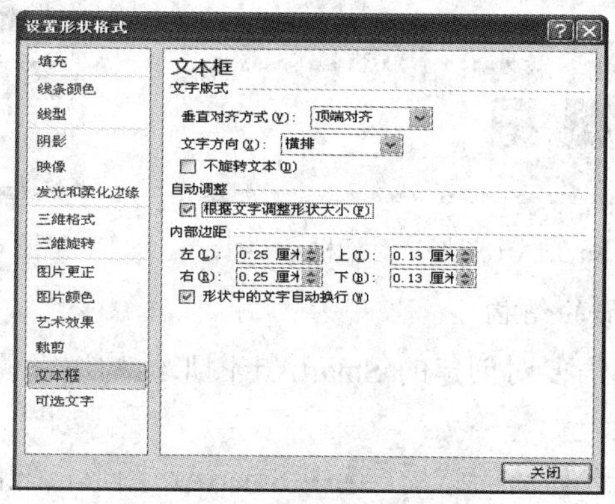

图4-83　文本框设置对话框

文本框及文字版式具体设置参数如下：

① 垂直对齐方式：用于指定形状中文字的垂直位置，可从列表中选择一个选项。

② 文字方向：用于指定形状中文字的方向，可从列表中选择一个选项。

③ 不旋转文本：若要在旋转形状时保持文字不动，可选中此复选框。

④ 自动调整：根据文字调整形状大小。若要在垂直方向增加形状的大小以便文字适合形状，需勾选此项。

⑤ 内部边距：内边距是文字与形状的外边框之间的距离。可以在【左】【右】【上】【下】框中输入新的边距数。

⑥ 形状中的文字自动换行：若要使文字在形状内显示为多行，请选中此复选框。

说明：文本框格式的设置操作也适合于形状格式的设置。

6．使用SmartArt图形

在Word文档中，常需要用一些结构图、流程图等来直观表述信息。Word 2010提供了专业设计师水准的SmartArt图形，使得这类操作变得轻松、快速。

1) 插入/删除 SmartArt 图形

插入SmartArt图形的操作方法如下：

(1) 定位插入点到需要插入SmartArt图形的位置，在【插入】选项卡的【插图】组中单击【SmartArt】按钮。

(2) 打开“选择SmartArt图形”对话框，选择所需的类型及布局样式，单击【确定】按钮，如图4-84所示。

(3) 单击SmartArt图形中的文本框，然后键入文本。

说明：兼容模式与2010模式不一样，二者结构调整的方法也不同。在兼容模式下打开的是“图示库”对话框，如图4-85所示。

删除 SmartArt 图形的操作为：单击 SmartArt 图形的边框使其选中，然后按【Delete】键。

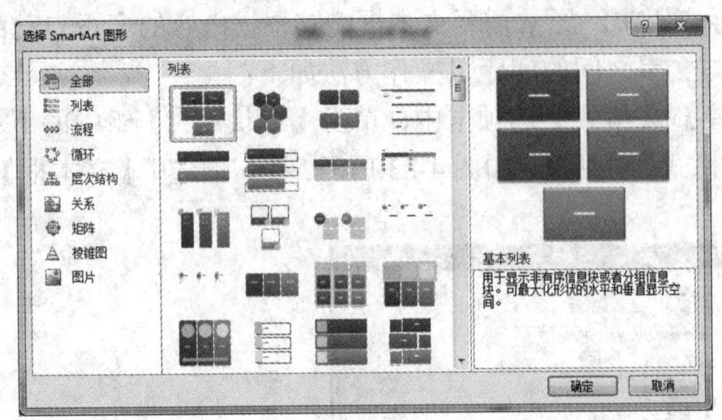

图 4-84　“选择 SmartArt 图形”对话框

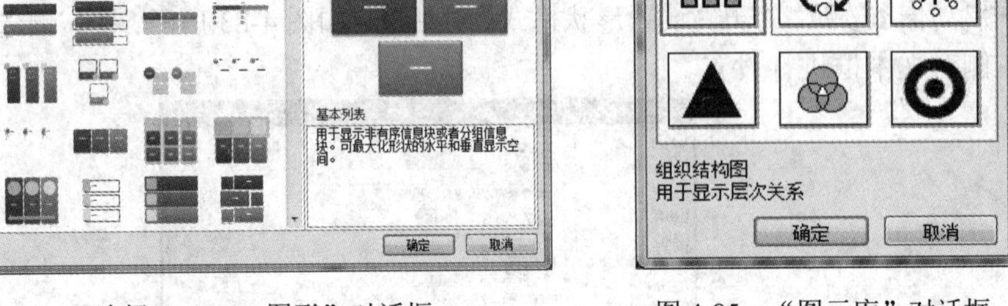

图 4-85　“图示库”对话框

2) 调整 SmartArt 图形的结构

插入图形后，通常都需要对创建的 SmartArt 图形结构进行调整。调整 SmartArt 图形的结构主要分为以下几类。

(1) 为 SmartArt 图形选择新的布局。选中 SmartArt 图形，在【SmartArt 工具】|【设计】选项卡的【布局】组中，选择新的布局样式即可。

(2) 添加新的形状。在新创建的 SmartArt 图形中，默认的形状个数一般都不能满足用户要求，因此需要向 SmartArt 图形中添加或删除形状。

添加形状的操作方法为：选择 SmartArt 图形中的一个形状，在【SmartArt 工具】|【设计】选项卡的【创建图形】组中单击【添加形状】按钮，在弹出的菜单中选择形状添加的位置，即可添加新形状。操作如图 4-86 所示。

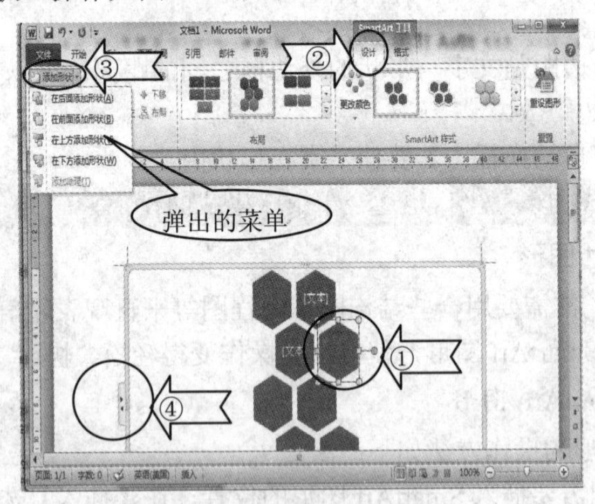

图 4-86　添加新形状操作图示

删除形状的操作方法为：选择 SmartArt 图形中的一个形状，按【Delete】键。

(3) 更改现有形状的等级。SmartArt 图形中某些类型的内部形状有级别之分，如层次结构图。改变形状级别的操作方法为：单击层次结构图中的某个需改变等级的形状，在【SmartArt 工具】|【设计】选项卡的【创建图形】组中单击【升级】或【降级】按钮，即可升级或降级所选择的形状。

3) *在 SmartArt 图形中添加内容*

在 SmartArt 图形中添加内容的方法主要有如下两种：

方法 1：直接输入文字。选中有“文本”二字的形状，直接输入文字即可。

方法 2：利用文本窗格输入文字，操作方法如下：

① 选中 SmartArt 图形。在【SmartArt 工具】|【设计】选项卡的【创建图形】组中单击【文本窗格】按钮，或单击 SmartArt 图形左侧的箭头按钮(如图 4-86 步骤④所示)，均可打开文本窗格，它显示在 SmartArt 图形的左侧，如图 4-87 所示。

② 单击文本窗格中的“[文本]”，然后键入文本。

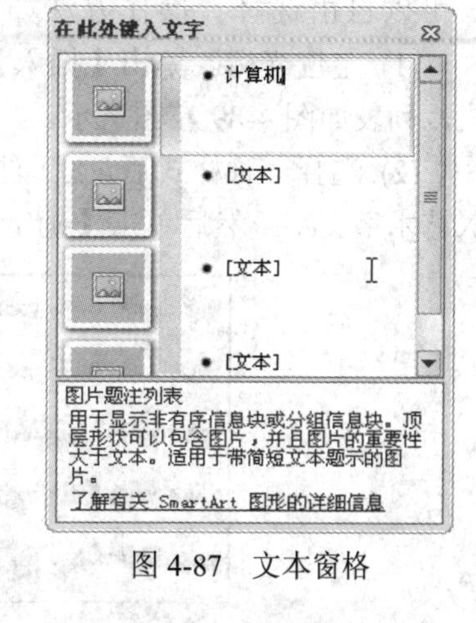

图 4-87　文本窗格

4) *更改 SmartArt 图形的颜色和样式*

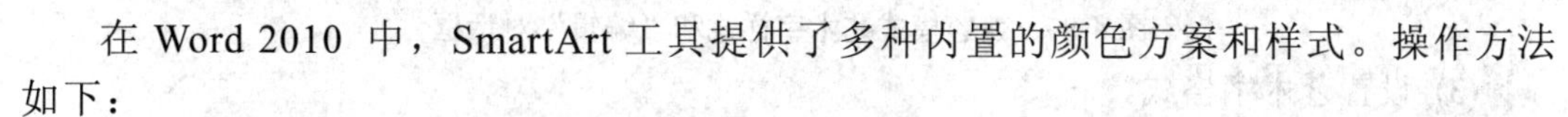

在 Word 2010 中，SmartArt 工具提供了多种内置的颜色方案和样式。操作方法如下：

(1) 更改颜色。在【SmartArt 工具】|【设计】选项卡的【SmartArt 样式】组中单击【更改颜色】按钮，打开【主题颜色】等，单击所需的颜色变体即可。

(2) 更改样式。在【SmartArt 样式】组中单击所需的样式即可。

5) *更改 SmartArt 图形的形状*

选中 SmartArt 图形中的一个形状，在【SmartArt 工具】|【格式】选项卡的【形状】组中单击【更改形状】按钮，选择所需的形状，也可用【增大】、【减小】按钮来改变大小。

6) *设置 SmartArt 图形的格式*

设置 SmartArt 图形格式的操作方法基本同设置形状格式的操作方法。

7) *将 SmartArt 图形转换为图片*

使用下列方法可将 SmartArt 图形转换为图片：

方法 1：在新建文档中制作 SmartArt 图形，将文档另存为“97-2003 文档”模式，SmartArt 图形即变为图片格式。

方法 2：选中 SmartArt 图形，单击【复制】，粘贴时在【粘贴选项】中选择【图片】。

7. 插入艺术字

艺术字是 Word 的一种特殊效果的文字。使用艺术字可以制作出美观、漂亮的文字效果。在 Word 的艺术字中，2010 模式与兼容模式差别较大。

1) *在 2010 模式文档中插入艺术字*

在 2010 模式中插入艺术字较为简单，操作方法为：定位光标。单击【插入】选项卡【文本】组中的【艺术字】按钮，打开艺术字样式列表，如图 4-88 所示。选择所需的艺术字样式。设置方法同形状设置。

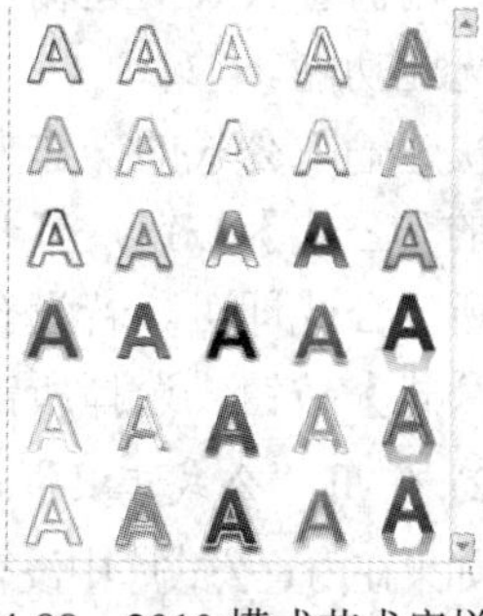

图 4-88　2010 模式艺术字样式

2) *在兼容模式文档中插入艺术字*

在兼容模式中，艺术字提供了多种样式和形状，用户可以自由选择。操作方法如下：

(1) 定位光标。单击【插入】选项卡【文本】组中的【艺术字】按钮，打开艺术字样式，列表如图 4-89 左图所示。

(2) 选择一种样式后，立即打开“编辑艺术字文字”对话框，如图 4-89 右图所示。输入艺术字文字，然后单击【确定】按钮，即可插入艺术字。

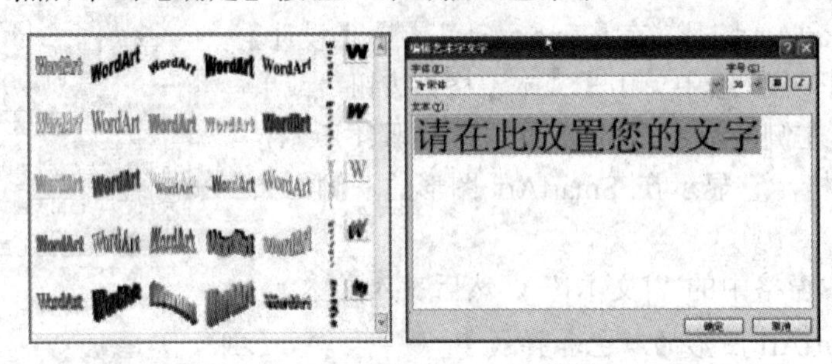

图 4-89　兼容模式艺术字样式和“编辑”对话框

(3) 设置艺术字格式。

设置艺术字格式的操作如下：

① 选中艺术字，出现【艺术字工具】|【格式】上下文选项卡，如图 4-90 所示。

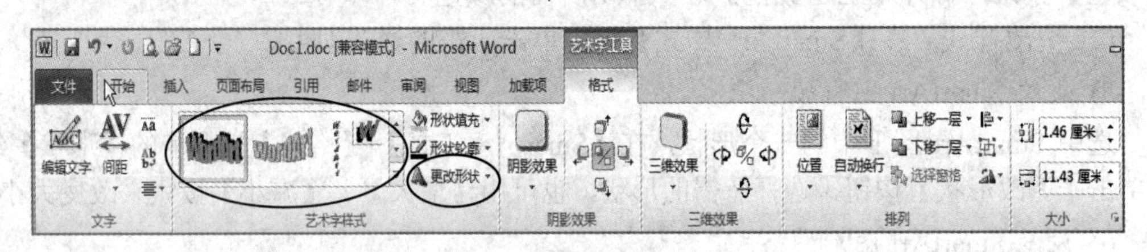

图 4-90　兼容模式中【艺术字工具】|【格式】选项卡

② 单击【艺术字样式】组中的【更改形状】，可以更改艺术字的形状。

③ 单击【艺术字样式】组中的艺术字样式，可以更改艺术字的样式。

其他操作基本同 2010 模式。

8．输入/编辑数学公式

1) 使用内置公式快速输入公式

使用内置公式快速输入公式是 Office 2010 新增的功能，兼容模式无此功能。

快速输入公式的操作方法为：单击【插入】选项卡【符号】组中的【公式】按钮，打开内置公式库，如图 4-91 所示，然后单击所需公式即可。若没有所需的公式，单击【Office.com 中的其他公式】按钮，选择所需公式。

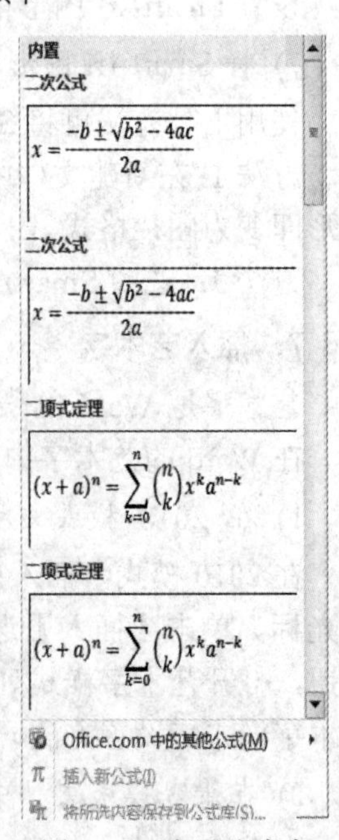

图 4-91　内置公式库

2) 使用“公式工具”输入公式

如果在内置公式库中没有所需的公式，需要使用“公式工具”进行输入，输入公式的方法如下：

(1) 在【插入】选项卡的【符号】组中，单击【公式】按钮，选择【插入新公式】命令，即在插入点位置出现一个文本框和【公式工具】|【设计】选项卡，如图 4-92 所示。

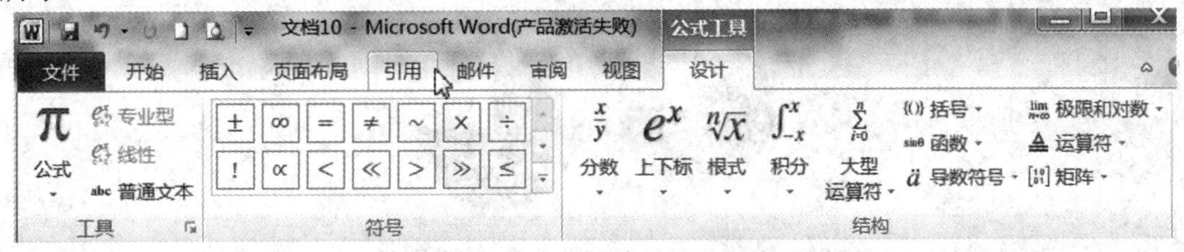

图 4-92　【公式工具】|【设计】选项卡

(2) 输入公式。输入中英文字符请使用键盘；输入数学符号等请单击【符号】组右边向下的箭头，展开符号列表框，在“标题栏”切换符号的类型，在符号列表框选择符号，在【结构】组中选择公式结构，然后在文本框中单击公式的占位符，在其中输入数据。

(3) 退出公式编辑状态。公式输入完成后，单击其他任意位置即可退出。

3) 使用“公式编辑器”输入公式

在 2010 模式和兼容模式中都可以使用公式编辑器来输入公式。操作方法为：单击【插入】选项卡【文本】组中的【对象】按钮，打开“对象”对话框。在【新建】选项卡中，在【对象类型】列表框中选择“Microsoft 公式 3.0”，单击【确定】按钮，打开公式编辑器，在其中选择对应的模板完成数学公式的输入。

4) 修改公式

需要修改公式时，请双击公式，然后进行修改。

4.2.3　知识点：设置对象格式与编辑形状

1．使用“设置形状图片格式”对话框设置对象格式

设置剪贴画、图片、形状、艺术字、文本框等对象的格式，均可使用“对话框”来实现。常用如下两种方法。

方法 1：使用对话框启动器。在【图片工具】/【绘图工具】的【格式】选项卡中，单击【图片样式】/【形状样式】/【艺术字样式】组中的对话框启动器按钮，打开“设置图片格式”或“设置形状格式”对话框，在对话框中完成填充、线条颜色、线型、文本框等选项的设置。

方法 2：使用快捷键。在要设置格式的对象上右击鼠标，在快捷菜单中选择【设置形状格式】或【设置对象格式】命令，即可打开“设置形状格式”或“设置图片格式”对话框。

2．编辑形状

(1) 改变形状的局部尺寸(大小)。插入形状后，形状上会有黄色的调控点。用鼠标左键拖曳黄色的调控点即可调整形状的局部尺寸。操作如图 4-93 所示。

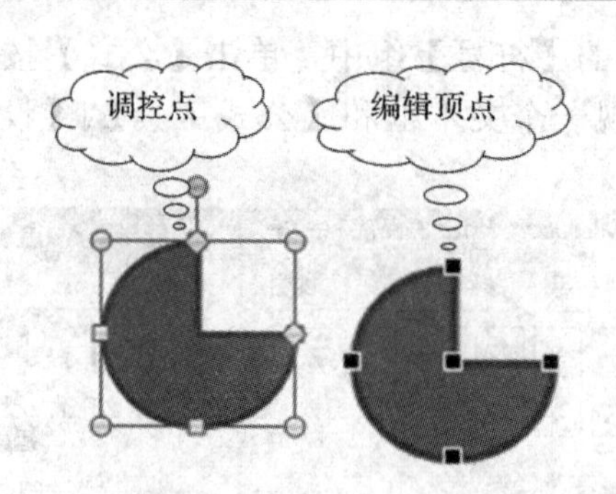

图 4-93 “形状”的调控点和“编辑顶点”

(2) 改变形状的轮廓。在【绘图工具】|【格式】选项卡的【插入形状】组中，单击【编辑形状】按钮，单击【编辑顶点】命令，用鼠标拖曳顶点至所需位置处，即可改变形状轮廓的顶点位置。

4.2.4 任务实现：制作“求职书”图文版

参照图 4-72 或附录 2，完成本节任务，操作要求及步骤如下：

1．打开求职书文档

(1) 打开名称为“学号(后两位)-姓名-求职书-简单版.docx”的求职书文档。

(2) 页面布局为 A4、纵向，上边距为 2.5 厘米，左、右、下边距均为 2 厘米。

2．美化封面

(1) 参照图 4-94 所示样式及要求，设计制作求职书封面。

(2) 设置艺术边框，边框的宽度为 10 磅左右。

(3) 按文件名“学号(后两位)-姓名-求职书-图文版.docx”保存文档。

图 4-94 求职书封面及操作要求

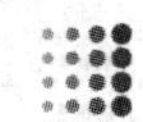

3．美化自荐信

(1) 参照图4-72(b)，在自荐信的右上角插入一幅剪贴画，大小调整合适，环绕方式为：浮于文字上方。第2自然段用红色(淡色80%)作为底纹。

(2) 去掉第3自然段的段后间距；在第3自然段和第4自然段中间插入一幅剪贴画，将大小调整至合适，环绕方式为紧密型。

(3) 第5自然段用橙色(淡色60%)作为底纹，分为两栏，中间加上分隔线。

(4) 在自荐信最后加入两个剪贴画和一个SmartArt图片，自己调节到适当为止。

(5) 保存文档。

4．美化个人简历并插入公式

(1) 参照图4-72(c)，在个人简历中插入照片、图片，环绕方式为浮于文字上方。

(2) 在页面下方插入下面公式，公式字体格式：宋体、四号、加粗。公式为

勾股定理：

$$a^2+b^2=c^2$$

极限公式：

$$\lim_{n\to\infty}\left(1+\frac{1}{n}\right)^n=e$$

插入后的公式：

$$\frac{1}{2}+x^2+\frac{\sqrt{a^2+b^2}}{x^2}\cdot\left(a^{\frac{1}{2}}+b^{\frac{1}{2}}\right)-\int_1^2\sqrt[2]{x^2+\beta}\,\mathrm{d}x+2\sin(\varphi\alpha)$$

5．调整显示比例并保存文档

(1) 调整显示比例到合适值(50%～55%)，在屏幕上能够全部显示整个文档(三页)。

(2) 按文件名“学号(后两位)-姓名-求职书-图文版.docx”保存文档。

(3) 保存文档为兼容模式。

注意：观察两种版本版面的不同。

4.3　任务：表格操作——制作简历、成绩表经典版

4.3.1　任务描述

在文档中适当地使用表格，有利于帮助人们更快地理解相关内容，增强可读性。现实中的表格形式各种各样，在此以求职书中的两种表格“个人简历表”和“成绩表”为例，介绍Word 2010强大的表格处理功能及数据的简单运算功能。

任务描述如下：

(1) 新建一个文档。参照图4-95(a)或附录2的内容，制作“个人简历表”，并设置表格格式，然后以“学号-姓名-表格.docx”为文件名保存文档。

(2) 在“个人简历表”的后面插入一页空白页，然后参照图 4-95(b)所示或项目 8 中附录 2 的内容，制作“主课成绩表”，设置表格格式，并计算出合计数和平均值，然后以“学号-姓名-表格.docx”为文件名保存文档。

个人简历表

姓名	卢勇文	性别	男 
出生年月	1987.9.	籍贯	广东湛江
政治面貌	团员	民族	汉
家庭住址	广东湛江	健康状况	良 好
联系电话	15927831995	E-mail	www.452526410@qq.com
学历	大 专	专业	电子商务
毕业院校	西安理工大学		
求职意向	从事电子商务、营销、信息管理等专门人才		
主要课程	大学语文、大学英语、经济数学、基础会计、经济学原理、网络技术基础、计算机程序设计、C 语言、电子商务导论、网络营销、商品学、网页设计与制作、电子商务网站建设、网络信息与安全、国际贸易实务、电子商务数据库、广告策划、营销心理学、物流技术、多媒体技术、贸易洽谈、市场营销学等		
个人特长	大二时通过全国大学英语等级考试 A 级考试，具备较强的英文阅读、听力、口头表达能力；大三时通过全国计算机二级（VF）考试，能熟练操作办公室软件（office2010）		
社会实践	1. 2002 年 6 月—9 月在广东省湛江市南方电器有限公司做车间员 2. 2006 年 7 月—9 月在湖北省荆州市晨艺装饰公司做业务员 3. 2007 年 7 月—9 月在湖北省荆州市《江汉商报》单位做销售员 4. 2007 年 8 月—9 月在移动公司兼职做业务员		
兴趣爱好	阅读，听歌，打篮球、乒乓球和台球		
个人评价	我性格活泼开朗、自信大方、责任心强，善于交际，待人热情，能吃苦耐劳；上进、认真、“实事求是、精益求精”是我的学习、处事宗旨。		

(a) 个人简历表

主要课程学时与成绩表

序号	课程名	学时	考试成绩	备注
1	电子商务导论	48	82	
2	基础会计	56	93	
3	经济学原理	60	90	
4	网络技术基础	54	88	
5	网络营销	60	94	
6	商品学	60	91	
7	计算机程序设计	56	85	
8	网页设计与制作	64	90	
9	电子商务网站建设	64	94	
10	网络信息与安全	60	93	
11	国际贸易实务	60	91	
12	电子商务数据库	64	92	
13	广告策划	32	89	
14	营销心理学	32	82	
15	物流技术	60	96	
16	贸易洽谈	60	90	
17	市场营销学	60	86	
合　计		950	1526	
平 均 值		55.88	89.76	

(b) 主课成绩表

图 4-95　“个人简历表”和“主课成绩表”

4.3.2　知识点：表格的创建与编辑

在 Word 2010 中，不仅可以对文字、图形对象进行编辑排版，还可以直接输入行/列规则的表格，或通过手工绘制不规则的表格。

1. 创建表格

1) 插入表格

插入表格的方法主要有以下所述几种。

(1) 使用“表格模板”插入表格。可以使用表格模板插入预先设计好格式的表格。表格模板包含示例数据，可快速添加表格中的数据。操作方法为：在【插入】选项卡的【表格】组中，单击【表格】，选择【快速表格】命令，在内置模板中选择需要的模板即可。操作步骤如图 4-96 所示。

(2) 使用“表格方块列表”插入表格。操作方法为：在【插入】选项卡的【表格】组中，单击【表格】，在表格方块列表中(见图 4-96)拖动鼠标以选择需要的行数和列数，选择好后，单击鼠标左键即可完成空白表格的插入。

(3) 使用“插入表格”命令插入表格。操作方法如下：

① 在【插入】选项卡的【表格】组中单击【表格】，选择【插入表格】命令，打开

“插入表格”对话框，如图4-97所示。

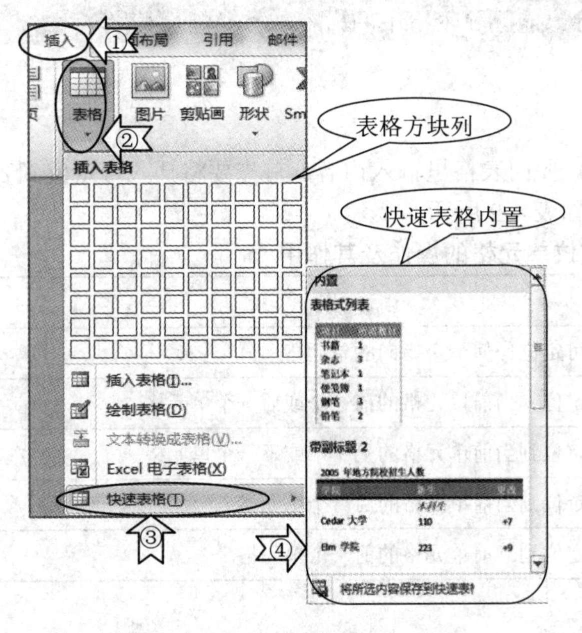

图4-96　使用表格模板插入表格操作图示

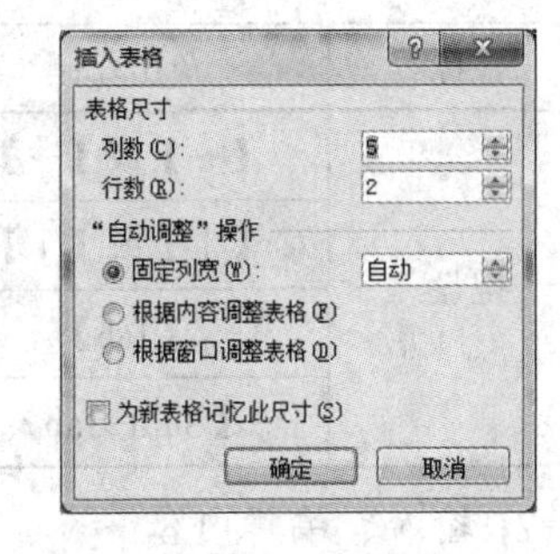

图4-97　“插入表格”对话框

② 在【表格尺寸】栏中输入列数和行数，单击【确定】按钮。

(4) 手工绘制表格。Word中不规则的表格可采用手工绘制，操作方法为：在【插入】选项卡的【表格】组中单击【表格】，选择【绘制表格】命令，此时指针变为铅笔状，再根据需要绘制表格的列线和行线。

要擦除一条线或多条线，请在【表格工具】|【设计】选项卡的【绘制边框】组中单击【擦除】，此时，鼠标指针变为橡皮，用橡皮单击要擦除的线条即可。

表格绘制完成后，取消手工绘制的操作方法为：在【表格工具】|【设计】选项卡的【绘图边框】组中，再次单击【绘制表格】命令即可。

2) 选择表格

方法1：使用全选标记。将鼠标指针停留在表格上，直至显示表格移动图柄⊞(也称为全选标记)，然后单击表格移动图柄即可。

方法2：使用选择表格命令。在【表格工具】|【布局】选项卡的【表】组中，单击【选择】，再单击【选择表格】命令。

方法3：在选择区域(选定栏)选择表格。在表格第一行左侧的选择区域单击鼠标，然后向下拖动鼠标到最后一行。

3) 缩放表格

整体缩放表格的操作方法为：将鼠标指针指向表格右下角的控点，当指针变成斜向的双箭头时，按住左键进行拖动(向外拖，表格变大；向内拖，表格缩小)。

4) 删除表格

方法1：选中表格，直接按下【Backspace】键即可。

方法 2：在【表格工具】|【布局】|【行和列】组中，单击【删除】|【删除表格】命令。

注：选中表格后按下【Delete】键只能删除表格中的内容，不能删除表格。

2. 编辑表格

1) 定位单元格

表格中的一个格子被称为单元格。要向表格里输入内容，首先要将插入点定位到表格的单元格中。定位单元格的操作方法如表 4-9 所示。

表 4-9 定位单元格的操作及其作用

定位方式		作　用
鼠标	单击左键	可定位任何一个指向的单元格
键盘	【←】或【→】	定位到当前单元格的前一个或后一个单元格
	【↑】或【↓】	定位到当前单元格的上一个或下一个单元格
	【Tab】	定位到当前单元格的后一个单元格
	【Shift+Tab】	定位到当前单元格的前一个单元格

2) 输入、编辑内容

定位好插入点后，就可以在表格中输入内容了。在表格中可以输入文本、数字、符号、图片等内容，也可对内容进行编辑、移动、复制或删除，并进行格式设置。

3) 选定操作

对表格的操作通常是在选定的基础上进行的。选定操作常用以下两种方法：

方法 1：使用鼠标选定，操作方法如表 4-10 所示。

表 4-10 选择单元格、行、列的操作方法

选择内容	操 作 方 法
单个单元格	单击单元格左侧的选定栏(鼠标形状为◆)
连续多个单元格	单击第一个单元格，按住鼠标左键拖至最后一个单元格
间隔多个单元格	选择一个单元格后，按住【Ctrl】键再单击其他单元格的选定栏
一行或多行	单击行左侧的选定行标记(鼠标形状为↗)。要选择多行可按住鼠标左键上下拖动
一列或多列	单击列上方的选定列标记(鼠标形状为⬇)。要选择多列可按住鼠标左键左右拖动

方法 2：使用菜单命令进行选定。操作方法如下：

① 定位单元格。

② 在【表格工具】|【布局】选项卡的【表】组中，单击【选择】，单击【选择单元格】/【选择行】/【选择列】命令。

4) 插入或删除单元格/行/列

(1) 插入行/列。插入行/列的操作方法如下：

① 光标定位在要插入行/列的单元格上。

② 在【表格工具】|【布局】选项卡的【行和列】组中，单击对应按钮【在上方插入】

/【在下方插入】、【在左侧插入】/【在右侧插入】。

说明：当选定多行/多列时，执行上述操作，可一次插入多行/多列。

(2) 删除行/列。删除行/列的操作方法如下：

① 选择要删除的行或列(可以是多行/多列)。

② 在【表格工具】|【布局】选项卡的【行和列】组中单击【删除】按钮，选择【删除行】或【删除列】命令。

(3) 插入单元格。“插入或删除单元格”操作经常使用在数据错行或错列的情况下。最简单的解决方法就是：错行时将整列数据上移或下移；错列时将活动单元格左移或右移。

插入单元格的操作方法如下：

① 选择要插入单元格的开始位置。在【表格工具】|【布局】选项卡的【行和列】组中，单击对话框启动器按钮，打开“插入单元格”对话框。

② 选择单元格的插入方式，如“活动单元格下移”，单击【确定】按钮。

(4) 删除单元格。

① 选择要删除的单元格，在【表格工具】|【布局】选项卡的【行和列】组中，单击【删除】，单击【删除单元格】命令，打开“删除单元格”对话框。

② 选择删除单元格的方式，如“下方单元格上移”，单击【确定】按钮。

说明：

① 活动单元格左移或右移时，会改变整个表格的结构，所以操作时要小心。

② 在“插入单元格”对话框中选择“整行/列插入”或在“删除单元格”对话框中选择“删除整行/列”，可以插入/删除整行/整列。

5) 合并或拆分单元格

单元格的合并就是指将几个相邻的单元格合并成一个单元格；单元格的拆分就是将一个单元格分成多个单元格。

(1) 合并单元格。合并单元格的操作方法为：选择要合并的多个连续单元格。在【表格工具】|【布局】选项卡的【合并】组中，单击【合并单元格】按钮。操作和效果如图4-98所示。

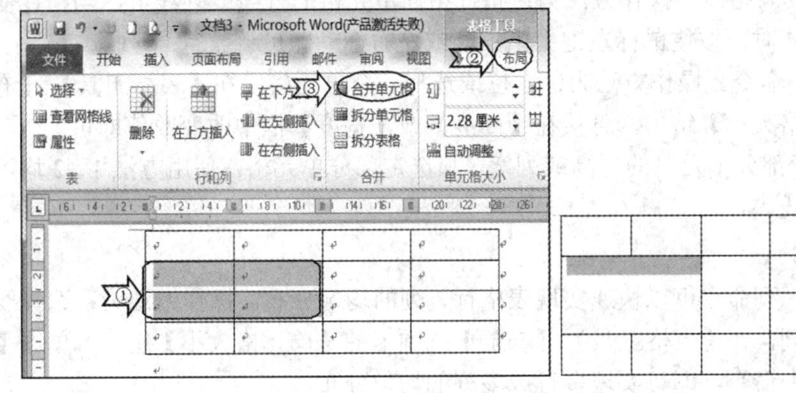

图4-98　合并单元格操作图示和效果图

(2) 拆分单元格。拆分单元格的操作方法如下：

① 将光标定位在要拆分的单元格中。在【表格工具】|【布局】选项卡的【合并】组

中，单击【拆分单元格】按钮，打开“拆分单元格”对话框，如图 4-99 所示。

② 输入需拆分的【列数】和【行数】，单击【确定】按钮。

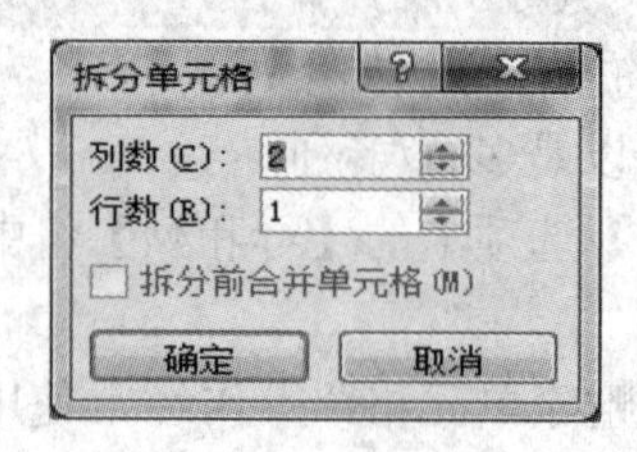

图 4-99 “拆分单元格”对话框

6) 文字对齐方式

为了让单元格内的文本更加整齐美观，需要对单元格中的文本设置对齐方式。Word 2010 提供了 9 种对齐方式，如图 4-100 所示。设置文本对齐的操作方法如下：

(1) 选择要对齐的一个或多个单元格，也可以是整个表格。

(2) 在【表格工具】|【布局】选项卡的【对齐方式】组中，单击所需的对齐方式按钮即可，如果希望文字在单元格的正中间，则应选择【水平居中】。

靠上左端对齐	靠上居中对齐	靠上右端对齐
居中左端对齐	水平居中	居中右端对齐
靠下左端对齐	靠下居中对齐	靠下右端对齐

图 4-100 单元格中文本的对齐方式说明及示例

7) 改变文字方向

默认情况下，单元格内的文字方向是左右水平排列，如果需要竖排文字，操作方法为：选择单元格，在【表格工具】|【布局】选项卡的【对齐方式】组中，单击【文字方向】命令即可。

8) 改变行高/列宽

方法 1：移动表格线。操作方法为：指针指向单元格的行线或列线上，当指针变成上下或左右箭头样式时，按住鼠标左键上下拖动或左右拖动即可调整行高/列宽。

方法 2：使用命令。操作方法为：定位或选择一个单元格，在【表格工具】|【布局】选项卡的【单元格大小】组中，直接在【高度】或【宽度】框中改变数值即可。

方法 3：改变部分单元格的行高或列宽。只选定部分单元格，使用方法 1、2 均可移动选定部分的表格线。

9) 分布行/列

使用分布行、列命令可以快速实现表格行、列的均匀分布。操作方法为：选择要均匀分布的多行或多列，在【表格工具】|【布局】选项卡的【单元格大小】组中，单击【分布行】或【分布列】命令，即可实现多行或多列的均匀分布。

说明：若要均匀分布表中所有行和列的高度和宽度，不需要选定所有行和列，只需将光标置入表格中，执行【分布行】和【分布列】命令。

10) 自动调整表格行高/列宽

在【表格工具】|【布局】选项卡的【单元格大小】组中，单击【自动调整】命令，即可“根据内容自动调整表格”或“根据窗口自动调整表格”或“固定列宽”。

11) 快速复制大块内容到表格中

有时需要将大块有规律格式的文本填充到表格的多个单元格中，若一个一个复制，繁琐且速度慢，下面给出快速复制的方法：

(1) 选定要复制的文本块，单击【复制】。注：选择矩形块文本时，按住【Alt】键同时单击鼠标左键并拖曳。

(2) 在表格中选定要粘贴的单元格区域(行、列数要和粘贴后的行、列数一致)，然后单击【粘贴】。这样可快速实现大块区域的文本复制。

4.3.3　知识点：表格的其他操作

1．设置表格样式

默认情况下，Word 采用黑色单线作为表格的边框线，而且没有底纹。若需要可对表格进行修饰。常用如下两种方法设置表格样式。

1) 使用内置样式

使用表格内置样式，可快速设置整个表格的样式。操作方法如下：

(1) 光标置于表格中。单击【表格工具】|【设计】选项卡。

(2) 在【表格样式】组中，选择合适的内置样式，也可单击内置样式右边的箭头，展开更多内置样式，单击需要的样式即可，如图 4-101 所示。

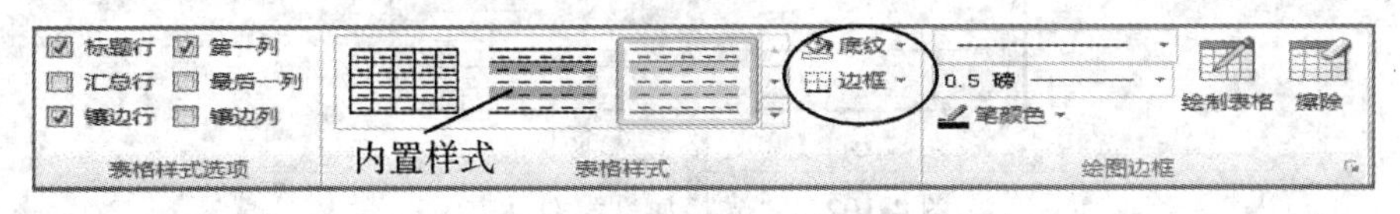

图 4-101　【表格工具】|【设计】选项卡

2) 自定义表格样式

使用“边框”和“底纹”操作，可自行设置表格样式。操作方法如下：

(1) 选定要设置样式的表格区域。

(2) 在【表格工具】|【设计】选项卡的【表格样式】组中，单击【边框】/【底纹】命令右边的小箭头，选择想要的“边框”/“底纹”样式即可。如果没有合适的样式，可执行【边框和底纹】命令，打开“边框和底纹”对话框。操作同给段落设置边框和底纹。

2．表格属性设置

要对表格进行更多的设置，还可以通过“表格属性”对话框来实现。打开“表格属性”对话框的操作如下：

方法 1：单击表格中的任意单元格，在【表格工具】|【布局】选项卡的【单元格大小】组中，单击对话框启动器按钮。

方法 2：单击表格中的任意单元格，在【表格工具】|【布局】选项卡的【表】组中，单击【属性】命令，打开“表格属性”对话框，如图 4-102 所示。利用“表格属性”对话

框可以设置表格属性，也可以设置表格中的行、列和单元格的属性。

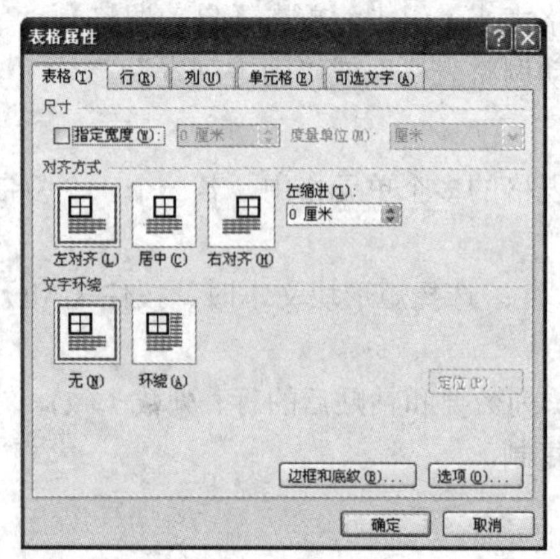

(a) 【表格】选项卡

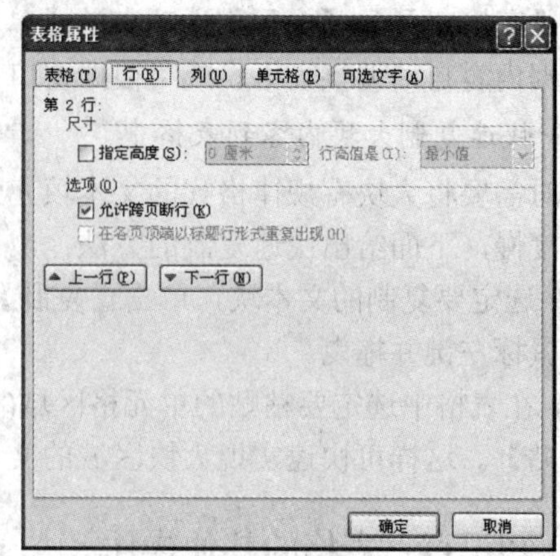

(b) 【行】选项卡

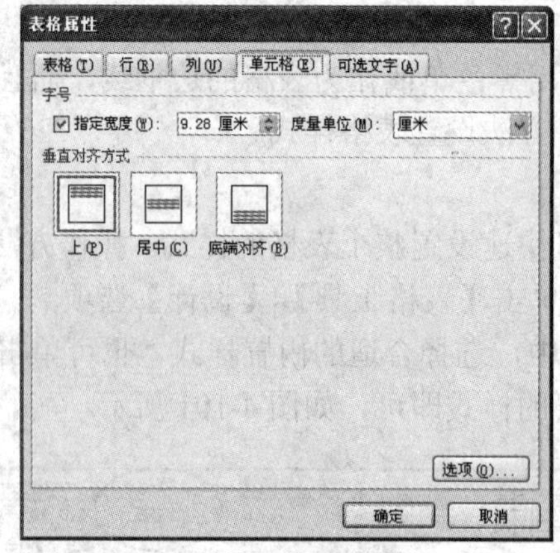

(c) 【单元格】选项卡

图 4-102 “表格属性”对话框

1) 设置表格属性

在“表格属性”对话框中，选择【表格】选项卡，进行相关设置，设置完毕单击【确定】按钮。

(1) “尺寸”：设置表格的宽度。

(2) “对齐方式”：设置表格在页面水平方向上的对齐方式。

(3) “文字环绕”：设置表格与文字的排版方式。

2) 设置行、列属性

在“表格属性”对话框中，选择【行】选项卡或【列】选项卡，在【尺寸】处勾选后可设置行高或列宽，最后单击【确定】按钮。

3) 设置单元格属性

在“表格属性”对话框中，选择【单元格】选项卡，进行相关设置，设置完毕后单击【确定】按钮。

(1) “指定宽度”：指定单元格的宽度。

(2) “垂直对齐方式”：设置文字在垂直方向上的对齐方式。

(3) 单击【选项】按钮：打开“单元格选项”对话框。设置单元格的【边距】和【选项】。

3. 在表格中插入图片

在表格中插入图片，有时会出现一些问题，问题及解决方法如下所述。

1) *在表格中插入图片*

将光标定位在要插入图片的单元格中，插入图片(可插入剪贴画、来自文件的图片)，插入图片及格式设置的方法同在文档中插入图片。

2) *使图片正常显示*

当表格中的行距设置为固定值时，插入的图片可能不能完全显示。解决的方法是：重设行距为“单倍行距”或将固定值行距调整为足够大。

3) *表格按图片大小改变*

在表格中插入图片，有时希望图片大小不变而表格随图片而变，操作方法如下：

(1) 光标定位在要插入图片的单元格中。把表格中的行距设置为非固定值。

(2) 打开“表格属性”对话框。在“表格属性”对话框中，选择【表格】选项卡，单击【选项】，打开“表格选项”对话框，如图 4-103 所示。勾选【自动重调尺寸以适应内容】复选框，单击两次【确定】按钮。

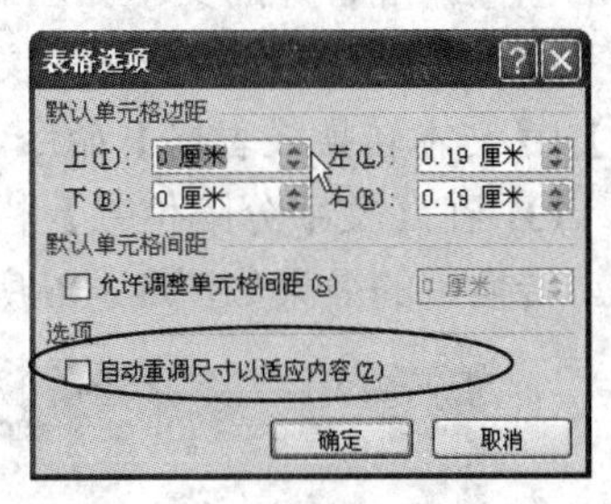

图 4-103　“表格选项”对话框

4) *图片自动按表格列宽插入*

当表格中的行距设置为非固定值，此时插入图片后，如果图片的尺寸大于单元格的大小，单元格会随图片自动扩大而导致整张表格变形。如果希望插入图片后单元格的宽度保持不变，图片缩小，有两种操作的方法。

方法 1：使用“表格属性”对话框。步骤方法如下：

① 光标定位在要插入图片的单元格中。把表格中的行距设置为单倍行距。

② 打开“表格属性”对话框。选择【表格】选项卡，单击【选项】，打开“表格选项”对话框，如图 4-103 所示。去掉勾选【自动重调尺寸以适应内容】复选框，单击两次【确定】按钮。

③ 将表格内原有图片删除，重新插入图片。此时图片就会随单元格的宽度自动调整。

方法 2：使用“固定列宽”操作。操作步骤如下：

① 将光标定位在要插入图片的单元格中，把表格中的行距设置为单倍行距。

② 在【表格工具】|【布局】选项卡的【单元格大小】组中，单击【自动调整】，选择【固定列宽】命令，操作如图 4-104 所示。

③ 将表格内原有图片删除，重新插入图片。此时图片就会随单元格的宽度自动调整。

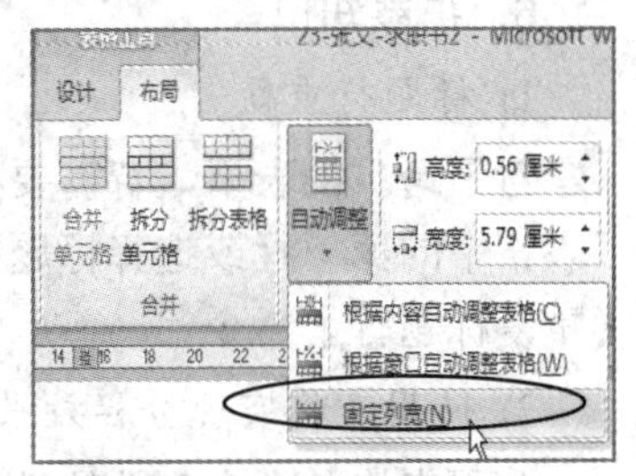

图 4-104　“固定列宽”命令

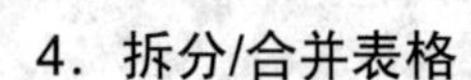

4．拆分/合并表格

通过拆分表格可以将一个表格拆分成两个表格或多个表格。拆分表格的操作为：将光标置于要拆分表格的起始行。在【表格工具】|【布局】选项卡的【合并】组中，单击【拆分表格】命令。

合并表格操作：只需用【Delete】键删除表格之间的内容及段落标记即可。

5．表格文本转换

1) 文本转换成表格

将文本转换成表格，操作步骤如下：

(1) 首先准备好要转换成表格的文本。方法为：将文本使用统一的分隔符分隔好，可使用的分隔符有：【Tab】键、空格、逗号、其他字符、段落标记。“段落标记”用于换行的位置。准备好的文本如图 4-105 所示。

(2) 选择要转换成表格的文本。然后，在【插入】选项卡的【表格】组中，单击【表格】|【文本转换成表格】命令，打开“将文字转换成表格”对话框。

(3) 在【文字分隔位置】栏，选择在文本中所用的分隔符对应选项，单击【确定】按钮。转换后的效果如图 4-106 所示。

图 4-105　使用统一分隔符的文本

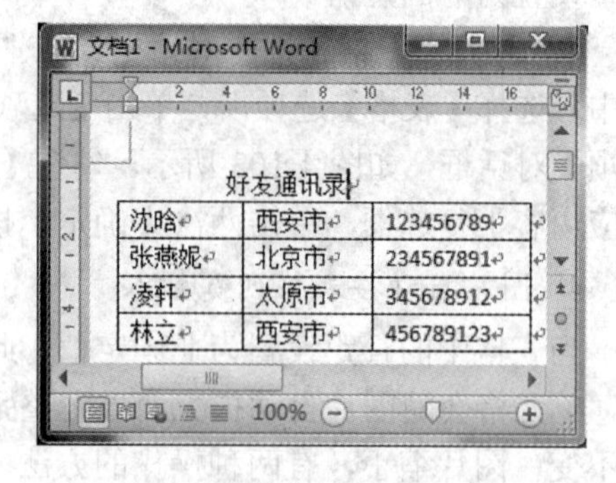

图 4-106　文本转换后的表格

2) 表格转换成文本

操作步骤如下：

(1) 选择表格中要转换的行。在【表格工具】|【布局】选项卡的【数据】组中，单击【转换为文本】命令，打开“表格转换成文本”对话框。

(2) 在【文字分隔符】栏选择想要的分隔符选项(如“制表符”)，单击【确定】按钮。

6．扩展知识

1) 标题行重复

对于跨页的表格，若需要在每页表格的第一行自动重复标题，操作方法为：将光标置于表格中的第一行或选择标题行。在【表格工具】|【布局】选项卡的【数据】组中，单击【重复标题行】命令。

2) 使用表格实现分栏效果

利用表格包含多列的特性，可以使用表格实现分栏排版的效果。例如对于需要双栏排版的文档，可以创建一个一行两列的表格，将每一列当作一栏，然后在每一列中输入所需

的内容，然后隐藏表格的边框线，从而实现分栏效果。

3) 使用表格实现不规则版面的排版效果

使用合并/拆分单元格、移动表格线等方法可以制作行列不规则的表格，使每一个单元格变得灵活自如。在这样的表格中输入内容，可以实现灵活自由的排版效果。

4.3.4　知识点：表格中的数据处理

1．表格数据排序

Word 表格中的数据排序就是按照数字大小、字母顺序或汉字拼音顺序等对表中的数据进行升序或降序排列，分为主要关键字、次要关键字和第三关键字。主要关键字是排序首先参照的标题字段(列名称)，当主要关键字的数据相同时，可参照次要关键字进行排序。如果有必要，还可以设置第三关键字。

排序操作方法如下：

(1) 单击表格中的任意单元格，在【表格工具】|【布局】选项卡的【数据】组中，单击【排序】命令，打开“排序”对话框。

(2) 设置排序的关键字及排序依据。

(3) 然后单击【确定】按钮，表格即按设定的关键字自动进行排序。

2．使用公式计算表格数据

在表格中，可以通过输入带有加、减、乘、除等运算符的公式进行计算，也可以使用 Word 附带的函数进行较为复杂的计算。

1) 单元格的表示及引用方式

Word 表格中每个单元格对应着一个唯一的引用编号。编号规定单元格中行的编号从上向下依次为 1、2、3，列的编号从左到右依次为 A、B、C，组合时列号在前、行号在后，如 B3 表示第二列第三行的单元格。单元格的引用方式如表 4-11 所示。

表 4-11　单元格的引用方式和含义

引用方式	含　义
逗号	引用分散的单元格，如“A1,B3”表示引用 A1 和 B3 共两个单元格
冒号	引用连续的单元格，如“A1:B2”表示引用 A1、A2、B1、B2 共四个单元格
BELLOW	引用下面连续的数字单元格
ABOVE	引用上面连续的数字单元格
LEFT	引用左边连续的数字单元格
RIGHT	引用右边连续的数字单元格

2) 公式计算

使用公式计算单元格数据的操作方法如下：

(1) 选中存放结果的单元格。在【表格工具】|【布局】选项卡的【数据】组中，单击【公式】命令，打开“公式”对话框，如图 4-107 所示。

(2) 在“公式”对话框中输入公式表达式，最后单击【确定】按钮。

例如，在如图 4-108 所示的企业销售统计表格中，B5 单元格数据可以使用以下三种公式计算：

=SUM(above)

或　　=SUM(B2,B3,B4)

或　　=SUM(B2:B4)

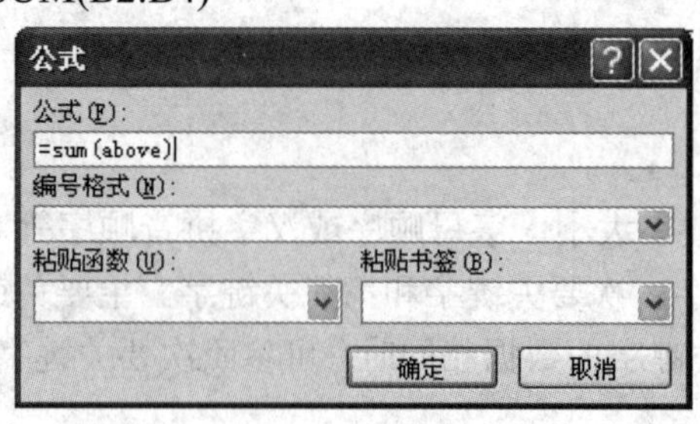

图 4-107　“公式”对话框

时间	销售量
1月	235
2月	458
3月	337
1季度合计	

图 4-108　企业销售量统计表

3) 多行简便求和

使用公式计算时，Word 会根据结果单元格周围的数据情况自动选择引用某个方向的连续数字单元格，其中 above 优先。如果需要对多行数据分别进行求和，简便方法是先计算最后一行的数据，然后再逐行向上分别计算，即从下往上进行求和。

4.3.5　任务实现：制作个人简历表、成绩表经典版

参照图 4-95 或附录 3，完成本节任务，操作要求及步骤如下所述。

1．制作个人简历表

(1) 参照图 4-95(a)，新建一个文档。保存文档为“学号(后两位)-姓名-表格.docx”。

(2) 页面布局：A4，纵向，上边距 2.5 厘米，下、左、右边距均为 2 厘米。

(3) 在开始处输入表格名称“个人简历表”，并设置为宋体，二号，加粗，居中。

(4) 在“个人简历表”文字下面插入一个 8 行 5 列的表格，并对部分单元格进行合并。

(5) 输入表格上半部分的内容。

(6) 表格中的字体设置为宋体，四号，第 1 列和第 3 列的内容加粗显示，插入的照片不能改变表格的尺寸。保存文档。

(7) 在表格的最下面先插入 1 行(第 6 行)，调整第 1 个单元格的列宽为刚好放下 1 个字，调整行高到合适位置。

(8) 在第 6 行的下方插入 4 行，调整行高、列宽到合适位置。

(9) 输入或复制表格下半部分内容，并把简历表中的姓名等信息改为自己的信息。

(10) 设置表格的边框线和底纹：内框线为普通细线，外框线为双细线，底纹为浅色。

(11) 以“学号(后两位)-姓名-表格.docx”为文件名保存文档。

2．制作主课成绩表

(1) 在个人简历表的后面插入一空白页。

(2) 参照图 4-95(b)，制作“主课成绩表”空表。

(3) 打开素材文档“简历表格素材.docx”，按下述两种方法快速制作表格：

方法 1：快速复制素材中的内容到表格中。

方法 2：将素材中的文本内容快速转换为表格。

注：比较两种方法的不同。若两种方法做在了同一个文档中，请删除重复内容。

(4) 设置表格样式。

表格中字体样式设置为：宋体，四号；水平方向和垂直方向均居中。

表格边框线设置为：左、右外侧框线为无，表头、表尾、课程名称列加浅色底纹。

(5) 利用求和公式和求平均值公式计算学时、成绩的合计数和平均值。

(6) 以“学号(后两位)-姓名-表格.docx”为文件名保存文档。

(7) 关闭文档。

4.4　任务：综合操作 1——制作展示作品

4.4.1　任务描述

在求职书中，为了更多地展现个人才干和技能，需要将个人的一些荣誉证书和自己设计制作的作品展示出来。在此，通过制作荣誉证书、校园小报、大学成绩单介绍 Word 2010 表格及图文混排的高级综合应用。

任务描述如下：

(1) 参照图 4-109(a)或附录 2 所示样式设计制作展示作品——“不要以为”。

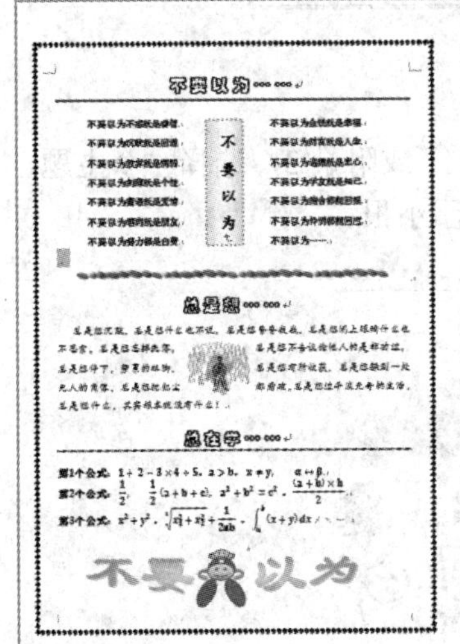

(a) 展示作品——“不要以为”　　　　(b) 展示作品——荣誉证书

图 4-109　展示作品样张

① 页面布局为 A4 纸张、纵向，页边距同“个人简历表”，上半部分与下半部分用艺术横线分隔。

② 下方的公式手工输入。“不要以为”艺术字为兼容模式，与自制小人图标组合(在兼容模式下组合)，然后复制到文档中，并设置为嵌入型，实现图文并茂的效果。

③ 以“学号-姓名-不要以为.docx”为文件名保存文档。

(2) 参照图 4-109 (b)或附录 2 制作展示作品——“荣誉证书”。

① 新建一个 Word 文档，设置页面格式为 A4 纸张，横向放置，上边距 2.5 厘米，其他边距 2 厘米。根据给定素材(证书图片)，用文本框制作一个荣誉证书，嵌入文档。

② 以“学号-姓名-荣誉证书.docx”为文件名保存文档。

(3) 新建一个文档，参照图 4-110 或附录 2 设计制作展示作品——“横排成绩单”，页面布局为 A4 纸张、横向排版，上边距 2.5 厘米，其他边距 2 厘米。用公式计算合计、平均，再以“学号-姓名-横排成绩单.docx”为文件名保存文档。

横排成绩表

西安 XX 大学——XXXX 学院在校生课程成绩单

专业：电子商务　　班级：商务 322 班　　学号：12345001　　姓名：卢勇文　　日期：2020 年 7 月 30 日

第一学年					第二学年					第三学年				
序号	课程名	学时	学分	成绩	序号	课程名	学时	学分	成绩	序号	课程名	学时	学分	成绩
1	道德修养与法律	56	3.5	82	1	大学英语 3	56	3.5	88	1	电子商务数据库	48	3	92
2	中国近现代史纲要	48	3	93	2	大学英语 4	56	3.5	92	2	广告策划	56	3.5	83
3	马克思主义原理	48	3	90	3	电子商务导论	48	3	96	3	营销心理学	60	4	90
4	中国特色理论概论	60	4	88	4	基础会计	60	4	85	4	物流技术	54	3.5	89
5	大学英语 1	64	4	94	5	经济学原理	60	4	90	5	贸易洽谈	60	4	93
6	大学英语 2	64	4	91	6	网络技术基础	60	4	93	6	市场营销学	60	4	94
7	高等数学 1	64	4	85	7	商品学	56	3.5	87	7	国际贸易实务	56	3.5	97
8	高等数学 2	64	4	90	8	计算机程序设计	64	4	100	8	网络营销	56	3.5	93
9	体育 1	32	2	91	9	网页设计与制作	64	4	95	9				
10	体育 2	32	2	93	10	商务网站建设	60	4	96	10				
11	大学计算机基础	56	3.5	94	11	网络信息与安全	60	4	90	11				
合计		588	37	991	合计		644	41.5	1012	合计		450	17	731
平均值		53.45	3.36	90.09	平均值		58.55	3.77	92	平均值		56.25	3.4	91.38

图 4-110　展示作品——横排成绩单

(4) 扩展训练。制作自选作品——校园小报。参照图 4-111 或附录 2，选择一个主题，收集小报文字及图片资料，设计并制作图文并茂、精美的校园小报。

图 4-111　自选作品——小报样张

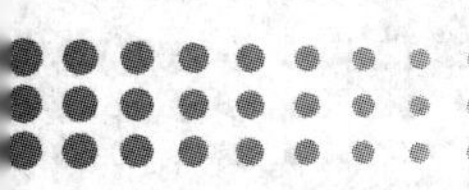

4.4.2　任务实现：制作展示作品

参照图 4-109、图 4-110、图 4-111 或附录 4，完成本节任务，操作要求及步骤如下所述。

1．制作展示作品文档

(1) 新建一个 Word 文档。页面布局为 A4 纸张、横向，上边距 2.5 厘米，其他边距 2 厘米。

(2) 打开素材文档“不要以为”，然后将内容复制到新建的 Word 文档中。

(3) 展示作品——“不要以为”的样张及要求如图 4-112 所示，请按要求进行设计制作。

(4) 以文件名“学号(后两位)-姓名-不要以为.docx”保存文档。

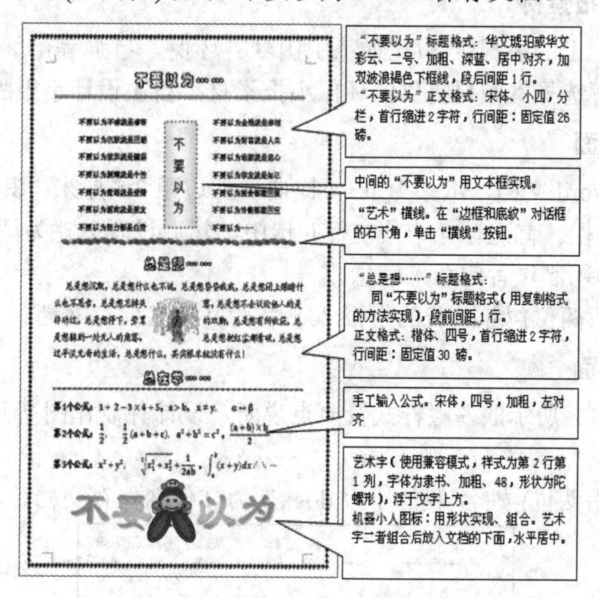

图 4-112　展示作品——“不要以为”样张

2．制作荣誉证书文档

(1) 新建一个 Word 文档，页面布局同上。

(2) 参照图 4-109(b)，输入标题文字“荣誉证书”，字体设置为华文琥珀，28 磅，单倍行距。

(3) 制作荣誉证书。手工绘制横排文本框，13 cm(高) × 22 cm(宽)，文本框背景使用【形状填充】|【图片】，选择给定的证书背景图片素材进行填充。

证书文字格式为华文隶书，小初，固定行距 40 磅，左缩进 12 字符，右缩进 8 字符；落款单位和日期为小一字号，右端对齐。

文本框嵌入文档位置为底端居中，并布满一页。

(4) 以“学号(后两位)-姓名-荣誉证书.docx”为文件名保存文档。

3．制作横排成绩单

(1) 新建一个 Word 文档，页面布局同上。

(2) 参照图 4-110，制作空表(建议：先制作最密的表格，然后合并对应的单元格)。

(3) 打开素材文档“横排成绩单”，将内容快速复制到对应单元格中(建议：逐列复制)。

(4) 调整列宽、行高，并设置格式。

(5) 使用公式计算每一学期的合计值、平均值。

(6) 将文档保存为“学号(后两位)-姓名-横排成绩单.docx”。

4.4.3 扩展训练：制作自选作品——校园小报

制作自选作品——校园小报，操作要求及步骤如下所述。

1. 准备校园小报素材

选择一个积极向上的小报主题(比如：中国梦、环保、自强等)，利用网络搜集小报文字及图片资料。也可选择本教材提供的环保小报素材，自主设计小报版面。

2. 布局小报版面

(1) 新建一个 Word 文档，纸张为 A3，横向，上边距 2.5 厘米，其余边距 2 厘米。

(2) 版面分成两栏。首先输入一些空行并选中，然后设置分栏为两栏并勾选分隔线。

(3) 在页眉处输入制作者的个人信息。

(4) 以“学号(后两位)-姓名-我的小报.docx”为文件名保存文档。

3. 制作左栏版面

(1) 参照图 4-113 所示的左栏样式及要点说明，设计并制作图文并茂的校园小报左栏版面。

(2) 以“学号(后两位)-姓名-我的小报.docx”为文件名保存文档。

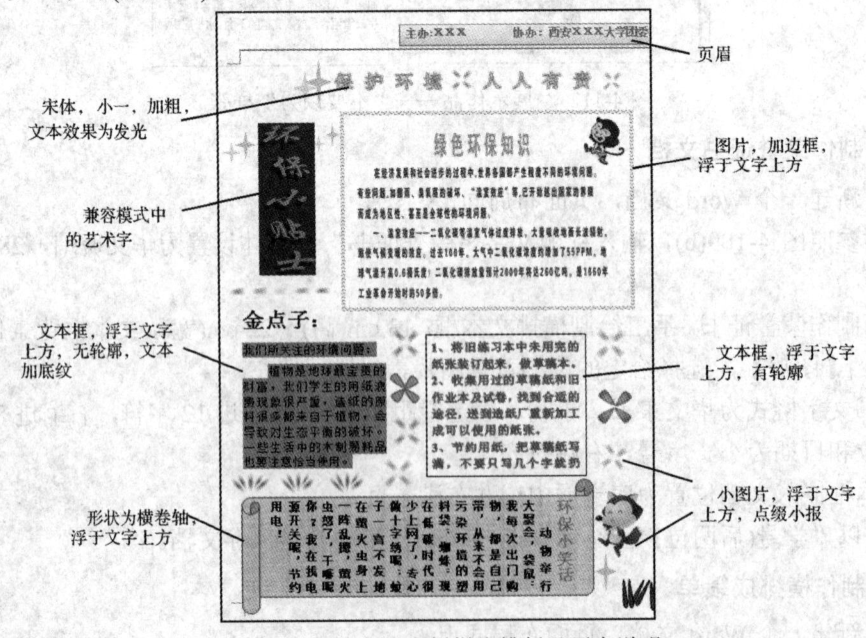

图 4-113 校园小报左栏样张排版及要点说明

4．制作右栏版面

参照图 4-114 所示的右栏样式及要点说明，设计并制作图文并茂的校园小报右栏版面。

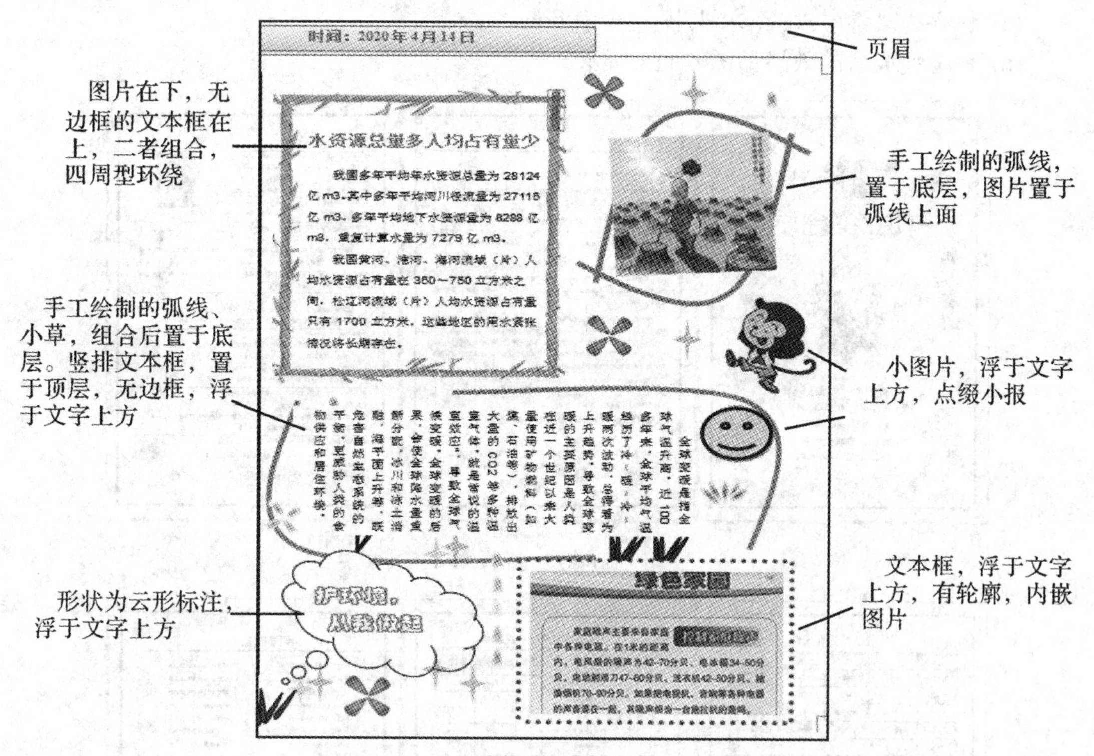

图 4-114　校园小报右栏样张排版及要点说明

说明：也可根据部分内容另建一个 Word 文档，制作好之后，再将 Word 文档中的内容复制到小报文档中，以免影响小报的其他版面。学习者可根据能力情况选择只做一栏内容或全部内容。

4.5　任务：综合操作 2——制作“求职书”完美版

4.5.1　任务描述

前面制作完成的求职书各个部分是独立的文档，且文档的页面格式有所不同。我们需要把多个不同的文档合并成一个文档，并且不改变原来文档的页面布局。

任务描述如下：

(1) 打开“求职书-图文版”文档。

(2) 把制作好的“个人简历表”“主课成绩表”合并到求职书文档“自荐信”的后面。

(3) 把制作好的展示作品“不要以为”“荣誉证书”“横排成绩单”“校园小报”依次合并到“主课成绩表”的后面。

注意：有两个文档纸张方向为横向。

(4) 在奇数页的页眉处输入个人信息(班名、学号、姓名)，在偶数页的页眉处输入“求职书”，在页面底部插入页码。

(5) 保存为“学号-姓名-求职书-完美版.docx”。

(6) 任务完成后的效果如图 4-115 所示。

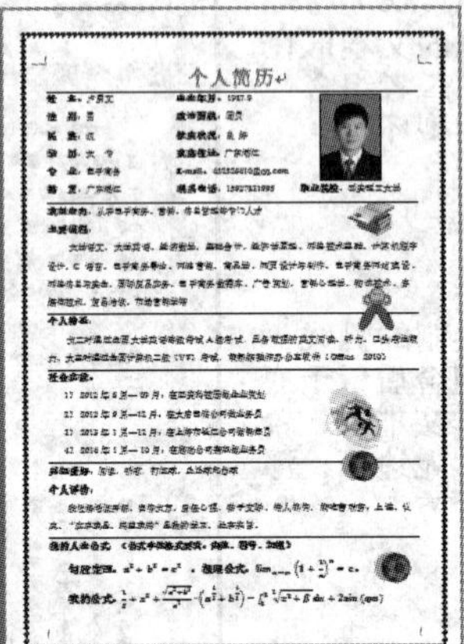

(a) 第 1～3 页

主要课程学时与成绩表

序号	课程名	学时	考试成绩	备注
1	电子商务导论	48	82	
2	基础会计	36	93	
3	经济学原理	60	90	
4	网络技术基础	54	88	
5	网络营销	60	94	
6	商务学	60	91	
7	计算机程序设计	36	85	
8	网页设计与制作	64	90	
9	电子商务网站建设	64	94	
10	网络信息与安全	60	93	
11	国际贸易实务	60	91	
12	电子商务数据库	64	92	
13	广告策划	32	89	
14	营销心理学	32	82	
15	物流技术	60	96	
16	贸易洽谈	60	90	
17	市场营销学	60	86	
合　计		950	1526	
平 均 值		55.88	89.76	

(b) 第 4～6 页

横排成绩表

西安理工大学——XXXX 学院在校生课程成绩单

第一学年					第二学年					第三学年				
序号	课程名	学时	学分	成绩	序号	课程名	学时	学分	成绩	序号	课程名	学时	学分	成绩
1	[illegible]	[illegible]	[illegible]	[illegible]	1	大学英语 3	[illegible]	[illegible]	[illegible]	1	电子商务数据库	[illegible]	[illegible]	[illegible]
2	[illegible]	[illegible]	[illegible]	[illegible]	2	大学英语 4	[illegible]	[illegible]	[illegible]	2	广告策划	[illegible]	[illegible]	[illegible]
3	马克思主义原理	[illegible]	[illegible]	90	3	电子商务导论	[illegible]	[illegible]	[illegible]	3	营销心理学	[illegible]	[illegible]	90
4	[illegible]	[illegible]	[illegible]	[illegible]	4	基础会计	[illegible]	[illegible]	[illegible]	4	物流技术	[illegible]	[illegible]	[illegible]
5	大学英语 1	[illegible]	[illegible]	[illegible]	5	经济学原理	[illegible]	[illegible]	90	5	贸易洽谈	[illegible]	[illegible]	[illegible]
6	大学英语 2	[illegible]	[illegible]	[illegible]	6	网络技术基础	[illegible]	[illegible]	[illegible]	6	市场营销学	[illegible]	[illegible]	[illegible]
7	高等数学 1	[illegible]	[illegible]	[illegible]	7	商务学	[illegible]	[illegible]	[illegible]	7	国际贸易实务	[illegible]	[illegible]	[illegible]
8	高等数学 2	[illegible]	[illegible]	[illegible]	8	计算机程序设计	[illegible]	[illegible]	100	8	网络营销	[illegible]	[illegible]	[illegible]
9	体育 1	[illegible]	[illegible]	[illegible]	9	网页设计与制作	[illegible]	[illegible]	[illegible]	9				
10	体育 2	[illegible]	[illegible]	[illegible]	10	商务网站建设	[illegible]	[illegible]	[illegible]	10				
11	大学计算机基础	[illegible]	[illegible]	[illegible]	11	网络信息与安全	[illegible]	[illegible]	90	11				
合计		[illegible]	27	[illegible]	合计		[illegible]	41.5	1012	合计		[illegible]	17	731
平均值		[illegible]	[illegible]	[illegible]	平均值		[illegible]	2.77	92	平均值		[illegible]	[illegible]	[illegible]

(c) 第 7～8 页

图 4-115　合并文档后的“求职书”完美版效果图示

4.5.2　知识点：分节符的使用

1. 分节符及其使用方法

“节”是文档设置格式的一个单位，分节符是一个“节”的结束符号。默认方式下，Word 将整个文档视为一节，因此对文档的页面设置会应用于整篇文档。如果需要在一个文档中使用不同的版面布局，就需要插入“分节符”对文档进行分节，然后根据需要设置每“节”的页面布局。使用分节符的方法如下：

(1) 将光标插入点置于需要分节的地方，即文档中格式发生更改的位置。

(2) 在【页面布局】选项卡的【页面设置】组中，单击【分隔符】右边的小箭头，在打开的选项中单击要使用的分节符类型即可。

分节符需要在草稿视图下才能删除，常用的删除方法有如下两种：

方法 1：用删除命令手动删除少量分节符。在【视图】选项卡的【文档视图】组中单击【草稿视图】，即可见到双虚线分节符，选择要删除的分节符(鼠标放在其左侧时在其上单击)，按【Delete】键即可。

方法 2：用替换命令批量删除多个分节符，操作方法如下：

① 在【开始】选项卡的【编辑】组下，单击【替换】。

② 在“查找与替换”对话框中单击【更多】按钮，在【查找内容】内输入“^b”(分节符)，在【替换为】内输入“^p”(段落标记)。最后单击【全部替换】按钮。

说明： 删除某分节符会同时删除该分节符之前的文本节的格式。该段文本将成为后面的节的一部分并和后面节的格式一致。

2. 插入文件

有时需要将多个独立的文档合并为一个文档。可以用两种方法实现。

方法 1：使用复制、粘贴的简单方法(需要打开文档)，若要保持粘贴后的内容不变，需要使用“粘贴选项”中的“保留源格式”粘贴。

方法 2：使用“插入文件中的文字”的方法。具体操作方法如下：

① 将光标插入点定位在要插入文档的位置。

② 在【插入】选项卡的【文本】组中单击【对象】右边的小箭头，选择【文件中的文字】，在“插入对象”对话框中找到并选中要插入的文档，然后单击【插入】按钮。

4.5.3　知识点：页眉和页脚的使用

1. 页眉和页脚的使用

页眉和页脚是文档中每个页面顶部、底部的区域。使用页眉和页脚可以在文档顶部或底部添加图形、文本或页码。页眉或页脚可以从库中快速添加，也可以自定义添加。

1) 在文档中插入相同的页眉和页脚

在默认状态下，插入的页眉和页脚在整个文档中都是相同的。操作方法如下：

(1) 在【插入】选项卡的【页眉和页脚】组中，单击【页眉】或【页脚】，如图 4-116 左边所示。在打开的内置样式中，单击所需的页眉或页脚样式，然后键入文字即可。

(2) 若要返回至文档正文，单击【页眉和页脚工具】|【设计】选项卡中的【关闭页眉和页脚】命令，如图 4-116 右边所示。也可在正文的任意位置双击鼠标，返回至正文。

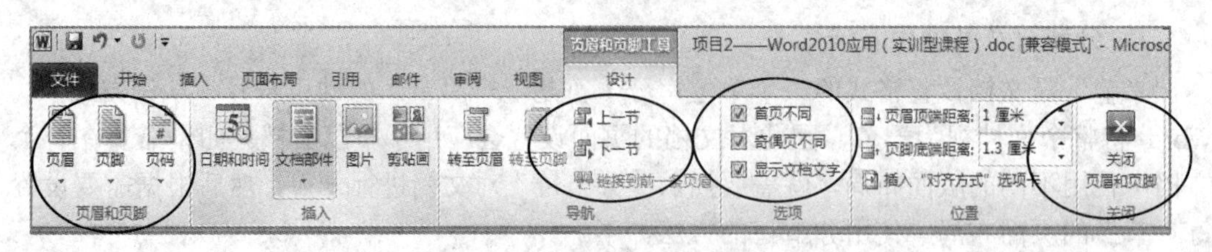

图 4-116　【设计】选项卡

说明：插入页眉或页脚后，即出现图 4-116 所示的【页眉和页脚工具】|【设计】上下文选项卡，在此选项卡中，可以进行页眉和页脚距页边的距离设置、关闭页眉和页脚等操作。

2) *在文档中使用不同的页眉或页脚*

在文档中可以根据需要设置不同的页眉和页脚(奇数页和偶数页不同、首页与其他页不同)。操作方法如下：

(1) 在【插入】|【页眉和页脚】组单击【页眉】/【页脚】，选择【编辑页眉】/【编辑页脚】，此时鼠标在页眉/页脚处，正文为灰色，功能区出现【页眉和页脚工具】选项卡。

(2) 在【页眉和页脚工具】|【设计】选项卡的【选项】组中，根据需要勾选【奇偶页不同】或【首页不同】，也可将两项同时勾选。

(3) 输入当前页的页眉/页脚内容，然后单击【下一节】/【上一节】按钮，切换至另一页面，再输入页眉/页脚所需内容。

(4) 双击正文，或单击【关闭】组中的【关闭页眉和页脚】，返回正文编辑状态。

说明：也可在“页面设置”对话框中设置不同的页眉和页脚。单击【页面布局】|【页面设置】组中单击对话框启动器，打开“页面设置”对话框，在“页面设置”对话框中，单击【版式】选项卡，勾选【奇偶页不同】或【首页不同】复选框，单击【确定】按钮即可。

2．插入页码

页码与页眉、页脚是相互关联的，可以将页码添加到文档的顶部、底部或页边距中。插入页码的操作与插入页眉、页脚的操作相似，操作方法如下：

在【插入】选项卡中的【页眉和页脚】组中单击【页码】，在下拉菜单中选择页码在文档中的位置，然后再从样式库中选择页码的样式即可。

设置页码格式：在【页眉和页脚】组中单击【页码】，选择【设置页码格式】，打开“页码格式”对话框，设置起始页码和页码编号格式。

3．删除页眉、页脚和页码

删除页眉、页脚和页码的操作方法如下：

(1) 双击页眉、页脚或页码(在此可以修改页眉、页脚)。

(2) 选择页眉、页脚或页码，按【Delete】键。

说明：(1) 在具有不同页眉、页脚或页码的每个分区中，应重复步骤(1)、(2)。

(2) 删除页码时，也可将插入点置于文档中，在【页眉和页脚】组中单击【页码】，选择【删除页码】命令即可。

4.5.4　任务实现：制作“求职书”完美版

参照图 4-115 所示样张或附录中的样张，完成本节任务，操作要求及步骤如下所述。

1．打开图文版求职书文档

(1) 打开名称为“学号(后两位)-姓名-求职书-图文版.docx”的求职书文档。

(2) 将整个文档的页面布局(纸张大小、方向、边距)设置为：A4，上边距 2.5 厘米，下、左、右边距 2 厘米。

2．插入“个人简历表”和“主课成绩表”

(1) 在求职书文档的最后一页插入一个“下一页”开始的“分节符”，即插入一空页。

(2) 将此页的页面布局(纸张大小、方向、边距)与“个人简历表”设置成一致。

(3) 将“个人简历表”插入到此页。操作方法为：打开“个人简历表”，选中整个文档，单击【复制】，然后在要插入的文档中选好插入位置，单击【保留源格式】粘贴。

(4) 将“主课成绩表”插入到“个人简历表”的下一页。

3．插入展示作品

(1) 将“不要以为”插入到“主课成绩表”后面。插入的方法同上。

(2) 在“不要以为”后面插入一个“下一页”开始的“分节符”，页面布局中纸张方向设为横向(若整个文档纸张方向改变，请撤销后在“页面设置”对话框中将“应用于”选为“本节”)，将“荣誉证书”插入到此空白页。

(3) 将“横排成绩单”插入“荣誉证书”后面。

(4) 在“横排成绩单”后面插入一个“下一页”开始的“分节符”，将“校园小报”插入到后面。页面布局按小报格式进行设置。

(5) 适当调整文档中的页面等格式，一页显示一项。

(6) 在奇数页的页眉处输入个人信息(班名、学号、姓名)，在偶数页的页眉处输入“求职书”。

4．保存文档为“求职书——完美版”

(1) 以“学号(后两位)-姓名-求职书-完美版.docx”为文件名保存文档。

(2) 将文档发布为 PDF 格式，关闭文档并退出 Word 应用程序。

4.6　任务：高级操作——制作“求职书”高级版

4.6.1　任务描述

在工作中时常也会遇到长文档、批量文档等。本任务主要介绍一些长文档、批量文档的排版方法和技巧。

任务描述如下：

(1) 使用“邮件合并”功能制作批量“获奖证明”。

(2) 使用“样式”“大纲级别”“导航”等功能对长文档进行排版。“导航”效果如图 4-117(a)所示。

(3) 制作“求职书”目录，目录效果如图 4-117(b)所示。

(4) 学习插入“题注”。

(a) 导航

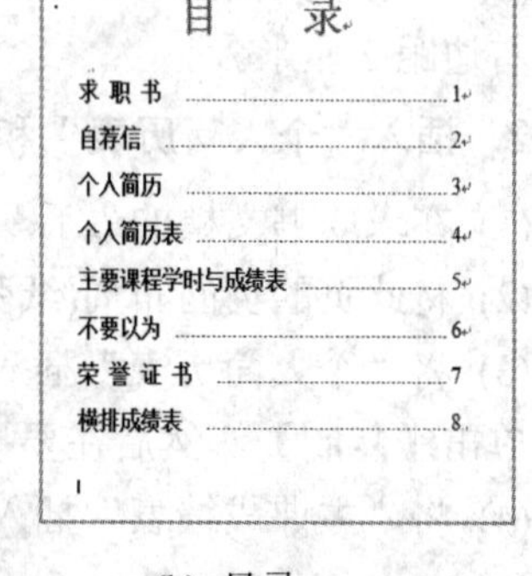

(b) 目录

图 4-117　导航和目录

说明：由于本项目中版面的限制，一些样张尺寸较小，看不清楚，故在项目 8 中给出了较大尺寸实例样张。

4.6.2　知识点：邮件合并

在办公文档中，经常需要对一个文档进行批量处理，而每个文档中大部分内容及结构相同，只是部分内容存在差异，如人名、地名、获奖名称等。例如，很多人在学习期间获得了各种奖励，毕业时需要打印出获奖证明盖章后作为纸质证明，这种获奖证明书的制作与打印就属于文档的批量处理。获奖证明书上除了姓名、获奖时间、奖项不同外，其格式和其他内容都是相同的。为提高工作效率，减少重复工作，利用 Word 的邮件合并功能可以批量制作合并文档。

邮件合并过程中要使用两个文档：一个是主文档，包含统一不变的共有内容及文档格式；另一个是数据源，包含变化的数据(比如姓名、奖项等)。合并时将主文档中的信息分别与数据源的每条数据合并，形成合并文档。

下面以制作批量获奖证明文档为例，介绍邮件合并的操作步骤。

1．制作数据源

数据源可以使用 Word 表格，也可以使用 Excel 表格，本例使用的是 Word 表格。

(1) 新建一个 Word 文档。

参照表 4-12 所示样式创建一个 7 行 4 列的表格，表格第一行为标题行(必须有)，其他几行为数据行。

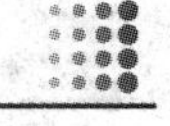

表 4-12　数据源样表

姓名	获奖时间	获奖名称	奖项
李海东	2012 年 10 月	全国大学生互联网+ 竞赛	省级二等奖
王　明	2013 年 10 月	全国大学生互联网+ 竞赛	省级一等奖
李海东	2013 年 3 月	禁毒征文大赛	荣誉奖
刘伟广	2013 年	国家励志奖学金	
王　强	2013 年 12 月	全国大学生数学建模竞赛	省级一等奖
张　蕊	2013 年 2 月	“希望杯”辩论大赛	最佳辩手

说明：在数据源文档中，只能用规范的表格，不能有合并、拆分的单元格及表格名称等文字，否则无法正确进行邮件合并。

(2) 将该文档保存为“数据源-获奖信息.docx”，然后关闭文档。

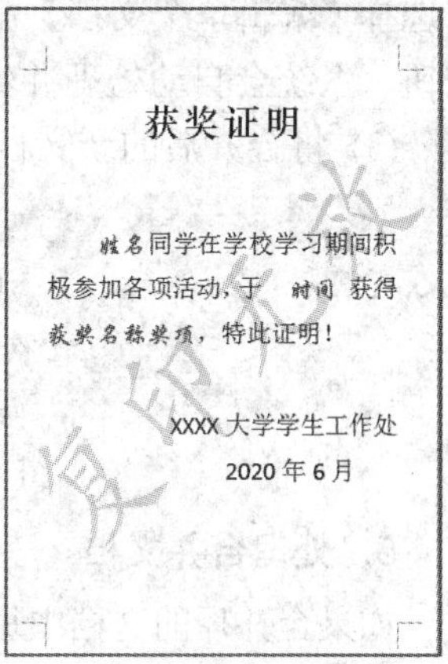

获奖证明

姓名同学在学校学习期间积极参加各项活动，于 时间 获得获奖名称奖项，特此证明！

XXXX 大学学生工作处
2020 年 6 月

复印无效

图 4-118　主文档样张

2．制作主文档

主文档，即最终结果样式的文档。其制作方法同 Word 文档。操作步骤如下：

(1) 新建一个 Word 文档，参照图 4-118 所示样式制作获奖证明书主文档。

(2) 将该文档保存为“主文档-获奖证明书样张.docx”，然后关闭文档。

说明：数据源和主文档的制作不分先后，文件名也可以自由命名。

3．建立主文档与数据源的连接

为了在主文档中使用数据源文档中的数据，需要建立它们之间的关系。操作方法如下：

(1) 打开主文档“主文档-获奖证明书样张”，选取数据源，在主文档中，单击【邮件】选项卡【开始邮件合并】组中的【选择收件人】命令，选择【使用现有列表】，在“选取数据源”对话框中，选择已制作好的数据源文件“数据源-获奖信息”，单击【打开】按钮。

(2) 插入域(此时【邮件】选项卡中的大部分选项都变为可用状态)。定位插入点在需要插入数据源的地方，比如选中红色华文行楷字体“姓名”，在【邮件】选项卡【编写和插入域】组中单击【插入合并域】命令，在列表中选择【姓名】选项，将“姓名”域插入到主文档中。

(3) 重复上述操作，将“获奖时间”域、“获奖名称”域、“奖项”域逐项替换到对应的位置，如图 4-119 所示。

获奖证明

«姓名»同学在学校学习期间积极参加各项活动，于«获奖时间»获得«获奖名称»«奖项»，特此证明！

XXXX 大学学生工作处
2020 年 6 月

复印无效

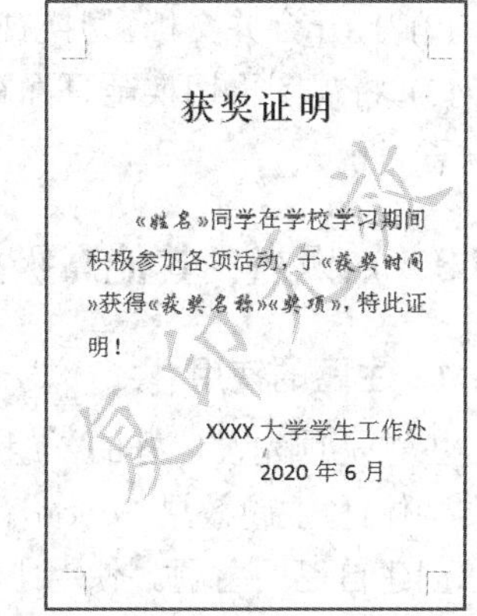

图 4-119　插入域后的主文档样张

(4) 对数据进行筛选(可选)。在制作过程中如果需要对准备好的数据再一次进行筛选，使用【邮件】选项卡【开始邮件合并】组中的【编辑收件人列表】命令，勾选所需数据，也可使用【筛选】选项，对数据进行筛选。

说明：

① 在进行邮件合并时，数据源所属的文档必须处于关闭状态。

② 如果需要给所有单位打印信封，可以不筛选数据。

③ 如果数据源中的数据量特别大，则可以利用数据筛选功能分批完成邮件合并。

4．完成邮件合并

对数据进行合并输出，其操作方法如下：

(1) 预览结果。在【邮件】选项卡的【预览结果】组中单击【预览结果】命令，在主文档插入域的位置上即可看到真实数据，而且可以通过【首记录】【尾记录】【上一记录】【下一记录】按钮浏览不同的合并记录，如图 4-120 所示。

(2) 确认无误后，单击【邮件】选项卡【完成】组中的【完成并合并】命令，在菜单中选择【编辑单个文档】命令，在“合并新文档”对话框中，选择【全部】，单击【确定】按钮，系统会自动处理并生成一个合并后的新文档。

(3) 将合并后的新文档另存为“合并文档-获奖证明书.docx”。

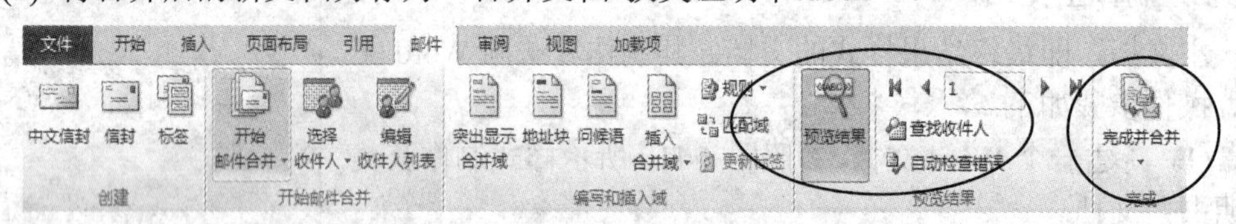

图 4-120 “邮件合并”预览结果和合并后的文档

5．处理合并文档

如果合并后的文档中每页的空白处较多，如设计打印信封，每个信封不需要一张 A4 纸，为节省纸张，可以一页打印多个信封，这时就需要对合并的文档进行处理。操作方法如下：

(1) 主文档中的内容需要放置在文本框中，如果没有放在文本框中则应重新制作主文档。首先打开主文档，添加文本框，把内容剪切在文本框中，为起到固定作用，文本框一定要设置为嵌入方式(否则，合并文档中的文本框就会叠摞在一起)，设置文本框的高度和宽度，使之在一个页面中正好放两个(或多个)文本框，然后再按邮件合并的步骤进行邮件合并操作，生成合并文档。

(2) 打开合并文档，切换视图至草稿视图，删除合并文档中产生的分节符(分页符)即可。

(3) 将视图再切换至页面视图，调整合并文档中的格式(主要是文本框之间的空行)，直至满意为止。

4.6.3 知识点：其他高级操作及长文档排版技巧

1．主题的使用

主题是预先设计好的一组格式设置的总称，包括主题颜色、主题字体(包括标题字体和正文字体)和主题效果。Word、Excel、PowerPoint 都提供有许多内置的文档主题，也允许用户创建自己的主题。使用主题可以提高工作效率，快速创建具有专业水准、设计精美、美观时尚的文档。

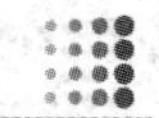

1) 应用主题

利用主题可以快速更改文档的整体外观。操作方法为：打开 Word 文档，在【页面布局】选项卡【主题】组中单击【主题】命令，打开“主题选项”对话框，选择一个合适的主题。当鼠标指向某一种主题时，会在 Word 文档中显示应用该主题后的预览效果。

2) 取消主题的应用

如果希望取消对主题的应用，将主题恢复到 Word 模板默认的主题，可以在“主题选项”对话框中单击【重设为模板中的主题】按钮。

注：只有在 Word 2010 文档中才能使用主题，在兼容模式中不支持主题。

2．制表位

Word 的制表位是指在水平标尺上的位置，指定文字缩进的距离或一栏文字开始之处。常用制表位来设置没有表格线的文本对齐。

1) 制表位的使用方法

方法 1：使用水平标尺设置制表位。操作方法如下：

① 选择制表符。在水平标尺的制表符处不断单击鼠标，直到出现所需要的制表符为止。

② 放置制表符。在水平标尺上需要放置制表位的位置处单击鼠标左键即可。逐一设置，完成制表位设置后的水平标尺如图 4-121 所示。

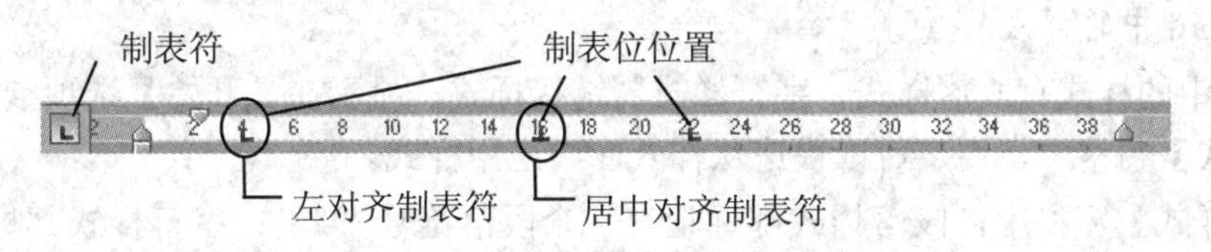

图 4-121　水平标尺上设置的制表位

③ 应用制表位。在需要应用制表位对齐的文本前，按【Tab】键即可。

方法 2：使用“制表位”对话框设置制表位。操作方法如下：

① 选择要设置制表位的文本段落，在“段落”对话框中单击【制表位】按钮。

② 在“制表位”对话框中进行制表位的设置，操作如图 4-122 所示。

◇ 在【制表位位置】框中，设置制表位的位置。

◇ 在【对齐方式】组中，选择制表位的对齐方式。

◇ 在【前导符】组中，选择制表位的前导符号。

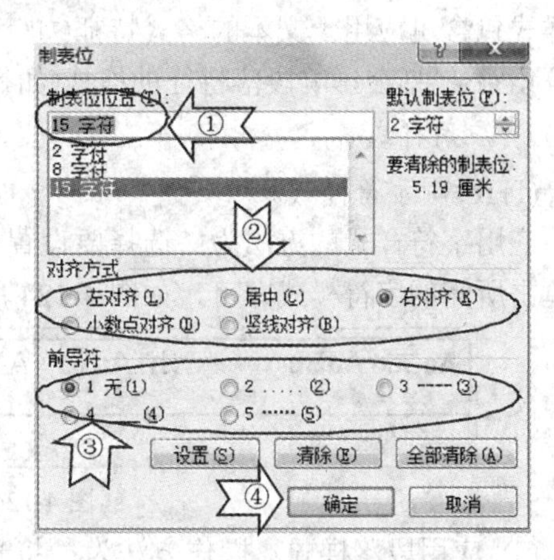

图 4-122　设置制表位的操作步骤

一次只设置一个制表位，设置好后，单击【设置】按钮，即可在制表位列表框中显示设置的制表位。重复上述操作，逐一进行设置。若设置错误，则选中错误制表位，用【清除】按钮清除，全部设置完成后单击【确定】按钮。

③ 光标定位在要对齐的文本前一一按【Tab】键即可。效果如图 4-123 所示。

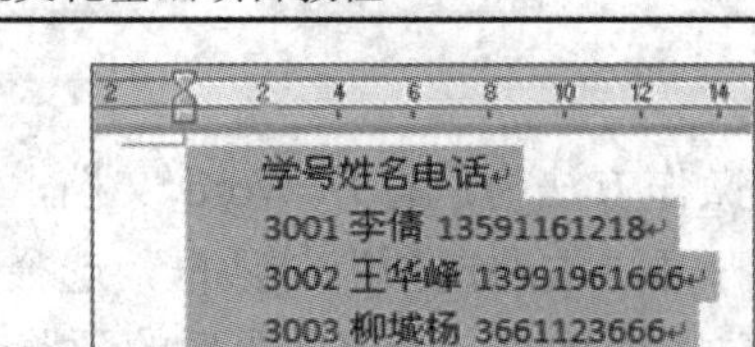

(a) 制表位应用前

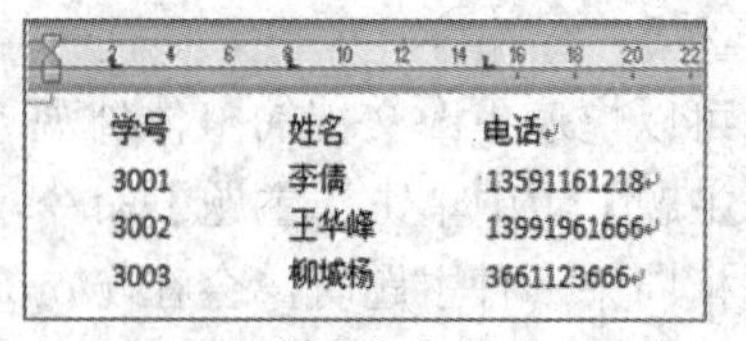

(b) 制表位应用后

图 4-123　应用制表位前、后的效果图示

说明：可以先设置制表位，后输入文本。也可先输入文本并选中，后设置制表位。

2) 制表位的清除方法

方法 1：在水平标尺上，用鼠标将水平标尺上的制表位拖掉即可。

方法 2：在“制表位”对话框的制表位列表框中选择要清除的制表位，单击【清除】按钮。若单击【全部清除】按钮，就可清除所有制表位。

3. 样式的使用

样式是一组格式特征，例如字体、字号、颜色、段落对齐方式和间距等。Microsoft Office Word、Excel、PowerPoint 都提供有许多内置的样式。使用样式可以轻松快速地在整个文档中一致应用一组格式选项。尤其是在长文档排版时应尽可能地使用样式，可以远离手工操作所带来的繁琐与低效，并且为快速自动生成目录做好准备。

1) Word 中的样式

Word 中的样式有段落样式、字符样式、链接样式，显示在【开始】选项卡的【样式】组和【样式】窗格中，用户可以快速从样式库中应用样式。

在【样式】窗格中，段落样式都标记有一个段落符号“↵”；字符样式都标记有字符符号“a”；链接样式标记有一个段落符号和字符符号“↵a”。段落样式包括字符样式包含的一切，同时还控制段落外观的所有方面(如文本对齐方式、制表位、行距和边框)。字符样式包含可应用于文本的格式特征(如字体、字号、颜色、加粗、斜体、下画线、边框和底纹)，不包括会影响段落特征的格式(如行距、文本对齐方式、缩进和制表位)。

2) 应用样式

(1) 应用字符样式。

应用字符样式的方法为：选择要设置格式的文本，然后在【开始】选项卡【样式】组中单击所需的字符样式即可，如图 4-124 所示。

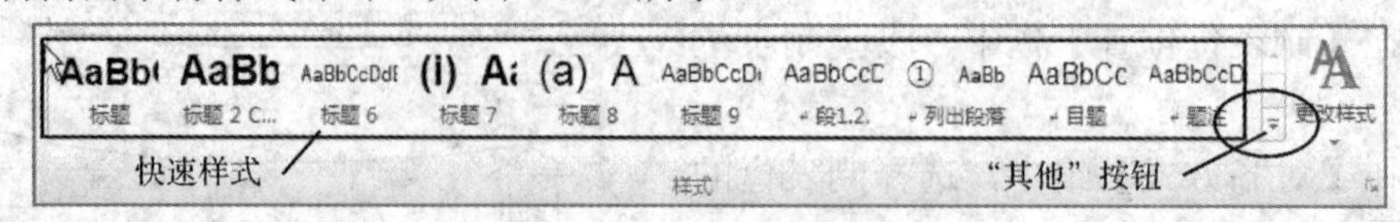

图 4-124　【样式】组

(2) 应用段落样式。操作方法为：将光标插入点定位在要应用样式的段落中，然后在【开始】选项卡【样式】组中单击所需的快速样式即可。

(3) 应用样式窗格。在【开始】|【样式】组中，单击对话框启动器按钮，打开“样式”窗格，如图 4-125 所示。勾选【显示预览】复选框，可以让样式名称显示出带有样式字体格式的外观。如果希望应用哪个样式(若为字符样式，请先选中文本)，单击该样式即可。

注：在应用了样式后，也可以使用“格式刷”复制样式。用“格式刷”刷过文本即可。

3) *启用/取消自动更新样式*

自动更新样式是指在文档中，当应用了某样式的文本或段落格式发生改变了，应用了该样式的其他文本或段落格式也随着自动改变。用户可根据需要启用或关闭自动更新样式功能，操作步骤如下：

在“样式”窗格中，右击准备启用自动更新功能的样式，并在快捷菜单中选择【修改】|【修改样式】命令，打开“修改样式”对话框，勾选【自动更新】复选框，如图4-126所示，然后单击【确定】按钮。若希望取消自动更新，则取消勾选【自动更新】复选框即可。

图4-125　“样式”窗格

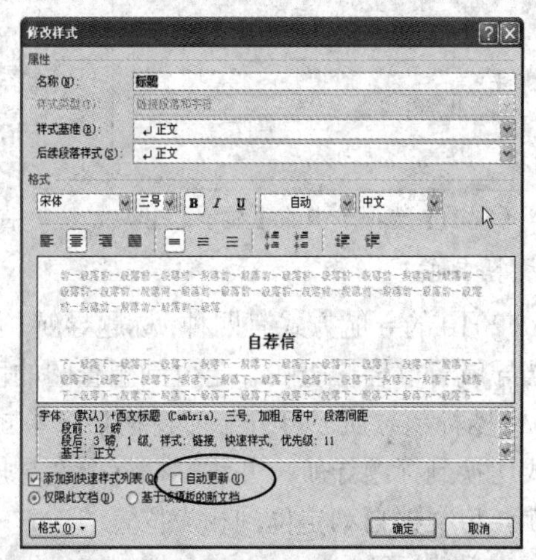

图4-126　“修改样式”对话框

说明：

①“正文”样式无法启用“自动更新”功能。

② 样式中的各级标题都自动设置了不同的大纲级别。

4．大纲级别的使用

在长文档中使用“大纲级别”，会将文档标题添加到导航窗格，快速定位文档位置，并且为快速自动生成目录做好准备。设置方法如下：

(1) 光标插入点定位在要设置大纲级别的段落中(一般为文档的标题)。

(2) 打开“段落”对话框，在【缩进和间距】选项卡的【大纲级别】框中，设置段落的大纲级别(1～9级)，然后单击【确定】按钮。一般按标题级别来设，一级标题就设一级大纲。

也可将视图切换至“大纲视图”，在【大纲】选项卡中进行设置。设置完毕，再将视图切换至“页面视图”。

5．导航窗格的使用

Word 2010新增的“导航窗格”可在长文档中实现精确“导航”，快速定位文档位置。

1) *打开/关闭导航窗格*

前面介绍查找与替换操作时，Word可以自动打开导航窗格，并定位在【浏览您当前搜索的结果】选项卡上。若要直接打开导航窗格，操作方法如下：

(1) 在【视图】选项卡【显示】组中勾选【导航窗格】复选框，如图 4-127 所示，即可在编辑窗口的左侧打开导航窗格。打开导航窗格的文档窗口如图 4-128 所示。

(2) 去掉勾选【导航窗格】复选框，即可关闭导航窗格。

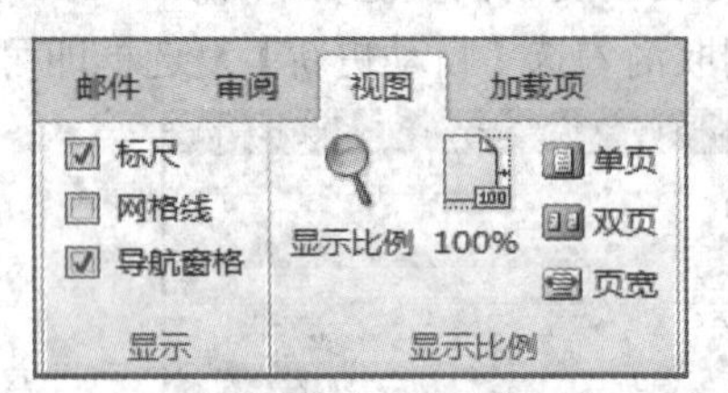

图 4-127 【视图】选项卡中的【显示】组

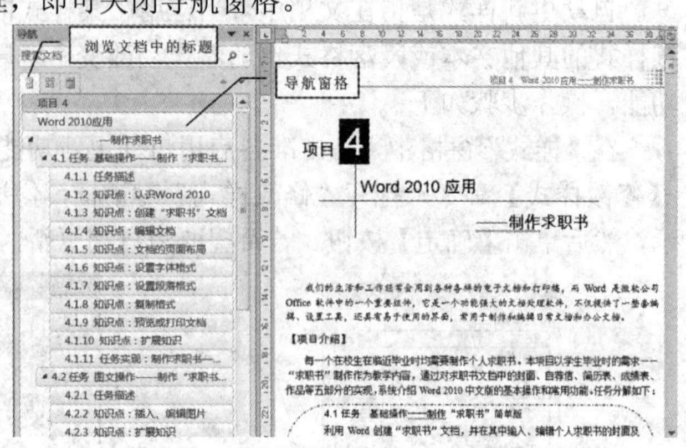

图 4-128 打开导航窗格的 Word 文档窗口

2) 文档导航

Word 2010 的导航方式有四种：标题导航、页面导航、关键字(词)导航和特定对象导航，通过文档导航可以轻松查找、定位到想查阅的段落或特定的对象。

(1) 文档标题导航。打开导航窗格后，单击【浏览您的文档中的标题】按钮，将文档导航方式切换到标题导航，并将文档标题在导航窗格中列出，如图 4-128 左边所示。单击标题，就会将文档自动定位到相应位置。

提示：文档标题导航有先决条件，打开的超长文档必须事先应用了样式中的标题或设置了大纲级别，否则就无法用文档标题进行导航。如果文档事先设置了多级标题，导航效果会更好、更精确。

(2) 文档页面导航。单击【浏览您的文档中的页面】按钮，即以缩略图形式分页列出文档的所有页面，只要单击分页缩略图，就会自动定位到相应的页面位置。

(3) 关键字(词)导航。Word 2010 还可以通过关键字(词)导航，单击【浏览您当前搜索的结果】按钮，然后在文本框中输入关键字(词)，导航窗格上就会列出包含关键字(词)的导航链接，单击这些导航链接，就可以快速定位到文档的相关位置。

(4) 特定对象导航。一篇长文档往往包含图形、表格、公式、批注等对象，Word 2010 的导航可以快速查找文档中的这些特定对象。单击搜索框右侧放大镜后面的【▼】，选择“查找”栏中的相关选项，就可以快速查找文档中的图形、表格、公式和批注。

3) 使用导航快速远距离移动、复制大块文本

在“标题导航”方式的“导航”窗格中，拖动标题到目标位置，可以将标题连同其下的文本一次性快速远距离移动。按住【Ctrl】键拖动，可以实现标题连同其下文本的快速远距离复制。

6. 目录的制作

在长文档排版时，创建目录是必不可少的操作。Word 中可以手工或自动创建目录。

1) 手动制作目录

手动制作目录方法为：用户手工键入目录项，然后使用制表符在每一项及其页码之间

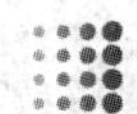

生成虚线或点前导符。此法麻烦，且不能自动更新。

2) 自动生成目录

Microsoft Word 提供了一个自动目录样式库，可通过对要包括在目录中的文本应用标题样式或设置大纲级别来创建目录。以这种方式创建目录时，如果在文档中进行了更改，可以自动更新目录。自动生成目录的操作步骤如下：

(1) 准备目录级别。对要显示在目录中的文本一一应用内置的标题样式，或向各个文本项指定目录级别(设置大纲级别)。标题样式指应用于标题的格式设置。Word 有 9 种不同的内置样式(标题 1 到标题 9)。一般按标题级别来选，一级标题就选大纲一级。

这种方式要求对每一个需要在目录中出现的标题进行设置。

(2) 创建目录。操作方法如下：

① 定位光标到目录预期出现的位置。一般都在文档的开头(在开头插入一页空白页)。

② 单击【引用】选项卡【目录】组中的【目录】命令，单击【插入目录】，打开“目录”对话框，如图 4-129 所示。

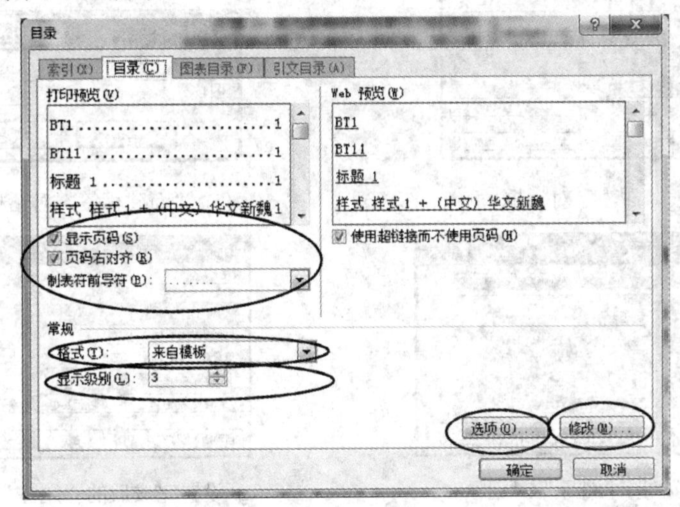

图 4-129　“目录”对话框

在“目录”对话框中可以设置页码的显示方式和前导符号；在【格式】下拉框中选择目录要用的模板；在【显示级别】中设置目录具有的层次数量，默认情况下将创建一个三级目录；【选项】按钮用于启用大于三级以上的标题；【修改】按钮用于设置目录中的文字格式。设置好后，单击“目录”对话框中的【确定】按钮，即在插入点位置自动生成目录。

3) 更新目录

如果修改了文档中的内容，则需要更新目录。操作方法如下：

(1) 选择生成的整个目录。

(2) 单击【引用】选项卡【目录】组中的【更新目录】命令，在打开的“更新目录”对话框中选择【只更新页码】或者【更新整个目录】，单击【确定】按钮即可。

也可在生成的目录上单击鼠标右键，在快捷菜单中选择【更新域】命令更新目录。

4) 删除目录

在【引用】选项卡的【目录】组中，单击【目录】按钮，再单击【删除目录】命令。

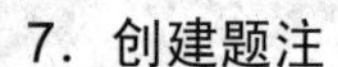

7. 创建题注

科技类文档通常都含有大量图片和表格，并且要求在每张图或表格的上方或下方填写编号以及说明性文字，这种带有编号和说明性文字的内容称为题注。如果页面元素是手动编号，实在是太辛苦。Word 2010 文档中为了能更好地管理这些图片，可以为图片、表格添加题注。添加了题注的图片会获得一个编号，并且在删除或添加图片时，所有的图片编号会自动改变，以保持编号的连续性。

1) 插入题注

在 Word 2010 文档中添加图片题注的操作步骤如下：

(1) 打开 Word 2010 文档窗口，右键单击需要添加题注的图片，并在打开的快捷菜单中选择【插入题注】命令。或者选中图片，在【引用】选项卡的【题注】组中单击【插入题注】按钮，打开的“题注”对话框如图 4-130(a)所示。

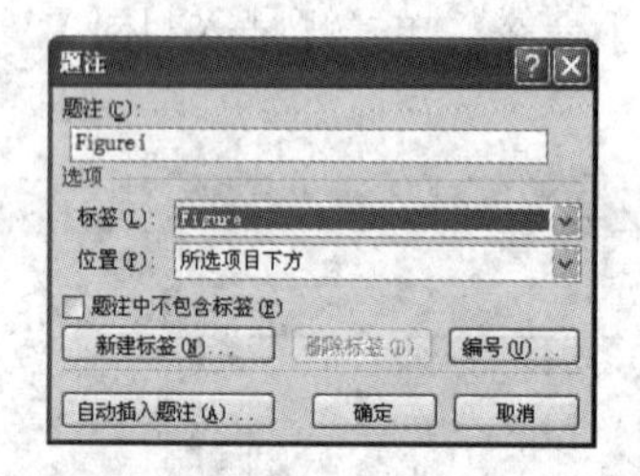

(a) “题注”对话框

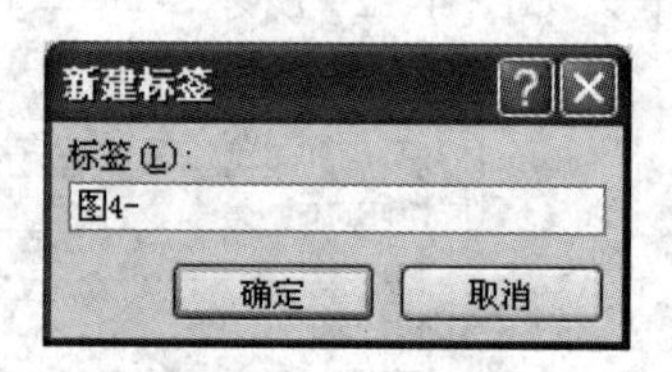

(b) “新建标签”对话框

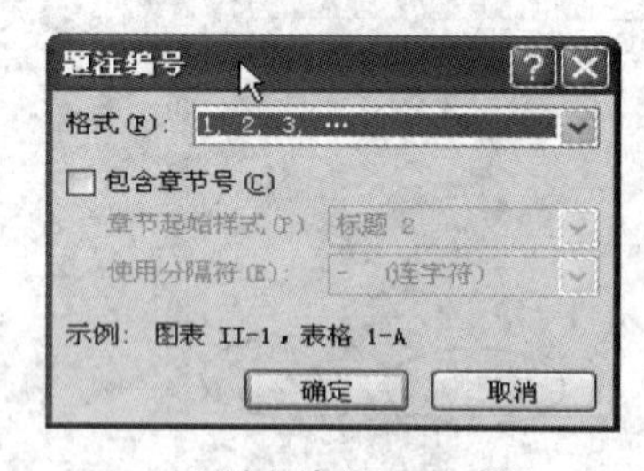

(c) “题注编号”对话框

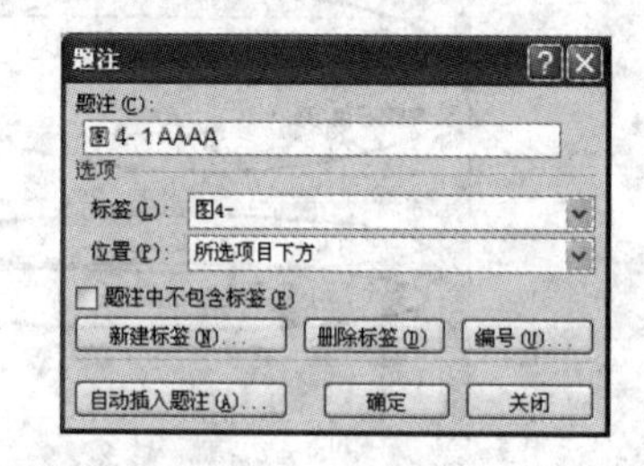

(d) 设置完成后的“题注”对话框

图 4-130 “题注”操作图示

(2) 在“题注”对话框中进行设置。

① 设置题注标签和编号。【题注】文本框中有默认的题注标签(如 Figure)和编号(如 i)。如果默认的题注标签和编号格式不合要求，可以重新设置。

设置标签：在【标签】框中选择题注标签。如果提供的标签不能满足使用需要，可单击【新建标签】按钮创建新的题注标签，如本章的图片题注“图 4-”，然后单击【确定】按钮，操作方法如图 4-130(b)所示。

设置编号：若编号格式不合要求，单击【编号】按钮进行设置，操作方法如图 4-130(c)所示。

设置题注显示的位置：在【位置】下拉框中选择。

② 在【题注】框输入说明性文字。光标插入点置于【题注】框的标签和编号后面，然后输入说明性文字，如“AAAA”，最后单击【确定】按钮，操作方法如图 4-130(d)所示，即可在当前图片的下方插入题注。

(3) 对后续要插入题注的图片重复应用插入题注即可。

2) 更新题注

(1) 如果文档中的图片没有使用题注，只能手动更新。

(2) 如果文档中的图片使用了题注，若插入一个图片且该图片使用了题注，那么新插入的图片以及后面图片的题注中的编号都会被自动更新。

(3) 如果文档中的图片使用了题注，若删除一个图片，则后面图片题注中的编号不会被自动更新。

(4) 自动更新题注。可使用两种方法自动更新题注。

方法 1：选择“打印预览”，Word 会自动更新文档中的所有域。

方法 2：全选文档(【Ctrl + A】)，然后按 F9 键(更新)即可。

也可选中题注的编号，然后在右键菜单中选择【更新域】命令。

8．多窗口操作

Word 2010 可以同时打开多个文档，每个文档都是一个独立窗口。

1) 切换窗口

切换窗口是在打开的多个文档窗口中选择一个当前窗口(活动窗口)。操作方法为：单击【视图】选项卡【窗口】组中的【切换窗口】命令，选择需要切换的文件名即可。

2) 拆分窗口

在 Word 中可以使用拆分窗口实现同时查看同一文档两部分的作用。操作方法为：单击【视图】选项卡【窗口】组中的【拆分】命令，此时在页面上出现一条拆分线，移动拆分线到合适位置，单击鼠标左键，即可将文档一分为二。

若需取消拆分窗口，在两个窗口的拆分线上双击鼠标左键，或在【窗口】组中单击【取消拆分】命令即可。

3) 并排查看

并排查看可让两个窗口同时显示在屏幕上，便于左右对比查看两个窗口。操作方法为：单击【视图】选项卡【窗口】组中的【并排查看】命令，在弹出的“并排查看”对话框中，选择一个需要并排比较的文档名，单击【确定】按钮，此时两个窗口就会在屏幕上并排显示。

4.6.4　任务实现：制作“求职书”高级版

完成本节任务(制作高级版求职书)，其操作要求及步骤如下所述。

1．制作批量“获奖证明书”

(1) 制作数据源(获奖信息表格)。

(2) 制作主控文档(获奖证明)。

(3) 邮件合并(生成批量文档)。

2．制作“求职书”目录

(1) 打开名称为“学号(后两位)-姓名-求职书-高级版.docx”的求职书文档。

(2) 使用“大纲级别”将求职书文档中的各个内容标题设置为 1 级或 2 级，将每页标题添加到导航窗格中。

(3) 在页面底部插入页码。

(4) 在文档后面插入一页，制作目录。

(5) 调整文档版面，直到满意为止。

(6) 保存为“学号(后两位)-姓名-求职书-高级版.docx”。

4.7 习　题

一、选择题

1．Word 2010 文档的文件扩展名是__________。

A．DOCX　　B．DOC　　C．DOT　　D．TXT

2．Word 2010 兼容模式的“Word 97-2003 文档”的文件扩展名是__________。

A．DOCX　　B．DOC　　C．DOT　　D．TXT

3．在 Word 的编辑状态打开了文档 w1.doc，若把当前文档以 w2.doc 为名进行“另存为”操作，则__________。

A．当前文档是 w1.doc　　B．当前文档是 w2.doc

C．当前文档是 w1.doc 与 w2.doc　　D．w1.doc 与 w2.doc 全部关闭

4．在 Word 中，当前输入的文字被显示在__________。

A．文档的尾部　B．鼠标指针位置 C．插入点位置　　D．当前行的行尾

5．在 Word 编辑状态下，将整个文档选定的快捷键是__________。

A．【Ctrl + A】　B．【Ctrl + C】　C．【Ctrl + V】　D．【Ctrl + X】

6．在 Word 编辑状态下，将剪贴板上的内容粘贴到当前光标处，使用的快捷键是__________。

A．【Ctrl + X】　B．【Ctrl + V】　C．【Ctrl + C】　D．【Ctrl + A】

7．在 Word 的编辑状态执行两次“剪切”操作，则剪贴板中__________。

A．仅有第一次被剪切的内容　　B．仅有第二次被剪切的内容

C．有两次被剪切的内容　　D．无内容

8．在 Word 编辑状态下，在同一文档内用拖动法复制文本时，应__________。

A．同时按住【Ctrl】键　　B．同时按住【Shift】键

C．同时按住【Alt】键　　D．直接拖动

9．在 Word 文档中，若选定的文本块里包含有几种字号的汉字，则格式栏的字号框中显示__________。

A．首字母的字号　　B．文本块中最大的字号

C．文本块中最小的字号　　D．空白

10．在 Word 2010 中“格式刷”可用于复制文本或段落的格式，若要将选定的文本或段落重复应用多次，应__________。

A．单击【格式刷】按钮　　B．双击【格式刷】按钮

C．右击【格式刷】按钮　　D．拖动【格式刷】按钮

11．如果文档中的内容在一页没有满的情况下需要强制换页，正确的方法是

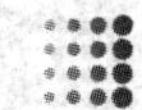

________。

A．不可以这样做　　　　　　　　　　B．多按几次回车键直到出现下一页

C．用键盘移动键移动插入点到新的页　D．插入分页符

12．编辑 Word 文档时，我们常常希望在每页的顶部或底部显示页码及一些其他信息，这些信息行打印在文件每页的顶部，就称为________。

A．页码　　　B．分页符　　　C．页眉　　　D．页脚

13．在 Word 编辑状态下，关于拆分表格，正确的说法是________。

A．只能将表格拆分为列　　　　　　　B．只能将表格拆分为左右两部分

C．可以自己设定拆分的行列数　　　　D．只能将表格拆分为上下两部分

14．在中文 Windows 环境下，文字处理软件 Word 工作过程中，切换两种编辑状态(插入与改写)的命令是按________键。

A．【Delete(Del)】　B．【Ctrl + N】　C．【Ctrl + S】　D．【Insert(Ins)】

15．Word 2010 工作过程中，删除插入点光标以左的字符，需要按________键。

A．【Enter】　B．【Insert(Ins)】C．【Delete(Del)】　D．【BackSpace(←)】

16. 在 Word 中有一个表格，求第 2 行的第 1 列至第 4 列的数据之和，则应选择________。

A．SUM(A1:D4)　B．SUM(A1:D1)　C．SUM(A1:A4)　D．SUM(A1,D1)

二、操作应用题

1．在生活的地方仔细观察，完成一份学生宿舍管理条例，要求醒目、清晰。

2．制作一个旅游景点或地方文化或传统节日宣传页，主题自选，单张、16K 纸张。

3．模拟完成一本教材，要求具有三级标题目录，奇偶页有不同的页眉和页脚，书中文字自拟。

4．尝试用 Word 的其他版本或 WPS Office(金山办公软件)编辑自己的求职书或其他文档，熟悉同类软件的界面和用法。

项目 5 Excel 2010 应用
——成绩管理

在日常生活和工作中，经常会遇到一些数据处理事务，如奖学金计算、课程成绩计算及分数统计、销售数据统计及分析等。这些事务若使用 Word 中的表格处理可能会很繁琐甚至无法完成，利用 Excel 来处理就会变得轻松、容易多了。

Excel 2010 是一款优秀的电子表格处理软件，它提供了强大的表格和数据处理功能，具有操作简单，界面友好的特点，能够实现公式、函数计算，数据排序、筛选、汇总，生成图表等功能。用户只需要通过简单操作就可以快速、轻松地完成各种表格的数据处理。

【项目介绍】

课程成绩管理是教学工作中的常规事务，也是学生最为关注的事情。本项目以班级学生信息管理和课程成绩计算、统计、排序、筛选、汇总等作为教学内容，介绍 Excel 2010 中文版的基本操作和常用功能以及数据的处理方法。任务分解如下：

5.1 任务：工作表操作——制作学生“信息表”

(1) 创建班级“成绩管理”工作簿，制作学生“信息表”工作表。

(2) 设置工作表格式，并预览工作表。

5.2 任务：数据计算操作——制作“课程成绩单”并进行计算

(1) 制作第一门课程“成绩单”工作表，并输入原始成绩。

(2) 使用公式和函数完成课程的“总评成绩”计算和最高分、最低分、平均分、等数据统计。

(3) 快速编辑生成其他三门课程的成绩单(数学、计算机、政治)。

5.3 任务：函数综合操作——制作“成绩汇总－统计表”

(1) 创建“成绩汇总－统计表”工作表。

(2) 制作“成绩汇总表”，并在表中完成数据的统计和计算。

(3) 制作“成绩统计表”，并在表中完成相关数据的统计。

5.4　任务：数据处理操作——制作图表、排序、筛选、分类汇总、保护数据

(1) 使用“图表”功能创建并制作统计图表。

(2) 对“成绩汇总表”排序，使用“筛选”功能对数据进行筛选。

(3) 制作“奖学金”工作表，使用“分类汇总”功能对数据进行汇总。

(4) 对“成绩管理”工作簿中的原始数据进行保护。

5.5　任务：其他函数及操作

(1) 学习 LOOKUP( )函数、VLOOKUP( )函数、MID( )函数、LEFT( )函数、MOD( )函数、DATE( )函数等一些功能实用的函数用法。

(2) 学习使用函数嵌套的综合用法。

(3) 学习使用“数据有效性”中的“序列”设置下拉列表，并快速输入数据。

5.6　任务：数据透视表

(1) 学习创建数据透视表。

(2) 使用“数据透视表”制作各种分析、汇总报表。

5.1　任务：工作表操作——制作学生“信息表”

5.1.1　任务描述

从步入校园的第一天起，我们每个人的基本信息就被录入到学校的管理系统中了，在之后的几年校园生活中，这些信息会被多次使用。在此，我们利用 Excel 2010 创建班级“成绩管理”工作簿，轻松实现班级学生信息的管理。

任务描述如下：

(1) 创建“成绩管理”工作簿，按要求保存工作簿。

(2) 在“成绩管理”工作簿中，制作学生“信息表”工作表，具体任务如下：

① 将“Sheet1”工作表改名为“信息表”。

② 参照图 5-1 所示内容，制作学生“信息表”工作表。

③ 输入、修改数据，然后保存数据。

(3) 参照图 5-1 所示样式，设置学生“信息表”格式，然后保存数据。

(4) 在 A4 纸张上预览或打印出满意的一张工作表。

(5) 任务完成后的工作表如图 5-1 所示。

(6) 按要求保存工作簿，文件名为“学号-姓名-成绩管理 1. xlsx”(2010 模式)，再将工作簿保存为兼容模式(97-2003 模式)。

A1 XXXX 学 院

XXXX 学院

学生信息表

班级：电气3141　　　　制表日期：2014年5月

序号	学号	姓名	性别	出生日期	籍贯	成绩	身高米	家庭住址	身份证号码	联系电话	个人爱好	备注
1	DQ001	王强	男	1994-8-1	陕西	472	1.73	西安市未央区大王村二組	614106199408014661	13102988122 029-84310022	英语	
2	DQ002	李玉华	女	1993-9-21	甘肃	461	1.67	兰州市	610102199309214482	13991800444 029-82131011	音乐、舞蹈	
3	DQ003	赵华成	男	1994-1-13	新疆	457	1.78	宝鸡市	610113199401134487	11111111	体育、街舞	
4	DQ004	刘恬	女	1995-11-8	宁夏	454	1.57	银川市	888888888888888888	22222222	上网	
5	DQ005	张鹏泽	男	1992-12-1	陕西	438	1.72	渭南市	333333333333333000	11111112	上网、旅游	
6	DQ006	李聪	女	1994-3-11	甘肃	435	1.61	天水市	123456789999999999	22222223	上网、读书	
7	DQ007	林森	男	1993-4-16	甘肃	429	1.72	咸阳市	615113199401134487	11111113	上网、武术	
8	DQ008	王利雪	女	1995-2-14	陕西	423	1.7	汉中市	615113199401134487	22222224	上网、唱歌	
9	DQ009	杨涛	男	1994-9-9	河南	411	1.75	开封市	615113199401134487	11111114	上网	
10	DQ010	许闵娜	女	1994-8-10	山东	414	1.58	济南市	615113199401134487	22222225	上网	

图 5-1　学生“信息表”工作表

5.1.2　知识点：认识 Excel 2010

1．Excel 2010 的启动

安装 Office 2010 组件后，就可以使用 Excel 2010 软件了。

启动方法同 Word 2010。常用如下三种方法：

方法 1：单击【开始】|【程序】|【Microsoft Office】|【Microsoft Excel 2010】命令，即可打开 Excel 2010 窗口，并新建一个空白工作簿。

方法 2：双击桌面上的 Excel 2010 快捷图标，启动 Excel 2010。

方法 3：双击一个已有的 Excel 2010 文件，即可启动 Excel 2010，同时打开该文件。

2．Excel 2010 主界面

启动 Excel 2010 后，屏幕上即显示 Excel 2010 的工作界面。

Excel 2010 的工作界面主要包括标题栏、功能区、选项卡、工作区、名称框、编辑栏、行标、列标、状态栏、滚动条等。Excel 2010 的工作界面如图 5-2 所示。

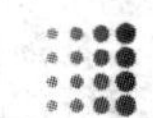

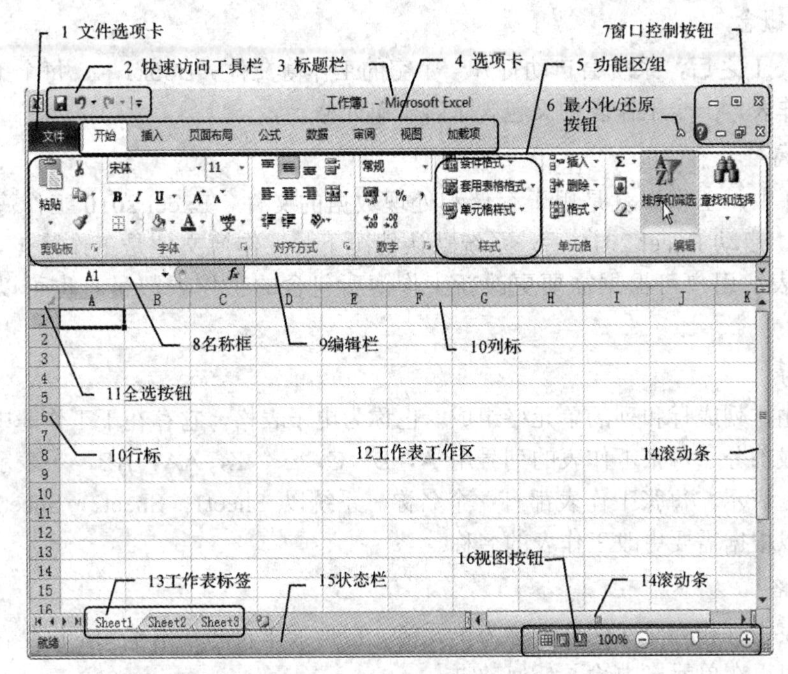

图 5-2　Excel 2010 工作界面

各部分的功能及说明见表 5-1。

表 5-1　Excel 2010 工作界面的功能及说明

编号	名　称	功能及说明
1	文件选项卡	同 Word 2010 的功能
2	快速访问工具栏	
3	标题栏	
4	选项卡	
5	功能区/组	
6	最小化/还原按钮	
7	窗口控制按钮	
8	名称框	用于显示选中的单元格名称
9	编辑栏	用于显示或编辑活动单元格中的内容
10	列标/行标	代表列/行的编号，单击可选中整行/列
11	全选按钮	用于选定整张工作表
12	工作表工作区	用于输入、编辑、显示工作表的内容
13	工作表标签	用于显示工作表的名称，实现工作表的快速切换
14	滚动条	有垂直和水平滚动条。当工作表中的内容较多时用于滚动内容
15	状态栏	显示当前文件的状态信息
16	视图按钮	用于视图方式的切换。在该区还可调整显示比例

3. 基本概念

启动 Excel 之后，系统会自动打开一个空的工作簿文件“Book1”，每个工作簿中包含了多张工作表，一个工作表中又包含了若干单元格。

1) 工作簿

在 Excel 中，工作簿就是用于存储和处理数据的文件，Excel 2010 工作簿文件的扩展名为 .xlsx。启动 Excel 2010 后，系统默认情况下，工作簿文件是工作簿 1.xlsx，其中有三张工作表。用户可根据需要更改新工作簿所包含的工作表数目，也可以添加或删除工作表。

2) 工作表

工作表由排列成行和列的单元格组成，也称为电子表格，它存在于工作簿中，是工作簿的基本组成部分。每张工作表的列号用 A，B，C，…，Z，AA，AB，…表示，行号用 1，2，3，… 表示。每张工作表都有一个名称，系统以 Sheet1，Sheet2，Sheet3，…来命名，用户可以根据需要更改工作表的名称。

3) 单元格

在工作表中行和列交叉的格子称为单元格。它是工作表的基本单元，也是存储数据的基本单位，可以在单元格中输入任何数据。

4) 单元格地址及单元格名称

单元格地址由单元格所在的“列号”和“行号”组成，列号在前，行号在后，例如：B 列第 3 行单元格地址为 B3。单元格名称即单元格的名字，即显示在名称框中的名称，通常情况下用单元格地址表示，也可根据需要在单元格名称框中给单元格重新起名字。

5) 活动单元格

被选中的单元格称为活动单元格，此时该单元格的边框变成粗黑框，其名称显示在名称框，被选中以后就可以在该单元格中输入数据了。

6) 单元格区域

单元格区域是指由多个单元格组成的矩形区域，由其左上角单元格和右下角单元格组合来标识该矩形区域，中间用“ : ”隔开，如 A2:D5。

4. Excel 2010 的退出

退出 Excel 2010 的方法也很多，通常用的方法有两种：单击【文件】选项卡，选择【退出】菜单命令；单击窗口右上角的【关闭】按钮。

5.1.3　知识点：创建班级“成绩管理”工作簿

1. 新建工作簿

使用“新建”命令新建一个工作簿，操作步骤如下：

(1) 单击【文件】选项卡，单击【新建】命令，打开【可用模板】。

(2) 在【可用模板】下，双击【空白工作簿】图标，或选择【空白工作簿】图标，然后单击【创建】按钮，就可创建一个新的空白工作簿。操作如图 5-3 所示。

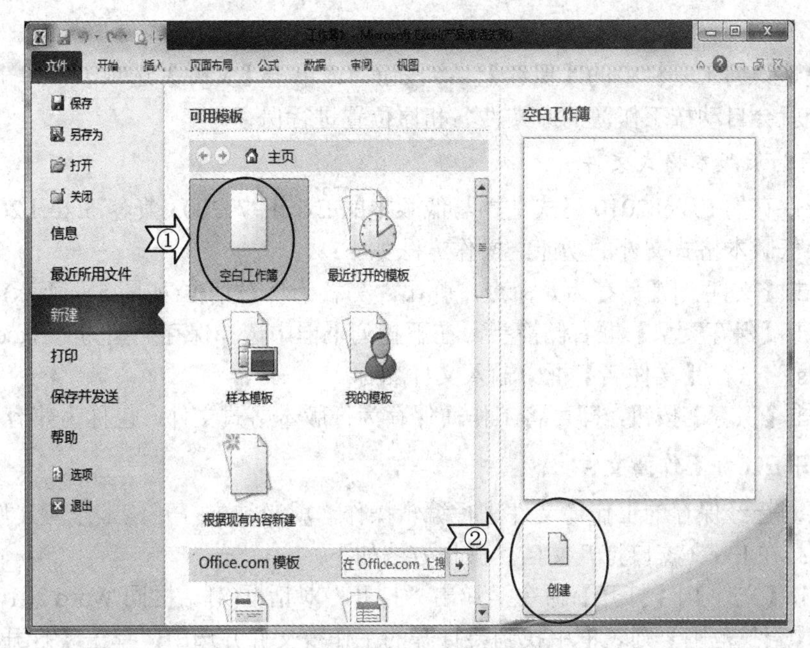

图 5-3　“新建工作簿”对话框

2．保存工作簿

1) 保存为 2010 模式

将文件保存为 2010 模式的操作方法如下：

(1) 单击【文件】选项卡，单击【另存为】命令，打开“另存为”对话框。

(2) 在“另存为”对话框中，用【新建文件夹】按钮在桌面上新建一个“Excel 学习”文件夹并选中在保存位置框中，在【文件名】栏输入工作簿名称(只输入文件主名)“班级成绩管理”，【保存类型】选为 Excel 工作簿(*.xlsx)。操作如图 5-4 中的①②③所示。

(3) 单击【保存】按钮，操作如图 5-4 中的④所示。

注：此保存文件格式为 Excel 2010 模式。

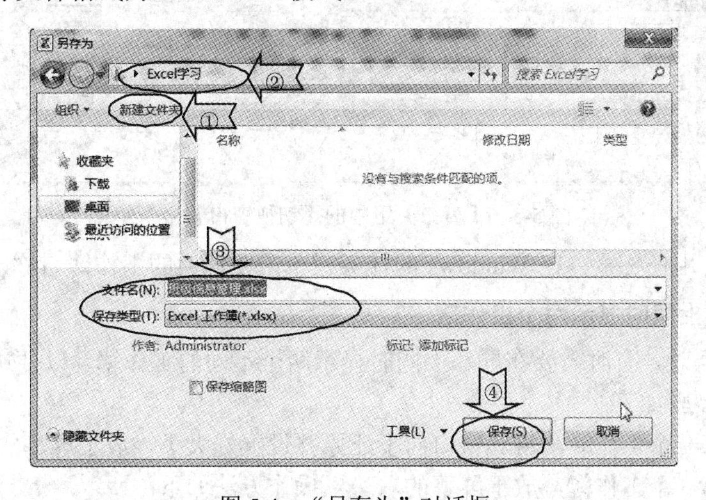

图 5-4　“另存为”对话框

2) 原名保存

单击快速访问工具栏中的【保存】按钮，或单击【文件】选项卡，单击【保存】命令，系统就会自动按工作簿的原文件名和原位置进行保存。

3) 保存为低版本格式文件

为了让保存的 Excel 2010 格式文档与低版本的 Excel 97-2003 兼容，Excel 2010 为用户提供了保存低版本格式文件的功能。操作方法如下：

(1) 单击【文件】|【另存为】命令，弹出“另存为”对话框(如图 5-4 所示)。

(2) 单击【保存类型】框右侧箭头，在下拉列表框中选择保存类型为“Excel 97-2003 工作簿(*.xls)”，在【文件名】框中输入文件名称。

(3) 单击【保存】按钮，即可将工作簿保存为低版本格式文件，也称为兼容模式文件。

3. 打开 Excel 工作簿文件

如果要对已经保存的工作簿文件进行编辑操作，就必须先打开该工作簿文件。

方法 1：在 Excel 窗口打开文档。操作方法如下：

① 单击【文件】|【打开】命令，弹出“打开”对话框(对话框同 Word 2010)。

② 在【查找范围】列表框中找到要打开的工作簿文件并选中，单击【打开】按钮。

方法 2：使用“我的电脑”打开已有工作簿文件。打开“我的电脑”，找到要打开的工作簿文件，然后在其上双击鼠标即可。

4. 功能区最小化/还原操作、自定义快速访问工具栏

此操作同 Word 2010。

5. 切换工作簿

在编辑文档时，有时需要在多个工作簿之间进行切换。通常有两种方法。

方法 1：使用“切换窗口”。单击【视图】选项卡，在【窗口】组中单击【切换窗口】命令下面的小箭头，操作如图 5-5 所示，弹出已打开的工作簿名，进行选择即可。

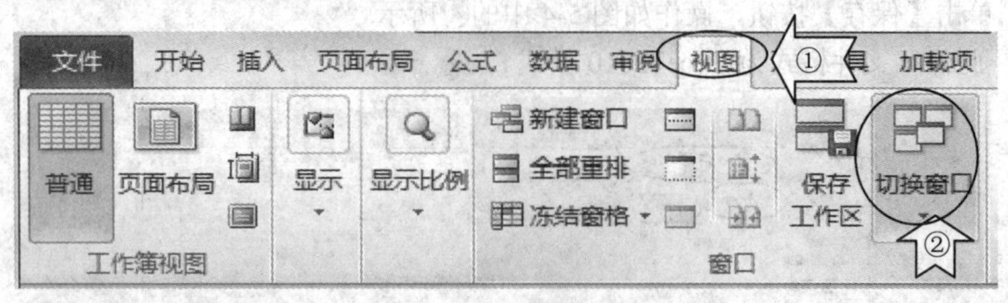

图 5-5 【窗口】组中的【切换窗口】命令

方法 2：使用任务栏。在 Windows 的任务栏单击要切换的工作簿名称即可。

6. 在屏幕上同时显示两个工作簿

在编辑文档时，有时需要在屏幕上同时显示两个不同的工作簿，以便进行对比、复制等操作。操作步骤如下：

(1) 打开第一个工作簿，将其窗口向下还原并设置好大小，放于屏幕的左边。

(2) 打开第二个工作簿，放于屏幕的右边。操作方法如下：

① 单击【开始】|【程序】|【Microsoft Office】|【Microsoft Excel 2010】命令，重新

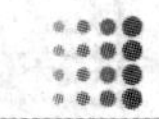

打开一个 Excel 2010 窗口。

② 在 Excel 2010 窗口中，单击【文件】|【打开】命令，打开要用的工作簿，将其向下还原设置好大小，放于屏幕的右边。

7．关闭工作簿

对一个工作簿操作完成之后，需要将其关闭。通常有以下两种关闭方法：

方法 1：单击【文件】选项卡，单击【关闭】命令，即可关闭当前工作簿。

方法 2：单击标题栏右侧的【关闭】按钮或单击选项卡右侧的【关闭窗口】按钮。

5.1.4　知识点：工作表基本操作

在 Excel 中数据的处理主要在工作表中完成，因此对工作表的操作是必不可少的。

1．认识【开始】选项卡

在编辑工作表时，【开始】选项卡是最为常用的一个选项卡，它与 Word 2010 的【开始】选项卡有所不同，在其上有 7 个组，分别是剪贴板、字体、对齐方式、数字、样式、单元格、编辑，用于不同的操作，如图 5-6 所示。

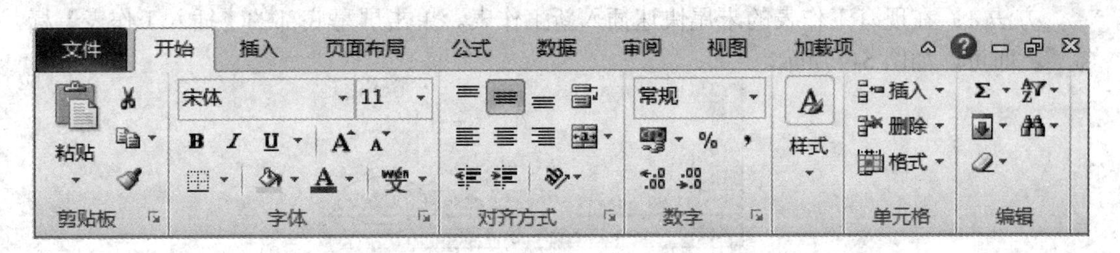

图 5-6　【开始】选项卡

2．工作表的基本操作

新建一个工作簿后，工作簿中默认有三张工作表，其名称为：Sheet1、Sheet2、Sheet3，为了方便管理和记忆，用户可对工作表重新命名，也可以根据需要增加或删除工作表。

1) 工作表的选择与切换

工作表的名称以标签的形式显示在窗口的左下角，数据的处理只能在当前工作表中进行。因此，要使用工作表就必须使其成为当前工作表。

选择/切换工作表的方法为：用鼠标单击要选择的工作表标签(见图 5-2 左下角工作表标签所示)，该工作表就被选定为当前工作表，其内容就显示在窗口的工作区，标签以白色显示。在当前工作表中进行的操作不影响其他工作表。可以用此方法在多个工作表之间切换。

2) 工作表的命名与改名

方法 1：使用简便方法将“Sheet1”工作表改名为“学生信息表”双击“Sheet1”工作表标签，使“Sheet1”工作表名处于选中状态，输入新的工作表名称“学生信息表”即可，如图 5-7 所示。

方法 2：使用快捷菜单将“Sheet2”工作表改名为“成绩单”。将鼠标指向“Sheet2”

工作表标签，在其上右击鼠标，在如图 5-8 所示快捷菜单中单击【重命名】，使工作表名处于选中状态，输入新的工作表名称“成绩单”即可。

图 5-7　工作表改名

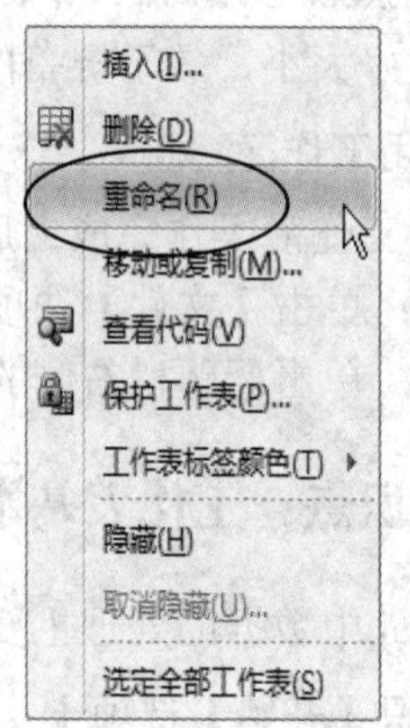

图 5-8　工作表快捷菜单

3) 工作表的添加

如果工作簿中默认的三张工作表不能满足用户的需要，可以在工作簿中添加新工作表。

方法 1：在现有工作表的末尾快速插入新工作表。单击屏幕底部的【插入工作表】标签 即可，如图 5-9 所示。

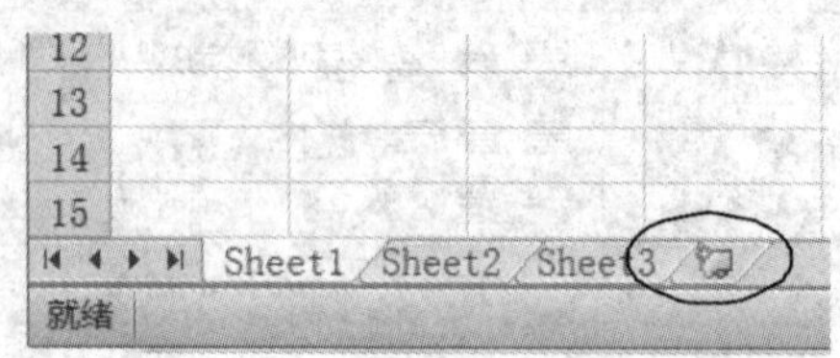

图 5-9　【插入工作表】标签

方法 2：使用快捷菜单。操作如下：

(1) 在要插入工作表的标签上右击，弹出快捷菜单(如图 5-8 所示)。

(2) 执行快捷菜单中的【插入】命令，选择【工作表】图标，单击【确定】按钮，则一张新的工作表即被插入到选定工作表的前面，默认名称为 sheetX。

方法 3：使用功能区命令。操作步骤如下：

(1) 在【开始】|【单元格】组中单击【插入】按钮下边的小箭头，如图 5-10 所示。

(2) 在弹出的菜单中单击【插入工作表】命令，如图 5-11 所示。

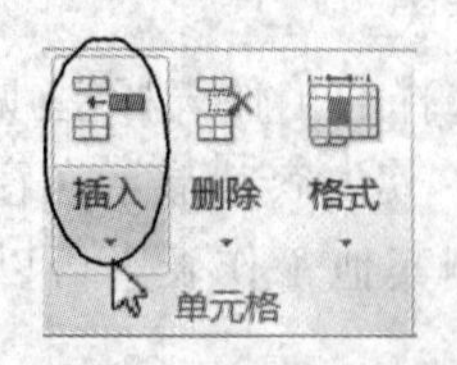

图 5-10　【单元格】组

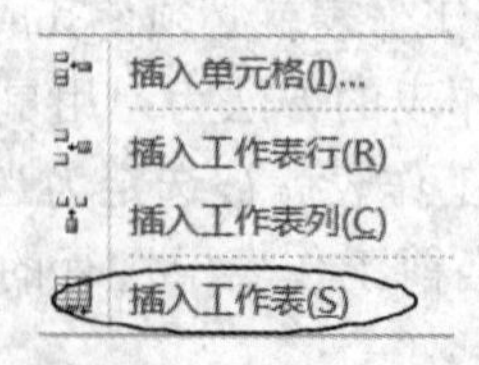

图 5-11　【插入】菜单

4) 工作表的删除

如果某张工作表不需要，应将其删除。操作如下：

方法 1：右击要删除的工作表标签，在弹出的快捷菜单中选择【删除】命令即可。

方法 2：在【开始】选项卡上的【单元格】组中，单击【删除】下边的箭头，在弹出

的菜单中单击【删除工作表】命令，如图 5-12 所示。

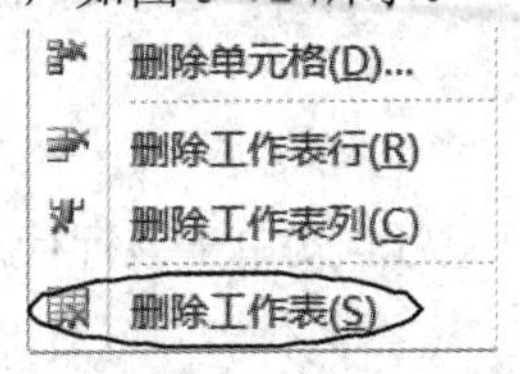

图 5-12　【删除】菜单

5) 工作表的移动

Excel 允许在一个或多个工作簿之间移动工作表，用以调整工作表的顺序。

方法 1：在一个工作簿中移动工作表。首先用鼠标指向需要移动的工作表标签，再按住鼠标左键横向拖动标签到所需位置即可。

方法 2：在不同工作簿中移动工作表。操作方法如下：

(1) 在需要移动的工作表标签上右击鼠标，弹出快捷菜单(如图 5-8 所示)。

(2) 执行【移动或复制】命令，弹出对话框，如图 5-13 所示。

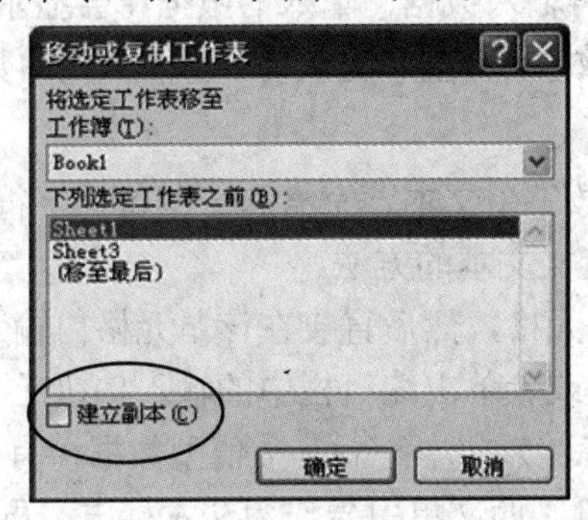

图 5-13 “移动或复制工作表”

(3) 在【工作簿】框中选择目标工作簿，在【下列选定工作表之前】框中选择位置。

(4) 单击【确定】按钮，即可把当前工作表移动到目标工作簿的指定位置。

6) 工作表的复制

(1) 在工作簿中复制工作表。先单击要复制的工作表标签使其选中，然后按下【Ctrl】键，同时用鼠标左键横向拖动选定的工作表标签到所需位置。

(2) 在不同的工作簿中复制工作表。其方法基本同在不同的工作簿之间移动工作表。只需要选中图 5-13 中的【建立副本】复选框即可，其余操作同移动工作表。

3. 单元格及区域的选定

1) 选定单元格

常用鼠标选定法，用鼠标单击要选定的单元格即可，选中的单元格即用黑框表示。

2) 选定单元格区域

单元格区域是由两个或多个单元格组成的区域，可以连续也可以不连续。

(1) 选定连续区域。用鼠标指向连续区域的第一个单元格，按住左键并拖动到最后一个单元格，该区域即被选定。也可用鼠标单击第一个单元格后，按住【Shift】键再单击最后一个单元格，一个矩形区域即被选定。

(2) 选定不连续区域。先选定一个单元格或区域，然后按住【Ctrl】键，再选定其他区域或单元格。

3) 选定整行或整列

(1) 选定一行或一列。要选定一整行，就单击该行行标；要选定一整列，单击该列列标。

(2) 选定多行、多列。

选定连续的多行：单击要选定的第一行的行标并向下拖动鼠标到最后一行的行标上。

选定连续的多列：单击第一列的列标并向右拖动鼠标到最后一列的列标上。

选定不连续的多行：先单击第一行的行标，按住【Ctrl】键，再单击其他行的行标。

选定不连续的多列：先单击第一列的列标，按住【Ctrl】键，再单击其他列的列标。

4) 释放选定区域

操作方法为：用鼠标左键单击工作表的任一处位置或按光标键，即可释放选定的区域。

4．输入及编辑数据

首先选定单元格，然后再输入数据，输入的数据将会显示在“编辑栏”和单元格中。在单元格中可以输入文本、数字、日期和公式等，不同类型的数据在输入方法上有些差别。

1) 输入文本

文本包括汉字、字母、数字型文本、空格和一些特殊字符，通常不参与计算。

(1) 向单元格输入中、英文文本的方法。

① 选定要输入数据的单元格，然后直接在该单元格内输入数据。

② 输入完后，按回车键或者单击编辑栏中的输入按钮【√】。

(2) 若希望将输入的数字作为文本，而非数值型数据，有两种输入方法。

方法 1：直接输入。先输入西文单引号作为文本标志，再输入数字，然后按回车键。例如，在 A3 单元格输入数字型文本 000123，应输入成 '000123。

方法 2：设置为文本格式输入。

① 选中要输入文本的单元格区域，单击【开始】选项卡【数字】组中的对话框启动器，打开“设置单元格格式”对话框的【数字】选项卡，在【分类】列表框中选择【文本】，如图 5-14 所示，最后单击【确定】按钮。

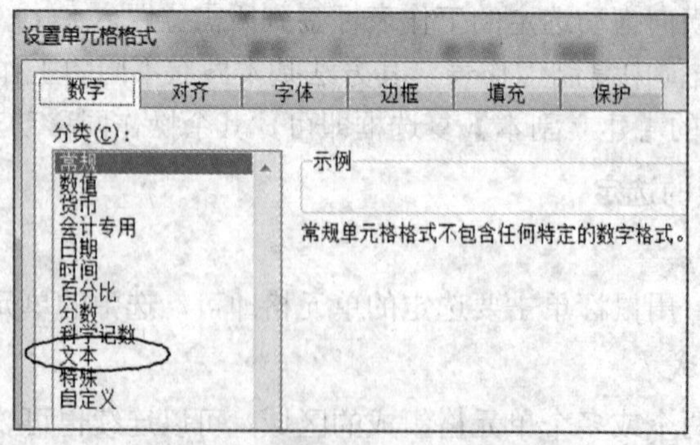

图 5-14　设置数字为文本类型

② 在设置好的单元格区域中直接输入数据即可。例如，在 A3 单元格输入“000123”。

说明：用此法也可以输入位数较多的数据，如身份证号码、银行卡号等。

2) 文本换行

(1) 文本自动换行。当输入的文本超过单元格的宽度时希望自动换行，操作方法为在【开始】选项卡的【对齐方式】组中，单击【自动换行】按钮，如图5-15所示。

(2) 文本手动换行。在单元格中如果希望文本换行，则双击该单元格，将光标放置到需要换行的地方，然后按组合键【Alt + Enter】。

图5-15 【自动换行】和【合并后居中】按钮

3) 合并单元格/取消合并

(1) 合并单元格。合并单元格概念同Word。操作方法如下：

① 选中需要合并的单元格。

② 在【开始】选项卡上的【对齐方式】组中，单击【合并后居中】按钮，如图5-15所示，此时选中的单元格即被合并，且内容居中显示。

注：① 合并后的单元格只保留所选区域中位于左上角单元格中的内容。因此，最好先合并，后输入内容。

② 单击【合并后居中】按钮旁边的箭头，用户可选择合并方式。

(2) 取消合并。取消合并是指将合并后的单元格恢复为合并前的单元格，操作方法如下：

① 选中需要取消合并的单元格。

② 在【开始】选项卡上的【对齐方式】组中，再次单击【合并后居中】按钮。

4) 输入数字

(1) 数字的组成。数字只能由下列字符组成：

0 1 2 … 9 + – ( ) / ￥ $ % . , E e

(2) 输入正、负数。 输入正数时，可忽略前面的正号(+)；输入负数时，在数的前面加负号(–)或者将数字用圆括号括起来。例如，–13可输入成–13或(13)。

(3) 输入分数、百分数。输入一个分数时，应先输入一个0，再输入一个空格，然后再输入分数。例如，1/3可输入成“0 1/3”。在输入百分数时，只需先输入数字，再加上“%”即可。例如，70%可输入成“70%”。否则，系统会将它视为日期型数据。

说明：在Excel工作表中，默认情况下，数字为右对齐，并按常规方式显示，文本型数据为左对齐。若数据长度超过11位，系统将自动转换为科学计数法表示。当单元格中的数字变为若干个“#”时，表示该列没有足够的宽度，需要调整列宽。

5) 输入日期

Excel将日期和时间均按数字处理，工作表中的日期和时间显示取决于单元格的格式。默认状态下，日期和时间在单元格中右对齐。如果输入的日期或时间不符合格式，则Excel将它们视为文本并靠左对齐。日期格式的设置参见5.1.5节。

(1) 输入日期。日期按年、月、日的顺序输入，使用英文“/”或“-”作为分隔符。例如，2014年10月16日，可输入成“2014/10/16”或“2014-10-16”。

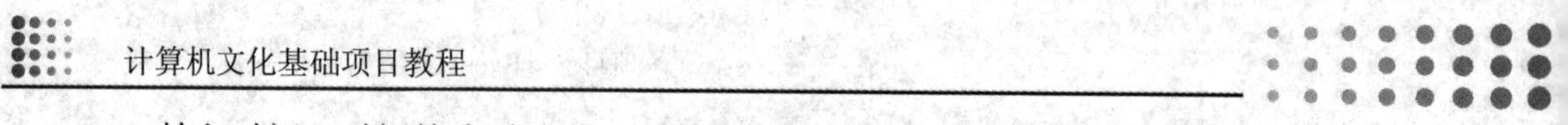

(2) 输入时间。时间按小时、分、秒的顺序输入，分隔符用英文“:”，如果按 12 小时制输入时间，在时间后留一空格，并键入 AM 或 PM(AM 表示上午，PM 表示下午)。例如，11 点 10 分，可输入成“11:10”。

(3) 同时输入日期和时间。在日期和时间之间用空格分隔即可。

(4) 输入当天的日期和时间。输入当天的日期，按【Ctrl + ;】组合键；输入当天的时间，按【Ctrl + Shift +;】组合键。

6) 快速输入相同数据

在多个单元格中同时输入相同数据，有多种方法。例如在 B3:C7 区域输入“123”。

方法 1：使用【Ctrl Enter】键。操作步骤如下：

① 选定要输入相同数据的单元格区域 B3:C7(也可在不连续区域输入数据) 。

② 在活动单元格中输入数据“123”，如图 5-16(a)所示。

③ 按【Ctrl + Enter】键。输入后的数据如图 5-16(b)所示。

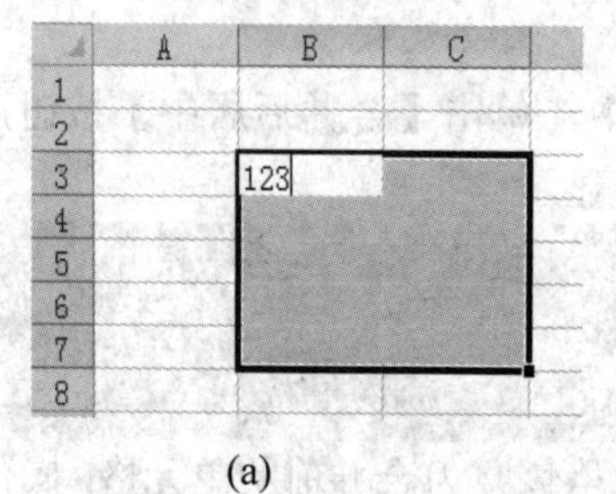

(a)

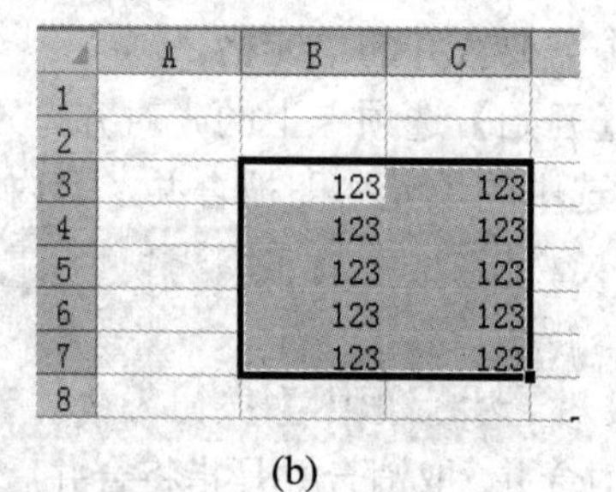

(b)

图 5-16　快速输入相同数据

方法 2：用“填充柄”。操作步骤如下：

① 选定要输入相同数据的第一个单元格 B3，并输入数据“123”。

② 用鼠标指向 B3 单元格右下角的“填充柄”(B3 单元格右下角的小方点，如图 5-17(a)所示)，按下鼠标左键向下拖动到需要的单元格 B7，如图 5-17(b)所示。

③ 再将鼠标指向 B3:B7 区域的“填充柄” (B3:B7 区域右下角的小方点)，向右拖动到 C 列，填充后的数据如图 5-17(c)所示。

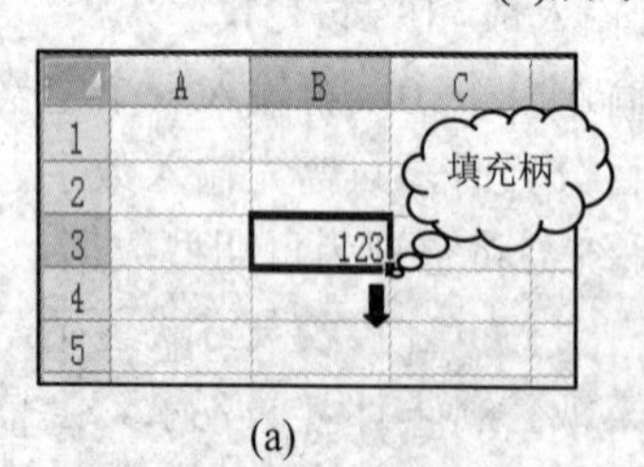

(a)

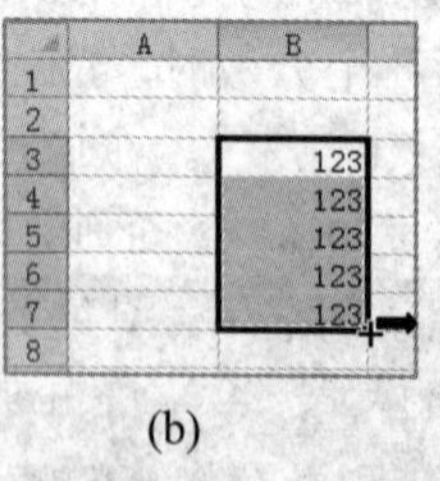

(b)

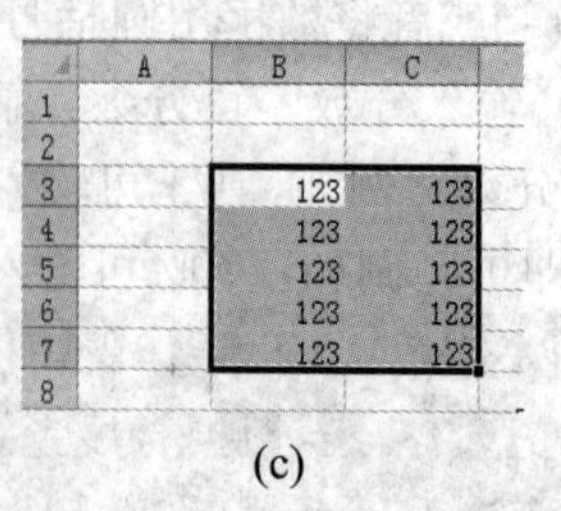

(c)

图 5-17　用“填充柄”快速输入相同数据

7) 快速输入有规律的数据

在输入数据时，经常需要输入一些有规律的数字序列，如编号、月份、日期等。Excel 中可以快速完成这些数据的输入。

(1) 快速输入等差序列。例如，快速输入与 1，2，3，4，… 或 1，3，5，7，… 类似的等差序列。以快速输入 1，2，3，4，…为例，操作方法如下：

① 在要输入序列的第 1 个单元格输入第 1 个数 1，在第 2 个单元格输入第 2 个数 2。

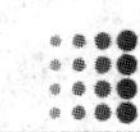

② 选定第 1 个和第 2 个单元格。

③ 将鼠标移向选定的两个单元格区域右下角的“填充柄”，当鼠标指针变为黑色十字形时，按住鼠标左键按填充方向拖动，直至要填充的区域拖完，松开鼠标左键，完成数据的填充。操作过程如图 5-18(a)、(b)所示。

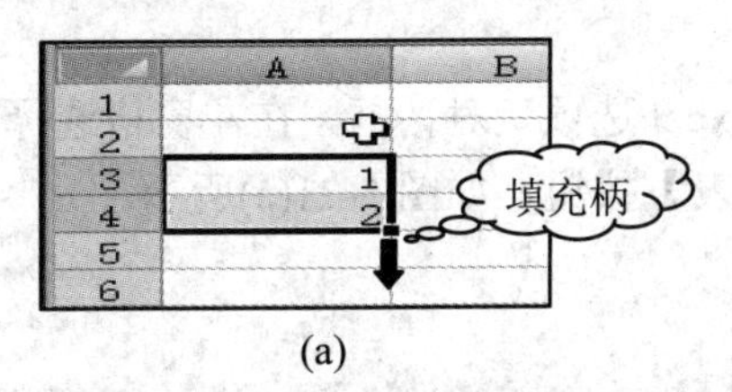

(a)

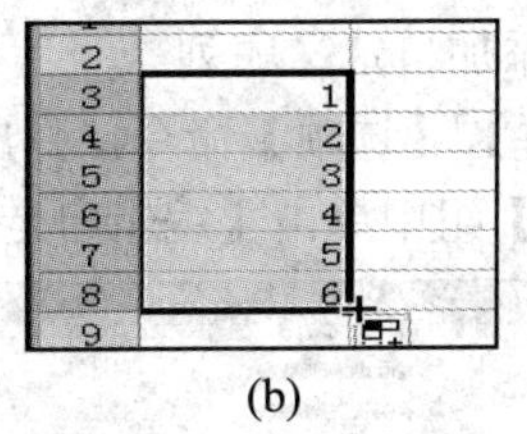

(b)

图 5-18　用“填充柄”快速输入等差数列

(2) 快速输入以 0 开头的编号。例如：001，002，003，004，…。操作方法如下：

① 在第 1 个单元格中输入第 1 个编号'0001(是英文单引号)，如图 5-19(a)所示。

② 将鼠标移向第 1 个单元格右下角的“填充柄”，按住鼠标左键按填充方向拖动，直至拖完要填充的区域，然后松开鼠标左键。操作结果如图 5-19(b)所示。

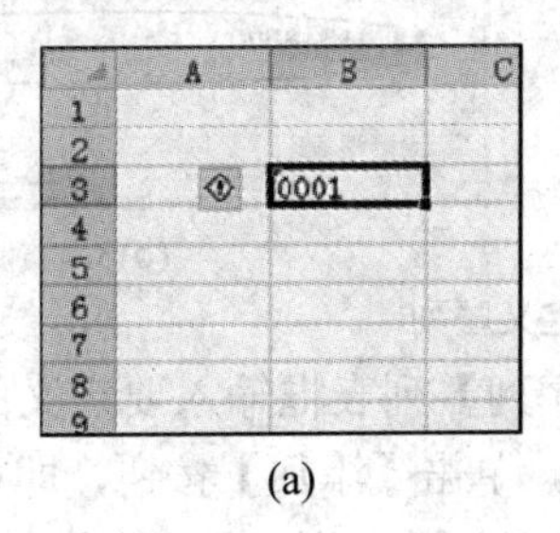

(a)

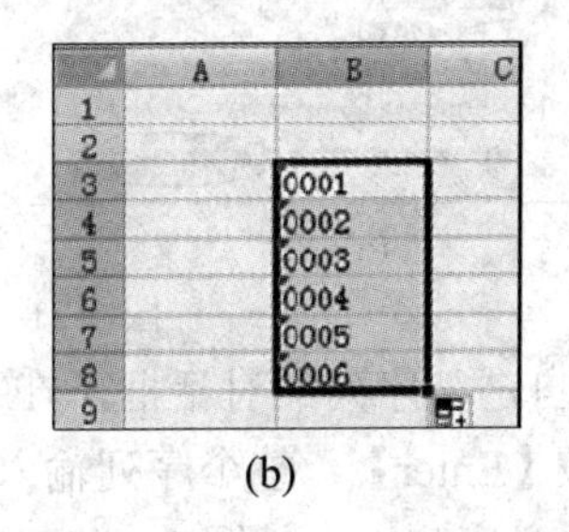

(b)

图 5-19　用“填充柄”快速输入以 0 开头的编号

(3) 快速输入“自动填充”序列。

自动填充序列是根据给定的初始值自动递增或递减而形成的序列。例如，第 1 组，第 2 组，第 3 组，……；产品 1，产品 2，产品 3，……。以在行中快速输入第 1 组，第 2 组，第 3 组，……为例，操作步骤如下：

① 在该行第 1 个单元格中输入序列中的第 1 个数据：第 1 组，如图 5-20(a)所示。

② 选中第 1 个单元格，并向右填充即可，如图 5-20(b)所示。

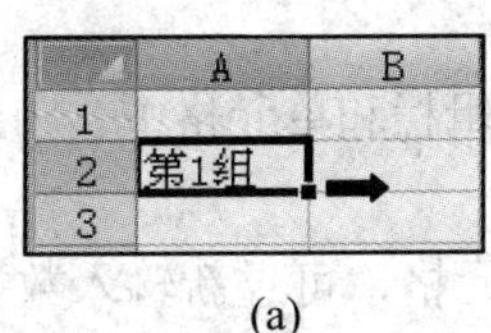

(a)

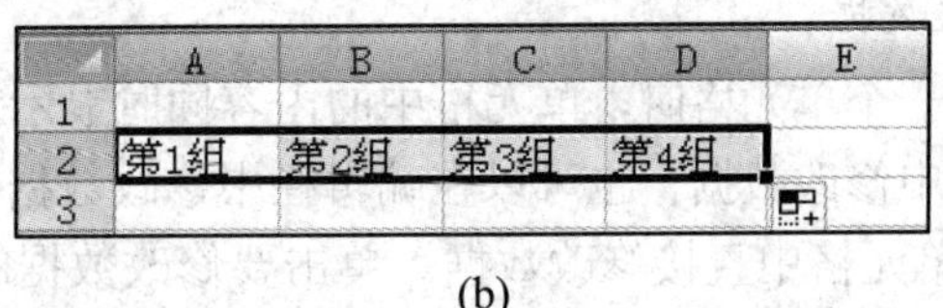

(b)

图 5-20　用“填充柄”快速输入序列

(4) 快速输入月份、星期序列。例如按列输入一月，二月，三月，……，操作方法为：选中第 1 个单元格并输入一月，然后向下填充即可。

举一反三，操作训练如下内容：

① 快速输入 AA，BB，CC，DD，…… 序列 (提示：方法同上)。

② 快速输入类似产品 1，产品 2，产品 3，…… 这样的序列。

③ 快速按行输入星期一，星期二……序列；按列输入 2010 年，2011 年，…… 序列。

8) 添加和使用自定义序列

有时经常需要输入某个序列，但 Excel 提供的序列中没有，用户可以自定义序列。一旦定义成功，就可以多次快速使用。

(1) 添加自定义序列。常用方法如下：

方法 1：添加自定义序列。

① 单击【文件】|【选项】命令，弹出“Excel 选项”对话框，在左窗格选择【高级】，在右边的【常规】组中单击【编辑自定义列表】按钮，如图 5-21(a)所示。

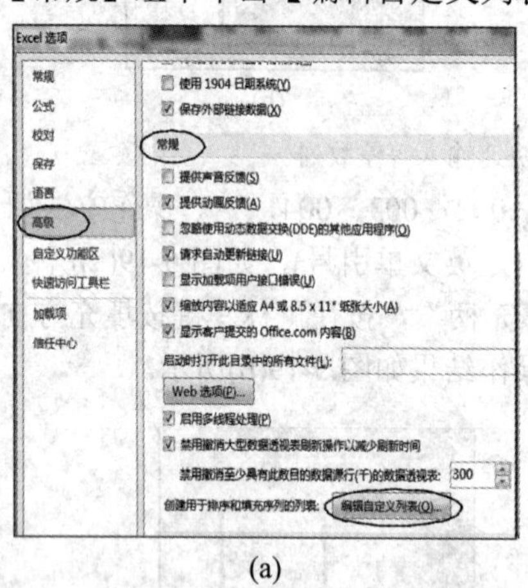

(a)

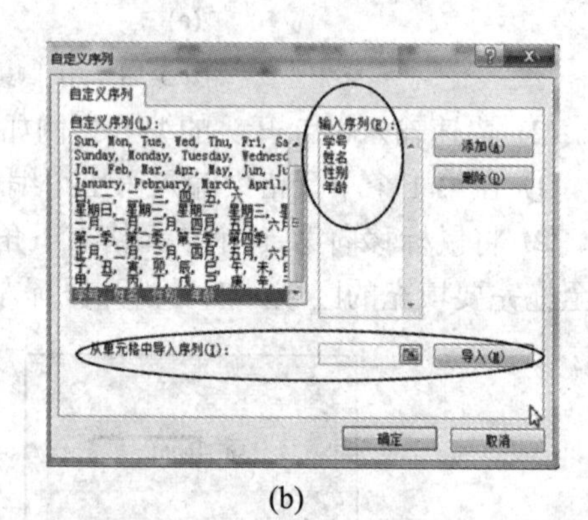

(b)

图 5-21　添加自定义序列

② 打开“自定义序列”对话框，在【输入序列】列表框输入要定义的序列，每输入一个序列项后按【Enter】，整个序列输入完毕后，单击【添加】按钮，即可将刚刚输入的序列添加到自定义序列中，如图 5-21(b)所示。添加完毕，单击【确定】按钮。

方法 2：使用已输入的序列导入自定义序列。在图 5-21(b)所示的“自定义序列”对话框中，单击【从单元格中导入序列】文本框或右侧按钮，在工作表中选定要导入的单元格区域，然后单击【导入】按钮即可。

(2) 使用自定义序列。使用自己添加的序列方法同系统提供的序列。在单元格中输入自定义序列中的序列项，如“学号”，然后拖动填充柄到需要的单元格区域，即可将自定义的数据序列填充到单元格中。

9) 修改数据

当选中一个单元格时，单元格中的内容同时显示在编辑栏和单元格中。因此，可以选择在单元格中修改数据，也可以在编辑栏中修改数据。

(1) 在单元格中直接修改数据。单击要修改数据的单元格，可重新输入数据；双击要修改数据的单元格，将光标插入点放置在单元格中，可在单元格内修改数据。

(2) 在编辑栏修改数据。单击要修改数据的单元格，再单击编辑栏，然后在编辑栏中修改数据，修改完毕，单击【输入√】按钮或敲回车键。若想放弃，单击取消【×】按钮。操作如图 5-22 所示。

图 5-22　“编辑栏”修改数据

在编辑数据过程中，系统默认为插入状态，按【Ins】

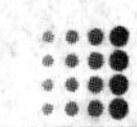

键切换“插入/改写”状态。

5. 移动和复制数据

移动/复制操作可以把表中的数据移动/复制到同表的其他位置或另一个表中。

1) 移动数据

方法 1：使用【剪切】【粘贴】按钮。操作如下：

① 选定要移动的单元格或区域。

② 单击【开始】选项卡，在【剪贴板】组中单击【剪切】按钮。

③ 选定要粘贴数据或区域的第一个单元格，在【剪贴板】组中单击【粘贴】按钮。

方法 2：使用鼠标拖放法。

先选定要移动的单元格或区域，然后将鼠标指针指向被选定数据区域的边框线上，当鼠标指针变为十字箭头时，按住鼠标左键拖动选定区域到目标区域。

方法 3：使用快捷键和快捷菜单。操作同 Word 2010。

2) 复制数据

方法 1：使用【复制】【粘贴】按钮。操作方法基本同移动数据，不同的是将【剪切】按钮改为【复制】按钮。

方法 2：使用鼠标拖放法。与移动的唯一不同是在拖动过程中按住【Ctrl】键。

方法 3：使用快捷键和快捷菜单。操作同 Word 2010。

3) 复制特定内容

有时，只需要复制单元格中的特定内容，如仅复制格式、数值或列宽等，这就需要用粘贴选项或选择性粘贴来完成，具体操作参见 5.2.3 中的“6. 复制特定内容和选择性粘贴”。

6. 清除单元格内容或格式

方法 1：用“清除”命令。操作如下：

① 选定需要清除内容或格式的单元格区域。

② 单击【开始】选项卡，在【编辑】组中单击【清除】按钮，如图 5-23 所示，展开【清除】下拉菜单，如图 5-24 所示，根据需要清除的项目选择对应的菜单命令即可。

◈ 【全部清除】：清除单元格中的全部内容和格式。

◈ 【清除格式】：仅清除单元格中的格式，不改变单元格中的内容。

◈ 【清除内容】：仅清除单元格中的内容，不改变单元格中的格式。

◈ 【清除批注】：仅清除单元格中的批注，不改变单元格中的格式和内容。

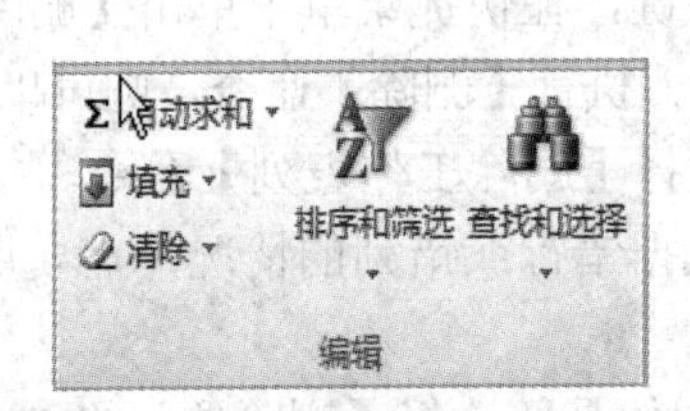

图 5-23 【开始】选项卡的编辑组

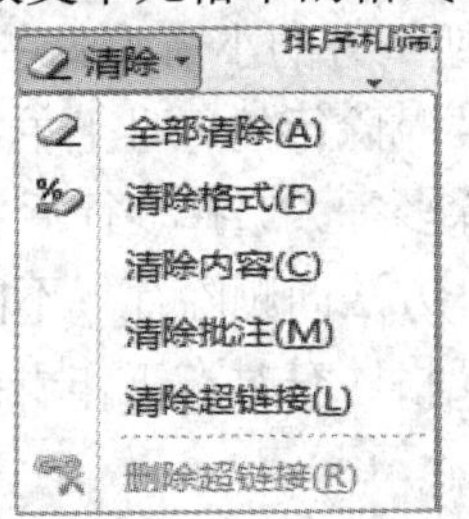

图 5-24 【清除】菜单

方法 2：用【Delete】键清除内容。选中要清除的单元格区域，然后单击【Delete】键，即可快速清除内容。

7．工作表的行/列操作

1) 插入行、列、单元格

(1) 插入行。操作如下：

方法 1：在要插入新行的位置选定一整行，或者选定该行中的任意一个单元格，然后单击【开始】选项卡|【单元格】组中|【插入】按钮下方的小箭头，在其下拉菜单中选择【插入工作表行】命令，则新行插入到原行的上边。

方法 2：在要插入新行的行号上单击鼠标右键，在快捷菜单中单击【插入】命令。

方法 3：插入多行。选择多行后右击行号，在快捷菜单中单击【插入】命令。

(2) 插入列。方法同插入行，不同的是选择【插入工作表列】命令。

(3) 插入单元格。在录入工作表内容时，有时会出现遗漏情况，如行或列的内容错位，此时就需要在工作表中插入或删除单元格。插入单元格的操作方法如下：

① 选定要插入新单元格的位置。

② 单击【开始】选项卡，在【单元格】组中单击【插入】按钮下方的小箭头，在其下拉菜单中选择【插入单元格】命令，出现“插入”对话框，如图 5-25(a)所示。

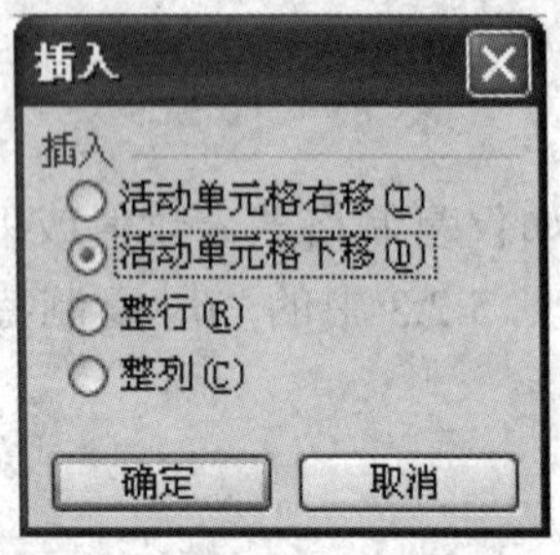

(a) “插入”对话框

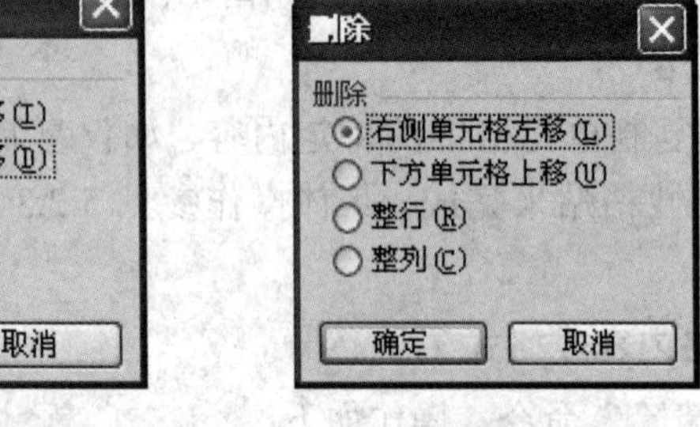

(b) “删除”对话框

图 5-25 “插入”和“删除”对话框

③ 在对话框中选择插入方式，如选择“活动单元格右移”或“活动单元格下移”，然后单击【确定】按钮。

2) 删除行、列、单元格

(1) 删除行。操作如下：

方法 1：在要删除的行上选定一个单元格，单击【开始】选项卡，在【单元格】组中单击【删除】按钮下方的小箭头，在其下拉菜单中选择【删除工作表行】命令。

方法 2：在要删除行的行号上单击鼠标右键，在快捷菜单中单击【删除】命令。

方法 3：删除多行。选择多行后右击行号，执行【删除】命令，则可以同时删除多行。

(2) 删除列。方法同删除行，不同的是选择【删除工作表列】命令。

(3) 删除单元格。有时在工作表中发生数据错行或错列的情况，需要用删除单元格的操作来纠正。

删除单元格操作方法同插入单元格，不同的是要选择【删除单元格】命令，出现“删除”对话框，如图 5-25(b)所示。在对话框中选择删除方式，如选择“活动单元格左移”或

“活动单元格上移”，然后单击【确定】按钮。

3) 调整行高和列宽

在工作表中输入数据时，并不是所有单元格的行高和列宽都能够满足要求。有时部分数据无法显示，因此需要调整行高和列宽。

(1) 调整行高。常用下述三种方法：

方法 1：将鼠标指针指向行号的下边框，当指针变成垂直的双向箭头时按住左键拖动。拖动时 Excel 会显示行的高度，当到达合适的高度时松开鼠标左键，如图 5-26 所示。

方法 2：选定要调整行高的单元格或区域，在【开始】|【单元格】组中单击【格式】下边的小箭头，选择【行高】命令。在“行高”对话框中输入行高数值，然后单击【确定】按钮即可，如图 5-27 所示 (注：行高的单位为像素)。

方法 3：在行号上选定行，然后在其上单击鼠标右键，在快捷菜单中选择【行高】命令，打开“行高”对话框，在此对话框中进行调整。

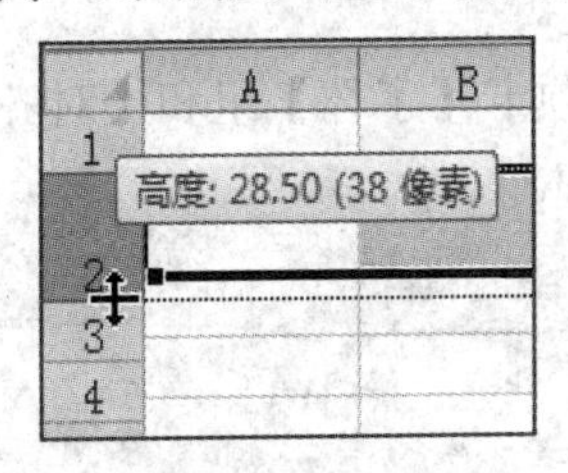

图 5-26　调整行高

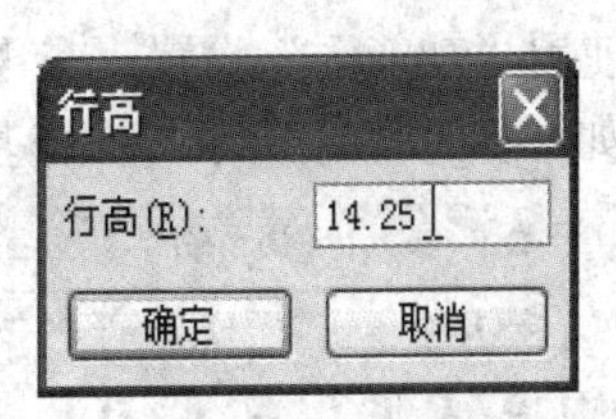

图 5-27　“行高”对话框

(2) 调整列宽。操作方法如下：

方法 1：将鼠标指针指向列标的右边框，当指针变成水平的双向箭头时按住左键拖动。拖动时会显示列的宽度，当到达合适的宽度时松开鼠标左键，如图 5-28 所示。

方法 2、3：同调整行高的方法 2 和方法 3。不同的是在下拉菜单中选择【列宽】命令。在“列宽”对话框中输入列宽数值，如图 5-29 所示(注：列宽的单位为像素)。

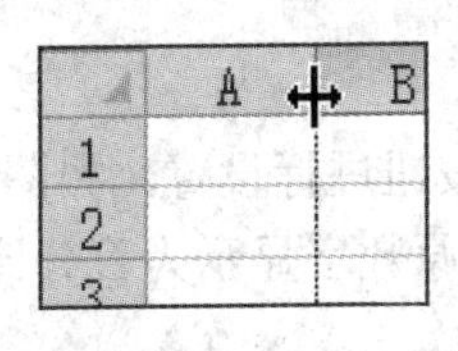

图 5-28　调整列宽

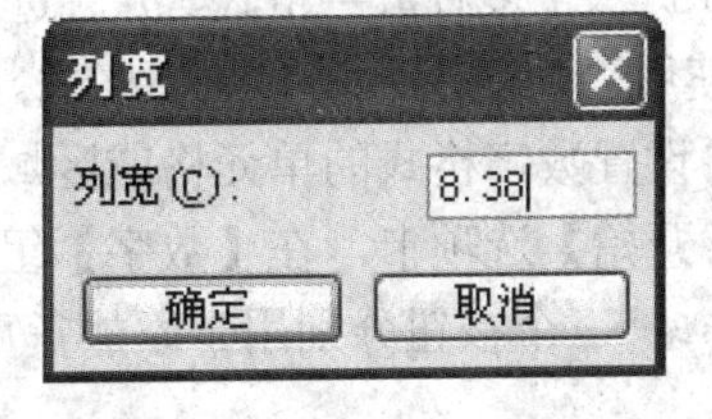

图 5-29 “列宽”对话框

(3) 同时调整多行高度、多列宽度。同时调整多行高度或多列宽度，只需选定多行，用上述三种方法均可实现。

(4) 根据键入内容自动调整列宽和行高。方法为：分别在列标的右边框上和行号的下边框上双击鼠标。

4) 隐藏行或列

在工作表中可以将包含一些重要数据的行或列隐藏起来，也可取消隐藏。

(1) 隐藏行或列。隐藏行或列的操作方法如下：

① 先选定要隐藏的行中的单元格或列中的单元格。

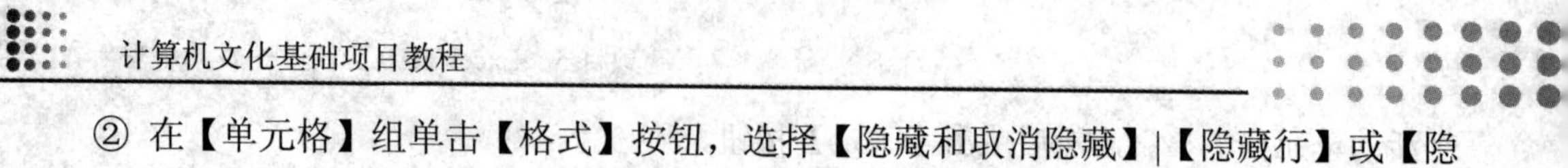

② 在【单元格】组单击【格式】按钮，选择【隐藏和取消隐藏】|【隐藏行】或【隐藏列】命令。

(2) 取消隐藏。若要重新显示被隐藏的行或列，操作方法如下：

① 选定被隐藏行的上下行行号或被隐藏列的左右列列标。

② 在【单元格】组单击【格式】按钮，选择【隐藏和取消隐藏】|【取消隐藏行】或【取消隐藏列】命令。

5.1.5 知识点：设置工作表格式

工作表创建好之后，还必须进行适当的修饰，使工作表看起来更加美观、赏心悦目。在 Excel 2010 中，工作表的格式设置包括数字格式、文本对齐方式、单元格的字体、边框和底纹等内容，常用“功能区”和“对话框”两种方法来设置。

1. 设置字体及对齐方式

方法 1：使用“功能区”设置。在【开始】选项卡【字体】组和【对齐方式】组中使用相应按钮，如图 5-30①②所示。操作基本同 Word。

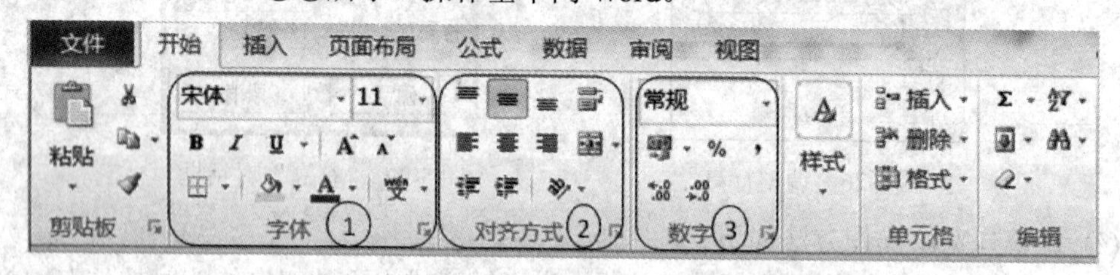

图 5-30 【开始】选项卡

方法 2：使用“对话框”设置字体及对齐方式。操作基本同 Word 2010。

2. 设置数字格式

Excel 2010 提供了多种数字格式，并且进行了分类，如常规、数字、货币、会计专用等。

方法 1：使用“功能区”设置数字格式。方法如下：

① 选定要设置数字格式的单元格或区域。

② 单击【开始】选项卡，在【数字】组单击相应按钮进行设置，如图 5-30③所示。

◇ % , 三个按钮分别用于添加货币符号、将原数字显示为百分比样式、在数字中加入千位符。

◇ .00 两个按钮分别用于增加小数位数、减少小数位数。

方法 2：使用“对话框”设置数字格式。方法如下：

① 选定要设置格式的单元格或区域。

② 单击【开始】|【数字】组的对话框启动器按钮，打开“设置单元格格式”对话框，选择【数字】选项卡，在【分类】框中选择“数值”，操作如图 5-31 所示。

◇ 在【小数位数】框中选择小数位数。

◇ 如果要使用千位分隔符，则选中【使用千位分隔符】复选框。

◇ 在【负数】列表框中选择负数的显示方式。

③ 设置正确后，单击【确定】按钮。

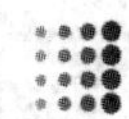

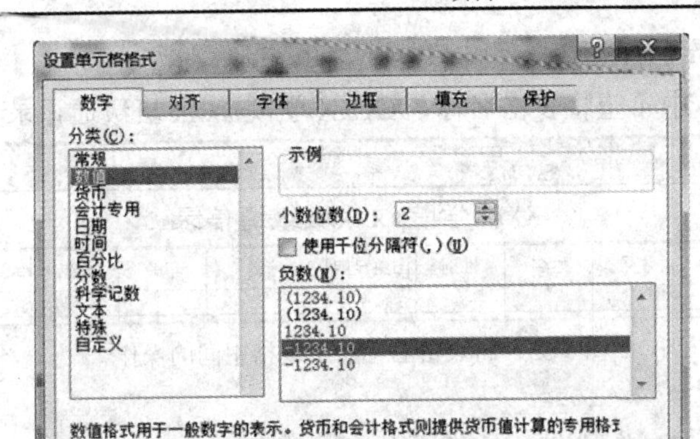

图 5-31　设置单元格数字格式对话框

3．设置日期格式

在单元格中可以使用各种格式显示日期，例如，将日期 2014-11-11 显示为 2014 年 11 月 11 日。操作步骤如下：

(1) 选定要设置格式的单元格或区域。

(2) 在【开始】选项卡的【数字】组中，单击对话框启动器按钮，打开“设置单元格格式”对话框的【数字】选项卡。

(3) 在【分类】框中选择“日期”，从【类型】框中选择所需类型格式，如“2001 年 3 月 14 日”，然后单击【确定】按钮，如图 5-32 所示。

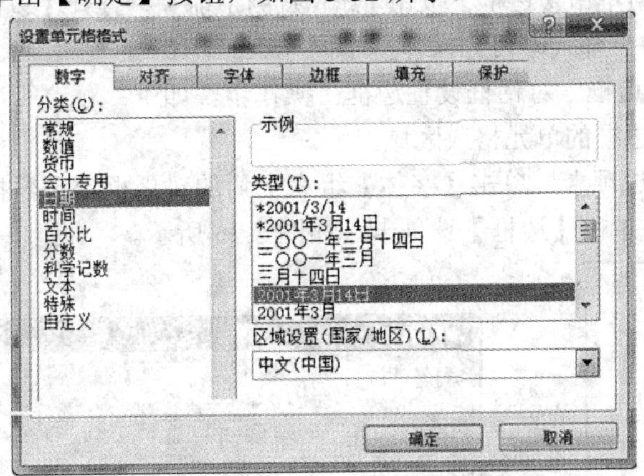

图 5-32　设置单元格日期格式对话框

4．设置水平、垂直、居中对齐

在输入数据时，一般是文本靠左对齐，数字、日期靠右对齐。有时需要改变单元格中数据的对齐方式。

1) 使用“功能区”设置水平、垂直对齐

操作步骤如下：

(1) 选定要设置对齐方式的单元格或区域。

(2) 在【开始】选项卡的【对齐方式】组中，单击相应按钮即可，如图 5-30②所示。对齐按钮有顶端对齐、垂直居中、底端对齐、文本左对齐、居中、文本右对齐。

2) 将表格名称居于表格中央

例如，在图 5-33 中希望将表格名称“XXXX 学院 xxxx 班级通讯录”对齐在表格中间。

A1 | fx | XXXX学院xxxx班级通信录

	A	B	C	D	E	F	G	H	I
1	XXXX学院xxxx班级通信录								
2	序号	学号	姓名	性别	出生日期	籍贯	年龄	电话	家庭住址
3									

图 5-33　将表格名称居于表格中间的操作

操作方法如下：

(1) 先选定 A1 到 I1 单元格。(注意不要选定整行)。

(2) 在【对齐方式】组单击【合并及居中】按钮，即可将表格名称居于表格的中央。

若选定了整行，则表格名称将居中于整行的中部，屏幕上将看不到。解决办法是选定整行，单击【合并及居中】按钮，取消合并及居中，然后重新操作即可。

5．设置边框/取消边框

网格线是围绕在单元格四周的淡色线，用于区分工作表上的单元格。默认情况下，网格线不会被打印。为了打印出有边框线的表格，可以给表格添加各种线型的边框。

1) 设置边框

方法 1：使用“功能区”中的“边框样式”工具按钮设置边框。操作如下：

① 选定要设置边框的单元格或区域。

② 在【字体】组单击【边框】按钮 ⊞ 右侧小箭头，打开【边框】样式，如图 5-34 所示。选择相应的边框样式即可。操作基本同 Word 2010。

方法 2：使用“边框”对话框设置边框。操作步骤如下：

① 选定要设置边框的单元格或区域。

② 在【开始】选项卡，单击【字体】组右下角的对话框启动器按钮，打开“设置单元格格式”对话框，单击【边框】选项卡，如图 5-35 所示。

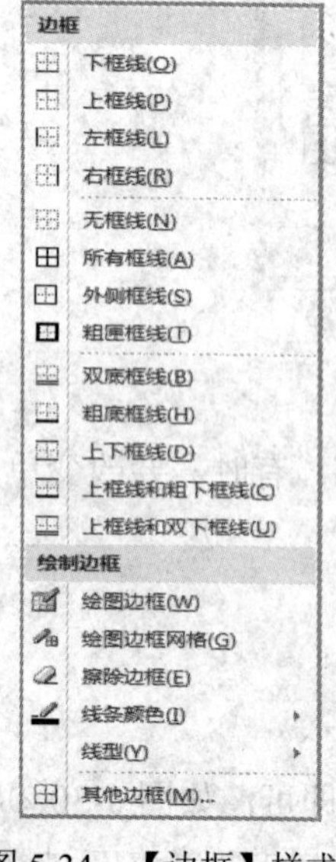

图 5-34　【边框】样式

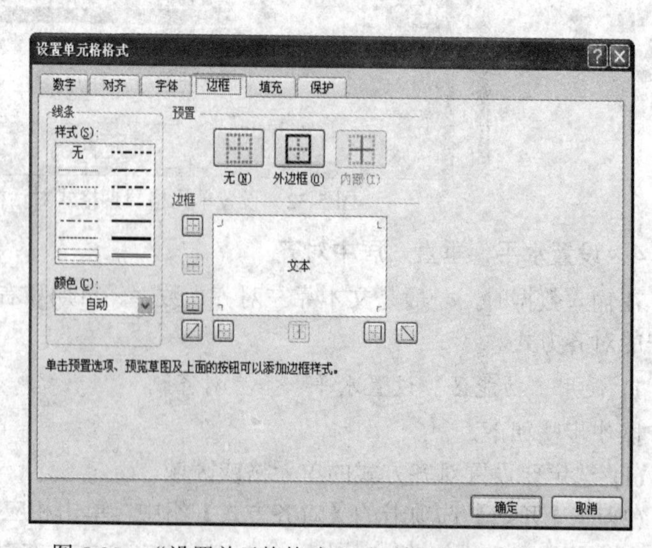

图 5-35　“设置单元格格式”对话框的【边框】选项卡

③ 设置线条样式、颜色、边框形式等。设置完毕，单击【确定】按钮。

2) 取消边框

取消“边框”的操作如下：

(1) 选定要取消边框的单元格或区域。

(2) 在图 5-34 所示的【边框】样式中选择【无框线】即可。也可在图 5-35 所示的【边框】选项卡中的【预置】区中选择【无】或在【边框】区中去掉边框。

6．设置底纹

Excel 中单元格的颜色默认是白色，并且没有图案，可以给单元格添加底纹。

方法 1：使用【填充颜色】按钮设置底纹。操作如下：

① 选定要设置底纹颜色的单元格或区域。

② 在【字体】组中，单击【填充颜色】旁边的小箭头，然后在“主题颜色”或“标准色”下面，单击所要的颜色即可。

方法 2：使用“填充”对话框设置底纹。操作如下：

① 选定要设置底纹颜色的单元格或区域。

② 使用“设置单元格格式”对话框的【填充】选项卡，选择颜色，单击【确定】按钮。

7．快速复制格式

在设置工作表的格式时，若有多处格式相同，可以通过【格式刷】按钮快速复制格式，操作方法同 Word 2010。

8．在工作表中插入图形

为了让表格更生动、美观，可以在工作表中插入各种图形对象如自选图形、剪贴画、图形文件、文本框、艺术字等，其插入的方法和格式设置的方法同 Word 2010。

9．页面布局

在工作表编辑、格式设置完成之后，有时需要打印。因此，在打印之前还需要设置工作表的页面布局及打印选项等。

1) 设置打印区域

如果只需要打印工作表上的部分内容，可以通过设置打印区域来实现。操作方法如下：

(1) 选定要打印的区域，可以是不连续的区域。

(2) 在【页面布局】选项卡的【页面设置】组中，单击【打印区域】，再单击其下的【设置打印区域】命令，如图 5-36 所示。此时虚线框框住的区域即为打印区域。

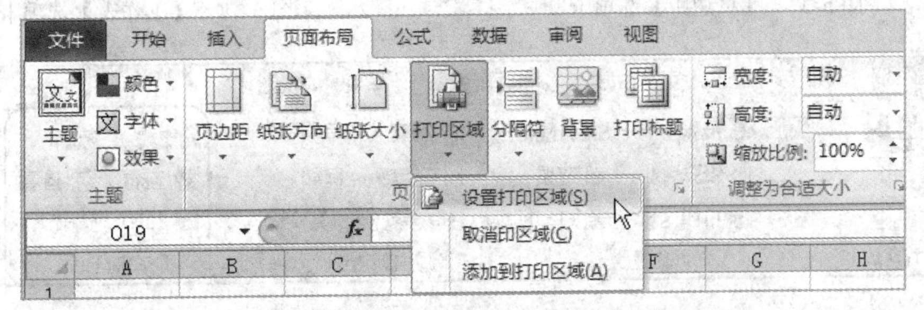

图 5-36　【页面布局】选项卡中的【页面设置】组

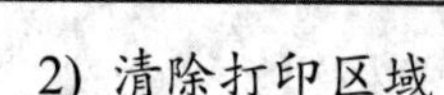

2) 清除打印区域

清除打印区域的方法是：在【页面布局】|【页面设置】组中，单击【打印区域】，单击【取消打印区域】。

3) 设置纸张大小和方向

设置纸张大小和方向的操作同 Word 2010。

4) 设置页边距

方法 1：使用“功能区”按钮。操作同 Word 2010。

方法 2：使用“对话框”。操作步骤如下：

① 在【页面布局】选项卡上单击【页面设置】组中的对话框启动器按钮，弹出“页面设置”对话框，选择【页边距】选项卡，如图 5-37 所示。

② 进行上、下、左、右页边距和页面的居中方式设置。设置完毕，单击【确定】按钮。

5) 设置打印网格线

如果要网格线出现在打印的页面上，操作方法如下：

方法 1：在“页面设置”对话框的【工作表】选项卡中，选中【网格线】复选框，如图 5-38 所示。

方法 2：在【页面布局】选项卡的【工作表选项】组中，选中【网格线】下面的【打印】复选框即可，如图 5-39 所示。

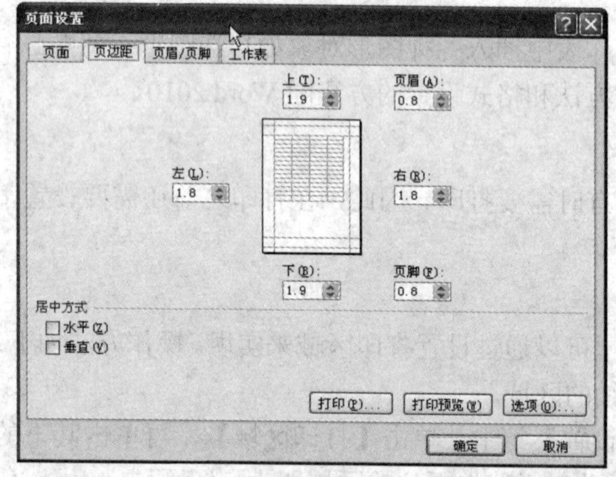

图 5-37 【页边距】选项卡

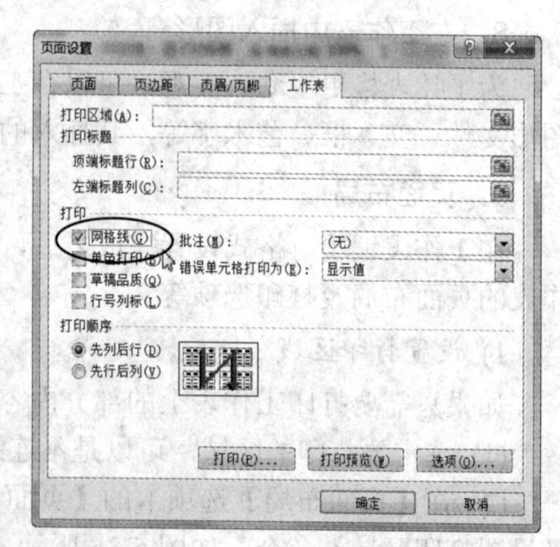

图 5-38 【工作表】选项卡

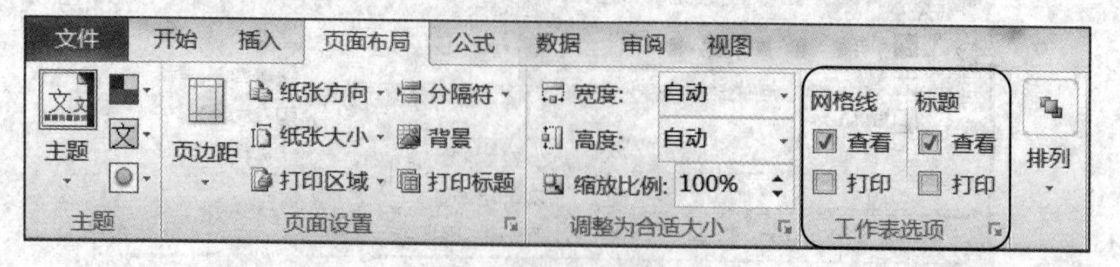

图 5-39 【工作表选项】组

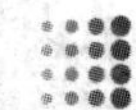

10. 预览打印效果及打印

1) 预览打印效果

(1) 将【打印预览和打印】按钮添加到快速访问工具栏。

(2) 在快速访问工具栏中单击【打印预览和打印】按钮，显示预览效果。

(3) 单击【开始】选项卡，即可返回编辑状态。

2) 打印

打印预览满意后，就可以打印表格了。操作方法如下：

(1) 选择要打印的工作表，单击【文件】选项卡或在【打印预览】后，选择【打印】。

(2) 在【打印】框输入打印的份数，在【打印机】区选择连接在用户计算机上的打印机，或选择网络上的共享打印机(一般选默认值)。

(3) 在【设置】区设置页面的其他选项，单击【打印】按钮，即可开始打印。

注：若【打印预览】和【打印】功能不能使用，请先安装打印机驱动程序。

5.1.6 任务实现：制作学生“信息表”

利用前面所学知识完成本节任务，操作要求及步骤如下所述。

1. 创建“成绩管理”工作簿

打开 Excel 2010，将工作簿另存为“学号-姓名-成绩管理 1.xlsx”。

2. 制作学生“信息表”

(1) 将“sheet1”工作表命名为“信息表”。

(2) 在“信息表”中，参照图 5-1 所示内容，输入表格内容。

◇ 在第一行输入表格名称“XXXX 学院学生信息表”(学院名称为自己所在学院名称)。

◇ 在第二行输入“班级：”及班级名称，“制表日期：”和当时日期(注：4 个数据分别输入在不同的单元格中)。

◇ 在第三行依次输入表格的标题行：学号、姓名、性别、出生日期、籍贯等。

◇ 在第四行输入第一个学生的信息(注：输入家庭住址时请用自动换行，输入联系电话时请把手机和座机号码换行显示，输入身份证时请按文本格式输入)。

◇ 用快速输入数据的方法完成“序号”“学号”“性别”列的输入。

◇ 输入完其余数据，保存工作簿。

注：在单元格内强制换行，用【Alt + Enter】组合键。要使文本自动换行，请在【开始】选项卡【对齐】组中单击【自动换行】按钮。

3. 编辑学生“信息表”

(1) 修改“信息表”中的部分数据。

将第一个学生信息修改为自己的信息。修改学生“信息表”中的错误数据。

(2) 练习剪切、复制、移动单元格内容等操作。

(3) 练习插入、删除行、列，调整列宽、行高，隐藏行或列等操作。

① 删除第三个学生信息，在第一个学生信息的下面插入一个空行。

② 将第五个学生信息隐藏起来。

(4) 编辑修改完“信息表”后，要将表格恢复到图 5-1 所示样式。

4．设置“信息表”字体、对齐等格式

参照图 5-1，设置“信息表”格式，学习者可根据自己的表格内容，适当调整列宽和行高，将表格调整在一页 A4 纸张之内，并参考下面的数据进行格式设置：

(1) 表格名称(第 1 行)：字体为隶书体，20，加粗；行高为 60。

(2) 表格标题行(第 3 行)：字体为宋体，14，加粗；行高为 30。

(3) 表格内容(第 4 行)：字体为宋体，12，加粗；行高为 20。

(4) 表格列宽格式：根据每列的内容调整每列的列宽，使之刚好显示每列内容。

(5) 单元格的对齐方式：设置为水平居中或垂直居中。

5．设置表格线和底纹填充颜色

设置内、外框线：外框线设置为粗实线，内框线设置为细实线。

设置表格底纹颜色：根据自己的喜好，将表格的名称、标题行、数据行、数据列设置为不同的填充颜色，底纹颜色以淡雅为宜，最后保存工作簿。

6．设置打印区域和页面格式

(1) 设置打印区域。选中 A1:M14，将此区域设置为打印区域。

(2) 设置页面格式。纸张大小选 A4，纸张方向选横向，上、下边距设置为 2.5 厘米，左、右边距设置为 1.5 厘米，居中方式选择水平居中。

7．打印预览

执行打印预览，若表格要打印的部分超出了纸张页面或预览效果不满意，适当调整格式，直到在 A4 页面全部显示表格并且满意为止。任务完成后的预览效果如图 5-40 所示。

XXXX 学院

学生信息表

班级：电气3181　　　　制表日期：2018年5月

序号	学号	姓名	性别	出生日期	籍贯	成绩	身高米	家庭住址	身份证号码	联系电话	个人爱好	备注
1	DQ001	王强	男	1994/8/1	陕西	472	1.73	西安市未央区大王村二组	614106199408014661	13102988122 029-84310022	英语	
2	DQ002	李玉华	女	1993/9/21	甘肃	461	1.67	兰州市	610102199309214482	13991800444 029-82131011	音乐、舞蹈	
3	DQ003	赵华成	男	1994/1/13	新疆	457	1.78	宝鸡市	610113199401134487	11111111	体育、街舞	
4	DQ004	刘恬	女	1995/11/8	宁夏	454	1.57	银川市	888888888888888888	22222222	上网	
5	DQ005	张鹏泽	男	1992/12/1	陕西	438	1.72	渭南市	333333333333333000	11111112	上网、旅游	
6	DQ006	李聪	女	1994/3/11	甘肃	435	1.61	天水市	123456789999999999	22222223	上网、读书	
7	DQ007	林森	男	1993/4/16	甘肃	429	1.72	咸阳市	615113199401134487	11111113	上网、武术	
8	DQ008	王利雪	女	1995/2/14	陕西	423	1.7	汉中市	615113199401134487	22222224	上网、唱歌	
9	DQ009	杨涛	男	1994/9/9	河南	411	1.75	开封市	615113199401134487	11111114	上网	
10	DQ010	许闵娜	女	1994/8/10	山东	414	1.58	济南市	615113199401134487	22222225	上网	

图 5-40　学生“信息表”完成效果

8．保存工作簿

(1) 将工作簿保存为 xlsx 模式，文件名为“学号(后两位)-姓名-成绩管理 1.xlsx”。

(2) 将工作簿保存为兼容模式，文件名为“学号(后两位)-姓名-成绩管理 1.xls”。

注：文件名中带上学号和姓名，以便于老师检查作业，学号、姓名均为学生的真实信息。

5.2　任务：数据计算操作——制作“课程成绩单”并进行计算

5.2.1　任务描述

学生在校期间，会有许多课程成绩单，其中有大量的数据计算和处理，若靠人工会很麻烦且效率低下，也容易出错。利用 Excel 来处理这些成绩单就会变得轻松容易。

在此，我们通过制作学生成绩单并进行相关计算统计，来学习 Excel 2010 的强大计算功能，掌握 Excel 2010 公式和函数的使用方法，从而学会各种复杂的计算和数据处理。

任务描述如下：

(1) 在“成绩管理 1”工作簿中，创建“成绩单”工作表(将 Sheet2 命名为“成绩单”)。

(2) 参照图 5-41 所示样式和内容，制作“成绩单”工作表，输入数据并设置其格式。

(3) 在“成绩单”工作表中，利用公式引用“信息表”中的数据，快速得到学号、姓名、班级名称等信息，这样可以做到一改全改。

XXXXXX学院

班级课程成绩单

班级：　　　　课程：　　　　学期：

学号	姓名	平时 10%	期中 20%	期末 70%	总评成绩	备注

最高分　　　及格人数　　　考试人数

最低分　　　不及格人数

平均分　　　及 格 率　　　缺考人数

授课教师　　　　　　日　期

图 5-41　“课程成绩单”工作表

(4) 将“成绩单”工作表名改名为第一门课程成绩单“英语成绩单”，并进行下列操作：在平时、期中、期末成绩区域，先进行数据有效性设置(0～100 之间)，再输入成绩。

① 按比例计算每个学生的总评分(平时占 10%，期中占 20%，期末占 70%)。

② 使用函数统计课程的最高分、最低分、平均分、及格人数、不及格人数等。

③ 扩展内容：统计课程的考试人数、缺考人数。

④ 处理完的“英语成绩单”预览效果如图 5-55 所示。

(5) 根据“英语成绩单”工作表快速生成其他三门课程“数学”“计算机”“政治”

课程的成绩单工作表，并完成数据的输入和计算统计。

(6) 按要求保存工作簿为“学号-姓名-成绩管理 2.xlsx”。

5.2.2 知识点：数据的有效性验证

在工作表中，时常会碰到有限制的数据，比如年龄必须大于 0、每月的天数不能超过 31 等等。数据有效性是 Excel 中的一种功能，用于定义在单元格中可以输入或应该输入哪些数据。配置数据有效性可以防止用户输入无效数据。

1. 数据的有效性验证步骤

步骤 1：设置数据的有效性。

① 选中要验证的单元格或区域。

② 在【数据】选项卡的【数据工具】组中，单击【数据有效性】，如图 5-42 所示。

③ 在“数据有效性”对话框中进行数据有效性设置，如图 5-43 所示。

◇ 在【设置】选项卡中定义有效性条件。

◇ 在【输入信息】选项卡中输入所需的输入提示信息。

◇ 在【出错警告】选项卡中输入出错警告信息。

④ 最后单击【确定】按钮。

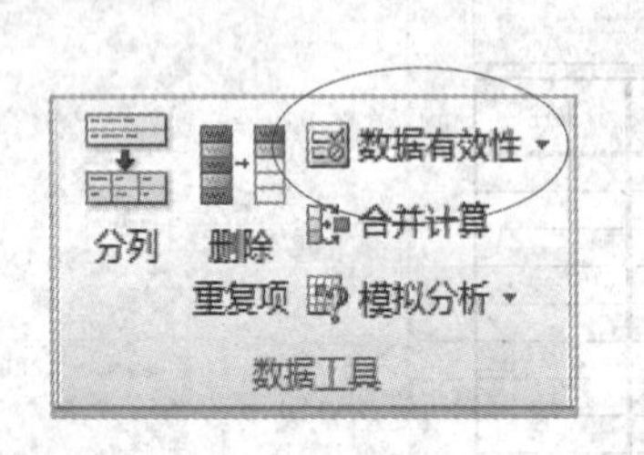

图 5-42 【数据有效性】按钮

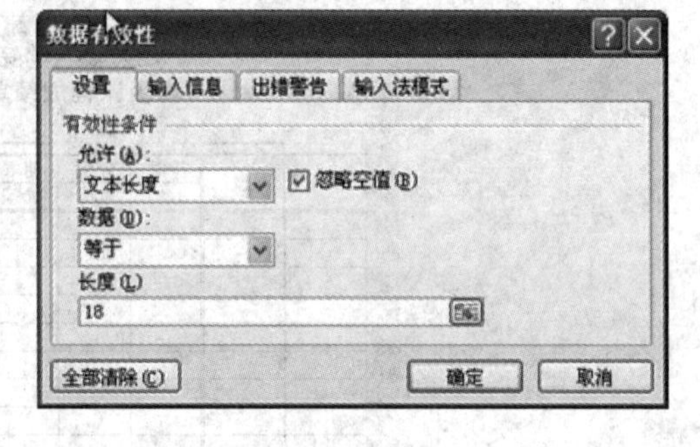

图 5-43 身份证有效性设置对话框

步骤 2：测试数据有效性以确保输入正常。

尝试在单元格中输入有效和无效数据，验证设置结果，并且显示所预期的信息。

2. 数据有效性的应用

1) 验证身份证的长度

中国公民身份证长度为 18 位，使用数据有效性可防止输入长度非法数据。操作如下：

(1) 选中要验证的单元格区域。

(2) 在【数据】选项卡的【数据工具】组中，单击【数据有效性】，如图 5-42 所示。

(3) 在“数据有效性”对话框中，进行数据有效性设置，操作如图 5-43 所示。

① 【允许】框：选“文本长度”。

② 【数据】框：选“等于”。

③ 【长度】框：输入“18”。

(4) 单击【确定】按钮。

(5) 验证身份证的有效性。尝试在单元格中输入有效和无效数据，以确保设置有效。

当输入了无效数据后，系统显示出错警告，如图 5-44 所示。

2) 验证课程成绩

设课程成绩有效范围在 0～100 分之间，使用数据有效性可以防止输入 0～100 分之外的数据。操作方法基本同上，不同的是在【设置】选项卡中定义的有效性条件不同，设置如图 5-45 所示。

(1) 【允许】框：选择“整数”。

(2) 【数据】框：选择“介于”。

(3) 【最小值】【最大值】框：分别输入 0 和 100。

3) 其他应用

(1) 在【输入信息】选项卡中，输入单击单元格时要显示的信息选项。

(2) 在【出错警告】选项卡中，输入用户在单元格中输入无效数据时的警告信息。

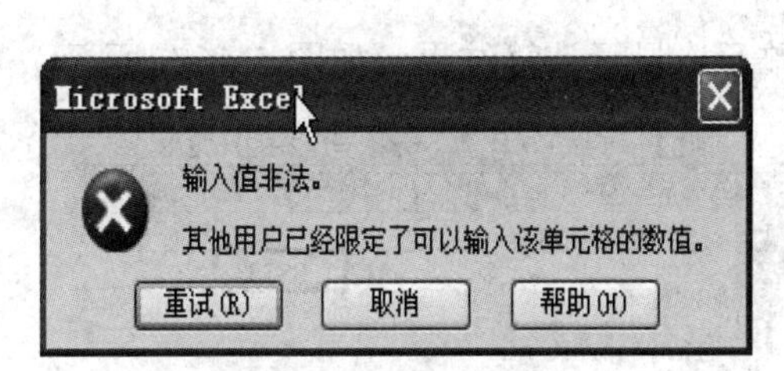

图 5-44　出错警告框

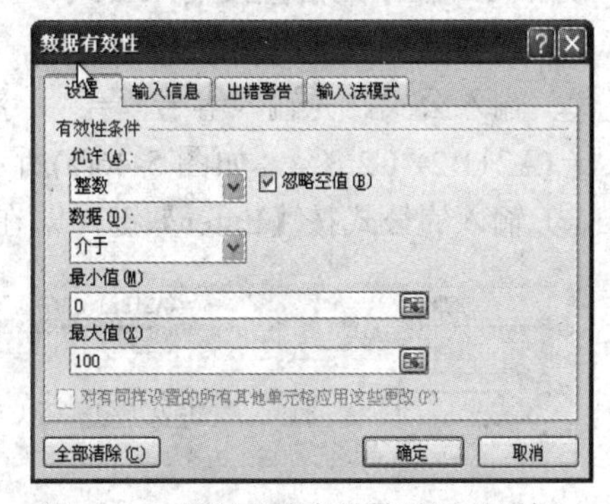

图 5-45　课程成绩有效性设置对话框

数据有效性的应用请参考 Excel 帮助中的应用数据有效性部分。

5.2.3　知识点：公式的使用

Excel 中的公式类似于数学中的公式，由函数、引用、运算符和常量组成。它可以对工作表中的数据进行加、减、乘、除、求和等基本数学运算，也可以进行复杂的数学运算。

1. Excel 运算符

Excel 中的运算符主要有四类：算术运算符、比较运算符、文本运算符、引用运算符。

1) 算术运算符

算术运算符有+ (加)、– (减)、* (乘)、/ (除)、% (求百分数)、^ (乘方)。

2) 比较运算符

比较运算符有> (大于)、>= (大于等于)、< (小于)、<= (小于等于)、= (等于)、<> (不等于)。它们可以比较两个数据的大小，当比较的条件成立时为 True，不成立则为 False。

3) 文本运算符

文本运算符“&”也称为连接运算符。用于连接两段文本，形成一个新文本。

4) 引用运算符

引用运算符有冒号(:)、空格和逗号(,)。

“:”(区域运算符)：用于定义一个单元格区域。例如，B3:B10 表示从 B3 单元格到

B10 单元格的矩形区域，B3:D7 表示从 B3 单元格到 D7 单元格中的矩形区域。

“空格”运算符：是一种交叉运算符，它表示只处理各单元格区域之间互相重叠的部分。例如在单元格 E1 中输入公式“ = SUM(A1:C1　B1:D1)”，则在确定之后，E1 单元格的结果为 B1 单元格与 C1 单元格之和。

“,”(联合运算符)：它可将两个或多个单元格区域连续起来。例如，当在单元格 A4 中输入公式“= AVERAGE(A1:B2, D1, C2)”后，按回车键，其结果是对 A1 至 B2 区域、D1 和 C2 单元格内的数据求平均值。

2．公式的输入方法

Excel 中的公式必须以“=”开始，可在单元格中直接输入，也可在公式编辑栏输入。下面以在 D2 单元格输入公式“(A2+B2)*C2/3”为例，介绍公式的输入方法。

方法 1：在单元格直接输入公式。操作方法如下：

① 选择要存放计算结果的单元格，使其成为活动单元格，例如 D2 单元格。

② 输入公式。先输入等号“=”，然后输入“(A2+B2)*C2/3”，即在 D2 单元格中输入“= (A2+B2)*C2/3”，如图 5-46(a)所示。

③ 输入完公式按【Enter】键，即在 D2 单元格显示计算结果，如图 5-46(b)所示。

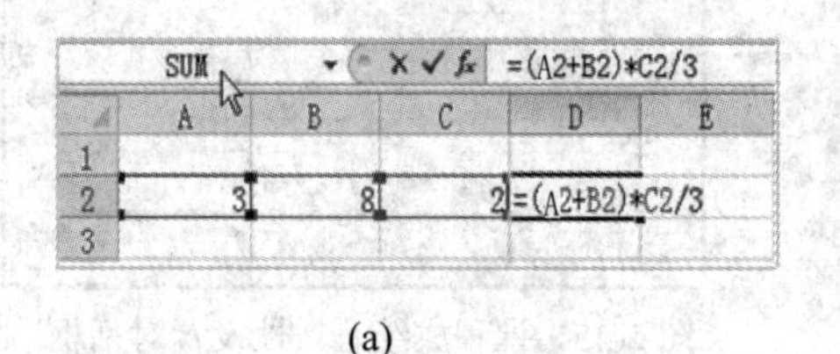

(a)

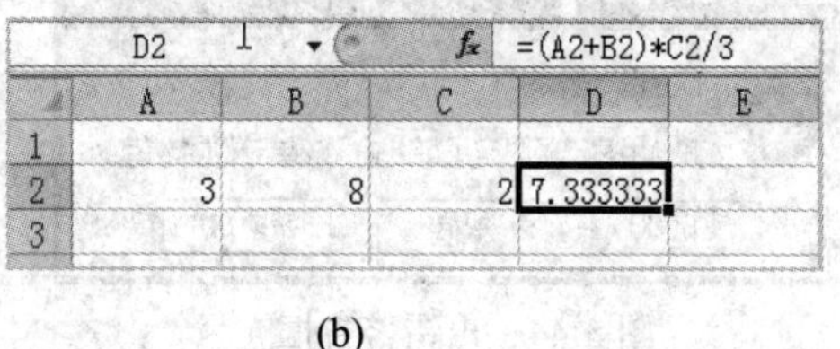

(b)

图 5-46　公式的输入方法

方法 2：在编辑栏输入公式。操作方法如下：

① 选择要存放计算结果的单元格，使其成为活动单元格。例如，D2 单元格。

② 在编辑栏中输入“= (A2+B2)*C2/3”。

③ 输入完公式，按回车键或单击编辑栏上的【√】。

活动单元格即显示计算结果，编辑栏显示计算公式。

方法 3：输入公式时用鼠标获取单元格地址。在需要输入单元格名称的地方直接单击该单元格，该单元格地址即显示在公式中，其余操作同输入公式。该方法方便快捷。

有关输入公式时的几点说明如下：

① 输入公式时，必须先输入“=”，否则会认为是文本而不予计算。

② 如果一个单元格的数据是由公式计算出来的，当选中该单元格时，则会在编辑栏显示该单元格的计算公式。

③ 当参与某个公式计算的任何一个单元格中的数据即原始数据发生改变时，由公式计算出来的单元格数据即计算结果会跟着发生改变，即原始数据发生改变，计算结果也跟着改变。这样就保证了计算的数据与结果一致(Word 的公式计算没有此功能)。

3．公式中单元格地址的引用

在 Excel 中，可以通过引用单元格的名称来得到单元格中的数据。在公式中引用单元格地址使得计算变得非常方便。例如，在 D2 单元格中输入公式“=(A2+B2)*C2/3”，当

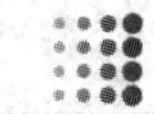

A2、B3、C2 中的数据发生改变时，D2 中的计算结果也随之按公式自动更新。

1) 单元格的引用类型

单元格的引用通常分为相对引用、绝对引用和混合引用。

(1) 相对引用。相对引用是指公式所在单元格与引用单元格之间的位置是相对的。当公式所在单元格地址发生改变时，引用的单元格地址也会按照原来的相对位置发生变化。

例如，D2 单元格的公式“=(A2+B2)*C2/3”，它引用了自己左边的三个单元格。当把该单元格中的公式复制到 D7 单元格时，该公式自动变为“=(B7+C7)*D7/3”，即 D7 也引用了自己左边的三个单元格。

(2) 绝对引用。绝对引用是指公式所在的单元格与引用的单元格之间的位置关系固定不变。其方法是在单元格地址的列号和行号前各加一个字符“$”。

例如，在上面的公式中，把 3 放在了 B1 单元格，从 D2 到 D10 单元格都要引用 B1 单元格中的数据 3，则 D2 单元格中公式应为“= (A2+B2)*C2/*$B$1”。当把公式复制到 D7 单元格时，该公式自动变为“=(A7+B7)*C7/*$B$1”，即 D7 也绝对引用了 B1 单元格。

(3) 混合引用。有时，在复制公式时需要列地址和行地址中的一个保持不变，而另一个可变，这种引用称为混合引用。例如$A1 和 A$1，前者表示的是列地址不变(绝对引用 A 列)，行地址变化；后者表示行地址不变(绝对引用第一行)，而列地址变化。

说明：向下或向上复制公式时，相对引用的单元格列号不变，行号发生改变；向左或向右复制公式时，相对引用的单元格行号不变，列号发生改变。

2) 引用同一工作簿中不同工作表中的单元格

在工作表的计算中，时常要用到同一工作簿中其他工作表中的数据。此时，就要引用其他工作表中的地址。其引用格式如下：

工作表名!单元格地址

例如：当前工作表为 Sheet2，在 D5 单元格要引用 Sheet1 工作表中 B3 单元格的数据。可用两种方法。

方法 1：手工输入。选中 Sheet2 中的 D5 单元格，在编辑栏输入“= Sheet1!B3”，然后单击【√】按钮。

方法 2：使用鼠标获取单元格地址。此方法简单便捷。操作步骤如下：

① 选中 Sheet2 中的 D5 单元格，在编辑栏输入“=”。

② 单击 Sheet1 工作表标签，选中 Sheet1 中的 B3 单元格，即获取了 Sheet1 中 B3 单元格的地址，并在编辑栏显示“=Sheet1!B3”。

③ 单击输入【√】按钮，返回到 Sheet2 的 D5 单元格，并显示结果。

4．公式的编辑方法

若某处的公式有错误或者计算公式有所改变，可对公式进行修改，具体操作如下：

(1) 选定包含要修改公式的单元格，即可在编辑栏看到公式。

(2) 在编辑栏中单击鼠标，将光标插入点放入编辑栏，即可看到公式对单元格的引用，若有错误，直接在编辑栏对公式进行修改，修改好后按回车键或单击编辑栏上的输入按钮【√】即可。若要放弃修改，单击编辑栏的取消按钮【×】。

(3) 若要删除公式，请选中要删除公式的单元格，然后按【Delete】键即可。

5．公式的移动和复制

1) 移动公式

可以使用剪切/粘贴和鼠标拖放两种方法移动公式。两种方法的操作同单元格的移动。

注：移动公式时，公式内的单元格引用不会发生改变，所以运算结果也不会发生改变。

2) 复制公式

复制公式可以使用复制/粘贴、鼠标拖放和填充三种方法。

方法 1：鼠标拖放复制，具体操作方法同单元格的复制。

方法 2：复制/粘贴，具体操作方法同单元格的复制。

方法 3：填充。填充是最简单便捷的方法，常用于复制一块连续区域。具体操作方法如下：

① 选定要复制公式的单元格。

② 用填充柄向下或向右填充。

注：公式复制时，单元格引用可能会发生变化，运算结果也会发生改变，即相对引用的单元格会发生改变，绝对引用的单元格不会改变。复制后，在目标单元格显示计算结果，编辑栏显示公式。

6．复制特定内容和选择性粘贴

复制公式时，有时只需要复制前面公式的计算结果，而不需要复制公式，或只复制公式，不复制数据。要完成这样的操作，通常有两种方法。

方法 1：用“粘贴”面板。操作方法如下：

① 选定要复制公式的单元格，单击【复制】按钮。

② 在【剪贴板】组单击【粘贴】下的小箭头，展开“粘贴”面板，如图 5-47(a)所示。在“粘贴”面板中选择特定操作。

◇ 单击【粘贴】按钮：粘贴公式和所有格式。

◇ 单击【公式】按钮 f_x：只粘贴公式。

◇ 单击【值】按钮 123：只粘贴公式结果。

◇ 单击【格式】按钮：只粘贴单元格格式。

◇ 单击【保留源格式】按钮：粘贴时保留源格式。

◇ 单击【转置】按钮：粘贴时行、列转置。

(a) “粘贴”面板

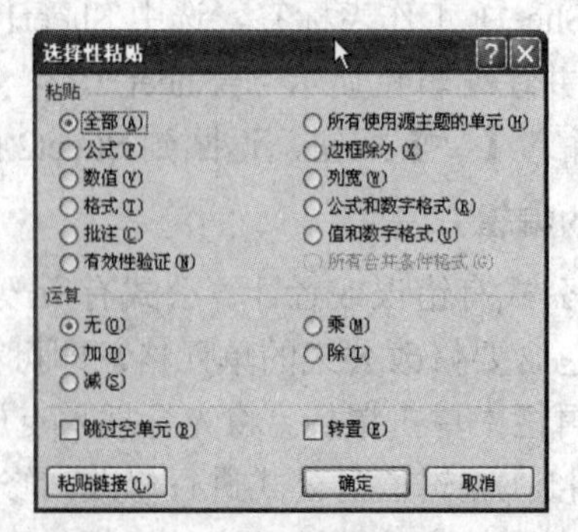

(b) “选择性粘贴”对话框

图 5-47 “粘贴”面板和“选择性粘贴”对话框

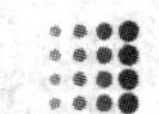

◇ 单击【保留源列宽】按钮：粘贴时列宽自动调整为源列宽。

方法 2：用“选择性粘贴”对话框。步骤同方法 1，只是粘贴时操作不同。粘贴时，单击【剪贴板】组【粘贴】下方的小箭头，在展开的面板中选择最下面的【选择性粘贴】命令，打开“选择性粘贴”对话框，如图 5-47(b)所示。在【粘贴】区选择需要粘贴的选项，比如公式、数值、格式等选项。单击【确定】按钮。

5.2.4　任务实现(1)：使用公式计算第一门课程总评成绩

使用公式计算课程总成绩的操作要求及步骤如下所述。

1．制作课程“成绩单”工作表

(1) 打开“成绩管理 1”工作簿，将工作表“sheet2”重命名为“成绩单”。

(2) 参照图 5-41 制作“成绩单”工作表。(注意，在工作表中不要输入数据)。

(3) 设置格式：设置页面格式。纸张大小为 16K，纸张方向为纵向，上、下边距 2.5 厘米，左、右边距 1.5 厘米，水平居中。根据页面格式，适当调整表格的行高、列宽等。

(4) 预览到一张精美的表格，预览结果基本同图 5-41。最后保存工作簿。

2．在“成绩单”工作表中引用学生“信息表”中原始数据

(1) 在“成绩单”工作表中，引用学生“信息表”中的班级名称。

(2) 在“成绩单”工作表中，引用学生“信息表”中的“学号、姓名”列数据。

① 引用学生“信息表”中的第一个学生的学号、姓名。

② 使用填充法引用学生“信息表”中其余学生的学号和姓名。

3．设置平时、期中、期末成绩的有效性验证

输入第一门课程成绩进行验证。

(1) 把“成绩单”工作表改名为“英语成绩单”。

(2) 设置“平时”“期中”“期末”列数据的有效性，数值在 0～100 之间。

(3) 在“平时”“期中”“期末”列自行输入英语课程成绩。

请尝试输入 0～100 之外的数据，此时会出现出错消息框。

4．计算每个学生的英语总评成绩

(1) 计算第一个学生的总评成绩。选中要计算第一个学生总评成绩的单元格，如 F6 单元格，然后输入公式“=C6*$C$5+D6*$D$5+E6*$E$5”，最后单击【√】按钮。

(2) 计算其余学生总评成绩。选中 F6 单元格，向下填充到 F15 单元格。

(3) 设置总评成绩的数值格式为小数位 0 位。

(4) 本节任务完成后的工作表如图 5-48 所示。

5．保存工作簿

将工作簿保存为“学号-姓名-成绩管理 2.xlsx”和兼容模式。

XXXXXX学院
班级课程成绩单

班级：电气3141　　课程：英语　　学期：第1学期

学号	姓名	平时	期中	期末	总评成绩	备注
		10%	20%	70%		
DQ001	王强	80	90	86	86	
DQ002	李玉华	88	86	86	86	
DQ003	赵华成	70	50	30	38	
DQ004	刘恬	90	95	78	83	
DQ005	张鹏泽	60	40	90	77	
DQ006	李聪	86	90	96	94	
DQ007	林森	86	90	90	90	
DQ008	王利雪	72	0	-1	7	
DQ009	杨涛	98	86	95	94	
DQ010	许闵娜	90	95	94	94	

最高分　　及格人数　　考试人数

最低份　　不及格人数

平均分　　及 格 率　　缺考人数

授课教师　　日　期

图 5-48　本节任务完成的效果

5.2.5 知识点：函数的使用(1)

函数是预先定义的一些公式。Excel 提供了许多内部函数，如数学函数、财务函数、日期函数、统计函数、数据库函数等，利用函数可以帮助用户快速完成一些复杂的运算。

1．函数的语法

1) 函数的组成

Excel 函数由三部分组成：等号“=”、函数名、参数。其中，函数名说明该函数的功能；参数是函数运算时要用的量，可以是数值、单元格引用、范围或其他函数。

例如：常用的求和函数“=SUM(B2:D4,E2)”，其中 SUM 为函数名，代表函数的功能。

2) 函数的参数说明

函数是作为一个整体应用在公式中，其参数必须用一对西文括号“( )”括起来。如果函数中参数引用的是一个单元格区域，则第一个单元格和最后一个单元格之间用西文冒号(:)连接；如果有多个参数，各参数之间用西文逗号(,)分隔，当参数为字符串时，字符串参数需要用一对西文双引号("")引起来。例如：

=IF(B3>=60, "合格"，"不及格")

2．函数的输入方法

Excel 提供了两种输入函数的方法：一种是手工直接输入，另一种是利用“插入函数”对话框和函数向导完成输入。下面以“求 A1:C5 单元格中所有数据之和，将结果放到 F5 单元格中”为例，分别介绍两种函数的输入方法。

1) 手工输入函数

手工输入函数，灵活直接，但要求用户必须熟悉函数名称和参数。手工输入函数的操作方法如下：

(1) 单击存放结果的单元格，使其成为活动单元格。例如：选中 F5 单元格。

(2) 在编辑栏或活动单元格中输入“=”，接着输入函数及其参数。例如，在 F5 单元格中输入“=SUM(A1:A5, B1:B5, C1:C5)”或“=SUM(A1:C5)”。

(3) 输入完后按回车键，即在活动单元格显示计算结果。

2) 使用函数向导输入函数

利用“插入函数”对话框和函数向导完成函数的输入会比较轻松容易。使用函数向导输入函数的操作方法如下：

(1) 选中要输入公式的单元格。例如选中 F5 单元格。

(2) 单击编辑栏上的【插入函数】按钮 *fx*，打开“插入函数”对话框，如图 5-49 所示。

(3) 从【或选择类别】列表框中选择要用的函数类别；从【选择函数】列表框中选取要使用的函数。如例题中要进行求和计算，则在类别框中选中“常用函数”，再在【选择函数】框中选中“SUM”函数，对话框底部附有相应函数的功能说明。

(4) 单击【确定】按钮，即出现所选函数的“函数参数”对话框。本例中出现“SUM”函数对话框，如图 5-50 所示。

(5) 输入参数。在“参数编辑框”中输入计算的数值或者输入要引用的单元格地址或

单元格区域，也可直接用鼠标来获取要参加运算的单元格或单元格区域。

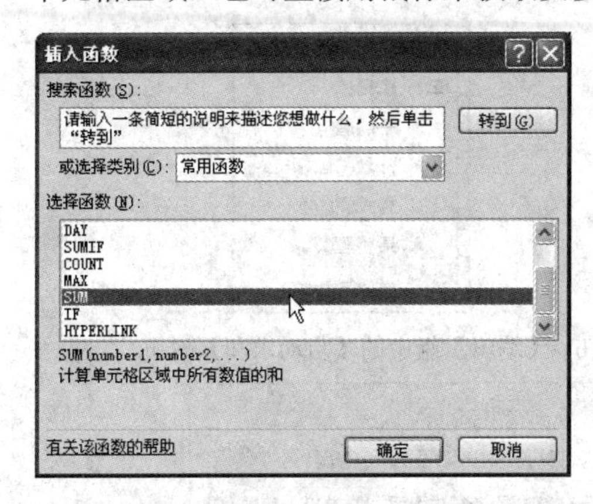

图 5-49　“插入函数”对话框

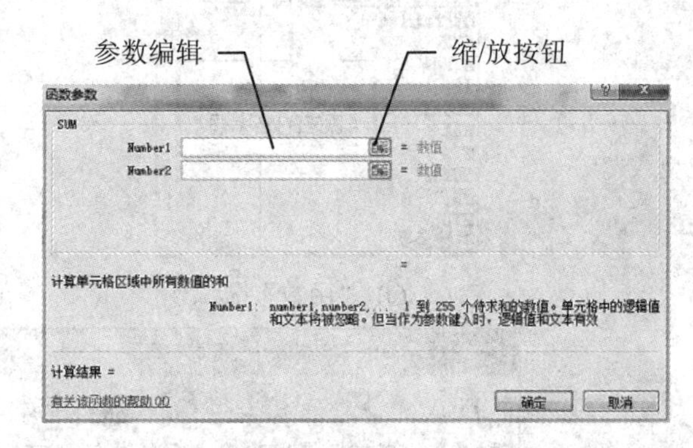

图 5-50　“SUM”函数对话框

鼠标获取单元格或单元格区域的方法为：将鼠标指针置于参数框，用鼠标在工作表中选择要引用的单元格或区域(本例中选择 A1:C5 单元格)。

函数若有多个参数，可以用上述方法重复输入多个参数。

(6) 参数输入完毕，单击【确定】按钮，这时在单元格中即显示计算结果。F5 单元格就出现 A1:C5 单元格的数据之和。

3) 编辑、修改函数

若某处的函数使用或参数引用有错误，可进行修改，操作方法如下：

(1) 选定使用了函数的单元格。

(2) 将光标放在编辑栏的出错位置上，对错误进行修改，修改好后按回车键或单击编辑栏上的输入按钮【√】即可。若要放弃修改，单击编辑栏的取消按钮【×】。

(3) 若要删除函数，选中后按【Delete】键即可。

4) 函数的其他输入方法

除了手工输入和使用【插入函数】按钮外，还可在 Excel 的其他地方快速使用函数。

方法 1：在“函数”框使用“常用函数”或“其他函数”。操作如下：

① 选定要用函数的单元格，然后输入“=”，原来的“名称框”就变为“函数”框。

② 单击“函数”框右边的小箭头，在下拉菜单中单击要使用的函数名或【其他函数】命令，如图 5-51(a)所示。单击函数名，打开“函数参数”对话框；若无要用的函数，可单击【其他函数】命令，打开“插入函数”对话框，根据需要进行操作即可。

说明：新近操作过的函数也显示在“函数”框中。

方法 2：在【编辑】组使用【自动求和】按钮及下拉菜单。操作如下：

① 选定要用函数的单元格。

② 在【开始】选项卡的【编辑】组中，单击【自动求和】按钮右边的小箭头，在下拉菜单中选择要用的函数名(用中文显示)或【其他函数】命令，如图 5-51(b)所示。

方法 3：使用【公式】选项卡【函数库】组中的命令。操作如下：

① 选定要用函数的单元格。

② 在【公式】选项卡的【函数库】组中，单击相应的命令按钮，如图 5-51(c)所示，

可快速展开对应类别的函数，用户根据需要进行选择即可。

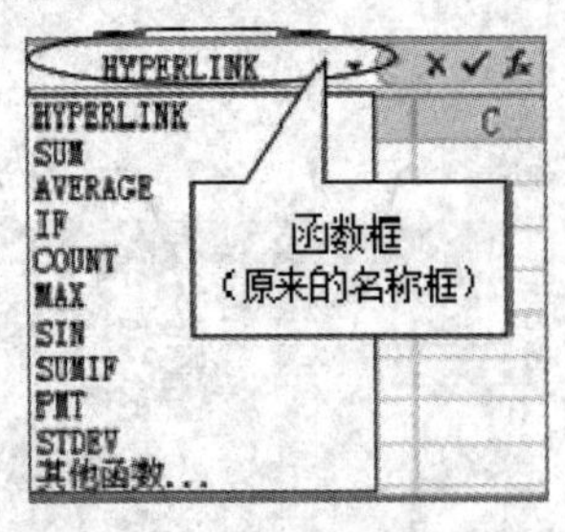

(a) “函数”框

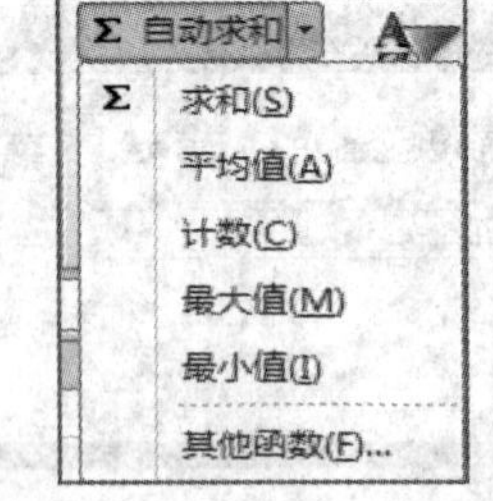

(b) 【编辑】组中的【自动求和】按钮

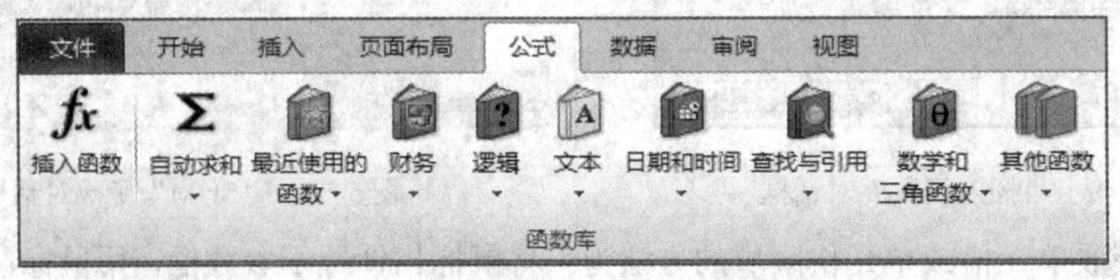

(c) 【公式】选项卡中的【函数库】组

图 5-51　函数输入方法及界面

3. 常用函数简介

1) 取整函数——INT 函数

功能：将数字向下舍入到最接近的整数。

语法：INT(Number)。

【例 5-1】 将 8.9 向下舍入到最接近的整数 8。

公式为 = INT(8.9)。

【例 5-2】 求单元格 A2 中正实数的小数部分。

公式为 = A2-INT(A2)。

【例 5-3】 对单元格 A2 中正实数四舍五入取整。

公式为 = INT(A2+0.5)。

2) 求和函数——SUM 函数

功能：计算参数的和。

语法：SUM(Number1, [Number2]，…)。

3) 求最大值函数——MAX 函数

功能：返回一组数中的最大值。

语法：MAX(Number1, [Number2]，…)。

【例 5-4】 计算 B2:B10 区域中的最大值。

公式为 = MAX(B2:B10)。

4) 求最小值函数——MIN 函数

功能：返回一组数中的最小值。

语法：MIN(Number1, [Number2]，…)。

【例 5-5】 计算 B2:B10 区域中的最小值。

公式为 = MIN(B2:B10)。

5) 求平均值函数——AVERAGE 函数

功能：返回一组数中的平均值。

语法：AVERAGE(Number1, [Number2]，…)。

【例 5-6】 计算 B2:B10 区域中的平均值。

公式为 = AVERAGE(B2:B10)。

6) 计算包含数字的单元格个数函数——COUNT 函数

功能：计算包含数字的单元格以及参数列表中数字的个数。

语法：COUNT(Value1, [Value2]，…)。

【例 5-7】 计算 B2:B10 区域中包含数字的单元格个数。

公式为 = COUNT(B2:B10)。

7) 计算非空单元格个数函数——COUNTA 函数

功能：计算区域中不为空的单元格个数。

语法：COUNTA(Value1, [Value2]，…)。

【例 5-8】 计算 B2:B10 区域中非空的单元格个数。

公式为 = COUNTA(B2:B10)。

8) 计算空白单元格的个数函数——COUNTBLANK 函数

功能：计算指定单元格区域中空白单元格的个数。

语法：COUNTBLANK(Range)。

【例 5-9】 计算 B2:B10 区域中空白的单元格个数。

公式为 = COUNTBLANK(B2:B10)。

9) 条件计数函数——COUNTIF 函数

功能：对区域中满足指定条件的单元格进行计数。

语法：COUNTIF(Range, Criteria)。

其中，Range 表示要进行计数的单元格区域，Criteria 表示进行计数的条件。

【例 5-10】 设 D 列为性别列，统计该列 D5 到 D13 中性别为“男”的人数。

公式为 = COUNTIF(D5:D13, "男")。

【例 5-11】 设 H 列为身高列，统计该列 H5 到 H13 中身高在 1.60 米以上的人数。

公式为 = COUNTIF(H5:H13, ">1.60")。

10) 逻辑判断函数——IF 函数

功能：对指定条件进行判断，若条件为 TRUE，函数将返回一个值；如果条件为 FALSE，则返回另一个值。

语法：IF(Logical_test, [Value_if_true], [Value_if_false])。

其中，Logical_test 表示进行逻辑判断的表达式，[Value_if_true] 表示条件为 TRUE 的返回值，[Value_if_false] 表示条件为 FALSE 的返回值。

【例 5-12】 设 H5 单元格为某人的身高，当身高在 1.60 米以上时，在 M5 单元格显示“合格”字样，否则不显示。

公式为 = IF(H5>1.60, "合格", "")。

【例 5-13】 在上例中，当身高在 1.60 米以上时在 M5 单元格显示“合格”字样，否则显示“不合格”。

公式为 = IF(H5>1.60, "合格", "不合格")。

11) 四舍五入函数——ROUND 函数

功能：对某数字按指定的位数进行四舍五入，返回四舍五入后的数字。

语法：ROUND(number, num_digits)。

其中，number 是要四舍五入的数字，num_digits 是四舍五入的位数。

【例 5-14】 对 123.456 的第二位四舍五入。

公式为 = ROUND(123.456, 2)，结果是 123.46。

【例 5-15】 对 E3 单元格的第三位四舍五入。

公式为 = ROUND(E3, 3)。

4．利用“Excel 帮助”学习函数

Excel 内置了大量有关数学、统计、财务、工程、信息等的函数，Excel 2010 拥有大约 410 个函数。通过灵活应用这些函数，能够快速处理从简单到复杂的数据计算与分析。

Excel 自带详尽的函数帮助。一旦学会使用 Excel 的函数帮助，可轻松驾驭任何函数。在此以条件求和函数 SUMIF( )为例，介绍获取 Excel 函数帮助的两种方法。

1) 使用脱机帮助

(1) 在 Excel 2010 窗口的右上角单击问号按钮，打开“Excel 帮助”窗口。

(2) 单击“显示来自我的计算机的脱机帮助”，在“浏览 Excel 帮助”选项中，选择“函数参考”，再在“函数参考”选项中选择自己所需的帮助内容，如图 5-52 所示。

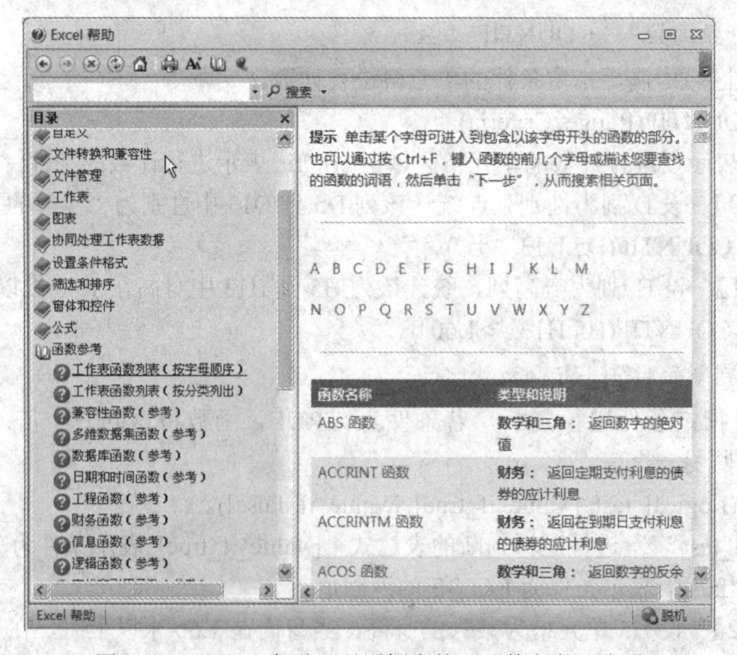

图 5-52 “Excel 帮助”对话框中的“函数参考”选项

也可在“Excel 帮助”窗口的工具栏中单击“目录”，在目录中选择“函数参考”。

2) 使用函数帮助

(1) 在 Excel 中，单击【插入函数】按钮，打开“插入函数”对话框，见图 5-49。

(2) 在【或选择类别】框中选择要用的函数类别“数学与三角函数”(如果不能确定类别，则在类别栏选择“全部”)，在【选择函数】列表框找到要用的函数“SUMIF”，然后选中，再单击【确定】按钮，打开“函数参数”对话框，如图 5-50 所示。

(3) 将光标置入不同的参数框中，即可在对话框的下方显示该参数的说明。

(4) 如果不会使用该函数，可点击对话框中左下角的“有关该函数的帮助”，打开该函数的帮助窗口，窗口中列出了该函数的说明、语法、示例等详尽信息，用户可学习。

5.2.6　任务实现(2)：使用函数统计第一门课程的成绩

在 5.2.4 节中，我们已经制作好了第一门课程的成绩单，并且运用公式计算了总评成绩。现使用函数统计成绩单中的最高分、最低分、平均分等数据，操作方法如下所述。

1. 对总评成绩四舍五入取整 ——NT 函数的用法

(1) 打开“成绩管理 1”工作簿，将“英语成绩单”切换为当前工作表。

(2) 单击 F6 单元格(第一个学生的总评成绩单元格)，将光标放入编辑栏，修改公式为=INT(C6*$C$5+D6*$D$5+E6*$E$5+0.5)，然后单击【√】按钮。

(3) 选中 F6 单元格，向下填充到 F15 单元格，修改其余学生的总评分。

说明：也可用 ROUND 函数进行四舍五入。

2. 计算课程总评成绩“最高分” ——MAX 函数的用法

(1) 选中要计算英语成绩“最高分”的单元格 B20，然后输入等号“=”。

(2) 选择“MAX”函数，在“Number1”框中选择求最高分的区域 F6:F15。

(3) 单击【确定】按钮，即在 B20 单元格求出英语总评成绩的最高分。最高分(B20 单元格)的公式为 = MAX(F6:F15)。

3. 计算课程总评成绩“最低分” ——MIN 函数的用法

方法同“MAX”函数。最低分(B21 单元格)的公式为 = MIN(F6:F15)。

4. 计算课程总评成绩“平均分” ——AVERAGE 函数的用法

方法同“MAX”函数。设置平均分的小数位为两位。

平均分(B22 单元格)的公式为 = AVERAGE(F6:F15)。

5. 统计课程“及格人数” ——COUNTIF 函数的用法

(1) 选中单元格 E20，然后输入等号“=”。

(2) 单击【插入函数】按钮，选择“COUNTIF”函数，单击【确定】按钮，显示 COUNTIF“函数参数”对话框，如图 5-53 所示。

① 在“Range”框中，输入要统计的单元格区域 F6:F15。

② 在“Criteria”框中，输入要统计的及格人数条件>=60。

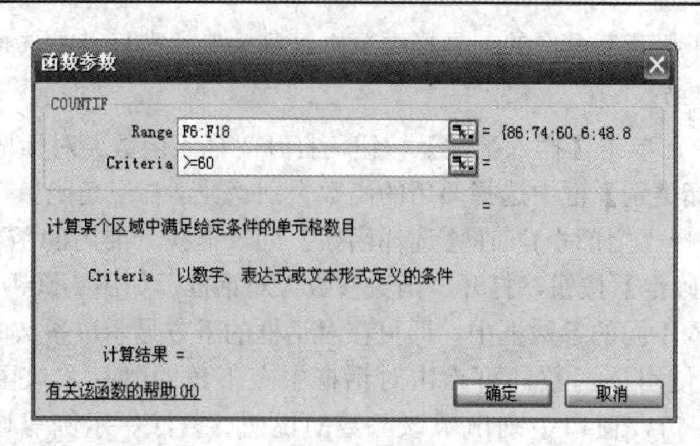

图 5-53 COUNTIF“函数参数”对话框

(3) 单击【确定】按钮，即在 E20 单元格中求出英语课程及格人数。

及格人数(E20 单元格)的公式为 = COUNTIF(F6:F15, ">=60")。

6. 计算课程“不及格人数”——COUNTIF 函数的用法

方法同统计及格人数，不同之处是在“Criteria”框中输入不及格条件<60 即可。

不及格人数(E21 单元格)的公式为 = COUNTIF(F6:F15, "<60")。

7. 计算“及格率”——用公式计算

(1) 选中单元格 E22，然后输入公式 = E20/(E20+E21)，单击输入按钮【√】。

(2) 设置及格率的百分比和小数位(两位)。

8. 在“备注”列备注“不及格”字样——IF 函数的用法

(1) 选中单元格 G6，然后输入等号“=”。选择 IF 函数，显示 IF“函数参数”对话框，如图 5-54 所示。

① 在“Logical_test”框中输入判断的条件 F6<60。

② 在“Value_if_true”框中输入判断条件为真的表达式"不及格"。

③ 在“Value_if_false”框中输入判断条件为假的表达式""(这是空串)。

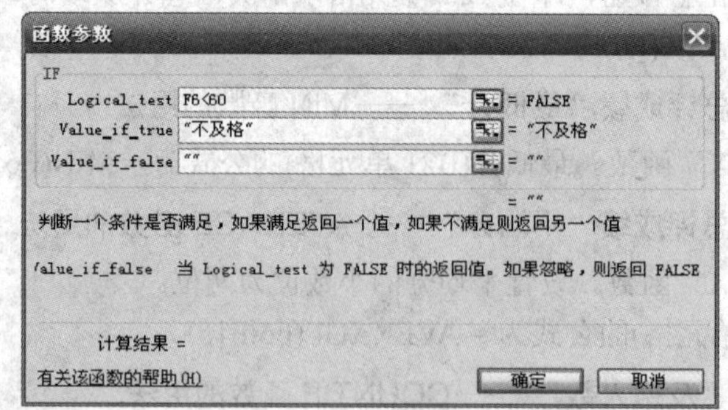

图 5-54 IF“函数参数”对话框

(2) 单击【确定】按钮，即标注了第一个学生的课程情况。

标注“不及格”(G6 单元格)的公式为 = IF(F6<60, "不及格", "")。

(3) 填充公式。选中单元格 G6，将鼠标指针放在 G6 单元格的填充柄上，然后向下填充至最后一个单元格 G15，即可按总评成绩<60 的条件在备注列标注“不及格”。

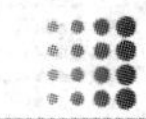

9. 检查公式及计算结果

计算完成之后，请检查所有公式、数据格式是否正确，尤其是向下填充之后的最后一行公式，看引用的单元格是否正确。检查公式结果的方法如下：

(1) 选中要查看公式的单元格。

(2) 在编辑栏查看公式，或将光标置入编辑栏，即可看到公式中引用的单元格。

(3) 如不正确，请在编辑栏中手工修改，修改完成之后，一定要单击输入按钮【√】。若放弃修改，请单击取消按钮【×】。

(4) 检查计算结果的数据格式，尤其是要求有小数位和百分比的单元格格式。

10. 设置工作表格式并打印预览

请根据 16K 纸张设置工作表格式(自定)，直到预览到清晰的结果为止。

5.2.6 节完成后的预览效果如图 5-55 所示。

XXXXXX学院

班级课程成绩单

班级：电气3141　　课程：英语　　学期：第1学期

学号	姓名	成绩				备注
		平时	期中	期末	总评成绩	
		10%	20%	70%		
DQ001	王强	80	90	86	86	
DQ002	李玉华	88	86	86	86	
DQ003	赵华成	70	50	30	38	不及格
DQ004	刘恬	90	95	78	83	
DQ005	张鹏泽	60	40	90	77	
DQ006	李聪	86	90	96	94	
DQ007	林森	86	90	90	90	
DQ008	王利雪	72	0	-1	7	不及格
DQ009	杨涛	98	86	95	94	
DQ010	许闵卿	90	95	94	94	

最高分	94	及格人数	8	考试人数	9
最低份	7	不及格人数	2		
平均分	74.72	及格率	80.00%	缺考人数	1

授课教师＿＿＿＿　　日期＿＿＿＿

图 5-55　5.2.6 节的预览效果

11. 保存工作簿

保存工作簿为“学号(后两位)-姓名-成绩管理 2.xlsx”，然后关闭工作簿。

5.2.7　任务实现(3)：由第一门课程成绩单快速生成其他三门课程的成绩单

在 5.2.6 节中，我们完成了第一门课程成绩的计算和统计。其余三门课程成绩的计算与统计完全与第一门课程相同，因此，我们不需要重新输入和计算，只需要使用复制工作表的方法快速得到其他三门课程的成绩单。操作步骤如下所述。

1．快速生成“数学”课程成绩单

(1) 打开“学号(后两位)-姓名-成绩管理 2.xlsx”工作簿。

(2) 用复制工作表的方法复制“英语成绩单”工作表，并将复制后的工作表改名为“数学成绩单”。

(3) 切换至“数学成绩单”工作表中，修改数值。

① 课程名称为数学，修改平时、期中、期末成绩比例分别为 20%、30%、50%。

② 修改每个学生的平时、期中、期末成绩，所有计算结果会自动更新。

(4) 保存工作簿为“学号(后两位)-姓名-成绩管理 2.xlsx”。

2．快速生成“政治”“计算机”课程成绩单

(1) 利用上述方法快速生成“政治”“计算机”课程成绩单。

(2) 修改课程名称和平时、期中、期末成绩。修改平时、期中、期末成绩比例分别为 40%、0%、60%。

3．保存工作簿

保存工作簿为“学号(后两位)-姓名-成绩管理 2.xlsx”，然后关闭工作簿。

思考：

(1) 将课程“成绩单”空表复制为四门课程的成绩单工作表，然后逐一计算，完成此操作的步骤是什么？

(2) 将计算好的课程“成绩单”工作表复制为四门课程的成绩单工作表，完成此操作的步骤是什么？

(3) 上述两者的区别是什么？哪种方法效率高？

5.3 任务：函数综合操作——制作“成绩汇总—统计表”

5.3.1 任务描述

在 Excel 中，不同的数据经常存放于不同的工作表中，有时需要对其进行汇总、统计。

任务描述如下：

(1) 打开工作簿“学号(后两位)-姓名-成绩管理 2.xlsx”，在其中插入一张空工作表，命名为“成绩汇总—统计表”。

(2) 在“成绩汇总—统计表”工作表左边，参照图 5-56(左半边)样式制作“成绩汇总表”。

(3) 在“成绩汇总表”中，进行下列计算和设置：

① 引用学生“信息表”、四科成绩单工作表中的数据，得到每个学生的学号、姓名、性别及四门课程的总评成绩。

② 计算每个学生的总分、平均分、名次、不及格课程门数。

③ 在“备注”列根据评审条件标注“优秀”字样。评审条件为四科成绩均在 90 分及其以上。

④ 在“年龄”列，根据学生“信息表”中的出生日期计算每个学生的年龄。

⑤ 统计每门课程成绩和不及格课程门数的合计、平均值，并统计年龄的平均值。

⑥ 使用条件格式将 90 分及以上成绩标注为红色，将不及格成绩标注为绿色。

⑦ 设置纸张大小为 16K，然后根据 16K 纸张设置工作表打印区域和格式(自定)，直到预览到清晰的结果为止。

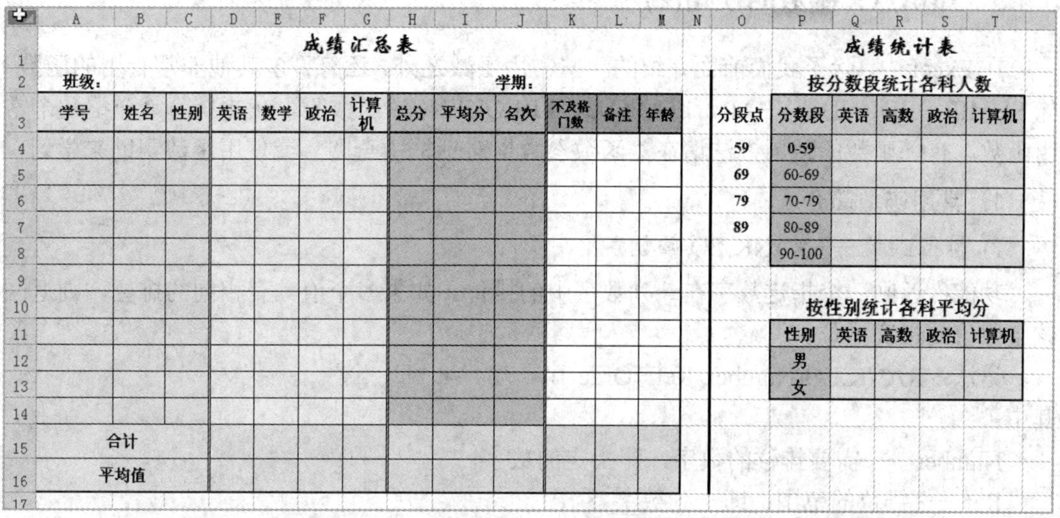

成绩汇总表

班级：　　　　　　学期：

学号	姓名	性别	英语	数学	政治	计算机	总分	平均分	名次	不及格门数	备注	年龄
合计												
平均值												

成绩统计表

按分数段统计各科人数

分段点	分数段	英语	高数	政治	计算机
59	0-59				
69	60-69				
79	70-79				
89	80-89				
	90-100				

按性别统计各科平均分

性别	英语	高数	政治	计算机
男				
女				

图 5-56　“成绩汇总—统计表”工作表——“成绩汇总表”和“成绩统计表”

(4) 任务完成后的结果如图 5-63 所示。

(5) 在“成绩汇总—统计表”工作表的右边，参照图 5-56(右半边)样式制作“成绩统计表”。

(6) 在“成绩统计表”中，进行下列计算和设置：

① 使用 FREQUENCY 函数按分数段统计出四门课程各分数段的学生人数。

② 使用 AVERAGEIF 函数按性别统计出男生、女生的四门课程平均分。

③ 设置表格格式(自定)。

④ 成绩统计表完成后的结果如图 5-65 和图 5-66 所示。

(7) 保存工作簿。

按要求保存工作簿“学号-姓名-成绩管理 3.xlsx”。

5.3.2　知识点：使用自动求和按钮

求和计算是最常用的公式计算，利用求和按钮可以快速实现行、列的自动求和。

1．行、列同时自动求和

在 Excel 中，可以对一个单元格区域按行与按列同时自动求和。操作方法如下：

(1) 在工作表中选定求和范围(包括按行、按列存放求和结果的单元格)。

(2) 在【开始】选项卡的【编辑】组中单击【Σ 自动求和】按钮，对行、列自动求和。

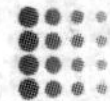

2．对行或列分别自动求和

对行或列单独自动求和的方法如下：

(1) 在工作表中选定按行或按列求和的结果单元格区域(也可连同数据区一起选定)。

(2) 在【开始】选项卡的【编辑】组中单击【Σ自动求和】按钮。

5.3.3 知识点：函数的使用(2)

在 Excel 中，除了我们前面介绍的一些常用函数之外，还有许多其他非常有用的函数，如 SUMIF、ROUND、YEAR、LOOKUP、FREQUENCY 函数等。在此只简单介绍几个常用函数。有关函数的使用方法请在“函数参数”对话框中查阅，或使用函数帮助来学习。

1．常用函数简介

1) 排位函数——RANK.EQ 函数

功能：返回一个指定数字在一列数字中的排位。如果多个值具有相同的排位，则返回该组数值的最高排位。

语法：RANK.EQ(Number, Ref, [Order])。

其中：

Number——需要排位的数字，即指定的数字。

Ref——排位的范围，即一列数字。

Order——数字排位的方式。若为 0 或省略，则按降序排位；若不为零，则按升序排位。

【例 5-16】 计算 A3 单元格在 A2:A6 单元格区域中的升序排位，结果放于 D3 单元格。

D3 单元格的公式为 = RANK.EQ(A3, A2:A6, 1)。

函数参数对话框如图 5-57 所示。

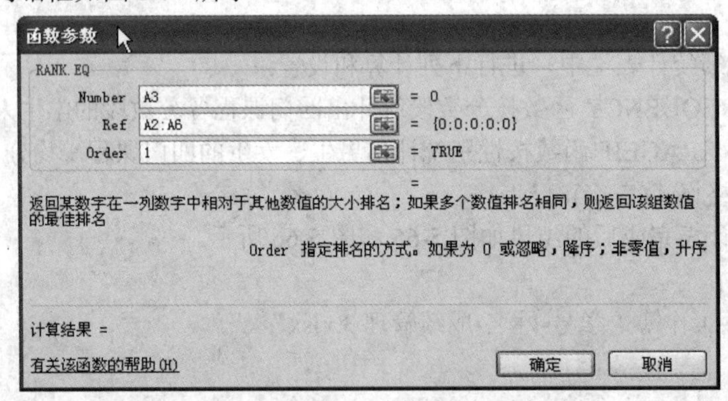

图 5-57 RANK.EQ“函数参数”对话框

2) 逻辑与函数——AND 函数

功能：所有参数的计算结果为 TRUE 时，返回 TRUE；只要有一个参数的计算结果为 FALSE，即返回 FALSE。

语法：AND(Logical1, [Logical2], …)。

说明：AND 函数用作 IF 函数的 Logical_test 参数，可以检验多个不同的条件。

【例 5-17】 当 A3、B3 单元格均大于 0 时，按 A3*B3 计算，否则按 –1 计算。

公式为 = IF(AND(A3>0, B3>0), A3*B3, –1)。

3) 返回当前日期和时间函数——NOW 函数

功能：返回系统当前日期和时间的序列号。

语法：NOW( )。

4) 返回某日期对应的年份函数——YEAR 函数

功能：返回某日期对应的年份，返回值为 1900 到 9999 的整数。

语法：YEAR(Serial_number)。

【例 5-18】 计算系统的当前年份。

公式为 = YEAR(NOW( ))

【例 5-19】 设 A4 单元格中存放的是张三的出生日期，计算张三的出生年份和年龄。

计算张三的出生年份，公式为 = YEAR(A4)。

计算张三的年龄，公式为 = YEAR(NOW( )) – YEAR(A4)。

说明：若要年龄正常显示，需要将计算结果的单元格格式设置为常规。

5) 统计频率分布函数——FREQUENCY 函数

功能：计算数值在某个区域内的出现频率，然后返回一个垂直数组。

语法：FREQUENCY(Data_array, Bins_array)。

其中：

Data_array——要计算频率的范围。

Bins_array——进行频率计算的分割点。在同一列中输入，要求从小到大设置，分割的范围是小于或等于，所以分割点取分割范围等于的上限值。

此函数的返回值是一组数，故在输入公式之前要选择存放结果的区域，公式输入完毕，要同时按【Ctrl + Shift + Enter】组合键，即以数组公式的形式输入。

【例 5-20】 统计 D3:D10 区域中不及格和及格人数，结果存放于 K3 和 K4 单元格中。

步骤 1：选定存放结果的区域 K3:K4。

步骤 2：输入公式为 = FREQUENCY(D3:D10, 59)。

步骤 3：将光标置入编辑栏，同时按【Ctrl + Shift + Enter】组合键，即可在 K3:K4 区域看到统计结果。

说明：不及格的上限值是 59，故分割点应该是 59，而不是 60。

当分割点为多个点时，可将分割点放在一列区域中，此时 bins_array 参数即为分割点所在的一列区域。

6) 条件求和函数——SUMIF 函数

功能：对区域中符合指定条件的单元格求和。

语法：SUMIF(Range, Criteria, [Sum_range])。

其中：

Range——条件区域，用于条件判断的单元格区域。

Criteria——求和条件，为确定哪些单元格将被相加求和的条件。例如，条件可以表示为 32、"32"、">32" 或 "Apples"。

[Sum_range]——实际求和区域，需要求和的单元格、区域或引用。如省略，则使用 Range.

【例 5-21】 根据图 5-58 中所示的商家明细表，计算出商家的总进货量和总金额。

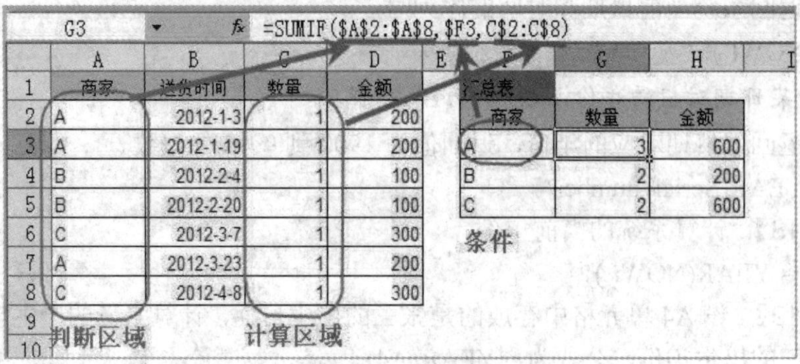

G3 =SUMIF($A$2:$A$8,$F3,C$2:C$8)

	A	B	C	D
1	商家	送货时间	数量	金额
2	A	2012-1-3	1	200
3	A	2012-1-19	1	200
4	B	2012-2-4	1	100
5	B	2012-2-20	1	100
6	C	2012-3-7	1	300
7	A	2012-3-23	1	200
8	C	2012-4-8	1	300

汇总表

商家	数量	金额
A	3	600
B	2	200
C	2	600

条件　判断区域　计算区域

图 5-58　商家明细表及 SUMIF 的用法

步骤 1：在 G3 单元格计算商家 A 的数量总和，公式为

=SUMIF($A$2:$A$8, $F3, C$2:C$8)

公式说明：$A$2:$A$8 是判断区域，判断这个区域是否与 F3 的商家名称相同，如果相同就把 C2:C8 区域的数量进行求和。

步骤 2：在 H3 单元格计算商家 A 的金额总和，公式为

=SUMIF($A$2:$A$8, $F3, D$2:D$8)

步骤 3：求 D 列金额大于 100 的金额之和。公式为

=SUMIF(D$2:D$8, ">100")

7) 按条件求平均值(算术平均值)函数——AVERAGEIF 函数

功能：返回某个区域内满足给定条件的所有单元格的平均值(算术平均值)函数。

语法：AVERAGEIF (Range, Criteria, [Average_range])

其中：

Range——要计算平均值的区域或条件判断区域。

Criteria——计算平均值的条件，如“>60”“男”或“b4”。

Average_range——可选，要计算平均值的实际单元格，如果忽略则使用 Range。

【例 5-22】 计算总评成绩 F2:F8 区域中及格学生的平均分。

公式为 = AVERAGEIF(F2:F8, ">=60")。

8) 取字符函数——MID 函数

功能：返回文本字符串中从指定位置开始的特定数目的字符，该数目由用户指定。

语法：MID(Text, Start_num, Num_chars)。

其中：

Text——必需，包含要提取字符的文本字符串。

Start_num——必需，文本中要提取的第一个字符的位置。文本中第一个字符的 Start_num 为 1，依此类推。

Num_chars——必需，指定希望 MID 从文本中返回字符的个数。

【例 5-23】 在文本“abcdef”中，从第二个字符开始取三个字符。

公式为 = MID("abcdef", 2, 3)，取到的字符为 bcd。

9) 其他函数

在 Excel 中，有时需要按多个条件进行求和、求平均值、计数，这就要用到 SUMIFS、AVERAGEIFS、COUNTIFS 函数。有关这些函数的使用请读者参阅函数帮助进行学习。

2．函数的嵌套使用

在 Excel 中，有时一个函数不能实现所需功能，需要多个函数配合使用，这就要用到函数的嵌套。函数的嵌套可以用两种方法实现，我们通过下面的例子来说明。

【例 5-24】 设张三的英语、数学成绩分别放于 D3、E3 单元格，当两科的成绩均在 90 分及以上，则在 K3 单元格显示“优秀”，否则什么都不显示。

实现两个条件的判断，要用到 IF 和 AND 或 IF 和 IF 函数的嵌套。在此给出两种方法：

方法 1：手工输入公式。若公式熟练，即可在编辑栏直接输入公式。

使用 IF 和 AND 函数的嵌套，K3 单元格的公式为

=IF(AND(D3>=90, E3>=90), "优秀", "")

使用 IF 和 IF 函数的嵌套，K3 单元格的公式为

=IF(D3>=90, IF (E3>=90, "优秀", ""), "")

方法 2：利用函数向导输入公式。 使用函数向导输入公式操作简单，但需注意内、外层函数的嵌套关系，尤其是内层函数应嵌套在外层函数的那个参数框中。

使用 IF 和 IF 函数的嵌套操作步骤如下：

步骤 1：输入“=”，单击 IF 函数，打开第一个 IF 函数(外层 IF 函数)参数对话框。

步骤 2：在第一个 IF 函数参数对话框中，输入参数。

在“Logical_test”参数框中输入 D3>=90。

在“Value_if_true”参数框中输入""。

在“Value_if_true”参数框中输入 IF (E3>=90, "优秀", "")。也可在此框中插入 IF 函数，打开第二个 IF 函数(内层)参数框，分别在三个参数框中输入：

在“Logical_test”参数框中输入 E3>=90。

在“Value_if_true”参数框中输入"优秀"。

在“Value_if_true”参数框中输入""。

然后单击【确定】按钮，返回到第一个 IF 函数参数框中。

步骤 3：单击【确定】按钮。

请读者尝试使用 IF 和 AND 函数的嵌套。

3．教学方法建议

在 5.2 节中，已经介绍了常用函数的用法和 Excel 函数帮助的用法。在此，上述函数的学习可以采用“学生先自学，教师后讲解”的教学方法。具体步骤如下：

步骤 1：学生自学。先让学生借助“Excel 帮助”中的“函数参数”功能，学习上述函数的用法。

步骤 2：教师讲解。教师归纳性讲解上述函数的难点及注意事项。

步骤 3：在任务的实现中，先由学生自主完成，如遇问题，教师再进行讲解，重点讲述难点和重点。

注：上述函数的使用在任务的实现中也做了介绍，有问题的读者可到后面章节进行学习。

5.3.4 知识点：条件格式的使用

在 Excel 工作表中，时常需要将一些数据特殊显示，以助于人们分析数据、发现问题等。Excel 中的“条件格式”功能可以根据单元格内容有选择地自动应用格式，它为 Excel 增色不少，同时还为我们带来很多方便。条件格式主要用于对符合特定条件的数据进行标示，突出显示某些数据，帮助用户直观地查看和分析数据。在 Excel 2010 中，默认的条件格式有五种：突出显示单元格规则、项目选取、数据条、色阶、图标集。

1. 操作步骤

使用 Excel 中的“条件格式”，操作步骤如下：

(1) 选中所需要运用条件格式的单元格区域。

(2) 在【开始】选项卡的【样式】组中单击【条件格式】。

(3) 在弹出的菜单中选择所需的样式，并进行相关的设置即可。

2. 应用举例

【例 5-25】 在学生“信息表”工作表中，将籍贯是陕西的单元格用红色文本突出显示。

操作步骤如下：

(1) 切换至学生“信息表”工作表中，选中“籍贯”列。

(2) 在【开始】选项卡的【样式】组中单击【条件格式】。

(3) 单击【突出显示单元格规则】|【文本包含】，弹出“文本中包含”对话框，然后进行设置，如图 5-59 所示。

(4) 单击【确定】按钮。籍贯是陕西的单元格即用红色文本突出显示。

【例 5-26】 在“英语成绩单”工作表中，将英语总评成绩前 5 名用红色突出显示。

操作步骤如下：

(1) 切换至“英语成绩单”工作表中，选中“总评成绩”列数据区。

(2) 在【开始】选项卡的【样式】组中，单击【条件格式】。

(3) 单击【项目选取规则】|【值最大的 10 项】，弹出“10 个最大的项”对话框，然后进行设置，如图 5-60 所示。

(4) 单击【确定】按钮。英语总评成绩的前 5 项数据即突出显示。

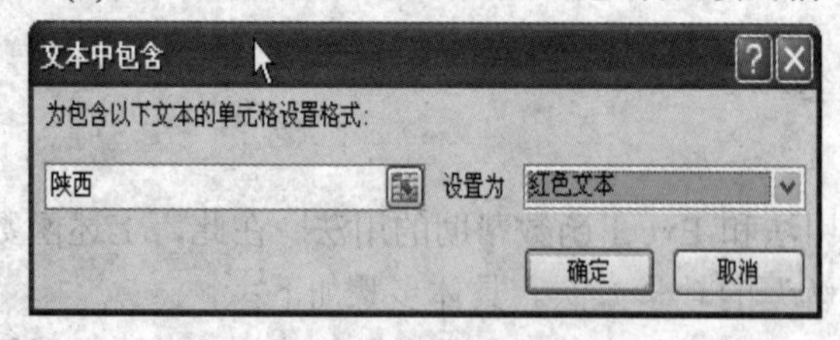

图 5-59 “文本中包含”对话框

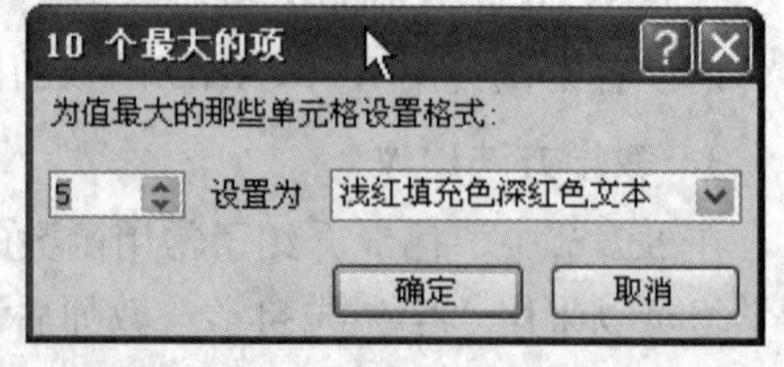

图 5-60 “10 个最大的项”对话框

3. 其他条件格式

在条件格式功能中，除了上述例子介绍的操作外，还有其他的条件格式，比如，突出显示单元格规则中的大于、小于、介于、等于、重复值等，项目选取规则中的高于平均值、低于平均值等，数据条、色阶、图标集等，读者可根据自己的需要选择使用，若有问题可借助于帮助学习。

4．清除条件格式

若要清除已设置的条件格式，操作步骤如下：

(1) 选择要清除条件格式的单元格区域。

(2) 在【开始】选项卡的【样式】组中单击【条件格式】，然后单击【清除规则】。

(3) 根据选择的内容，单击“所选单元格”，即可清除已设置的条件格式。

5.3.5 任务实现(1)：制作“成绩汇总表”

前面已经学习了单科总评成绩、最高分、最低分、平均分等数据的处理以及函数的用法，现利用前面的知识来学习制作“成绩汇总表”，操作步骤如下所述。

1．制作“成绩汇总表”工作表

(1) 打开工作簿“学号(后两位)-姓名-成绩管理 2.xlsx”，创建“成绩汇总—统计表”工作表。

(2) 参照图 5-56(左半边)样式和内容，制作“成绩汇总表”。

2．引用其他工作表中数据到“成绩汇总表”

(1) 学号、姓名、性别列数据引用学生“信息表”中的学号、姓名、性别列数据。

(2) 英语、数学、政治、计算机成绩列数据引用各自成绩单表中的期末总评成绩。

3．计算每个学生的课程“总分”——SUM 函数的用法

方法 1：利用 SUM 函数求和。

① 选中计算总分的单元格 H5，单击【插入函数】按钮，选择 SUM 函数，对 D5:G5 求和。

② 选中 H5 单元格，向下填充至 H14。

方法 2：利用【Σ自动求和】按钮一次求和。

① 选中计算总分的单元格区域 H5:H14。

② 在【开始】选项卡的【编辑】组中单击【Σ自动求和】按钮即可。

4．计算每个学生的课程“平均分”——AVERAGE 函数的用法

(1) 选中计算平均分的单元格 I5，输入公式 = AVERAGE(D5:G5)，单击【√】按钮。

(2) 选中 I5 单元格，向下填充至 I14。

(3) 设置平均分单元格(I5:I14)的数字格式为两位小数。

5．计算每门课程的总分、平均分——SUM 函数和 AVERAGE 函数的用法

计算每个学生的总分、平均分是按行计算，计算每门课程的总分、平均分是按列计算。两者方法相同，只是处理的数据区域不同。请自行完成这一步操作。

6．按“总分”排名次——RANK 函数的用法

(1) 选中计算名次的单元格 J5，输入“=”，然后单击【插入函数】按钮，选择 RANK 函数，打开 RANK“函数参数”对话框，如图 5-61 所示。

(2) 在 RANK“函数参数”对话框中进行设置，操作如图 5-61 所示。

① 在“Number”参数框中选择或输入要排名次的单元格 H5。

② 在“Ref”参数框选择或输入要排名次的数字区域 H$5:H$14。

③ 在“Order”参数框输入排序方式：输入 0 或忽略则按降序排序。

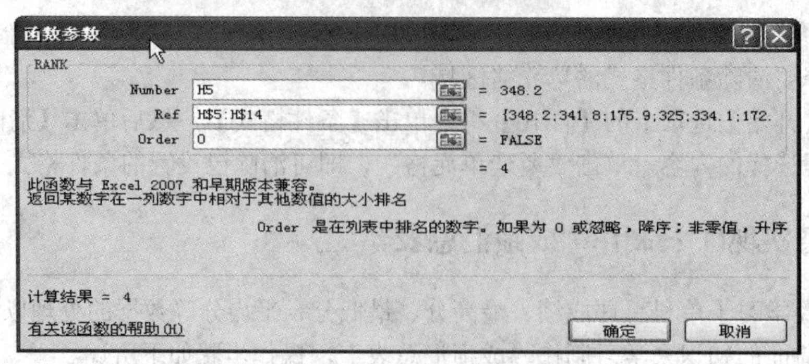

图 5-61　RANK“函数参数”对话框

(3) 单击【确定】按钮。

(4) 选中 H5 单元格，向下填充至 H14。

排名次(H5 单元格)的公式：=RANK(H5, H$5:H$17, 0)。

说明：在使用 RANK 函数时，排序的区域是个固定区域，一定要使用绝对地址。否则，向下填充时排序的区域会发生改变，结果将不正确。

请尝试用相对引用方法排名次，查看结果是否正确。

7．统计每个学生的不及格门数——COUNTIF 函数的用法

(1) 选中 K5 单元格，输入等号“=”，然后插入“COUNTIF”函数。

(2) 在 COUNTIF“函数参数”对话框中输入如下参数：

① 在“Range”框中，选取要统计的区域即第一个学生的四科成绩：D5:G5。

② 在“Criteria”框中，输入要统计的不及格条件：<60。

(3) 单击【确定】按钮。即在 K5 单元格求出第一个学生的不及格课程门数。

K5 单元格的公式为 = COUNTIF(D5:G5, "<60")。

8．去掉不及格课程门数中的 0 值——IF 函数和 COUNTIF 函数的嵌套用法

用 COUNTIF 函数统计出的不及格课程门数会显示 0 值。若将 IF 函数和 COUNTIF 函数进行嵌套，可以有效去掉 0 值。操作方法如下：

(1) 选中 K5 单元格，在编辑栏把函数 COUNTIF(D5:G5,"<60")复制到剪贴板。

(2) 删掉原有公式，插入 IF 函数(准备在 IF 函数中嵌套 COUNTIF 函数)，在 IF“函数参数”对话框中进行设置：

① 在“Logical_test”框中粘贴公式 COUNTIF(D5:G5,"<60")，在其后输入>0。

② 在“Value_if_true”框中粘贴公式 COUNTIF(D5:G5,"<60")。

③ 在“Value_if_true”框中输入""(这是空串)。

(3) 单击【确定】按钮。

(4) 选中 K5 单元格，向下填充至 K14。可以看到，结果中没有 0 值显示。

K5 单元格的公式为 = IF(COUNTIF(D5:G5,"<60")>0, COUNTIF(D5:G5, "<60"), "")。

9．在备注栏标注优秀生评审结果——IF 函数和 AND 函数的嵌套使用

在 Excel 中处理数据时，经常碰到需要根据多个条件进行判断的情况，此时就要用到

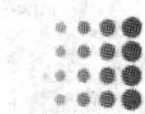

IF 函数的多重嵌套或 IF 函数和逻辑函数的嵌套。

根据优秀生评审条件，在备注栏标注评审结果。

优秀生评审条件：当四门课程成绩均在 90 分及以上，在备注栏标注“优秀”字样。

操作方法如下：

(1) 选中 L5 单元格，插入函数 IF。

(2) 在 IF“函数参数”对话框中输入参数。

① 在“logical_test”框中输入判断的条件：AND(D5>=90,E5>=90,F5>=90, G5>=90)。

② 在“value_if_true”框中输入判断条件为真的表达式："优秀"。

③ 在“Value_if_false”框中输入判断条件为假的表达式：""(这是空串)。

(3) 单击【输入】按钮。

(4) 向下填充到 L14，即可以看到结果。

L5 单元格的公式：

=IF(AND(D5>=90, E5>=90, F5>=90, G5>=90), "优秀", "")

也可使用 IF 函数的多重嵌套，L5 单元格的公式：

=IF(D5>=90, IF(E5>=90, IF(F5>=90, IF(G5>=90, "优秀", ""), ""), ""), "")

10．计算年龄——日期函数的使用*

(1) 计算当前年份：选中 M5 单元格，输入公式=YEAR(NOW( ))，单击【输入】按钮，即可看到计算机的当前年份。

(2) 计算年龄：选中 M5 单元格，输入公式=YEAR(NOW( ))-YEAR('信息表'!E5)，单击【输入】按钮，即可看到计算结果。M5 单元格的公式如下：

=YEAR(NOW())-YEAR('生信息表'!E5)

说明：

① 第二个 YEAR 函数计算出生年份，参数应为信息表中的出生日期。

② 若结果格式不是整数年龄，请将放结果的单元格格式设置为常规。

11．标注成绩——条件格式的应用*

使用条件格式将 90 分及以上成绩标注为红色，将不及格成绩标注为绿色。操作方法如下：

(1) 选中要设置条件格式的区域 A5:G14。

(2) 在【开始】选项卡的【样式】组中单击【条件格式】按钮，在弹出的菜单中选择【突出显示单元格规则】|【大于】命令，显示“大于”对话框，进行如下设置：

① 在【单元格设置格式】框中输入大于的数值 90。

② 在【设置为】框中选择或自定义格式为红色文本。

设置好的对话框如图 5-62 所示。

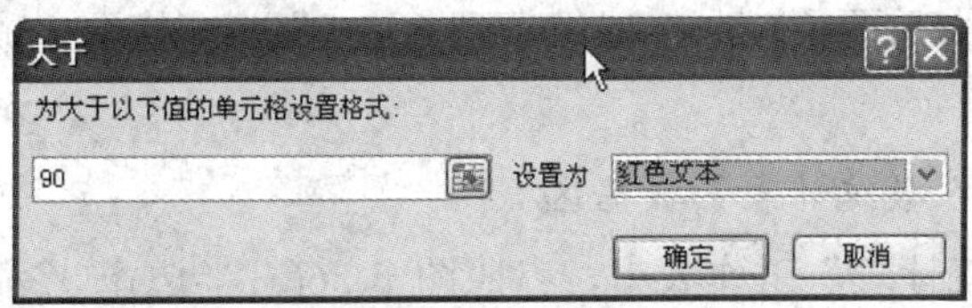

图 5-62　“大于”对话框

(3) 单击【确定】按钮，所选区域大于 90 的数值即自动变为红色字体。

(4) 将不及格成绩标注为绿色。操作方法同上，不同的是：选择【突出显示单元格规则】|【小于】命令，显示“小于”对话框，在其中输入小于的数值 60，在【设置为】框中选择格式为绿色文本。

(5) 最后单击【确定】按钮即可。

12．设置工作表格式

(1) 设置打印区域。将 A1:J19 区域设置为打印区域。

(2) 纸张大小 16K。

请根据 16K 纸张设置成绩汇总表格式(自定)，直到预览到清晰的结果为止。

5.3.5 节任务完成后的预览结果如图 5-63 所示。

成绩汇总表

班级：　　　　　　　　　　　　　　学期：

学号	姓名	性别	英语	数学	政治	计算机	总分	平均分	名次	不及格门数	备注	年龄
DQ001	王强	男	86	86	88	88	348	87.05	4			20
DQ002	李玉华	女	86	86	86	83	342	85.45	5			21
DQ003	赵华成	男	38	30	68	40	176	43.98	8	3		20
DQ004	刘恬	女	83	78	82	82	325	81.25	7			19
DQ005	张鹏泽	男	77	90	88	80	334	83.53	6			22
DQ006	李聪	女	94	20	29	29	172	43.05	9	3		20
DQ007	林森	男	90	90	80	90	349	87.25	3			21
DQ008	王利雪	女	7	0	55	20	82	20.43	10	4		19
DQ009	杨涛	男	94	95	97	94	379	94.80	1		优秀	20
DQ010	许闵娜	女	94	94	94	94	375	93.85	2		优秀	20
合计			747	669	767	699				10	2	
平均值			74.72	66.90	76.72	69.91						20.20

图 5-63　本节任务完成后的预览结果

13．保存工作簿

(1) 保存工作簿为“学号(后两位)-姓名-成绩管理 3.xlsx”。

(2) 关闭工作簿。

5.3.6　任务实现(2)：制作“成绩统计表”

“成绩统计表”中有两个表格：一个是“分数段人数统计表”，另一个是“男女生平均分统计表”。

1．制作“分数段人数统计表”

1) 打开工作簿

打开工作簿“学号(后两位)-姓名-成绩管理 3.xlsx”，切换至“成绩汇总—统计表”工作表。

2) 制作“分数段人数统计表”数据区

在“成绩汇总—统计表”工作表中，参照图 5-56(右半边)样式和内容，制作“分数段人数统计表”数据区(注：在 O5:O8 单元格输入各分数段的分割点)。

3) 使用 FREQUENCY 函数统计出第一门课程各分数段的学生人数

(1) 在课程“分数段人数统计表”中，选中要放统计结果的单元格区域：Q5:Q9。

(2) 输入“=”，选择 FREQUENCY 函数，打开 FREQUENCY“函数参数”对话框，参数设置如图 5-64 所示。

① 在“Data_array”参数框中用鼠标引用要统计的数据区域：“成绩汇总表”中的“英语”列数据区域 D5:D14。

② 在“Bins_array”参数框中用鼠标引用或输入分割分数段的分割值区域 O5:O8。

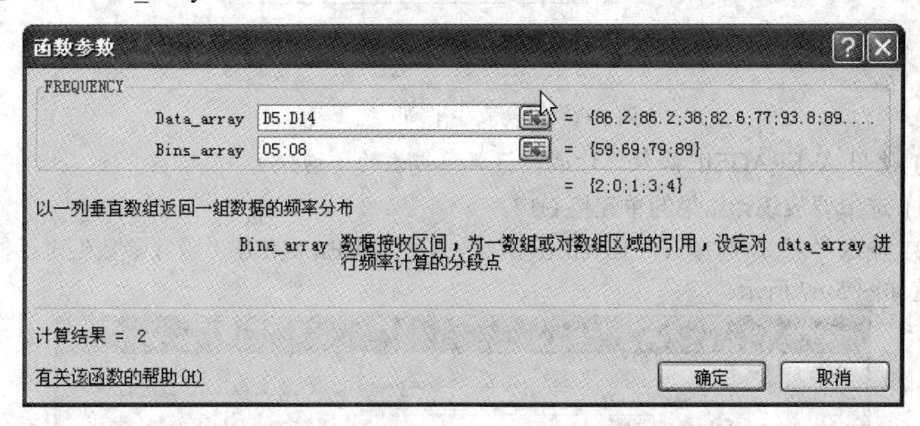

图 5-64　FREQUENCY“函数参数”对话框

(3) 单击【确定】按钮。

(4) 再单击编辑栏，将光标插入点放在编辑栏中公式的后面，同时按【Ctrl + Shift + Enter】键，在 Q5:Q9 区域即显示英语课程的统计结果。Q5:Q9 单元格区域的公式为

{=FREQUENCY(D5:D14, O5:O8)}

说明：由于 FREQUENCY 函数需要返回一个数组，所以它必须以数组公式的形式输入，需要同时按【Ctrl + Shift + Enter】键，否则返回一个值。

4) 统计其余课程各分数段人数

统计其余课程(第二门至第四门)各分数段人数。操作方法有如下两种：

方法 1：分别使用三次 FREQUENCY 函数统计出其他三门课程的各分数段人数，方法同统计英语课程。

方法 2：填充法。

(1) 修改公式为绝对引用。选中“英语”课程统计的区域 Q5:Q9，将分割点区域修改为绝对引用 \$O\$5:\$O\$8，然后同时按【Ctrl + Shift + Enter】键。

(2) 向右填充到计算机课程即可。

注：在“Bins_array”参数框中引用的分割值区域一定是绝对引用：\$O\$5:\$O\$8。

5) 统计结果

完成任务后的四门课程“分数段人数统计表”如图 5-65 所示。

成绩统计表

分数段人数统计表

分段点	分数段	英语	高数	政治	计算机
59	0-59	2	3	2	3
69	60-69	0	0	1	0
79	70-79	1	1	0	0
89	80-89	3	2	5	4
	90-100	4	4	2	3

图 5-65　“分数段人数统计表”完成结果

2．制作“男女生平均分统计表”

1) 制作“男女生平均分统计表”数据区

参照图 5-66 所示样式和内容，制作“男女生平均分统计表”空表。

男女生平均分统计表

性别	英语	高数	政治	计算机
男				
女				

图 5-66 “男女生平均分统计表”

2) 使用 AVERAGEIF 函数统计第一门课程男生的平均分

(1) 选中要放统计结果的单元格 Q13。

(2) 输入“=”，选择 AVERAGEIF 函数，打开 AVERAGEIF“函数参数”对话框，参数设置如图 5-67 所示。

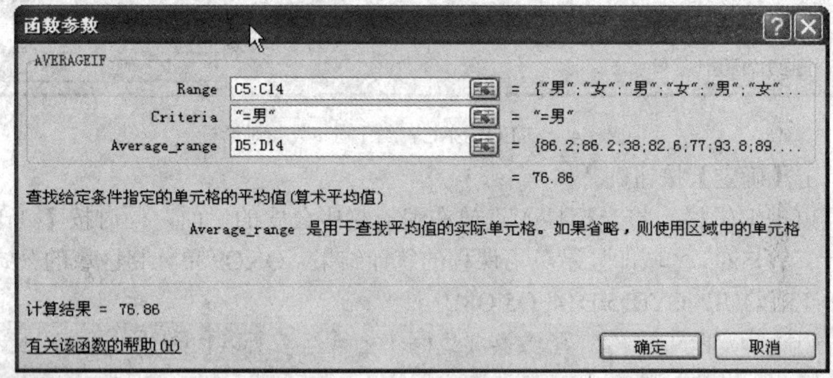

图 5-67 AVERAGEIF“函数参数”对话框

(3) 单击【确定】按钮。

Q13 单元格的公式为

=AVERAGEIF(C5:C14, "=男", D5:D14)

3) 使用 AVERAGEIF 函数统计第一门课程女生的平均分

这一步方法同上。Q14 单元格的公式为

=AVERAGEIF(C5:C14, "=女", D5:D14)

4) 使用 AVERAGEIF 函数统计其余课程男、女生的平均分

方法同上。统计结果如图 5-68 所示。

男女生平均分统计表

性别	英语	高数	政治	计算机
男	76.86	78.20	84.16	78.06
女	72.58	55.60	69.28	61.76

图 5-68 男女生平均分统计结果

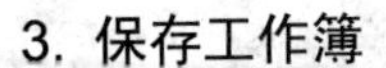

3. 保存工作簿

(1) 任务 5.3 完成后的结果如图 5-69 所示。

(2) 保存工作簿为“学号(后两位)-姓名-成绩管理 3.xlsx”。

(3) 关闭工作簿。

成绩汇总表

班级：　　　　　　　　学期：

学号	姓名	性别	英语	数学	政治	计算机	总分	平均分	名次	不及格门数	备注	年龄
DQ001	王强	男	86	86	88	88	348	87.05	4			20
DQ002	李玉华	女	86	86	86	83	342	85.45	5			21
DQ003	赵华成	男	38	30	68	40	176	43.98	8	3		20
DQ004	刘恬	女	83	78	82	82	325	81.25	7			19
DQ005	张鹏泽	男	77	90	88	80	334	83.53	6			22
DQ006	李聪	女	94	20	29	29	172	43.05	9	3		20
DQ007	林森	男	90	90	80	90	349	87.25	3			21
DQ008	王利雪	女	7	0	55	20	82	20.43	10	4		19
DQ009	杨涛	男	94	95	97	94	379	94.80	1		优秀	20
DQ010	许闵娜	女	94	94	94	94	375	93.85	2		优秀	20
合计			747	669	767	699				10	2	
平均值			74.72	66.90	76.72	69.91						20.20

成绩统计表

分数段人数统计表

分段点	分数段	英语	高数	政治	计算机
59	0-59	2	3	2	3
69	60-69	0	0	1	0
79	70-79	1	1	0	0
89	80-89	3	2	5	4
	90-100	4	4	2	3

男女生平均分统计表

性别	英语	高数	政治	计算机
男	76.86	78.20	84.16	78.06
女	72.58	55.60	69.28	61.76

图 5-69　本节任务完成效果

5.4　任务：数据处理操作——制作图表、排序、筛选、分类汇总、保护数据

5.4.1　任务描述

Excel 不但具有强大的计算功能，而且具有较强的数据管理能力。它可以对大量数据快速进行排序、筛选、分类汇总以及查询与统计等。在此，我们利用 Excel 2010 的数据管理功能，对“成绩管理”工作簿中的数据进行处理。

任务描述如下：

(1) 在“成绩汇总—统计表”工作表中，制作“统计图表”。

① 创建“四门课程分数段人数统计图表”——柱形图表。

② 创建“计算机课程分数段人数统计图表”——饼形图表。

③ 创建“男女生平均分统计图表”——条形图表。

(2) 创建一个成绩“筛选表”工作表，完成下述操作。

数据由“成绩汇总表”复制数值的方法生成，如图 5-70 所示。

① 用“排序”功能对表中数据按“总分”以“降序”方式排序。

② 使用“自动筛选”功能，筛选出英语、数学成绩均在 89 分以上的“优秀学生名单”。

③ 使用“高级筛选”功能筛选出有不及格成绩的“补考学生名单”。

成绩筛选表

学号	姓名	性别	英语	数学	政治	计算机	总分	平均分	名次	不及格门数	备注	年龄
DQ001	王强	男	86	86	88	88	348	87.05	4			20
DQ002	李玉华	女	86	86	86	83	342	85.45	5			21
DQ003	赵华成	男	38	30	68	40	176	43.98	8	3		20
DQ004	刘恬	女	83	78	82	82	325	81.25	7			19
DQ005	张鹏泽	男	77	90	88	80	334	83.53	6			22
DQ006	李聪	女	94	20	29	29	172	43.05	9	3		20
DQ007	林森	男	90	90	80	90	349	87.25	3			21
DQ008	王利雪	女	7	0	55	20	82	20.43	10	4		19
DQ009	杨涛	男	94	95	97	94	379	94.80	1		优秀	20
DQ010	许闵娜	女	94	94	94	94	375	93.85	2		优秀	20

图 5-70　“筛选表”工作表

(3) 创建一个“分类汇总表”工作表，在其中建立学生“奖学金”数据清单，如图 5-85 所示。利用“分类汇总”功能，实现下列汇总：

① 按奖学金等级汇总出各类奖学金的人数。

② 按奖学金等级汇总出各类奖学金的金额总数。

(4) 保护原始数据。使用 Excel 中的“保护工作表”功能，对下列数据进行保护：

① 对学生“信息表”中的所有数据进行保护。

② 对四门课成绩单中的原始成绩进行保护。

(5) 保存工作簿为“学号(后两位)-姓名-成绩管理 4.xlsx”，然后关闭工作簿。

5.4.2　知识点：图表及数据操作

1. 了解图表元素

图表是工作表数据的图形表示，它可以使枯燥的数据变得直观、生动，便于分析和比较数据之间的关系。Excel 2010 提供了强大的图表功能，可以创建各种类型的图表。

图表中包含了许多元素，默认情况下只显示其中一部分元素，其他元素可以根据需要添加。图表元素如图 5-71 所示。

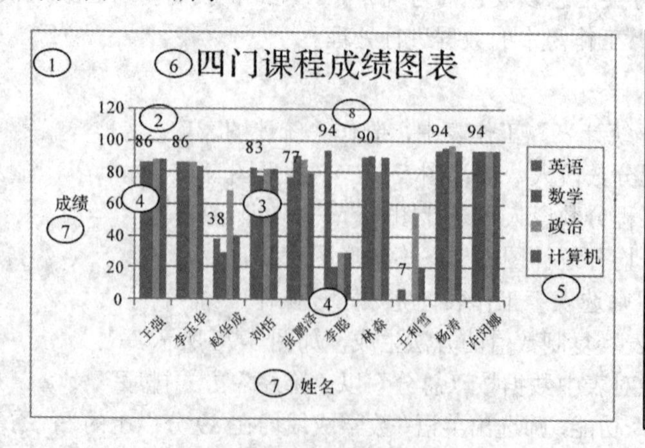

图 5-71　图表元素

通过移动图表元素、调整大小、更改格式，可以改变图表元素的显示，还可以删除不希望显示的图表元素。

2．排序操作

数据排序是数据分析常用的操作，有助于快速、直观地显示数据和组织查找所需数据。排序可以对一列或多列中的数据按文本、数字、日期或时间进行升序、降序或按用户自定义的方式进行排序。操作方法如下：

在【开始】选项卡的【编辑】组中单击【排序和筛选】按钮，在其下拉菜单中选择【升序】或【降序】或【自定义排序】命令即可。操作方法参见 5.4.4 节。

3．筛选操作

数据筛选是查找和处理数据子集的快捷方法，它仅显示满足条件的行，而隐藏其他行。在 Excel 中，提供了“自动筛选”和“高级筛选”命令来筛选数据。一般情况下，“自动筛选”能够满足大部分需要，但若要用复杂的条件来筛选数据，就必须使用“高级筛选”功能。操作方法参见 5.4.4 节。

4．分类汇总

分类汇总能够按列自动进行分类汇总和总计，这也是 Excel 中经常用到的一种操作。它能够按照用户指定的要求进行汇总，并且可以对分类汇总后不同类别的明细数据进行分级显示。分类汇总的操作步骤如下：

步骤 1：排序。首先对要进行分类的数据列进行排序。先选择该列，然后在【数据】选项卡上的【排序和筛选】组中单击【升序】或【降序】，【升序】【降序】均可。

步骤 2：进行分类汇总。在【数据】选项卡的【分级显示】组中，单击【分类汇总】。

步骤 3：设置“分类汇总”对话框。按分类汇总的要求分别设置分类字段、汇总方式、选定汇总项等，然后单击【确定】按钮。具体操作方法参见 5.4.5 节。

5．工作簿、工作表的保护

在我们处理的一些数据中，有些数据往往是机密的或敏感的，有些数据是不能被随意更改或删除的。Excel 提供了许多的保护功能，可以分别保护工作簿、工作表及单元格。

1) 保护工作簿的结构和窗口

对工作簿进行保护，只是保护工作簿的结构和窗口，防止他人对工作簿结构做任何更改，并不保护内容，工作表的内容依然可以修改。操作步骤如下：

(1) 打开工作簿。

(2) 单击【审阅】选项卡，在【更改】组中单击【保护工作簿】按钮，弹出“保护结构和窗口”对话框，如图 5-72 所示。

(3) 选中【结构】，在【密码】框中可输入保护密码(不建议)，然后单击【确定】按钮。

(4) 在弹出的“确认密码”对话框中再输入一次密码，然后单击【确定】按钮。

2) 保护整个工作表

对工作表整个进行保护，可以防止对工作表中的数据进行更改。操作步骤如下：

(1) 打开工作簿，切换至要保护的工作表。

(2) 单击【审阅】选项卡，在【更改】组单击【保护工作表】按钮，弹出“保护工作表”对话框，如图 5-73 所示。

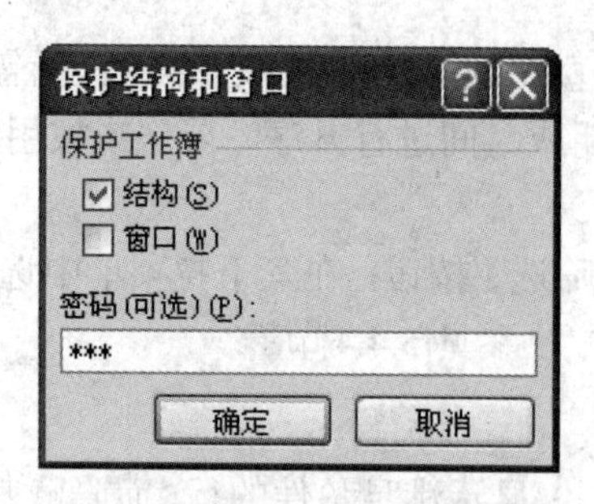

图 5-72 “保护结构和窗口”对话框

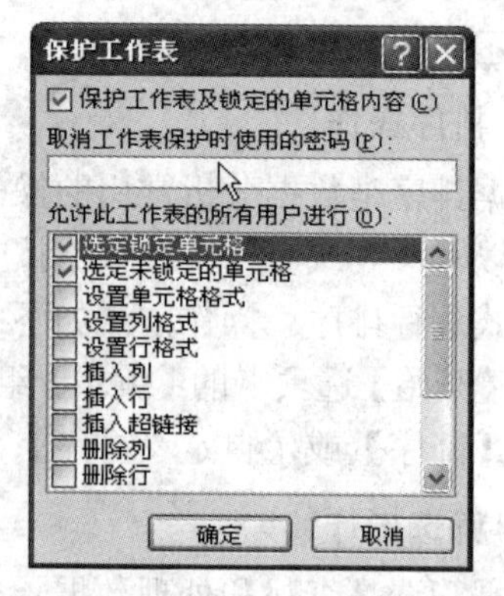

图 5-73 “保护工作表”对话框

(3) 选中【保护工作表及锁定的单元格内容】，在【允许此工作表的所有用户进行】框中勾选【选定锁定单元格】和【选定未锁定的单元格】，然后单击【确定】按钮。

说明：在“密码”框中可根据需要输入保护密码，建议不要输入密码。

(4) 设置完成后，整个工作表即被保护起来。当修改工作表中的内容时，系统将会自动弹出一个警告对话框，如图 5-74 所示。

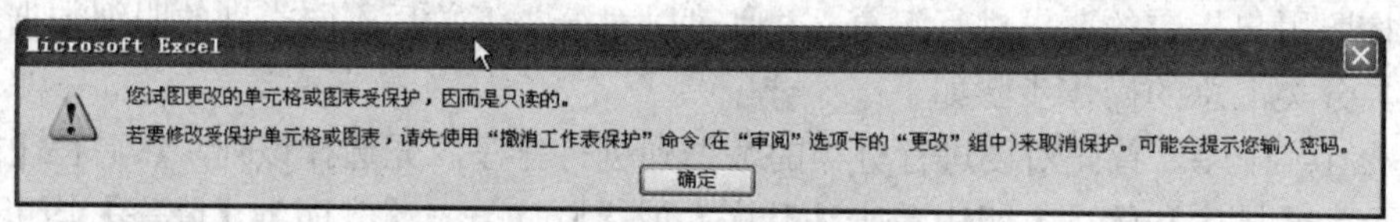

图 5-74 单元格保护警告信息

注：保护工作表只是对该工作表中的锁定单元格进行保护，系统默认锁定单元格为所有单元格。若工作表中的单元格未锁定，请先锁定单元格。锁定方法见其后。

3) 保护工作表中的部分内容

步骤 1：打开工作簿，切换至工作表。

步骤 2：取消对整个工作表的“锁定”。方法如下：

① 在工作表中，单击【全选】按钮，选定整个工作表。

② 在【开始】选项卡的【单元格】组中，单击【格式】|【设置单元格格式】命令，打开“设置单元格格式”对话框，单击【保护】选项卡，去掉【锁定】前的“√”，单击【确定】按钮，即取消对整个工作表的“锁定”。操作如图 5-75 所示。

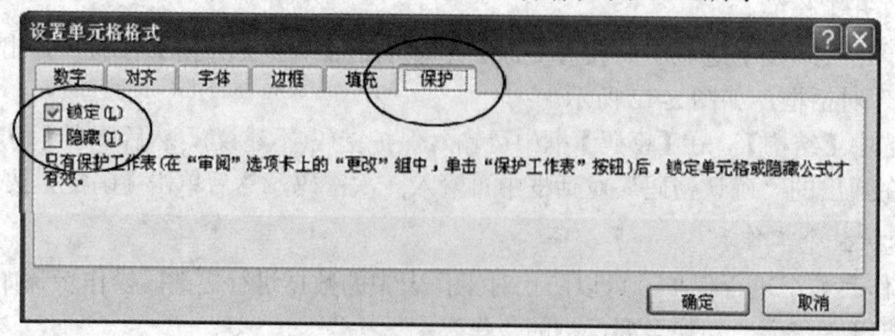

图 5-75 “设置单元格格式”中的【保护】选项卡

步骤 3：锁定要保护的工作表区域。重新选定要保护的工作表区域，在【开始】选项卡的【单元格】组中，单击【格式】按钮，选择【锁定单元格】命令，即对选定区域进行“锁定”。也可在图 5-7 中勾选【锁定】。

步骤 4：保护锁定区域，方法同“保护工作表”。单击【审阅】选项卡，在【更改】组单击【保护工作表】按钮，弹出“保护工作表”对话框，如图 5-73 所示。勾选所需的操作，然后单击【确定】按钮。

4) 撤销工作表的保护

单击【审阅】选项卡，在【更改】组单击【撤销工作表保护】按钮即可。若保护时输入了密码，会出现“撤销工作表保护”密码框，输入正确的密码，单击【确定】按钮。

5.4.3　任务实现(1)：制作“分数段人数统计图表”和“男女生平均分统计图表”

1．制作“分数段人数统计图表”

1) 制作四门课程“分数段人数统计图表”——柱形图表

操作步骤如下：

(1) 在“成绩汇总—统计表”工作表中，选择制作图表的数据区域 P4:T9。

(2) 在【插入】选项卡的【图表】组中，单击要使用的图表类型为柱形图，然后再在其子类型【二维柱形图】中单击【簇状柱形图】，即可插入柱形图表。

(3) 移动图表、调整大小等操作同 Word 中的图片对象的操作。

(4) 使用【图表工具】更改图表的设计、布局和格式。选定图表，功能区即显示【图表工具】中的三个选项卡【设计】【布局】【格式】。

① 在【布局】选项卡的【标签】组中，单击【图表标题】【坐标轴标题】设置图表的标题、坐标轴的标题。

② 在【布局】选项卡的【背景】组中，单击【绘图区】设置图表绘图区的背景。

进行了简单设置的分数段人数统计图表——柱形图表如图 5-76 所示。

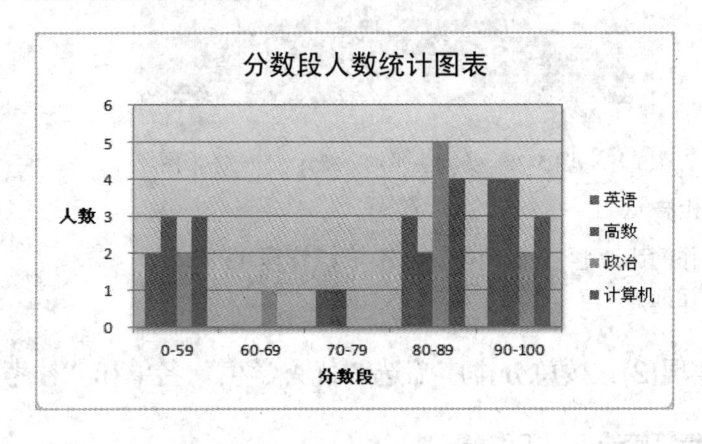

图 5-76　四门课程的分数段人数统计图表——柱形图表

2) 制作一门课程(计算机)“分数段人数统计图表”——饼形图表

操作步骤如下：

(1) 在“成绩汇总—统计表”工作表中，选择制作图表的数据区域 P4:P9 和 T4:T9(分数段数据区域和计算机成绩数据区域。注：选不连续区域按住【Ctrl】键)。

(2) 在【插入】选项卡的【图表】组中，单击要使用的图表类型：饼图，然后再在其子类型【二维饼图】中单击【饼图】，插入的饼形图表如图 5-77 所示。

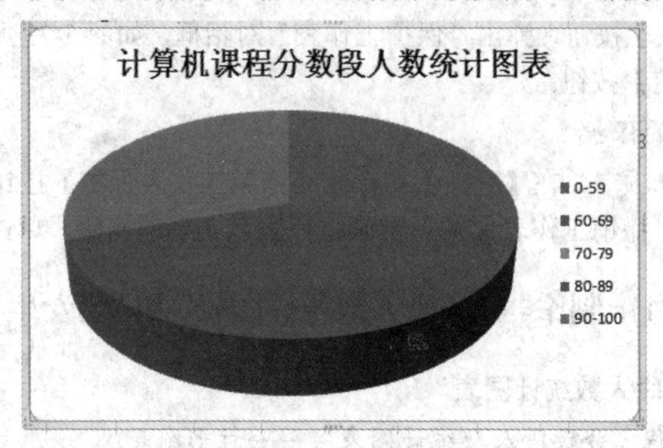

图 5-77　计算机课分数段人数统计——饼形图表

2．制作“男女生平均分统计图表”——条形图表

条形图表的制作方法同上。创建的“男女生平均分统计图表”——条形图表如图 5-78 所示。

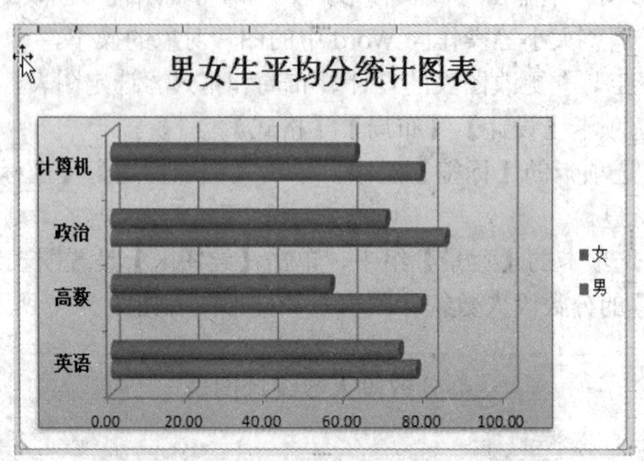

图 5-78　男女生平均分统计表——条形图表

3．保存工作簿

(1) 保存工作簿为“学号(后两位)-姓名-成绩管理 4.xlsx”。

(2) 关闭工作簿。

5.4.4　任务实现(2)：按总分排序筛选“优秀学生”名单和“补考学生”名单

1．制作成绩“筛选表”工作表

参照图 5-70 所示样式和内容，由“成绩汇总表”制作成绩“筛选表”。操作步骤如下：

(1) 打开“成绩管理 4”工作簿，插入一张新工作表，命名为“筛选表”。

(2) 复制“成绩汇总表”中的数值和格式到“筛选表”中。操作步骤如下：

① 选中“成绩汇总表”中的数据区域 A4:M14，单击【复制】按钮。

② 切换工作表至“筛选表”，选中目标区域开始的单元格 A2，然后在【剪贴板】组中单击【粘贴】按钮下的小箭头，再在【粘贴数值】下单击【值和源格式】，即只复制了数值和格式，去掉了原来的公式，此数值区域也称为数据清单。

(3) 在“筛选表”中，将单元格 A1:M1 合并并居中，然后输入表格名称“成绩筛选表”。制作好的表格如图 5-70 所示。

2．按总分降序排序

对“筛选表”中的数据按“总分”降序排序，有下述两种方法。

方法 1：使用【降序】按钮，操作步骤如下：

① 在“筛选表”中，单击数据区域中的任意一个单元格(最好在要排序的列中选一个单元格)，如选择“总分”列 H6 单元格。

② 在【数据】选项卡的【排序和筛选】组中，单击【排序】中的【降序】按钮，整个数据区即按“总分”降序排序。

方法 2：使用“排序”对话框，操作步骤如下：

① 在“筛选表”中，选择“总分”列 H6 单元格。

② 在【数据】选项卡的【排序和筛选】组中，单击【排序】按钮，打开“排序”对话框，如图 5-79 所示。在【主要关键字】列表框中选择要排序的字段名“总分”，在【排序依据】列表框中选择排序依据“数值”，在【次序】列表框中选择排序次序“降序”。

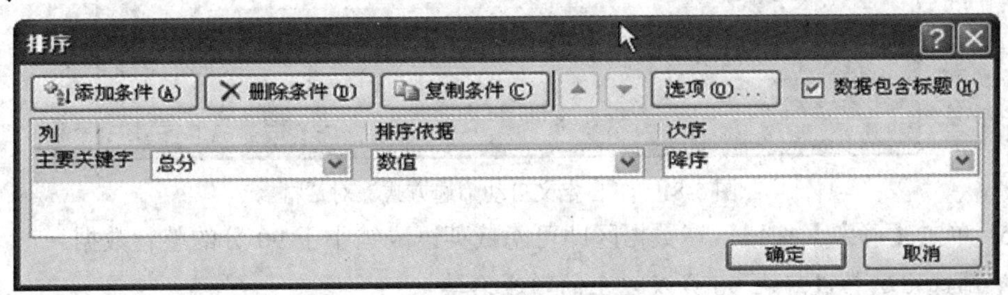

图 5-79　“排序”对话框

③ 单击【确定】按钮。

注：在“排序”对话框中，单击【添加条件】按钮，可添加排序条件。

3．使用“自动筛选”功能筛选“优秀学生名单”

1) 筛选出英语成绩在 90 分及以上的学生名单

操作方法如下：

(1) 将光标置入数据区域 C3:M12 中或选择筛选区域 C3:M12。

(2) 在【数据】选项卡的【排序和筛选】组中，单击【筛选】按钮，在数据清单的首行列标题中即出现筛选按钮。

(3) 单击列标题“英语”中的筛选按钮，显示一个筛选器选择列表，选择【数字筛选】|【大于或等于】命令，操作如图 5-80 所示。

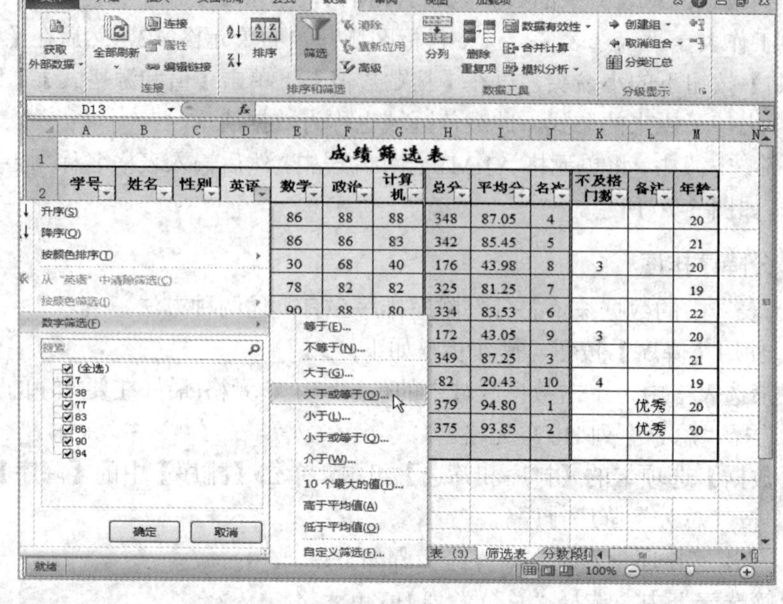

图 5-80　“自动筛选”操作

(4) 弹出“自定义自动筛选方式”对话框，进行选项设置，如图 5-81 所示。

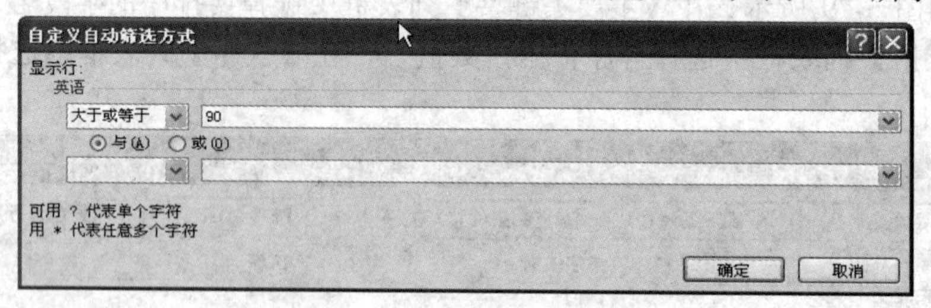

图 5-81　“自定义自动筛选方式”对话框

(5) 单击【确定】按钮，在数据区即可隐藏英语成绩小于 90 分的整行数据。

2) 筛选出数学成绩在 90 分及以上的学生名单

操作方法同上。

3) 筛选出平均分在 90 分及以上的学生名单

操作方法同上。

4) 筛选出英语、数学、平均分均在 90 分及以上的“优秀学生名单”

经过上述的 1)、2)、3)步筛选，即已在筛选区看到了英语、数学、平均分均在 90 分及以上的“优秀学生名单”，但此筛选结果是把不满足条件的数据行隐藏起来，想得到最终的结果，需要将结果进行复制。

复制筛选结果的操作是：选中筛选结果(包含第二行的列标题)，在【开始】选项卡单击【复制】，选中目标单元格，在【开始】选项卡单击【粘贴】按钮下的小箭头，再在【粘贴数值】下单击【值和源格式】，即在目标单元格得到英语、数学、平均分均在 90 分以上的“优秀学生名单”，如图 5-82 所示。

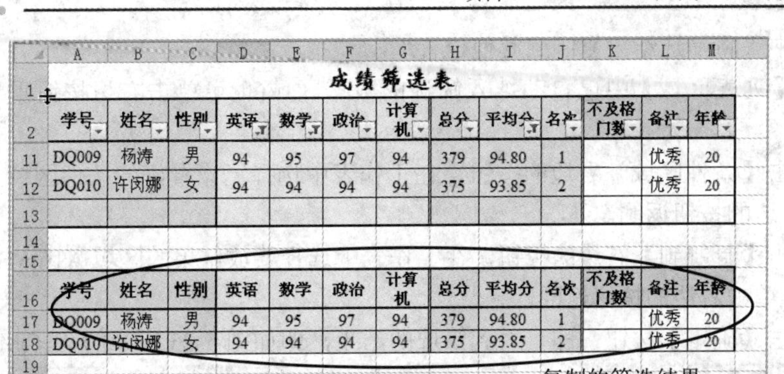

成绩筛选表

学号	姓名	性别	英语	数学	政治	计算机	总分	平均分	名次	不及格门数	备注	年龄
DQ009	杨涛	男	94	95	97	94	379	94.80	1		优秀	20
DQ010	许闵娜	女	94	94	94	94	375	93.85	2		优秀	20

学号	姓名	性别	英语	数学	政治	计算机	总分	平均分	名次	不及格门数	备注	年龄
DQ009	杨涛	男	94	95	97	94	379	94.80	1		优秀	20
DQ010	许闵娜	女	94	94	94	94	375	93.85	2		优秀	20

图 5-82　使用“自动筛选”筛选出的优秀学生名单

5) 清除筛选

在【数据】选项卡上的【排序和筛选】组中，单击【清除】或再次单击【筛选】按钮即可清除筛选。

4．使用“高级筛选”功能筛选“补考学生名单”

高级筛选是按给定的条件区域对数据进行筛选，可筛选同时满足多个条件的数据。

使用“高级筛选”功能，必须先建立一个与筛选数据区隔开的条件区域，用于指定筛选数据所满足的条件。条件区域的第一行是所有作为筛选条件的字段名(即列名)，其他行则是手工输入筛选条件的数据区域。要实现条件的“与”运算，应将条件输入在同一行的各自列中；要实现“或”运算，应将条件输入在不同行的各自列中。

使用“高级筛选”功能，筛选出有不及格成绩的“补考学生名单”。操作步骤如下：

(1) 在“筛选表”中清除自动筛选。

(2) 在“筛选表”中建立条件区域。

四门课程中有不及格的条件应为或运算，故要输入在不同行中。注意，条件区域应和筛选的数据区域隔开。建立的条件区域如图 5-83 中的 O2:R6 区域所示。

(3) 使用“高级筛选”，操作如下：

① 选择要筛选的数据区域 A2:M12。

② 在【数据】选项卡上的【排序和筛选】组中，单击【高级】按钮，打开“高级筛选”对话框，参数设置如图 5-84 所示。

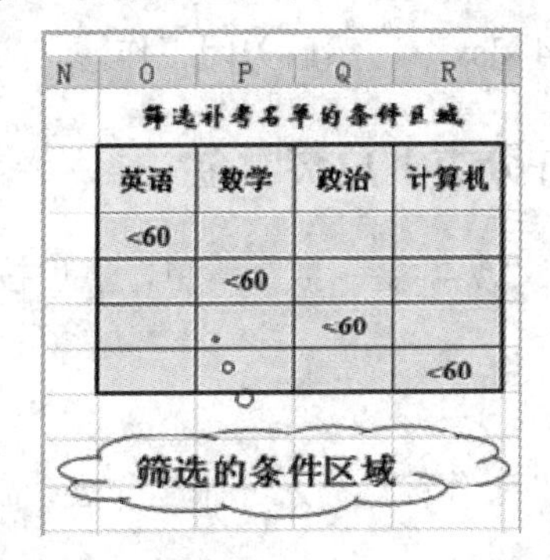

筛选补考名单的条件区域

英语	数学	政治	计算机
<60			
	<60		
		<60	
			<60

图 5-83　“高级筛选”补考条件区域(或运算)

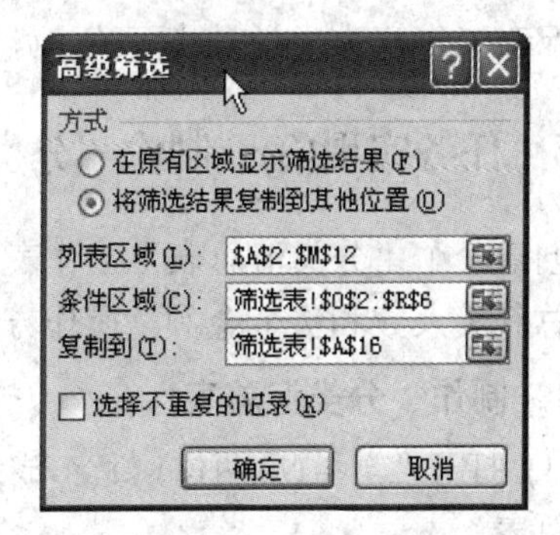

图 5-84　“高级筛选”对话框

◈ 选中“将筛选结果复制到其他位置”。

◈ 在【列表区域】中已自动填入筛选的数据区域(也可单击右边按钮重新选择数据区域)。

◈ 单击【条件区域】右边的按钮，在工作表中选择已设置好的条件区域 O2:R6，然后再单击右边的按钮返回。

◈ 单击【复制到】右边的按钮，在工作表中选择要放结果的区域 A16:M19 或起始位置 A16，再单击右边的按钮返回。

③ 单击【确定】按钮，即可看到筛选的结果，即如图 5-85 所示的 A16:M19 区域。

成绩筛选表

学号	姓名	性别	英语	数学	政治	计算机	总分	平均分	名次	不及格门数	备注	年龄
DQ001	王强	男	86	86	88	88	348	87.05	4			20
DQ002	李玉华	女	86	86	86	83	342	85.45	5			21
DQ003	赵华成	男	38	30	68	40	176	43.98	8	3		20
DQ004	刘恬	女	83	78	82	82	325	81.25	7			19
DQ005	张鹏泽	男	77	90	88	80	334	83.53	6			22
DQ006	李聪	女	94	20	29	29	172	43.05	9	3		20
DQ007	林森	男	90	90	80	90	349	87.25	3			21
DQ008	王利雪	女	7	0	55	20	82	20.43	10	4		19
DQ009	杨涛	男	94	95	97	94	379	94.80	1		优秀	20
DQ010	许闵娜	女	94	94	94	94	375	93.85	2		优秀	20

筛选补考名单的条件区域

英语	数学	政治	计算机
<60			
	<60		
		<60	
			<60

筛选的条件区域

筛选优秀名单的条件区域

英语	数学	政治	计算机
>=90	>=90	>=90	>=90

补考学生名单

学号	姓名	性别	英语	数学	政治	计算机	总分	平均分	名次	不及格门数	备注	年龄
DQ003	赵华成	男	38	30	68	40	176	43.98	8	3		20
DQ006	李聪	女	94	20	29	29	172	43.05	9	3		20
DQ008	王利雪	女	7	0	55	20	82	20.43	10	4		19

筛选的结果

图 5-85 “高级筛选”操作结果

课堂训练：仿照上例，用“高级筛选”功能筛选英语、数学、平均分均在 90 分以上的“优秀学生名单”。

5．保存工作簿

保存工作簿为“学号(后两位)-姓名-成绩管理 4.xlsx”，然后关闭工作簿。

5.4.5 任务实现(3)：制作“分类汇总表”并分类汇总奖学金

创建一个“分类汇总表”工作表，在其中建立“奖学金”数据清单，然后按奖学金类别汇总获奖人数和奖金金额。操作方法如下所述。

1．制作“分类汇总表”

(1) 打开“学号(后两位)-姓名-成绩管理 4.xlsx”工作簿，插入一张工作表，命名为“分类汇总表”。

(2) 参照如图 5-86 所示的样式与内容制作工作表并输入数据，进行简单格式设置。

	A	B	C	D	E	F	G	H
1	2014XXXX班级奖学金名单					汇总结果		
2	姓名	奖学金等级	奖学金金额			奖学金等级	获奖人数	奖学金金额
3	王强	B	800			A		
4	李玉华	B	800			B		
5	赵华成					C		
6	刘恬	B	800					
7	张鹏泽	B	800					
8	李聪							
9	林森	B	800					
10	王利雪							
11	杨涛	A	1000					
12	许闵娜	A	1000					
13								
14								

图 5-86　“分类汇总表”原始数据清单

2. “分类汇总”(1)——按“奖学金等级”汇总获奖人数

利用“分类汇总”功能，统计出每种奖学金等级的获奖人数和总人数。操作步骤如下所述。

1) 对分类列——“奖学金等级”进行排序

方法如下：

(1) 单击分类列中的任意一个单元格，如 B5，此任务中的分类列即为“奖学金等级”。

(2) 对分类列按升序排序(注：也可使用【降序】进行排序)。

2) 汇总奖学金获奖人数

汇总奖学金人数即按奖学金等级分类对获奖人数进行计数。操作如下：

(1) 选定数据区域中的任意一个单元格或选定整个数据清单区域 A2:D12。

(2) 在【数据】选项卡的【分级显示】组中，单击【分类汇总】按钮，打开“分类汇总”对话框，设置分类汇总选项，如图 5-87 所示。

① 在【分类字段】框中，选择分类的字段“奖学金等级”(注：对此列要事先排序)。

② 在【汇总方式】列表框中，选择汇总的计算方式“计数”。

③ 在【选定汇总项】列表框中，选择要汇总的数据列“奖学金等级”。

④ 勾选【汇总结果显示在数据下方】。

单击【确定】按钮即可。分类汇总的结果如图 5-88 所示。

图 5-87　“分类汇总”对话框

	A	B	C	D
1	2014XXXX班级奖学金名单			
2	姓名	奖学金等级	奖学金金额	
3	杨涛	A	1000	
4	许闵娜	A	1000	
5	A 计数	2		
6	王强	B	800	
7	李玉华	B	800	
8	刘恬	B	800	
9	张鹏泽	B	800	
10	林森	B	800	
11	B 计数	5		
12	赵华成			
13	李聪			
14	王利雪			
15	总计数	7		
16				

图 5-88　“分类汇总”结果

(3) 单击图 5-88 左边的分级显示按钮“−”或“+”，可折叠或展开分类汇总项目。

(4) 复制汇总数据。将分类汇总的结果数据复制到图 5-86 所示的 G3:G5 区域。

3. “分类汇总”(2)——按“奖学金等级”汇总奖学金金额

这一步的操作方法同上，不同的是【分类汇总】对话框设置有变。

(1) 在【汇总方式】列表框中，选择汇总的计算方式为求和。

(2) 在【选定汇总项】列表框中，选择要汇总的数据列为奖学金金额。

4. 取消数据的分类汇总

(1) 选取分类汇总范围内的任意单元格。

(2) 在【数据】选项卡的【分级显示】组中，单击【分类汇总】按钮，打开“分类汇总”对话框，单击【全部删除】按钮即可。

5. 保存工作簿

(1) 保存工作簿为“学号(后两位)-姓名-成绩管理 4.xlsx”。

(2) 关闭工作簿。

(3) 复制分类汇总后的结果如图 5-89 所示。

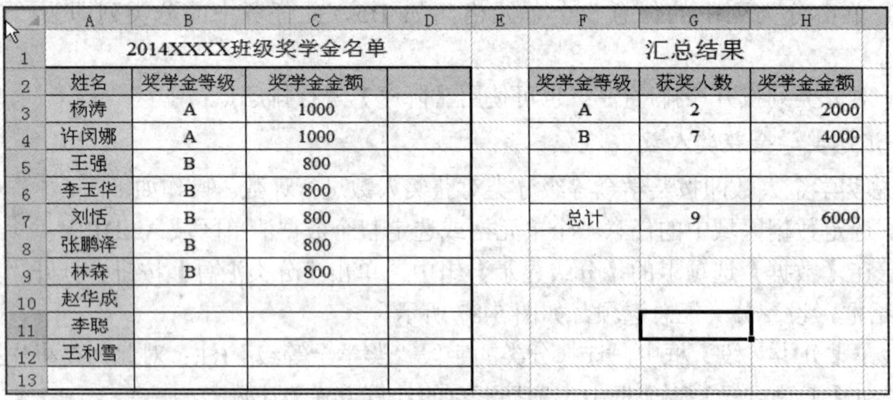

	A	B	C	D	E	F	G	H
1	2014XXXX班级奖学金名单					汇总结果		
2	姓名	奖学金等级	奖学金金额			奖学金等级	获奖人数	奖学金金额
3	杨涛	A	1000			A	2	2000
4	许闵娜	A	1000			B	7	4000
5	王强	B	800					
6	李玉华	B	800					
7	刘恬	B	800			总计	9	6000
8	张鹏泽	B	800					
9	林森	B	800					
10	赵华成							
11	李聪							
12	王利雪							
13								

图 5-89 “分类汇总”后复制的结果

5.4.6 任务实现(4)：保护原始数据

1. 保护学生“信息表”整个工作表

对学生“信息表”整个进行保护，可以防止更改工作表中的数据。操作步骤如下：

(1) 打开“学号-姓名-成绩管理 4.xlsx”工作簿，切换至“信息表”工作表。

(2) 保护工作表。

请尝试修改工作表中的内容。

2. 保护“英语成绩单”中输入的原始成绩

保护“英语成绩单”中输入的原始成绩的操作步骤如下：

(1) 切换至“英语成绩单”工作表。

(2) 取消对整个工作表的“锁定”。

(3) 锁定要保护的工作表区域。

(4) 保护锁定区域。

请尝试修改被保护的区域和非保护的区域。

3．保护其余三门课程(数学、政治、计算机)成绩单中输入的原始成绩

具体操作方法同上。

5.5　任务：其他函数及操作

5.5.1　任务描述

在 Excel 中，除了本书前面介绍的一些常用函数基本功能、基本操作外，还有许多非常有用的函数、功能和操作，比如财务函数、数据库函数、模拟分析器等，在此介绍一些非常有用的函数和操作。读者也可以借助 Excel 的帮助功能和网络上的内容以及其他教材来进一步学习。

任务描述如下：

(1) 打开工作簿“学号(后两位)-姓名-成绩管理 4.slsx”。

(2) 在后面插入一张空工作表，命名为“其他函数表”。

(3) 在“其他函数表”后面插入一张空工作表，命名为“汽车运费表”。完成所有汽车的运费单价查找。

(4) 在“学生信息表”中，根据身份证号码完成所有学生性别、出生日期的提取。

(5) 在“学生信息表”中，添加一列“所在学院”，使用下拉列表快速完成数据的输入。

5.5.2　知识点：其他函数简介

1．查找函数——LOOKUP( )函数

功能：LOOKUP 函数用于在某范围内查找数值，然后返回同行其他列的数据或者返回一个数组中的值。使用它可以代替嵌套的 IF 函数，使函数简单。

语法：LOOKUP(lookup_value, lookup_vector, [result_vector])。

其中：

lookup_value——需要查找的值，可以是数字、文本、逻辑值、名称或引用。

lookup_vector——查找的范围。

result_vector——取值的范围。

说明：使用前请先对第 2 个参数(即查找的范围)项按升序排序，否则结果不正确。

【例 5-27】 在如图 5-90 所示的“信息表”中，查找 H2:H5 区域学生的家庭住址。

分析：本题目要完成的操作是根据右表 H 列的姓名，在左表中的 B 列找到对应的学生，然后将找到学生的家庭住址放入 I 列对应行。即 H 列的每行数值是需要查找的值，B 列为查找的范围，F 列为取值的范围。

	A	B	C	D	E	F	G	H	I
1	序号	姓名	性别	出生日期	籍贯	家庭住址		姓名	家庭住址
2	1	王强	男	1994/8/1	陕西	西安市未央区		刘恬	
3	2	李玉华	女	1993/9/21	甘肃	兰州市		杨涛	
4	3	赵华成	男	1994/1/13	新疆	宝鸡市		李玉华	
5	4	刘恬	女	1995/11/8	宁夏	银川市		林森	
6	5	张鹏泽	男	1992/12/1	陕西	渭南市			
7	6	李聪	女	1994/3/11	甘肃	天水市			
8	7	林森	男	1993/4/16	甘肃	咸阳市			
9	8	王利雪	女	1995/2/14	陕西	汉中市			
10	9	杨涛	男	1994/9/9	河南	开封市			
11	10	许闵娜	女	1994/8/10	山东	济南市			

图 5-90 “信息表”样张

操作步骤如下：

(1) 先将要查找的列 B 列(姓名列)按升序排序。

(2) I2 单元格的公式为=LOOKUP(H2, B$2:B$11, F$2:F$11)。

说明：因其他人的查找范围和取值范围与第一个人完全一样，故查找范围和取值范围要绝对引用。

(3) 把 I2 单元格的结果向下填充至最后一个人(即 I5 单元格)。

LOOKUP 函数应用的结果如图 5-91 所示。

	A	B	C	D	E	F	G	H	I
1	序号	姓名	性别	出生日期	籍贯	家庭住址		姓名	家庭住址
2	6	李聪	女	1994/3/11	甘肃	天水市		刘恬	银川市
3	2	李玉华	女	1993/9/21	甘肃	兰州市		杨涛	开封市
4	7	林森	男	1993/4/16	甘肃	咸阳市		李玉华	兰州市
5	4	刘恬	女	1995/11/8	宁夏	银川市		林森	咸阳市
6	8	王利雪	女	1995/2/14	陕西	汉中市			
7	1	王强	男	1994/8/1	陕西	西安市未央区			
8	10	许闵娜	女	1994/8/10	山东	济南市			
9	9	杨涛	男	1994/9/9	河南	开封市			
10	5	张鹏泽	男	1992/12/1	陕西	渭南市			
11	3	赵华成	男	1994/1/13	新疆	宝鸡市			

图 5-91 在“信息表”中 LOOKUP 函数的应用结果

2. 纵向查找函数——VLOOKUP( )函数

VLOOKUP 函数是 Excel 中的一个纵向查找函数，它与 LOOKUP 函数和 HLOOKUP 函数属于一类函数，HLOOKUP 是按行查找的。

功能：在一个区域的首列查找指定的数值，返回该数值所在行中指定列(另外列)数值。

语法：VLOOKUP(lookup_value, table_array, col_index_num, range_lookup)。

其中：

lookup_value——需要查找的值，可以是数字、文本、逻辑值、名称或引用。

table_array——查找区域，要查找的列必须是本区域的首列，本区域必须包含取值的列。

col_index_num——取值的列序号，即取值从查找区域的第几列取值。查找区域的列序号从 1 编起。例如，若查找区域为 D3:K10，则 D 列的列序号为 1，E 列的列序号为 2，以此类推，若希望取 F 列的数值，则取值的列序号应该是 3。

range_lookup——查找模式，0 代表精确查找，1 代表模糊查找。

说明：使用前请先对第 2 个参数中的查找列按升序排序，否则，结果不正确。

【例 5-28】 请用 VLOOKUP( )函数完成例 5-27(查找 H2:H5 区域学生的家庭住址)。

分析：本题目的要求同例 5-27。即 H 列的每行数值是需要查找的值，B 列为查找区域的首列，F 列为取值列，故查找区域为 B$2:F$11，B 列的列序号为 1，F 列(取值列)序号为 5。

操作方法如下：

(1) 将查找区域的 B 列(姓名列)按升序排序。

(2) I2 单元格的公式为 = VLOOKUP(H2, B$2:B$11, 5, 0)。

(3) 把 I2 单元格的结果向下填充至最后一个人(即 I5 单元格)。

VLOOKUP 函数应用的结果同 LOOKUP 函数。查询结果如图 5-91 所示。

【例 5-29】 在图 5-92 所示的工作表中，查找每个车号的运费单价，将结果填入 E 列。

	A	B	C	D	E	F	G	H	I
1	XX单位2020年3月各类汽车运行情况统计							汽车运费单价	
2									
3	车号	车型	出勤天数（天）	公里数（公里）	运费单价（元）/km	运行总费用（元）		车型	运费（元）/km
4	陕A13219	小型卡车	24	1750				大型卡车	2.8
5	陕A16115	大型卡车	24	2300				大型客运车	3.6
6	陕A16117	小汽车	24	1231				小汽车	2.4
7	陕A16119	小汽车	27	1414				小型卡车	2.2
8	陕A16121	中巴车	28	2558				中巴车	2.6
9	陕A1612Q	小汽车	16	636					
10	陕AGZ124	大型客运车	18	1186					
11	陕AHJ125	大型客运车	12	780					
12	陕AOZ126	小汽车	12	418					
13	陕AWF983	大型卡车	22	1901					
14	陕AZ4522	小型卡车	19	2359					
15	陕AZ6118	大型客运车	18	789					

图 5-92　“汽车运行情况统计”工作表

分析：每个车号的运费单价是由车型决定的，即要在左边表中根据每个车号的车型在右边的“汽车运费单价”表找到对应车型的运费单价，将结果填入 E 列。本题目 B 列(左表的车型)的是需要查找的值，H 列为查找区域的首列，I 列为取值列，故查找区域为 H$4:I$8，取值列序号为 2。

操作方法如下：

(1) 先将查找区域的 H 列(右表的车型列)按升序排序。

(2) E4 单元格的公式为=VLOOKUP(B4, H$4:I$8, 2, 0)

(3) 把 E4 单元格的结果向下填充至最后一个人(即 E15 单元格)。

VLOOKUP 函数应用的结果，如图 5-93 所示。

	A	B	C	D	E	F	G	H	I
1	XX单位2020年3月各类汽车运行情况统计							汽车运费单价	
2									
3	车号	车型	出勤天数（天）	公里数（公里）	运费单价（元）/km	运行总费用（元）		车型	运费（元）/km
4	陕A13219	小型卡车	24	1750	2.2			大型卡车	2.8
5	陕A16115	大型卡车	24	2300	2.8			大型客运车	3.6
6	陕A16117	小汽车	24	1231	2.4			小汽车	2.4
7	陕A16119	小汽车	27	1414	2.4			小型卡车	2.2
8	陕A16121	中巴车	28	2558	2.6			中巴车	2.6
9	陕A1612Q	小汽车	16	636	2.4				
10	陕AGZ124	大型客运车	18	1186	3.6				
11	陕AHJ125	大型客运车	12	780	3.6				
12	陕AOZ126	小汽车	12	418	2.4				
13	陕AWF983	大型卡车	22	1901	2.8				
14	陕AZ4522	小型卡车	19	2359	2.2				
15	陕AZ6118	大型客运车	18	789	3.6				
16									

图 5-93　在“汽车运行情况统计”工作表中 VLOOKUP 函数应用结果

3．MID( )、LEFT、MOD( )、DATE( )函数

在 Excel 中利用函数帮助或互联网平台自学 MID( )、LEFT、MOD( )、DATE( )函数的语法及应用。

4．从身份证号码中提取出生日期、性别等数据

在 18 位身份证号码中，第 7～10 位为出生年份，第 11、12 位为出生月份，第 13、14 位为出生日期，第 17 位代表性别(奇数为男，偶数为女)。

【例 5-30】 (1) 从图 5-94 所示的 B3 单元格(张婉林的身份证号码)中提取出她的出生日期，并将其转换为日期格式，然后填入 E3 单元格。

(2) 从 B3 单元格身份证号码中提取出张婉林的性别并将其转换为中文格式，然后填入 D3 单元格。

解　(1) 提取出生日期：　E3 单元格的公式为

= IF(LEN(B3)=18, DATE(MID(B3, 7, 4), MID(B3, 11, 2), MID(B3, 13, 2)), "身份证号码有错")

(2) 提取性别：D3 单元格的公式为

= IF(LEN(B3)=18, IF(MOD(MID(B3, 17, 1), 2)=1,"男", "女"), "身份证号码有错")

结果如图 5-94 所示。

	A	B	C	D	E
1					
2	姓名	身份证号码	所在学院	性别	出生年月
3	张婉林	610103200612084346		女	2006年12月8日
4					

图 5-94　函数应用结果

5.5.3　知识点：使用“数据有效性”中的“序列”设置下拉列表快速输入数据

做 Excel 表格时，有时需要填很多有特殊需求的数据，例如性别、职业、部门、所在学院等，这些数据都是重复存在且有限的，这时候我们就可以用数据有效性来填这些数据，提高效率的同时还能提高准确性。

【例 5-31】　在图 5-93 中的 C 列(所在学院)，使用序列快速完成数据的输入，所在学

院有自动化学院、机电学院、计算机学院、理学院。

操作方法如下：

(1) 选择要使用序列的单元格 C3:C15。

(2) 在【数据】选项卡的【数据工具】组中，选择【数据有效性】，打开“数据有效性”对话框，在【设置】选项卡中进行设置：在“允许”框中选择“序列”；在“来源”框中输入序列，如自动化学院、机电学院、计算机学院、理学院。

注意：序列间用西文逗号隔开，末尾没有符号。设置好的序列如图 5-95 所示。

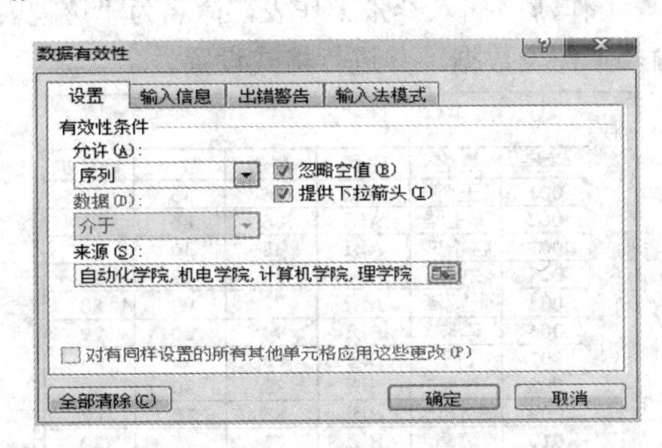

图 5-95　“数据有效性”对话框中的【序列】选项

(3) 单击【确定】按钮，在要填入的单元格会出现一个下拉列表箭头，单击此箭头，选择要填的序列项即可。结果如图 5-96 所示。

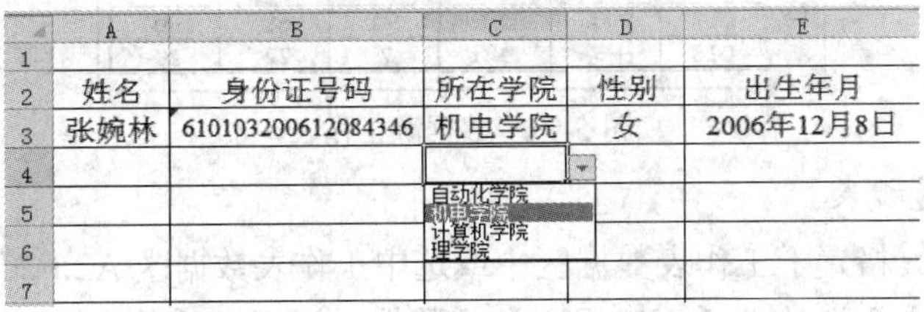

	A	B	C	D	E
1					
2	姓名	身份证号码	所在学院	性别	出生年月
3	张婉林	610103200612084346	机电学院	女	2006年12月8日
4					
5			自动化学院 机电学院 计算机学院 理学院		
6					
7					

图 5-96　“序列”设置好后的输入界面

说明：数据来源还可以使用表中已输入好的区域，在来源中先填写“=”号，再选择表中已准备好的数据。

5.6　任务：数据透视表

5.6.1　任务描述

Excel 的数据透视表能够将筛选、排序和分类汇总等操作依次完成，快速汇总、分析、浏览和显示数据，对原始数据进行多维度、灵活展现，是一个非常实用的功能。在此使用“透视表”快速生成成绩统计报表和销售统计报表。

(1) 打开工作簿“学号(后两位)-姓名-成绩管理 5.slsx”。

(2) 在后面插入一张空工作表，命名为“成绩透视表”，制作成绩统计报表。

(3) 再插入一张空工作表，命名为“销售透视表”，制作销售统计报表。

5.6.2 知识点：创建数据透视表

1. 创建数据透视表

下面以某学院某专业的成绩表(四个班级三门课程)为例，介绍数据透视表的基本制作方法。

1) 制作数据源工作表

(1) 在“成绩管理”工作簿中插入一张工作表，命名为“透视表”。

(2) 参照图 5-97 输入工作表数据，并进行格式设置。

	A	B	C	D	E	F
1						
2	学号	姓名	班级	英语	数学	计算机
3	001	王强	A班	86	86	88
4	002	李玉华	A班	86	86	83
5	003	赵华成	A班	38	30	40
6	004	刘恬	A班	83	78	82
7	005	张鹏泽	A班	77	90	80
8	006	李聪	B班	94	20	29
9	007	刘玉	B班	86	55	83
10	008	张娜	B班	38	30	40
11	009	李伟涛	B班	83	78	82
12	010	顾具	B班	77	77	80
13	011	张虹开	C班	94	20	29
14	012	林森	C班	90	90	90
15	013	王利雪	C班	7	0	20
16	014	杨涛	C班	94	95	94
17	015	许闵娜	D班	94	94	94
18	016	王前	D班	86	86	88
19	017	刘莉	D班	90	68	90
20	018	王赛	D班	7	22	20

图 5-97 数据源工作表

2) 创建数据透视表

(1) 将活动单元格置于工作表数据区中或选中工作表数据区 A2:F20。

(2) 单击“插入”选项卡【表格组中】【数据透视表】【数据透视表】，打开“创建数据透视表”对话框，设置及说明如图 5-98 所示。

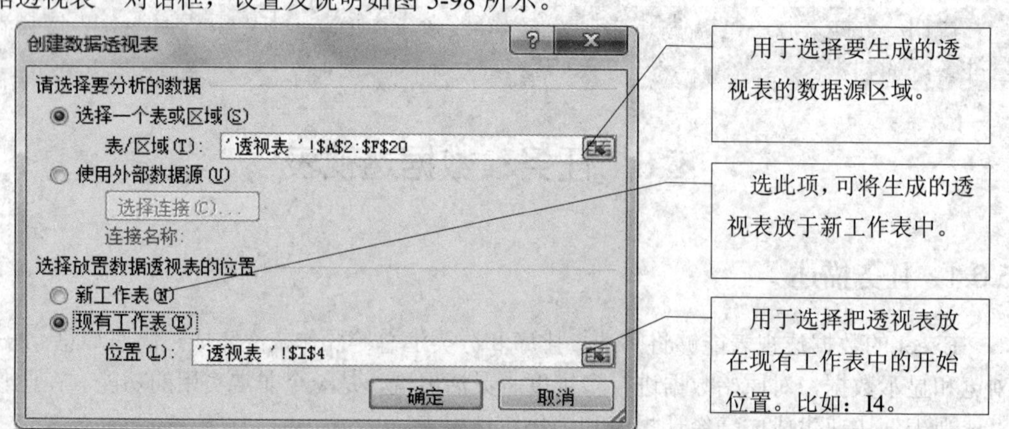

图 5-98 “创建数据透视表”对话框

(3) 设置好之后，单击【确定】按钮，即出现如图 5-99 所示界面。其中中间为透视表框架区域，右边为“数据透视表字段列表”对话框。

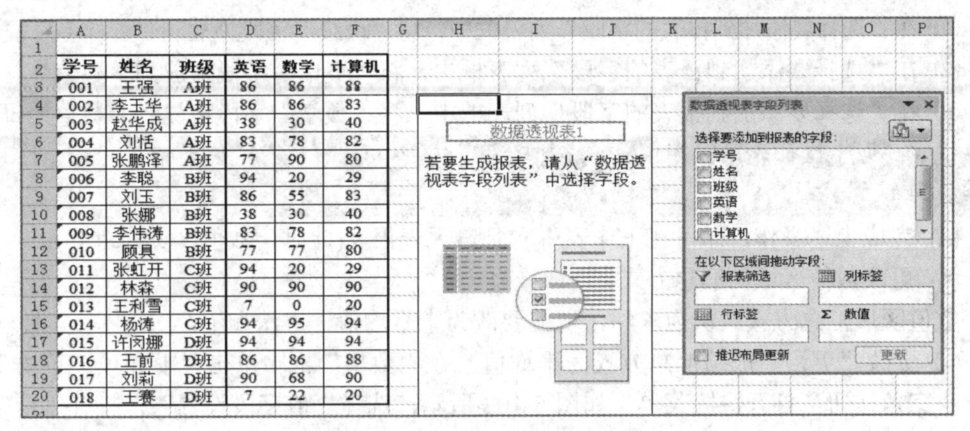

学号	姓名	班级	英语	数学	计算机
001	王强	A班	86	86	88
002	李玉华	A班	86	86	83
003	赵华成	A班	38	30	40
004	刘恬	A班	83	78	82
005	张鹏泽	A班	77	90	80
006	李聪	B班	94	20	29
007	刘玉	B班	86	55	83
008	张娜	B班	38	30	40
009	李伟涛	B班	83	78	82
010	顾具	B班	77	77	80
011	张虹开	C班	94	20	29
012	林森	C班	90	90	90
013	王利雪	C班	7	0	20
014	杨涛	C班	94	95	94
015	许闵娜	D班	94	94	94
016	王前	D班	86	86	88
017	刘莉	D班	90	68	90
018	王赛	D班	7	22	20

图 5-99　创建数据透视表初始界面

3) 设置透视表的字段列表(行标签、列标签及数值)

假设我们希望做一个四个班级的英语、数学两门课程的平均分统计报表，希望报表结果如图 5-100 所示。

行标签	平均值项:英语	平均值项:数学
A班	74	74
D班	69.025	67.5
B班	75.52	52
C班	70.85	51.25
总计	72.61666667	61.38888889

图 5-100　要生成的数据透视表报表

我们利用 Excel 中的 AVERAGEIF()函数、SUMIF()函数、分类汇总等都可以实现，但操作麻烦、费时费力，且报表不简洁。若利用透视表则方便快捷。操作步骤如下：

(1) 明确要生成的数据透视表报表与“透视表字段列表”框中各元素的对应关系。

透视表报表的行名称用“行标签”进行设置，列名称用“列标签”进行设置，报表中间的数值区域用“数值”框进行设置，即需要汇总的项，默认为“求和”方式。要生成的数据透视表报表与“透视表字段列表”框中各元素的对应关系如图 5-101 所示。

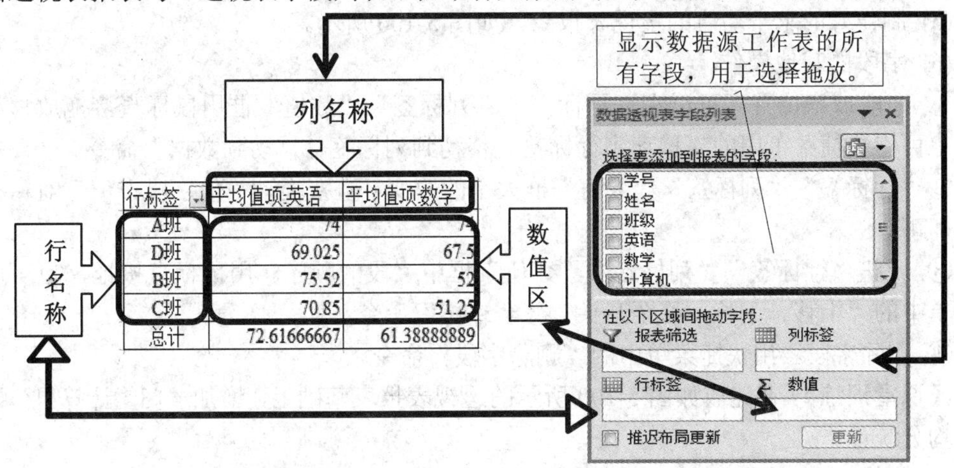

图 5-101　要生成的数据透视表报表与“数据透视表字段列表”元素之间的关系

(2) 设置数据透视表报表的字段位置。按照图 5-101 的关系完成下列操作即可。

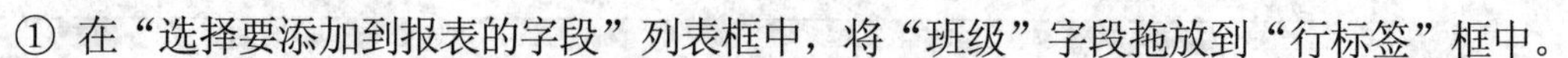

① 在“选择要添加到报表的字段”列表框中，将“班级”字段拖放到“行标签”框中。

② 在“选择要添加到报表的字段”列表框中，将“英语”字段拖放到“数值”框中。

③ 在“选择要添加到报表的字段”列表框中，将“数学”字段拖放到“数值”框中。

说明：以上操作也可以简单到只需要在字段框中勾选“班级”“英语”“数学”这三个字段即可。

(3) 完成上述操作，即可在工作表中看到透视表报表(此时，数值区域为求和)。

(4) 更改数值区域的汇总方式。

数值区域汇总方式默认为求和，现在要改为求平均值，方法如下：

① 更改“英语”成绩汇总方式为平均值。在“数值”框中单击“求和项：英语”右边的小三角按钮，打开快捷菜单，如图 5-102 所示，选择“值字段设置”，打开“值字段设置”对话框，如图 5-103 所示，选择“平均值”，然后单击“确定”按钮。

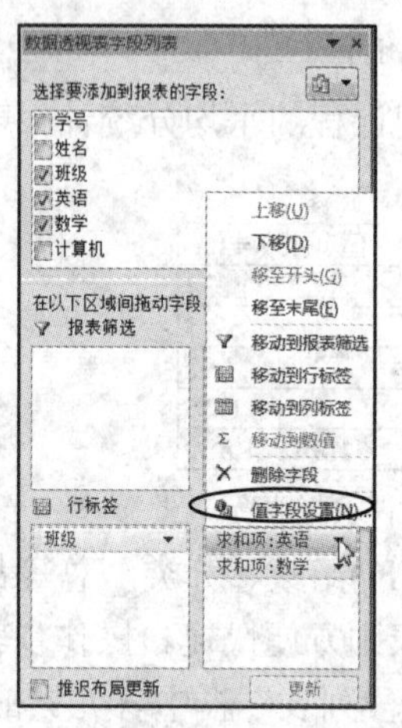

图 5-102　“数值”框快捷菜单

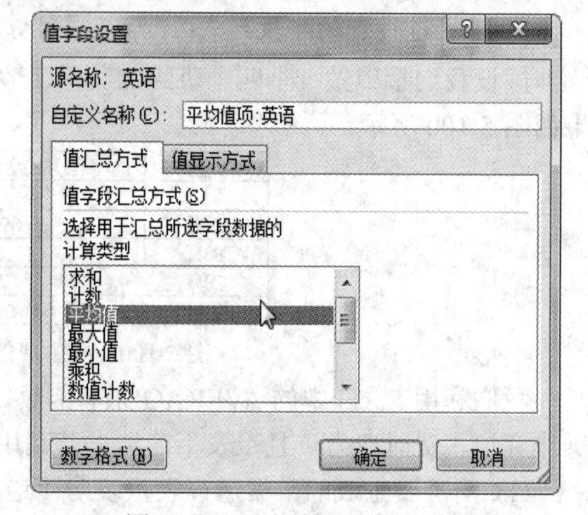

图 5-103　“值字段设值”对话框

说明：其他框中的字段快捷菜单打开方法、值汇总方式更改同上。

② 更改“数学”成绩汇总方式为平均值，方法同上。

(5) 制作好的求平均值的透视表报表，如图 5-100 所示。

(6) 字段的其他操作。

① 字段放错位置。可以在“行标签”“列标签”“数值”框用鼠标直接拖放移动位置，也可用快捷菜单中的“移动到行标签、移动到列标签、移动到数据”命令。

②“行标签”“列标签”“数值”框大小的改变。直接拖动“值字段设值”对话框的边框即可。

③ 调整“行标签”“列标签”“数值”框中字段的顺序。用鼠标直接拖，也可用快捷菜单中的“上移、下移、移至开头、移至末尾”命令。

④ 删除字段。用快捷菜单中的“删除字段”命令。

【课堂训练】 在完成如图 5-100 所示的透视表报表基础上，增加一门“计算机”课程的平均分统计。

2. 数据透视表报表的其他设置

创建透视表报表后，只要选择到报表区，就会出现【选项】【设计】两个选项卡。

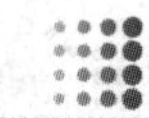

【选项】选项卡如图 5-104 所示，主要用于设置透视表报表的各个选项。

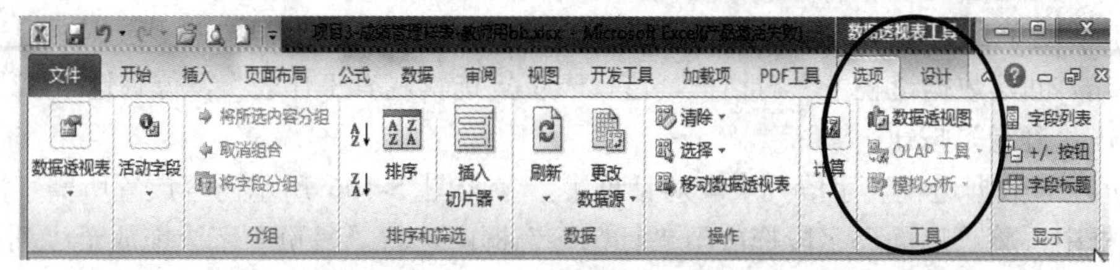

图 5-104　【数据透视表工具】|【选项】选项卡

【设计】选项卡如图 5-105 所示，主要用于设置透视表报表的样式。

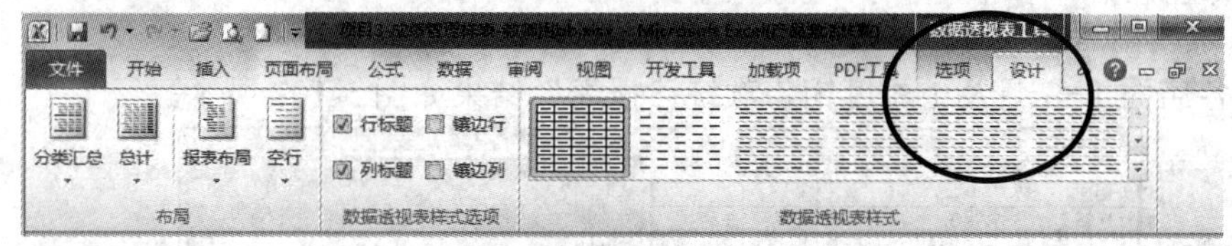

图 5-105　【数据透视表工具】|【设计】选项卡

大家可以根据需要进行学习，并自行设置。

5.6.3　知识点：数据透视表应用

应用数据透视表分析、汇总、筛选各类表格时，可以简洁、快速、方便地完成。下面以销售数据透视表的制作为例，进一步介绍数据透视表的制作方法，希望大家能够熟练掌握。

1. 数据源工作表

设有 XX 公司 2020 年 1 季度销售表，如图 5-106 所示。

	A	B	C	D	E
1	XX公司2020年1季度销售表				
2	月份	销售店面	产品名称	数量	金额(元)
3	1月份	A店	计算机	74	198986
4	1月份	A店	手机	56	194096
5	1月份	A店	电视机	211	503868
6	1月份	A店	空调	22	47960
7	1月份	B店	计算机	54	145206
8	1月份	B店	手机	76	263416
9	1月份	B店	电视机	71	169548
10	1月份	B店	空调	34	74120
11	2月份	A店	计算机	74	198986
12	2月份	A店	手机	56	194096
13	2月份	A店	电视机	12	28656
14	2月份	A店	空调	7	15260
15	2月份	B店	计算机	19	51091
16	2月份	B店	手机	23	79718
17	2月份	B店	电视机	11	26268
18	2月份	B店	空调	6	13080
19	3月份	A店	计算机	74	198986
20	3月份	A店	手机	56	194096
21	3月份	A店	电视机	12	28656
22	3月份	A店	空调	7	15260
23	3月份	B店	计算机	19	51091
24	3月份	B店	手机	23	79718
25	3月份	B店	电视机	11	26268
26	3月份	B店	空调	6	13080

图 5-106　“XX 公司销售表”工作表

请参照图 5-106 所示结构和内容创建“XX 公司销售分析”工作簿，并制作“销售表”。

2. 制作“各店面 1－3 月及 1 季度销售额统计报表”

要求：该报表能够清晰汇总出每个店面每月的销售总额和 1 季度销售总额。

操作方法如下：

(1) 活动单元格选在销售表数据区，单击“插入”|“表格”组中的“数据透视表”按钮，打开“创建数据透视表”对话框，透视表位置选“现有工作表”，位置选“G2”单元格，单击“确定”按钮。

(2) 在“数据透视表字段列表”对话框中，参照图 5-106 所示内容放置所需字段到各自位置框中，将“店面”字段拖放至“行标签”框中，将“月份”字段拖放至“列标签”框中，将“金额”字段拖放至“数值”框中。

(3) 在报表上一行输入报表名称。选择 G1:K1，将其合并并居中，然后输入“各店面1—3 月及 1 季度销售额统计报表”。

(4) “各店面 1—3 月及 1 季度销售额统计报表”结果如图 5-107 所示。

各店面1-3月及1季度销售额统计报表

求和项:金额(元	列标签			
行标签	1月份	2月份	3月份	总计
A店	944910	436998	436998	1818906
B店	652290	170157	170157	992604
总计	1597200	607155	607155	2811510

图 5-107　各店面 1—3 月及 1 季度销售额统计报表

3. 制作“各产品 1—3 月及 1 季度销售量统计报表”

要求：该报表能够清晰汇总出每种产品各月的销售数量和 1 季度销售数量。

操作方法同上，不同的是要求的字段和位置不同。

在“数据透视表字段列表”对话框中，参照图 5-108 所示内容放置所需字段到各自位置框中，将“产品名称”字段拖放至“行标签”框中；将“月份”字段拖放至“列标签”框中；将“数量”字段拖放至“数值”框中。然后在报表上一行输入报表名称“各产品1—3 月及 1 季度销售量统计报表”。结果如图 5-108 所示。

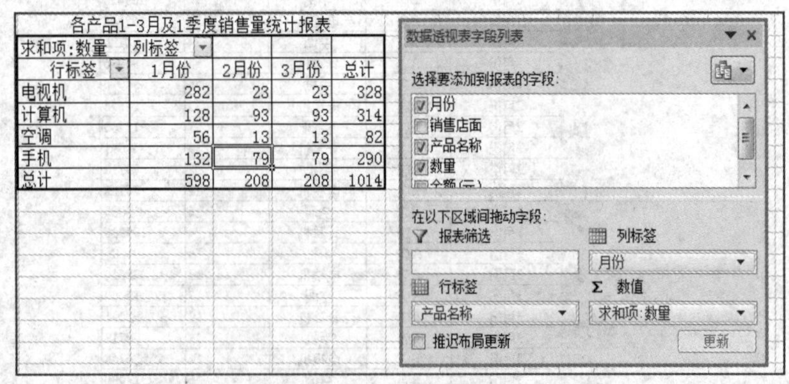
各产品1-3月及1季度销售量统计报表

求和项:数量	列标签			
行标签	1月份	2月份	3月份	总计
电视机	282	23	23	328
计算机	128	93	93	314
空调	56	13	13	82
手机	132	79	79	290
总计	598	208	208	1014

图 5-108　各产品 1—3 月及 1 季度销售量统计报表

4. 数据透视表的其他操作及应用

有关数据透视表的其他操作和应用以及 Excel 的其他应用，大家可以根据需要自学。

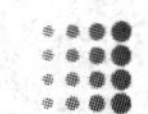

5.7　习　　题

一、选择题

1．Excel 中处理并存储数据的文件叫作__________。

A．工作簿　　B．工作表　　C．单元格　　D．活动单元格

2．设单元格 A2、B5、C4、D3 的值分别为 4、6、8、7，单元格 D5 中的函数表达式为“= MAX(A2，B5，C4，D3)”，则 D5 的值为__________。

A．25　　B．6　　C．8　　D．7

3．当单元格内显示一串“#”号时，表示__________。

A．字符型数据超出单元格范围　　B．日期型数据，数据无意义

C．单元格引用无效　　D．数值型数据，列宽不够

4. 在单元格中输入字符串“123456”时，应输入__________。

A．123456　　B．“123456”　　C．, 123456　　D．'123456

5．一般在进行汇总操作之前，应该首先进行__________。

A．选择数据区域的操作　　B．排序操作　　C．任何操作　　D．保护操作

6．在 Excel 编辑中，下面关于分类汇总的叙述中错误的是__________。

A．汇总方式只能是求和

B．分类汇总前必须按关键字段对数据库进行排序

C．分类汇总的关键字段只能是一个字段

D．分类汇总可以被删除，但删除汇总后排序操作不能撤销

二、填空题

1．Excel 2010 中工作簿文件的扩展名是________。 正在处理的工作表为______工作表。

2．在当前单元格引用 D5 单元格数据，相对引用的格式是__________；绝对引用的格式是_______。

3．在单元格中输入公式，首先要输入的是__________。用来将单元格 D6 与 E5 内容相乘的公式是__________。

4. 将 D2 单元格公式“=A2*$B3+C2”复制到 F2 单元格，则 F2 单元格的公式是_____。

5．在 E3 单元格要完成这样的操作：如果 D3 单元格内容大于等于 60 分，为“及格”；否则为“不及格”。正确的公式是______________________________。

三、操作应用题

1．制作班级奖学金发放表，包括学号、姓名、班级、发放等级(A 等 1000 元、B 等 800 元、C 等 500 元、D 等 300 元)，并统计各等级奖学金的总额及全班总额。

2．为某商场制作一个销售统计表，再分类汇总出各类商品的销售量和销售额，并用饼图表示。

3．用数据透视表完成第 1、2 题。两种方法有何不同？

项目6 PowerPoint 2010 应用——制作“毕业风采”演示文稿

PowerPoint 2010 是一款集文字、图形、图像、声音、视频剪辑于一体的多媒体演示制作的常用工具软件。主要应用于演讲、授课、产品展示、企业宣传、广告宣传等。

【项目介绍】

演示文稿的制作目前已成为文秘与行政、广告与策划、市场与销售等多个行业必须掌握的技能之一，也是现代大学生必须掌握的基本技能之一。本项目以学生憧憬的毕业场景为背景，选用以“毕业风采”为主题作为教学内容，系统介绍 PowerPoint 2010 中文版的基本操作和常用功能。任务分解如下：

6.1 任务：基本操作——制作“毕业风采”演示文稿简单版

(1) 创建“毕业风采”演示文稿。在演示文稿中制作六张简单的幻灯片。

(2) 设计演示文稿的外观和背景样式。

(3) 保存演示文稿。

6.2 任务：插入操作——制作“毕业风采”演示文稿多媒体版

(1) 在幻灯片中插入表格、图形、图片等对象。

(2) 在幻灯片中使用动作按钮和超链接插入音频、视频对象。

(3) 完成任务后保存生成“毕业风采-多媒体版”演示文稿。

6.3 任务：动画操作——制作“毕业风采”演示文稿动画版

(1) 给文本和对象制作简单动画与高级动画。

(2) 为动画设置效果选项、计时或顺序，并测试动画效果。

(3) 在幻灯片之间添加切换效果。完成任务后保存生成“毕业风采-动画版”。

6.4 任务：综合操作——制作“毕业风采”演示文稿应用版

(1) 使用“母版幻灯片”，统一幻灯片的风格。

(2) 创建自定义模板并应用自定义模板。

(3) 自定义幻灯片放映方式，将演示文稿发布为 Word 文档，并打包演示文稿。

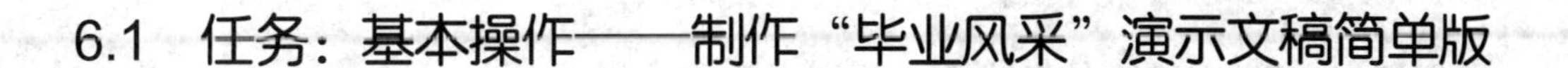

6.1 任务：基本操作——制作“毕业风采”演示文稿简单版

6.1.1 任务描述

大学校园的学习生活丰富多彩。在此，我们利用学习 PowerPoint 2010 的机会，制作展示校园文化生活的演示文稿。假设我们毕业了，就应该有一个属于自己的“毕业风采”演示文稿来展示曾经的大学校园生活。现在，我们就学习创建“毕业风采”演示文稿吧。

任务描述如下：

(1) 创建“毕业风采”演示文稿。学习幻灯片的基本操作、版式应用、格式设置等。

(2) 在演示文稿中制作六张简单的幻灯片，布局并应用主题设计好每张幻灯片的版式、格式、背景样式等，如图 6-1 所示。

(3) 放映幻灯片。

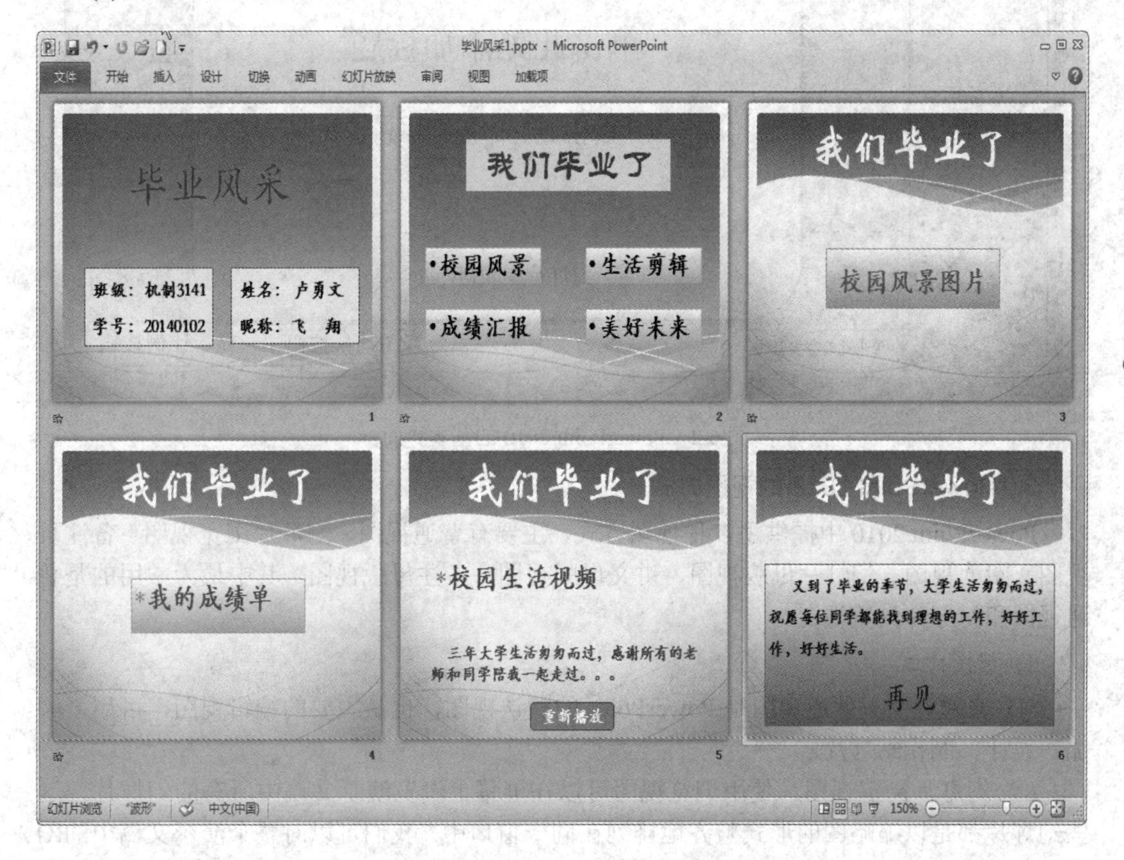

图 6-1 “毕业风采”演示文稿

(4) 按要求保存演示文稿，文件名为“学号-姓名-毕业风采-简单版”。

① 保存演示文稿为 .pptx 模式(2010 模式)。

② 保存演示文稿为兼容模式(97-2003 模式)。

6.1.2 知识点：认识 PowerPoint 2010

1. PowerPoint 2010 的启动

单击【开始】|【所有程序】|【Microsoft Office】|【Microsoft PowerPoint 2010】，即可打开图 6-2 所示的 PowerPoint 2010 基本界面。

2. PowerPoint 2010 的界面

PowerPoint 2010 的基本界面主要由标题栏、快速访问工具栏、功能区、选项卡、大纲/幻灯片窗格、幻灯片编辑区等部分组成，如图 6-2 所示。

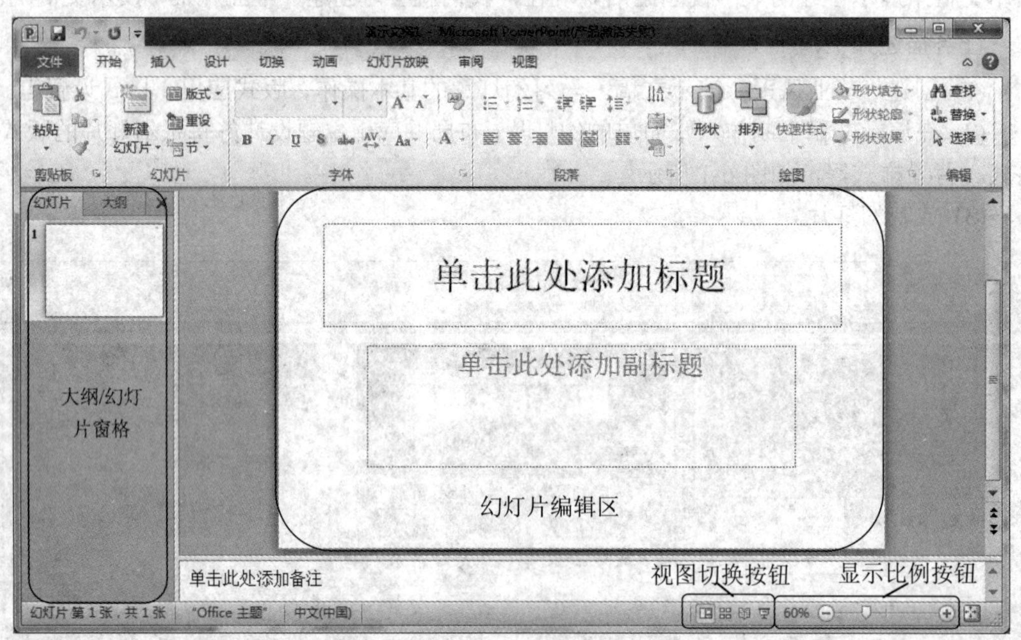

图 6-2　PowerPoint 2010 的基本界面

3. PowerPoint 2010 的视图方式

PowerPoint 2010 中提供了多种视图方式，主要有普通视图、幻灯片浏览视图、备注页视图、阅读视图、幻灯片母版视图、讲义母版视图、备注母版视图，其中最为常用的是普通视图和幻灯片浏览视图。

1) 视图方式

(1) 普通视图。普通视图是 PowerPoint 的默认视图，也是主要的编辑视图，可用于添加、设计、制作幻灯片。

(2) 幻灯片浏览视图。使用浏览视图可以在屏幕上浏览演示文稿中所有的幻灯片，这些幻灯片都是以缩略图的形式整齐地排列在同一窗口中。我们可以对整个演示文稿中的幻灯片进行移动、复制、删除等操作。

2) 视图方式的切换

方法 1：在【视图】选项卡【演示文稿视图】组中单击对应命令按钮，如图 6-3 所示。

方法 2：在状态栏的“视图切换区”单击对应的视图按钮即可，如图 6-2 所示。

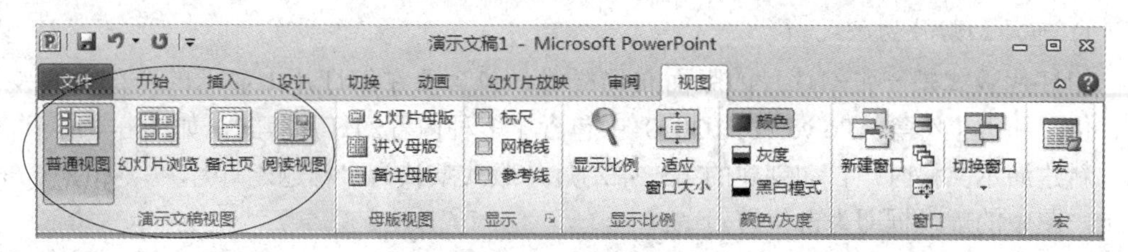

图 6-3　【视图】选项卡

说明：只有在普通视图中才有“大纲/幻灯片”窗格。若关闭了这个窗格，则只需再次切换到普通视图，即可打开“大纲/幻灯片”窗格。

6.1.3　知识点：创建“毕业风采”演示文稿

1．新建演示文稿

使用【新建】命令新建一个演示文稿，操作步骤如下：

(1) 在【文件】选项卡中单击【新建】命令，打开【可用模板】。

(2) 在【可用模板】下，单击【空白演示文稿】图标，然后单击【创建】按钮。操作同 Word。

2．保存演示文稿

1) 保存为 2010 模式

操作方法如下：

(1) 单击【文件】选项卡，单击【另存为】命令，打开“另存为”对话框。

(2) 在“另存为”对话框中，用【新建文件夹】按钮在桌面新建一个“ppt 学习”文件夹，并在保存位置框中的【文件名】栏输入演示文稿名称(只输入文件主名)“毕业风采”，保存类型选为“PowerPoint 演示文稿(*.pptx)”。

(3) 单击【保存】按钮。注：此保存文件格式为 PowerPoint 2010 模式。

2) 原名保存、保存为低版本格式文件

操作方法同 Word 2010。保存为低版本格式文件时“保存类型”选“PowerPoint 97-2003 演示文稿(*.ppt)”即可。

3．打开与关闭演示文稿

方法同 Word 2010。

6.1.4　知识点：幻灯片的基本操作

1．编辑幻灯片

新建一个演示文稿后，会有一张空白幻灯片，可以直接编辑它。编辑幻灯片的步骤如下：

(1) 布局幻灯片的版式。

(2) 输入、编辑幻灯片的内容。

(3) 设置幻灯片的格式(包括字体、段落、背景等)。

(4) 设置动画。

1) 布局幻灯片的版式

幻灯片版式是一张幻灯片的版面布局样式，包含要在幻灯片上显示的全部内容及格式、位置和占位符等。PowerPoint 2010 中包含了多种内置幻灯片版式，如图 6-4 所示。

新建演示文稿时，自动创建的第一张幻灯片版式默认为“标题幻灯片”，如图 6-5(a)所示，图中的虚线框即为占位符。

占位符是版式中的容器，可容纳文本、表格、图表、SmartArt 图形、影片、声音、图片及剪贴画等内容。用户可根据需要应用其他标准版式，也可以自定义版式。

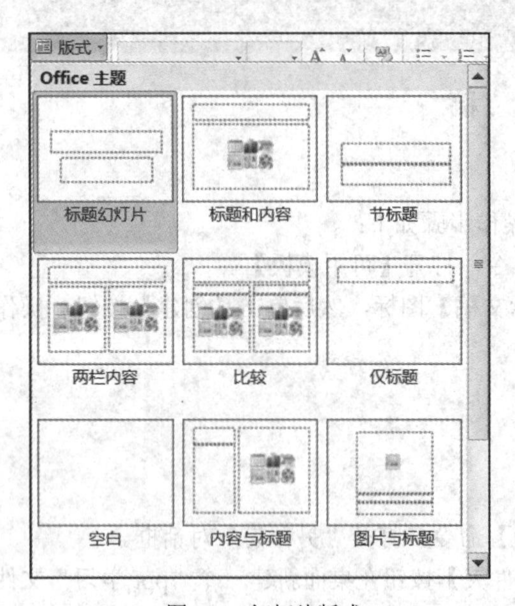

图 6-4　幻灯片版式

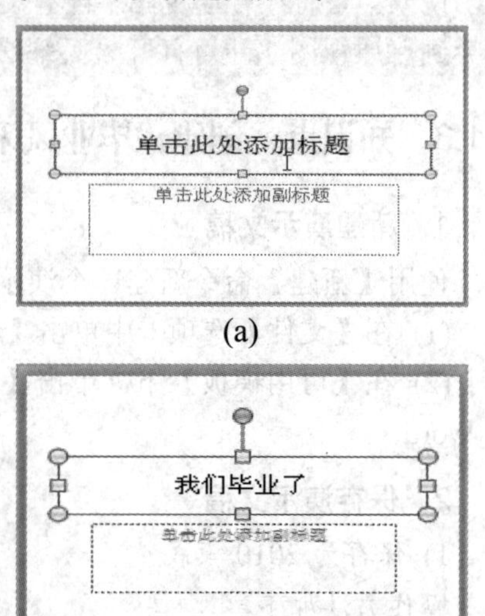

(a)

(b)

图 6-5　“标题幻灯片”版式及占位符

(1) 应用内置版式布局幻灯片。操作方法如下：

① 选中要布局版式的幻灯片，在【开始】选项卡的【幻灯片】组中单击【版式】按钮，打开【Office 主题】即版式列表框，如图 6-4 所示。

② 用户根据自己的需要直接在【Office 主题】列表框中单击要用的版式即可。

(2) 自定义版式。内置版式有时不能满足需要，用户可自定义版式。操作方法如下：

① 选中要创建自定义版式的幻灯片，在【幻灯片】组中单击【版式】按钮，在版式列表框中选择一种接近用户需要的版式，如图 6-5(a)所示的“标题幻灯片”版式。

② 用户根据自己的需要在接近的版式中，对占位符进行移动、复制、改变大小等操作(操作方法同 Word 2010 中的文本框)，即可得到自己想要的幻灯片版式。

2) 在占位符中添加文本

应用了版式的幻灯片，通常会用虚线框来表示占位符。文本通常要输入在占位符中。如果直接输入在幻灯片上，则不能设置其动画。在占位符中输入文本的操作方法为：选中要输入文本的占位符，然后键入或复制文本，如图 6-5(b)所示。

3) 设置占位符及文本的格式

(1) 设置占位符的格式。操作方法为：选中占位符，在【绘图工具】|【格式】选项卡上，使用【形状样式】组对占位符进行设置，使用【艺术字样式】组对占位符中的文本进

行设置，设置方法同 Word 2010【绘图工具】。

(2) 设置文本格式。操作方法为：选中或占位符中的文本，在【开始】|【字体】组中对文本进行设置(字体、字号、字形、颜色和阴影等)，也可使用【艺术字样式】组来设置。

(3) 设置段落格式。设置段落的对齐、行距和间距等，可使文本错落有致。操作方法为：选择要设置的一个或多个文本行，也可以是整个占位框，在【开始】|【段落】组中设置。

设置文本格式、段落格式的操作方法基本同 Word 2010。

2．添加新幻灯片

在一个演示文稿中，通常需要多张幻灯片。添加新幻灯片的方法有多种，下面主要介绍 4 种。

方法 1：插入默认版式幻灯片。在“普通视图”下，将鼠标定位在“大纲/幻灯片”窗格中需要插入幻灯片的位置处，然后按回车键，即可在当前位置的下面插入一张新的空白幻灯片。

方法 2：插入默认版式幻灯片。在“大纲/幻灯片”窗格中，选中插入位置(或上方幻灯片)，然后在【开始】选项卡的【幻灯片】组中，单击(幻灯片图标)，如图 6-6 所示，即可在选中幻灯片的下方插入一个新的幻灯片(此幻灯片的版式为无标题)。

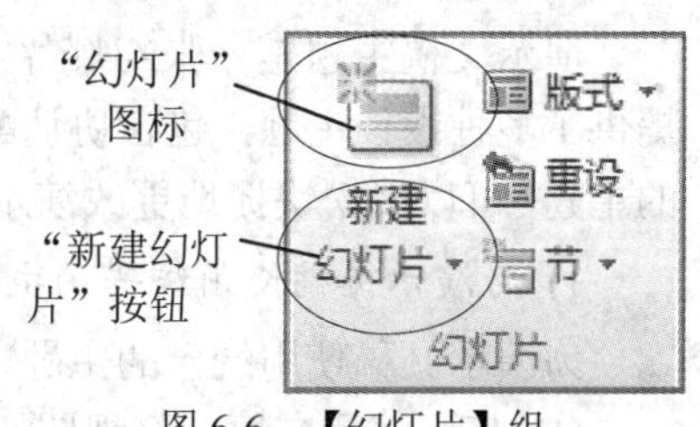

图 6-6　【幻灯片】组

方法 3：插入可选版式幻灯片。光标定位在要插入幻灯片的位置，在【开始】选项卡的【幻灯片】组中，单击【新建幻灯片】按钮，如图 6-6 所示，打开图 6-4 所示的“幻灯片版式”列表，选中所需的版式，即可在选中幻灯片的下方插入一个选定版式的幻灯片。

方法 4：光标定位在“幻灯片”编辑区，单击【幻灯片】组中的(幻灯片图标)或【新建幻灯片】按钮，如图 6-6 所示，均可插入新幻灯片。

3．移动幻灯片

“移动”就是指将演示文稿中的一张或几张幻灯片从一个地方移动到另一个地方，可在两种视图方式中操作。移动幻灯片操作同 Word 中移动图片对象。

1) 在普通视图中移动

在“普通视图”下的“大纲/幻灯片”窗格中选定要移动的一张或多张幻灯片，按住鼠标左键拖动到目标位置(此时会出现光标或插入点，如图 6-7 所示)，松开鼠标左键即可。

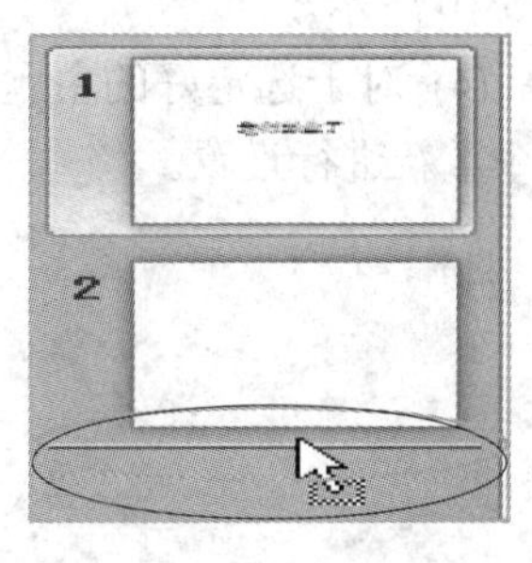

图 6-7　移动时的插入点

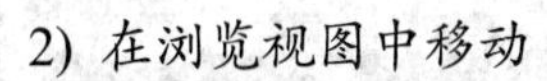
2) 在浏览视图中移动

将视图切换到“幻灯片浏览”视图，移动方法同普通视图。

3) 使用剪贴板进行移动

使用剪切、粘贴移动幻灯片。移动方法同 Word 中的移动对象。

4．复制幻灯片

操作基本同移动幻灯片，不同的是要按住【Ctrl】键或使用“复制”“粘贴”命令。

5．删除幻灯片

删除幻灯片的操作如下：

(1) 选定要删除的幻灯片(可选一张或多张，选定多张不连续幻灯片时按住【Ctrl】同时单击鼠标左键)。

(2) 在【开始】选项卡的【剪贴板】组，单击【剪贴】按钮或直接按【Delete】键。

6．设置幻灯片大小

用途不同的演示文稿所需要的幻灯片大小、起始编号有时不一样，需要设置。操作方法为：单击【设计】选项卡【页面设置】组中的【页面设置】命令，在打开的“页面设置”对话框中进行设置，如图 6-8 所示。

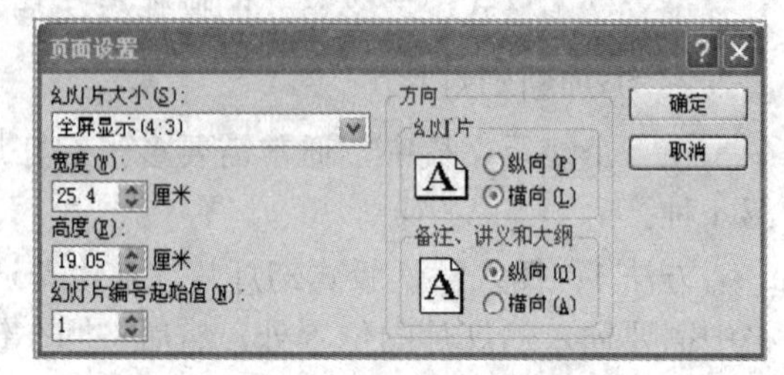

图 6-8 “页面设置”对话框

7．使用主题快速设置演示文稿风格

演示文稿主题是一张幻灯片上的颜色、字体和图形元素统一的内置样式。PowerPoint 提供了多种设计主题，包含协调配色方案、背景、字体样式和占位符位置。使用预先设计的主题，可以轻松快捷地更改演示文稿的整体外观，快速制作出具有专业水平的演示文稿。

1) 为演示文稿使用统一的主题

为演示文稿使用统一的主题，操作步骤如下：

(1) 打开演示文稿，将视图切换至“普通视图”，制作并布局好所有幻灯片的内容。

(2) 使用快速主题样式。在【设计】选项卡的【主题】组中显示的快速主题样式中单击要应用的主题，如图 6-9 所示，即可快速将该主题应用于所有幻灯片。若要预览该主题在幻灯片上的效果，请将指针停留在该主题的缩略图上。

(3) 使用更多主题样式。若要查看更多主题，请在【主题】组中单击“其他”按钮，打开“所有主题”框，在框中单击需要的主题样式，即可将该主题应用于所有幻灯片，如图 6-10 所示。

(4) 对于选定好的主题，也可以分别单击【主题】组中的【颜色】【字体】【效果】命令重新进行设置。

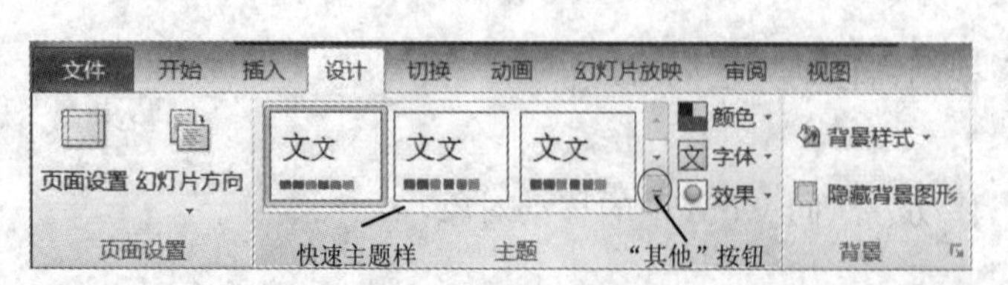

图 6-9 【设计】选项卡|【主题】组

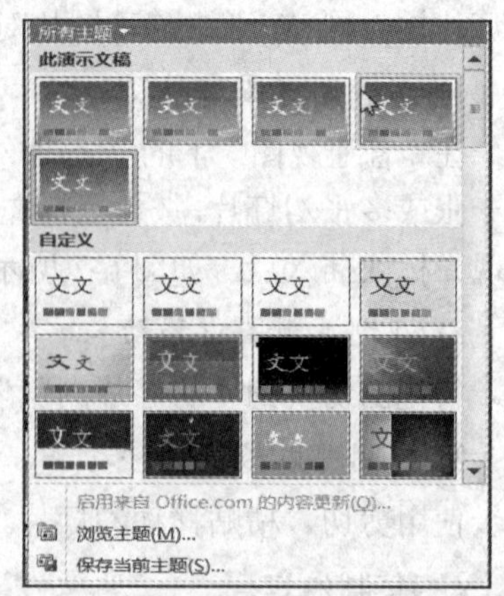

图 6-10 【主题】组中的“所有主题”

2) 对演示文稿应用多个主题

有时一个演示文稿需要使用不同的外观，可以通过使用不同的主题来实现。操作方法如下：

(1) 选中要应用主题的幻灯片。

(2) 在【主题】组中，将鼠标指针指向要应用的主题样式，然后单击右键，在快捷菜单中选择【应用于选定幻灯片】命令，如图 6-11 所示，即可将该主题快速应用于选定的幻灯片。重复此步操作，可将多个主题应用于不同的幻灯片。

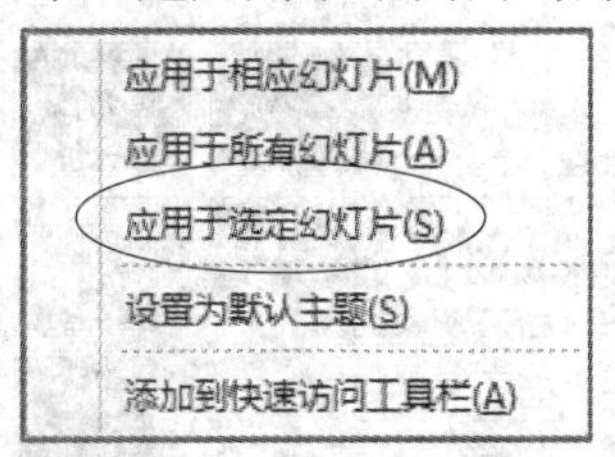

图 6-11　应用主题快捷菜单

8. 设置幻灯片的背景

演示文稿的主题是一组内置样式，包含了配色方案、背景、字体样式和占位符位置、图形等元素。而背景只是单一的元素，如果只想更改幻灯片的背景，而不更改幻灯片上内容的字体格式(大小、颜色)、对齐方式及位置、图形等，其操作方法如下所述。

1) 为所有幻灯片设置统一背景

方法 1：使用“背景样式”。在【设计】选项卡的【背景】组中，单击【背景样式】，在【背景样式】框中单击需要的样式，如图 6-12 所示，即可快速设置所有幻灯片的背景。

方法 2：使用“设置背景格式”对话框，自定义背景。在【设计】选项卡的【背景】组中，单击对话框启动器按钮或在【背景样式】框中执行【设置背景格式】命令，打开“设置背景格式”对话框进行设置，如图 6-13 所示，设置方法同 Word 2010。设置完毕，单击【全部应用】按钮，否则只改变选定幻灯片的背景。

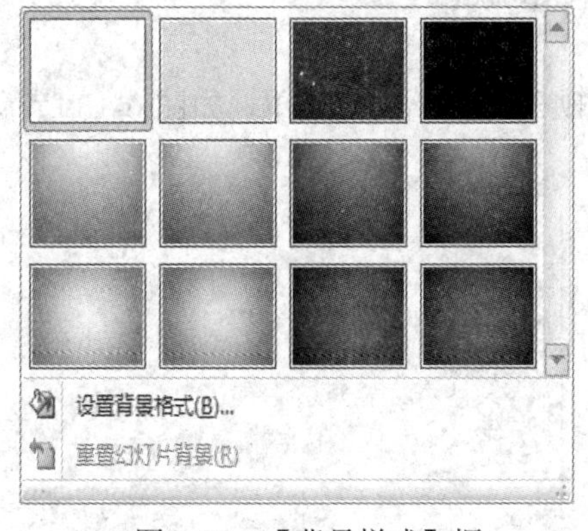

图 6-12　【背景样式】框

图 6-13　“设置背景格式”对话框

2) 为选定幻灯片设置背景

方法 1：使用“背景样式”。操作步骤如下：

① 选定幻灯片。

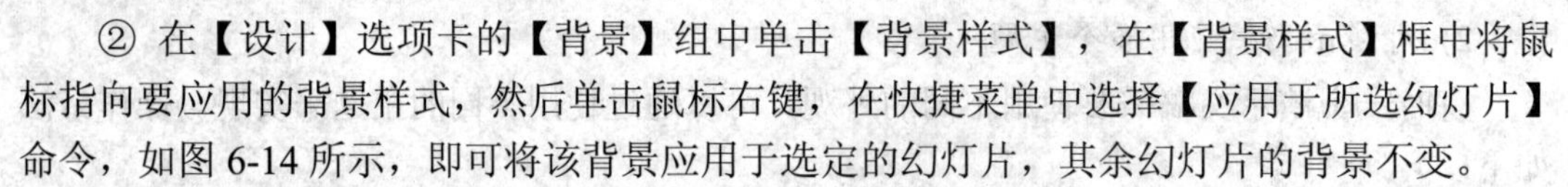

② 在【设计】选项卡的【背景】组中单击【背景样式】，在【背景样式】框中将鼠标指向要应用的背景样式，然后单击鼠标右键，在快捷菜单中选择【应用于所选幻灯片】命令，如图 6-14 所示，即可将该背景应用于选定的幻灯片，其余幻灯片的背景不变。

方法 2：使用“设置背景格式”对话框。操作步骤如下：

① 选定幻灯片，打开“设置背景格式”对话框。

② 设置方法基本同 Word 中的设置图片格式。设置完毕，单击【关闭】按钮。

注意：不要单击【全部应用】，否则会改变所有幻灯片的背景。

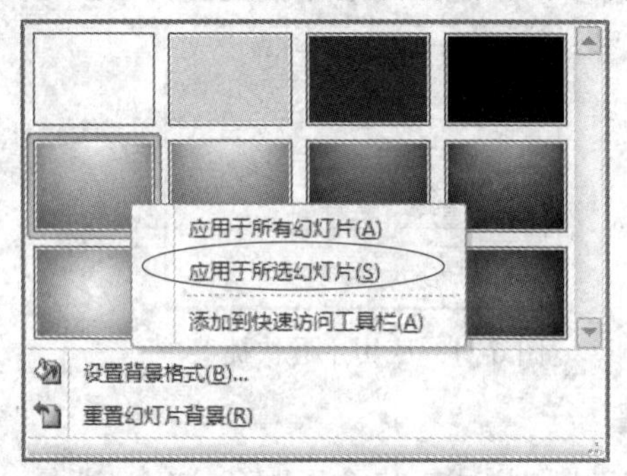

图 6-14　背景样式框快捷菜单

6.1.5　知识点：幻灯片快速放映

演示文稿编辑完成后就可以进行试放映或放映。放映时幻灯片会占据整个屏幕，观众可以看到幻灯片的实际演示效果。放映有多种方式，在此先介绍简单的快速放映。

(1) 快速放映幻灯片。操作方法为：选中要开始放映的那张幻灯片。在“视图切换区”单击【幻灯片放映】按钮，如图 6-15 所示，即可看到放映效果。

图 6-15　“状态栏”中的“视图切换区”

(2) 在放映过程中控制放映。操作方法如下：

① 在放映的幻灯片上单击鼠标右键，打开“放映幻灯片”快捷菜单，如图 6-16 所示。

② 根据需要选择相应的菜单命令即可。

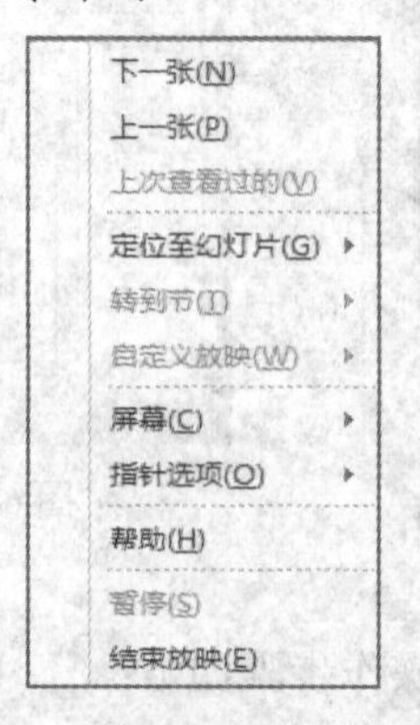

图 6-16　“放映幻灯片”快捷菜单

6.1.6　任务实现：制作“毕业风采”演示文稿简单版

参照图 6-1，利用前面所学知识完成本节任务，操作要求及步骤如下所述。

1．创建“毕业风采”演示文稿

打开 PowerPoint 2010，新建演示文稿，另存为“学号-姓名-毕业风采-简单版”。

2．编辑、制作幻灯片

参照图 6-1，布局并输入第一至第六张幻灯片的版式和内容，删除多余的占位符。

3．设置幻灯片的主题和背景

(1) 设置演示文稿的“主题”为“波形”。

(2) 设置幻灯片的背景为“背景样式 9”。

4．放映幻灯片并保存

(1) 使用视图切换区的【幻灯片放映】按钮，放映演示文稿。

(2) 观看放映效果，然后修改、调整幻灯片的格式，直到满意为止。

(3) 保存演示文稿为“学号-姓名-毕业风采”2010 模式和兼容模式。

6.2　任务：插入操作——制作“毕业风采”演示文稿多媒体版

6.2.1　任务描述

在幻灯片中插入图形、图表等对象可以使演示文稿生动、活泼，还可以插入音频、视频等文件，以展现复杂的场景或内容、烘托气氛。

任务描述如下：

(1) 打开“毕业风采-简单版”演示文稿，完成“毕业风采-多媒体版”演示文稿的制作。

(2) 在第一张幻灯片中插入“毕业风采图”图片，在第三张幻灯片中插入“校园风景图 1”“校园风景图 2”“校园风景图 3”图片。

(3) 在第四张幻灯片中插入“成绩汇报表”表格，并设置表格格式和幻灯片背景。

(4) 在第五张幻片中插入视频文件“校园生活.mpg”，插入“重新播放”按钮。

(5) 在第一张幻灯片中插入音频文件“校园之歌.mp3”，自动开始、连续播放。

(6) 在第二张幻灯片中插入对应的超链接。

①“校园风景”链接到第三张幻灯片，“成绩汇报”链接到第四张幻灯片。

②“生活剪辑”链接到第五张幻灯片，“美好未来”链接到第六张幻灯片。

(7) 在第六张幻灯片中插入“重新播放”动作按钮，能够链接到第一张幻灯片；插入“再见”艺术字和“起跑图”“花束图”图片。

(8) 调整各张幻灯片上对象的位置，放映幻灯片，观看效果，直到满意为止。

(9) 完成任务后保存为“毕业风采-多媒体版.pptx”，如图 6-17 所示。

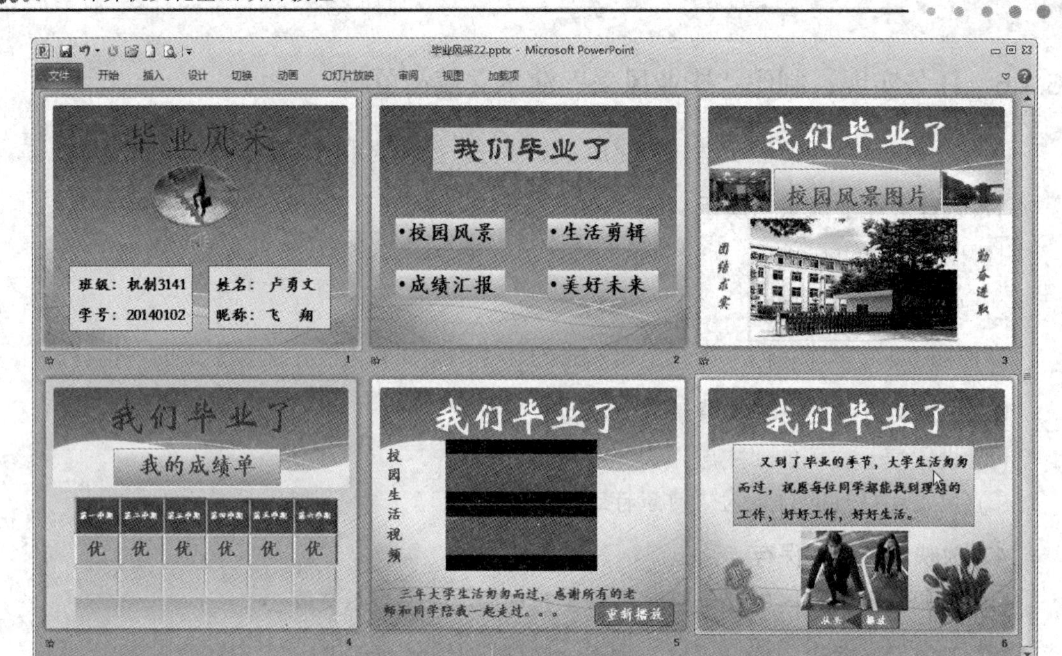

图 6-17 “毕业风采-多媒体版”演示文稿

6.2.2 知识点：插入对象

在 PowerPoint 2010 中，可以根据需要插入表格、图片、剪贴画、形状、艺术字、SmartArt 图形、图表、公式等对象。其插入、设置方法同 Word 2010。

6.2.3 知识点：插入视频、音频

在演示文稿中，有时需要用视频来展现复杂的场景或内容，用背景音乐来烘托气氛。大的视频、音频文件通常用链接的方法实现，小的视频、音频文件通常嵌入到演示文稿中。使用链接外部视频或音频文件，可以减小演示文稿文件的大小。

1. 在演示文稿中插入视频文件

1) 在演示文稿中链接外部视频文件

链接外部视频文件的操作步骤如下：

(注意：视频文件不要太大，以防加载太慢。)

(1) 准备好一个视频文件，最好和演示文稿存放在同一文件夹中。

(2) 选中要为其添加视频文件的幻灯片。

(3) 在【插入】选项卡的【媒体】组中，单击【视频】图标，或者单击【视频】按钮执行【文件中的视频】命令，如图 6-18 所示，打开“插入视频文件”对话框。

(4) 在打开的“插入视频文件”对话框中，选择要插入的视频文件，然后单击【插入】按钮右侧的小箭头，在菜单中选择【链接到文件】命令，操作如图 6-19 所示。插入的视频效果如图 6-20 所示。

说明：为了防止出现问题，最好先将视频复制到演示文稿所在的文件夹中再链接。

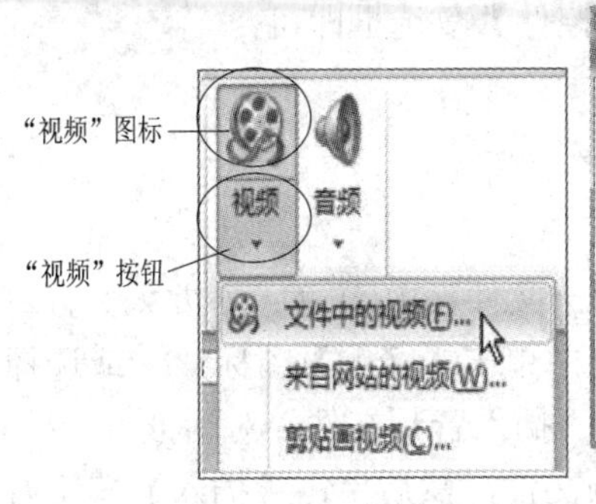

图 6-18 插入视频

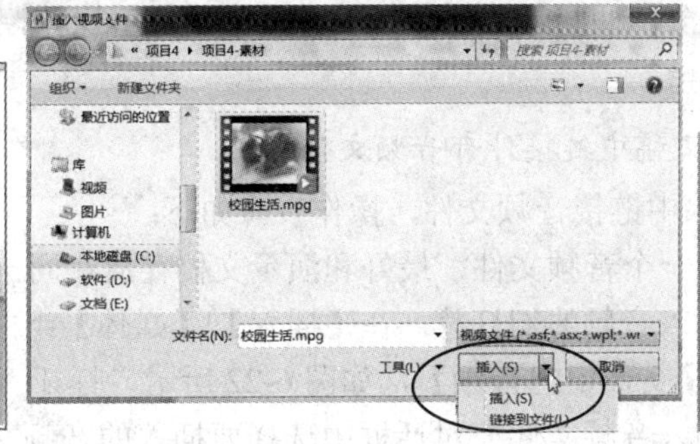

图 6-19 “插入视频文件”对话框

图 6-20 插入视频效果

2) 在演示文稿中嵌入视频文件

将视频文件嵌入到演示文稿中，有助于消除缺失文件的问题。在演示文稿中嵌入视频，操作步骤基本同链接视频文件。不同的是，在打开“插入视频文件”对话框，选择要插入的视频文件后，单击【插入】按钮，插入的视频效果如图 6-20 所示。

3) 设置视频格式

插入视频后，可以对视频进行裁剪、预播操作，也可以设置其启动方式等。操作步骤如下：

(1) 在幻灯片上选中插入的视频对象，功能区即出现【视频工具】，其下有【格式】和【播放】选项卡，如图 6-21 所示。

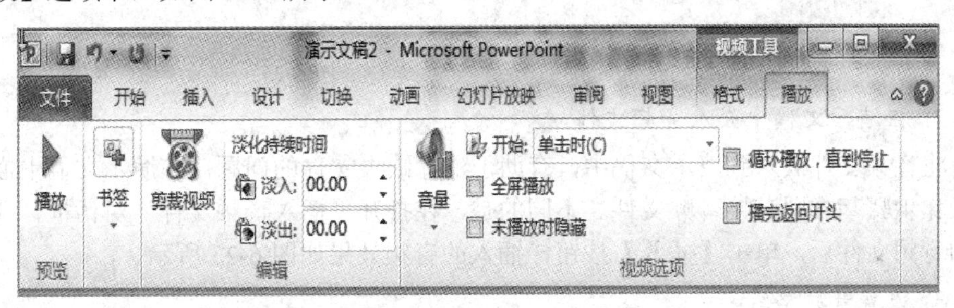

图 6-21 【视频工具】|【播放】选项卡

(2) 使用【格式】选项卡可以对插入视频的亮度、对比度、大小、边框等进行设置，操作同 Word 2010。

(3) 使用【播放】选项卡可以对视频播放格式进行设置。

① 在【预览】组中，单击【播放】按钮可以对视频进行预播。

② 在【编辑】组中，单击【剪裁视频】按钮可以对视频进行裁剪。操作方法为：在“剪裁视频”对话框中拖曳绿色滑块调整开始时间，拖曳红色滑块调整结束时间，它们之间所截取的部分便是要保留的部分。也可用“开始时间”和“结束时间”对话框进行设置。

③ 在【视频选项】组中，单击【音量】进行播放时声音大小的设置。

④ 在【视频选项】组的【开始】框中，选择幻灯片放映时视频的启动方式，单击时启动或自动启动。

⑤ 在【视频选项】组中，勾选【全屏播放】【循环播放，直到停止】等选项进行

设置。

⑥ 若要在演示期间显示媒体控件，选中【显示媒体控件】复选框即可。

2．插入音频

1) 在演示文稿中链接外部音频文件

在演示文稿中链接音频文件，操作步骤如下：

(1) 准备好一个音频文件，最好和演示文稿存放在同一文件夹中(注意：不要太大)。

(2) 选中插入音频的幻灯片。在【插入】|【媒体】组中单击【音频】图标，或选择【音频】按钮|【文件中的音频】，如图 6-22 所示，打开“插入音频文件”对话框。

(3) 在“插入音频文件”对话框中选择要插入的音频文件，然后单击【插入】按钮右侧的小箭头，在菜单中选择【链接到文件】命令。在幻灯片中间即出现一个灰色的“喇叭”，这就是插入的音乐文件，在“喇叭”的下面携带着试听播放器，可以播放、控制音量。插入的音频如图 6-23 所示。

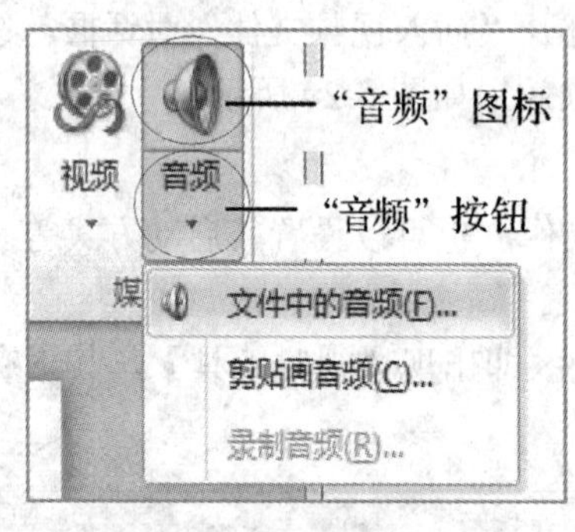

图 6-22　插入音频

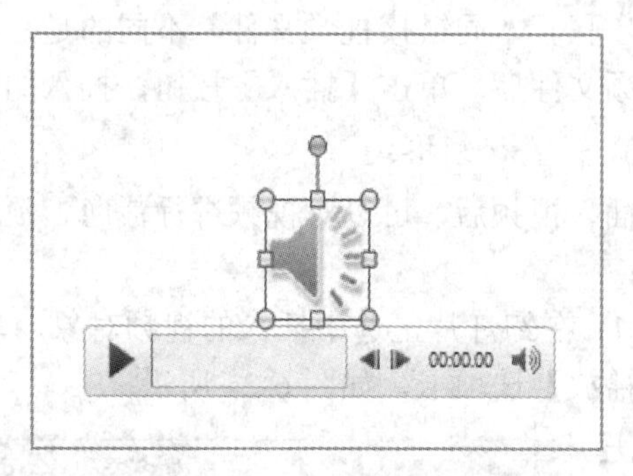

图 6-23　插入音频后效果

2) 在演示文稿中嵌入音频文件

将音频文件嵌入到演示文稿中，有助于消除缺失文件的问题。在演示文稿中嵌入音频的操作步骤基本同链接音频文件。不同的是，在打开“插入音频文件”对话框，选择要插入的音频文件后，单击【插入】按钮，插入的音频效果如图 6-23 所示。

3) 设置音频格式

操作方法同视频格式设置。若音乐较短，可勾选【循环播放，直到停止】。

4) 设置音频文件的连续播放方式

很多时候希望插入的背景音乐能够在演示文稿中持续播放，这就需要设置音频停止的位置。操作步骤如下：

(1) 在幻灯片上选中插入的音频对象(喇叭图标)。

(2) 按下面方法打开“播放音频”对话框。

方法 1：单击【动画】选项卡，在【高级动画】组中单击【动画窗格】按钮，打开“动画窗格”，在“动画窗格”中单击音频文件右侧的箭头，执行【效果选项】命令，打开“播放音频”对话框，选中【效果】选项卡，如图 6-24 所示。

方法 2：在【动画】选项卡的【动画】组中，单击对话框启动器按钮，打开“播放音频”对话框，选中【效果】选项卡，如图 6-24 所示。

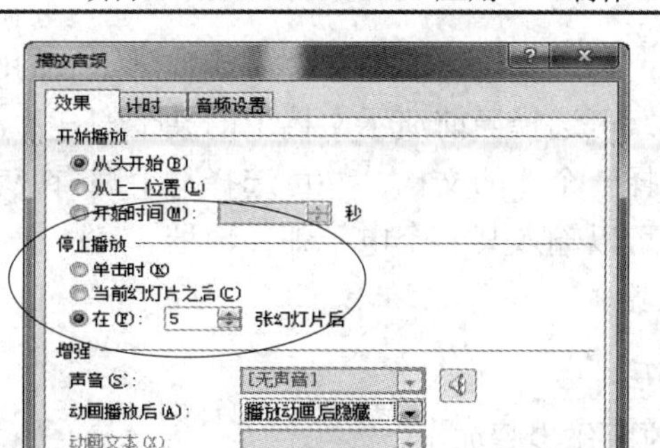

图 6-24 “播放音频”对话框中的【效果】选项卡

(3) 设置播放效果。

① 在【开始播放】组中设置音频开始播放的选项。

② 在【停止播放】组中设置音频停止播放的选项。若要音乐跨幻灯片持续播放，则应在“在 xx 张幻灯片之后”选项中设置音频停止的位置(一般设置为最后一张幻灯片)。

(4) 设置完成后，单击【确定】按钮。

3．删除演示文稿中的视频、音频

删除演示文稿中视频、音频的方法为：选中插入的视频或音频对象，按【Delete】键。

6.2.4 知识点：在幻灯片中添加超级链接

在 PowerPoint 中，超链接可以是从一张幻灯片到同一演示文稿中的另一张幻灯片，也可到不同演示文稿中的另一张幻灯片、到电子邮件地址、网页或文件。使用超链接和动作按钮可以改变幻灯片的放映顺序。

1．为文本或对象设置超链接

为文本或对象设置超链接的操作步骤如下：

(1) 选择需要创建超级链接的文本或对象。

(2) 在【插入】选项卡的【链接】组中单击【超链接】按钮；或者单击鼠标右键，在快捷菜单中选择【超链接】命令。

(3) 在“插入超链接”对话框中选择链接的位置，如图 6-25 所示。

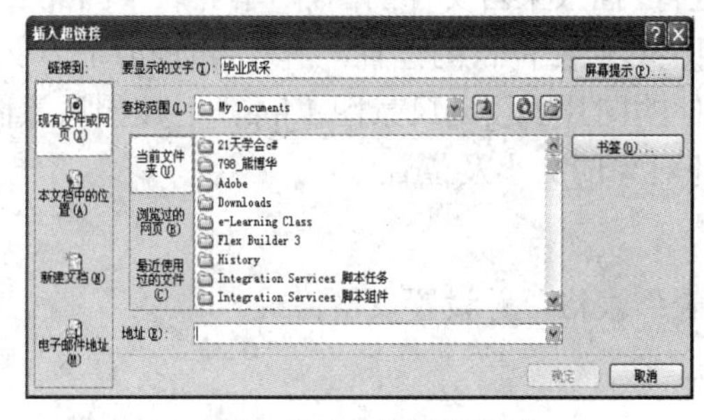

(a) 链接到现有文件或网页

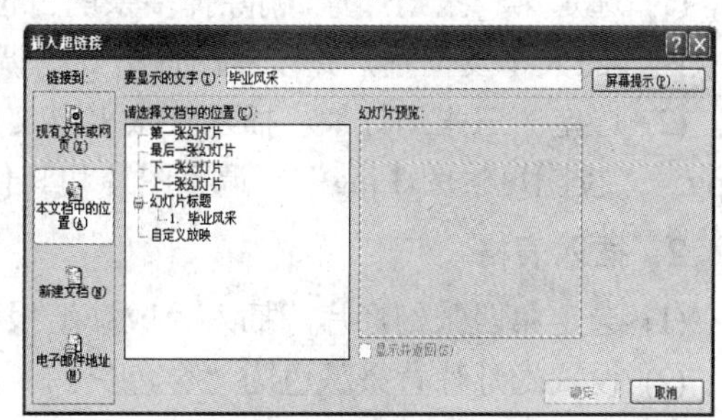

(b) 链接到当前演示文稿

图 6-25 “插入超链接”对话框

在“链接到：”下方提供了如下几个链接位置，根据需要选择。

① 现有文件或网页：可选择已存在的文件，或曾浏览过的网页，如图 6-25(a)所示。

② 本文档中的位置：可选择当前演示文稿中的某个幻灯片，如图 6-25(b)所示。

③ 新建文档：可选择一个新的文档，并可选择马上编辑或者以后再编辑。

④ 电子邮件地址：可以输入某一个电子邮件地址。

(4) 单击【确定】按钮。

2．使用动作按钮链接

使用动作按钮链接的操作步骤如下：

(1) 在【插入】选项卡的【插图】组中单击【形状】按钮，在列表框下方的【动作按钮】中选择一个动作按钮，如图 6-26 所示。

(2) 在幻灯片中左键拖曳，形成对应的动作按钮，并打开“动作设置”对话框，如图 6-27 所示。在“动作设置”对话框中，设置单击鼠标后或者鼠标移动后链接到的位置。

图 6-26　动作按钮

图 6-27　“动作设置”对话框

(3) 最后单击【确定】按钮。

提示：自定义的动作按钮上没有任何标记，可以使用文本框在按钮上添加说明文字。

6.2.5　任务实现：制作“毕业风采”演示文稿多媒体版

打开“毕业风采-简单版”演示文稿，参照图 6-17 完成“毕业风采-多媒体版”的制作。

1．插入图片

(1) 选定第一张幻灯片，删除掉多余的占位符，插入来自文件的图片“毕业风采图.jpg”，调整图片的大小及位置，并设置图片格式，调整其他占位符的位置，进行合理布局。

(2) 选定第三张幻灯片，插入三张来自文件的图片“校园风景图 1.jpg”“校园风景图 2.jpg”“校园风景图 3.jpg”。调整图片和其他对象的大小及位置。

2．插入表格

(1) 选定第四张幻灯片，插入“成绩汇报表”表格，并设置表格格式。

(2) 设置幻灯片背景颜色为“金色”。

3．插入视频文件

选定第五张幻灯片，插入视频文件“校园生活.mpg”，并将视频文件的播放时长裁剪为 1 分钟。插入“重新播放”按钮，单击时能够实现重新播放，最后调整幻灯片版面布局。

4．插入音频文件

选定第一张幻灯片，插入音频文件“校园之歌.mp3”，并进行如下设置：

(1) 使其为第一个动画，且自动播放。

(2) 使音乐持续播放到最后一张幻灯片，播放时隐藏喇叭图标。

5．插入超链接

(1) 在第二张幻灯片中插入对应的超链接。

① 将“校园风景”链接到第三张幻灯片。

② 将“成绩汇报”链接到第四张幻灯片。

③ 将“生活剪辑”链接到第五张幻灯片。

④ 将“美好未来”链接到第六张幻灯片。

(2) 在第六张幻灯片中插入“重新播放”动作按钮，使其能够链接到第一张幻灯片；插入“再见”艺术字和“起跑图”“花束图”图片。

6．其他操作

(1) 放映幻灯片，观看效果，调整各张幻灯片上对象的位置直到满意为止。

(2) 完成任务后保存为“毕业风采-多媒体版.pptx”。

说明：各幻灯片的版面格式可参考样张自行设计，提倡自主创新。

6.3　任务：动画操作——制作“毕业风采”演示文稿动画版

6.3.1　任务描述

设置动画可以增加演示文稿播放时的视觉或声音效果，有助于强调要点，生动活泼地展现内容。在 PowerPoint 2010 中提供了两种动画。一种是使用【动画】选项卡，为幻灯片中的对象设置动画；另一种是使用【切换】选项卡，给幻灯片的切换设置动画。

任务描述如下：

(1) 打开“毕业风采-多媒体版.pptx”演示文稿。

(2) 给第一、二张幻灯片中的所有对象设置简单动画，并设置效果选项，计时开始均为“上一动画之后”。

(3) 给第一张幻灯片中的标题添加高级动画(进入、强调、退出、再进入、动作路径等多个动画)，动画效果为自动、快速、连续。

(4) 给第三、四张幻灯片中的所有对象设置自定义动画，并设置效果选项，计时开始均为“上一动画之后”。

(5) 使用动画刷将第三张幻灯片的动画复制给第五、六张幻灯片中的所有对象。

(6) 设置所有幻灯片的切换效果，均为自动换片。

(7) 放映幻灯片，观看放映效果，直到满意为止。

(8) 保存演示文稿为“毕业风采-动画版.pptx”。

6.3.2 知识点：给幻灯片上对象设置简单动画

在演示文稿中，使用【动画】选项卡(如图 6-28 所示)可以为幻灯片中的文本、图片、形状、表格、SmartArt 图形等其他对象制作动画，赋予它们进入、退出、大小或颜色变化甚至移动等视觉效果。PowerPoint 2010 中有四种不同类型的动画效果，使用这些动画效果中的方案，可以方便地为对象设置动画。

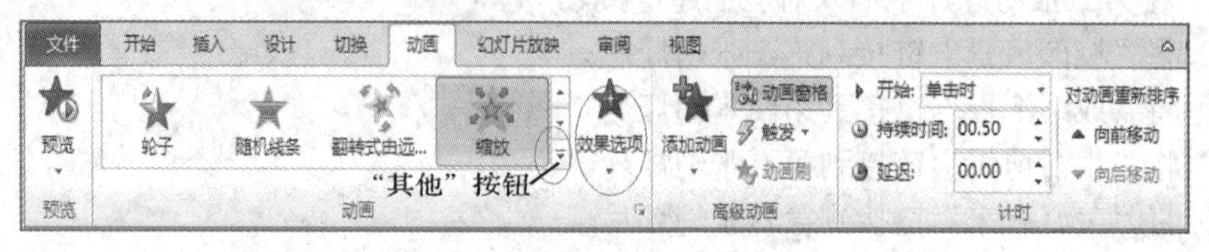

图 6-28 【动画】选项卡

(1)“进入”：用以设置对象进入幻灯片中的动作效果。

(2)“退出”：用以设置对象退出幻灯片中的动作效果。

(3)“强调”：用以设置对象缩小或放大、更改颜色或沿着其中心旋转等效果。

(4)“动作路径”：用以指定对象或文本的移动路径，可以使对象上、下、左、右移动或沿着某种图案移动。

1. 为幻灯片上对象设置简单动画

为幻灯片上对象设置简单动画(一个对象，一个动画)的操作步骤如下：

(1) 将要设置动画的幻灯片切换为当前幻灯片(选定该幻灯片)。

(2) 在当前幻灯片中选定要设置简单动画的对象(可以是一个，也可以是多个对象)。

说明：当选定多个对象时，可以为多个对象同时设置相同动画。

(3) 在【动画】选项卡的【动画】组中，单击【其他】按钮，如图 6-28 所示，展开“其他”动画方案框，如图 6-29①所示，然后在“进入”“强调”“退出”“动作路径”中选择所需的动画方案即可。

如果希望使用更多的动画方案，可单击图 6-29②所示的【更多进入效果】【更多强调效果】【更多退出效果】或【其他动作路径】命令，可看到更多的进入、退出、强调或动作路径动画方案供用户使用。

(4) 设置动画的“效果选项”。选中对象，在【动画】组的右侧单击【效果选项】按钮，如图 6-28 所示，可对动画进行效果选项(如方向、序列等)设置。

① 进入/退出的效果选项：主要设置动画的方向、形状和序列等，如图 6-30 所示。

② 强调的效果选项：主要设置动画的颜色、大小、方向、数量等。

说明：

(1) 该方法只能为选定的对象设置一个动画。当选定多个对象时，可以为多个对象同时设置相同动画。若要为一个对象设置多个动画，请使用【高级动画】组中的【添加动画】。

(2) 不同的动画，其【效果选项】中列出的选项菜单不同。

(3) 在将动画应用于对象或文本后，幻灯片上已制作成动画的项目会标上不可打印的编号标记，该标记显示在文本或对象旁边，如图 6-31 所示。仅当选择【动画】选项卡或“动

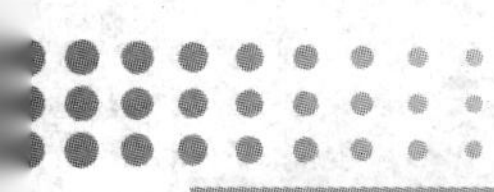

画”任务窗格可见时，才会在“普通”视图中显示该标记。

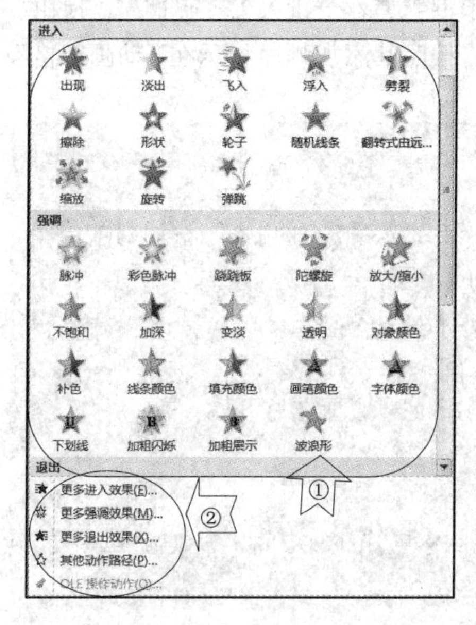

图 6-29　动画方案

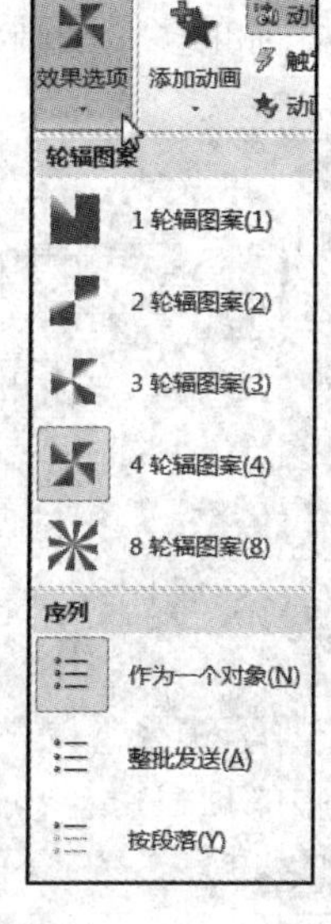

图 6-30　效果选项

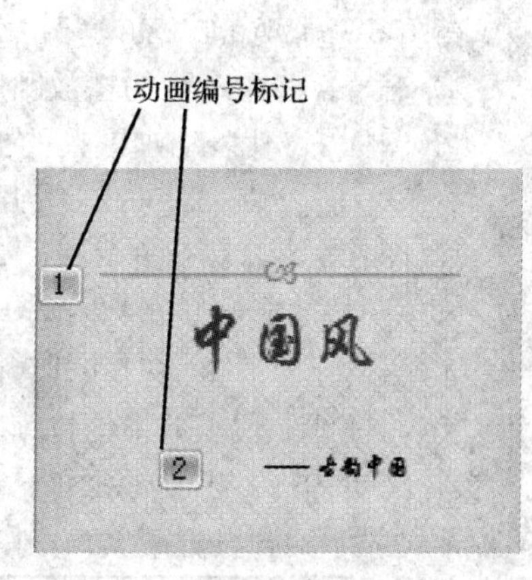

图 6-31　幻灯片上的动画编号标记

2. 更改动画

如果对设置的动画不满意，可以将现有的动画更改为其他动画。操作方法如下：

(1) 选中需要更改动画的对象，单击【动画】选项卡。

(2) 在【动画】组中单击列表框右下角的【其他】按钮，在展开的动画框中重新选择一种动画，即可将原有的动画更改为刚刚选定的动画。

6.3.3　知识点：设置对象的高级动画

在演示文稿中，有时需要为对象添加多个或复杂动画以展现一个复杂过程。使用 PowerPoint 中的高级动画，可以为单个对象添加多个动画，也可以为多个对象同时添加一个动画。例如，对一个占位符应用“飞入”效果及“放大/缩小”强调效果，使它在从左侧飞入的同时逐渐放大。

1. 打开“动画窗格”

“动画窗格”显示有关动画效果的重要信息，如效果的类型、顺序及持续时间等。添加动画，最好先将“动画窗格”打开，以便于操作。打开“动画窗格”的操作如下：

在【动画】选项卡的【高级动画】组中单击【动画窗格】按钮，如图 6-32 所示。在 PowerPoint 窗口的右侧显示“动画窗格”窗口。

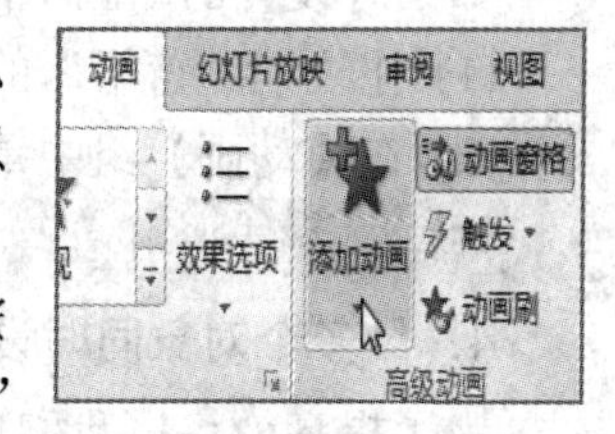

图 6-32　【高级动画】组

2. 给一个对象添加多个不同动画

对于需要重点突出强调的对象，可以为其设置多个动画。操作步骤如下：

(1) 打开“动画窗格”，选中幻灯片中需要添加动画的一个对象。

(2) 添加动画。在【动画】选项卡的【高级动画】组中单击【添加动画】按钮，展开“进入”“强调”“退出”“动作路径”动画方案。根据需要在“进入”“强调”“退出”“动作路径”中选择添加多个动画。添加的多个动画将按照其添加顺序显示在“动画窗格”中，如图 6-33 所示。

说明：

在图 6-33 所示的“动画窗格”中：

① 编号：表示动画的播放顺序，该编号与幻灯片上显示的动画编号标记相对应。

② 图标 1：代表动画效果的类型。其中，图标的颜色代表动作的类型。

绿色——进入；黄色——强调；红色——退出；形状——动作路径。

③ 图标 2：编号后的图标代表开始播放动画的时间，有下列类型。

鼠标图标——单击鼠标时开始；时钟图标——上一动画之后开始；

无图标——与上一动画同时开始。

④ 时间线：代表效果的持续时间。

⑤ 菜单图标：选中动画列表框中的项目后会看到相应菜单图标(向下箭头)，单击菜单图标即可显示动画设置菜单，如图 6-34 所示。

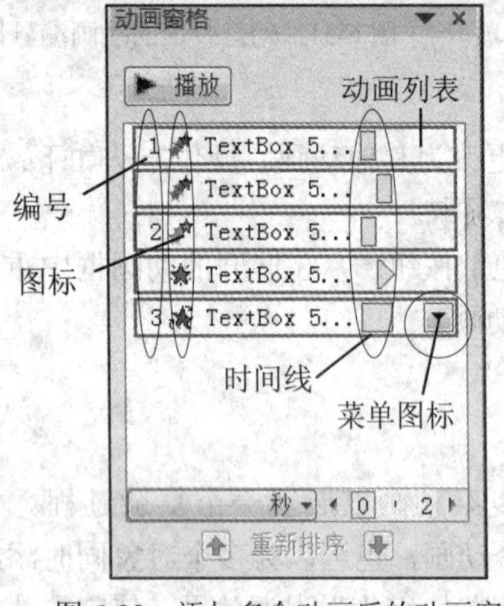

图 6-33　添加多个动画后的动画窗格

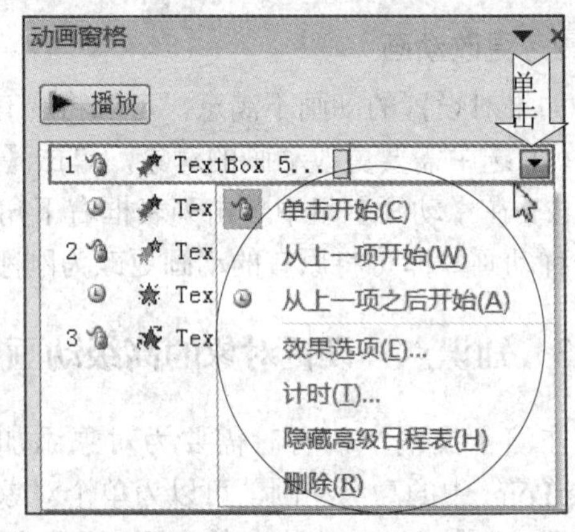

图 6-34　动画设置菜单

3. 更改动画

如果对设置的动画不满意，可以将现有的动画更改为其他动画。操作方法如下：

(1) 在“动画窗格”的列表框中选中需要更改动画的项目。

(2) 在【动画】组中重新单击需要的动画，即可将原有的动画更改为新的动画。

注意：不能使用【添加动画】按钮，否则是添加动画，而不是更改动画。

4. 给多个对象同时设置动画

为了提高效率，我们也可给多个对象同时设置动画。操作方法如下：

(1) 选中幻灯片中要设置动画的多个对象(按住【Ctrl】或【Shift】键+单击)。

(2) 在【动画】选项卡的【高级动画】组中单击【添加动画】按钮，添加动画。

5. 为动画设置效果选项、计时或顺序

在动画添加完之后，可以在【动画】选项卡上为动画设置效果选项，指定开始、持续

时间或者延　计时，调整动画顺序等。步骤及方法如下：

(1) 为动画设置效果选项。在【动画】选项卡的【动画】组中，单击【效果选项】右侧的箭头，然后单击所需的选项。也可在“动画窗格”中选中一个动画项目，然后单击菜单图标(向下箭头)，在设置菜单中选择【效果选项】，如图 6-34 所示。

(2) 为动画指定开始、持续时间或者延　计时，如图 6-35 所示。

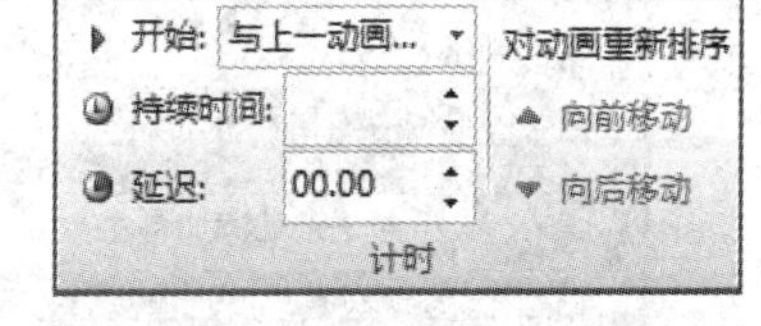

图 6-35 【动画】选项卡 |【计时】组

① 在【计时】组中单击【开始】框右侧的箭头，选择所需的开始计时(单击时或上一动画之后或与上一动画同时)。

② 在【计时】组的【持续时间】框中输入所需的秒数，设置动画将要运行的持续时间。

③ 在【计时】组的【延　】框中输入所需的秒数，设置动画开始前的延时。

(3) 调整动画顺序。在“动画窗格”中选择要重新排序的动画，在【动画】选项卡【计时】组中，选择【对动画重新排序】下的【向前移动】|【向后移动】，使动画在列表中重新排序。也可在“动画窗格”中将需要重新排序的动画直接用鼠标拖放到合适的位置。

(4) 测试动画效果。在“动画窗格”中单击【播放】按钮，或在【动画】选项卡的【预览】组中单击【预览】即可。

6．动画的复制

在 PowerPoint 2010 中提供了动画刷。使用动画刷可以快速、轻松地将一个对象的动画复制给另一个对象。操作方法如下：

(1) 设置好一个对象的动画，然后选中该对象。

(2) 在【动画】选项卡的【高级动画】组中，单击或双击【动画刷】按钮，如图 6-36 左图所示，光标将变为格式刷形状。(单击只能用一次动画刷，双击可多次使用。)

(3) 选定要复制动画的幻灯片，用动画刷在要复制动画的对象上单击，即可将动画复制成功。操作如图 6-36 右图所示。

(4) 重复第(3)步，可给多个对象复制动画。

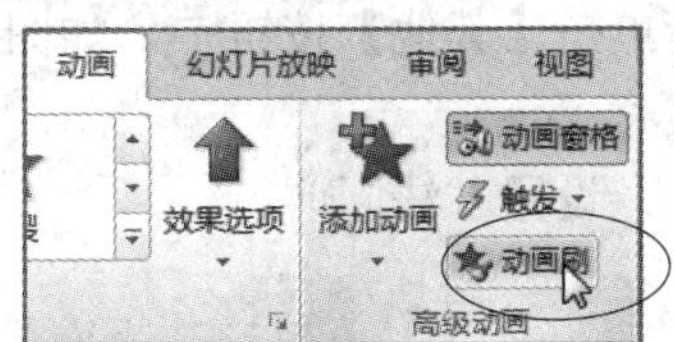

图 6-36 【高级动画】组中的【动画刷】

7．删除动画

如果对象不需要动画效果，可以删除该对象的动画。操作方法如下：

方法 1：删除动画编号标记。选中(需要删除动画效果的)对象旁的动画编号标记(如图 6-31 所示)，然后按【Delete】键。

方法 2：在动画窗格中删除。

(1) 选中需要删除动画效果的对象。打开“动画窗格”，如图 6-37 所示。

(2) 在“动画窗格”中单击需要删除的动画(选中)，按【Delete】键或在右键快捷菜单中选择【删除】命令。

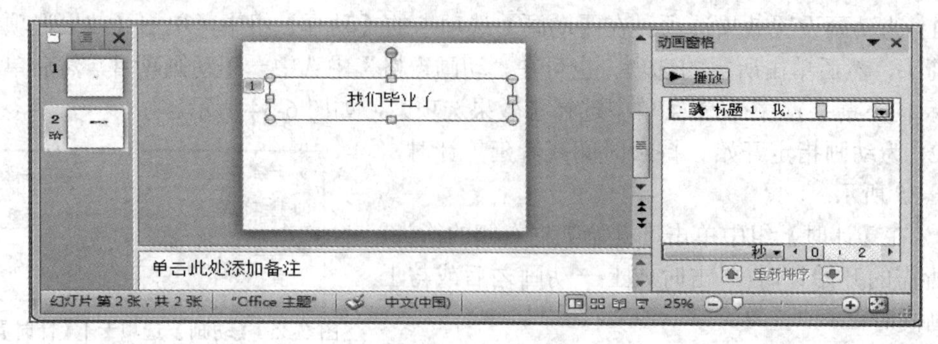

图 6-37　删除动画

6.3.4　知识点：在幻灯片之间设置切换效果

在播放幻灯片时，用户可以设置幻灯片之间的切换效果，使整个播放过程更生动。设置切换效果需使用【切换】选项卡，如图 6-38 所示。

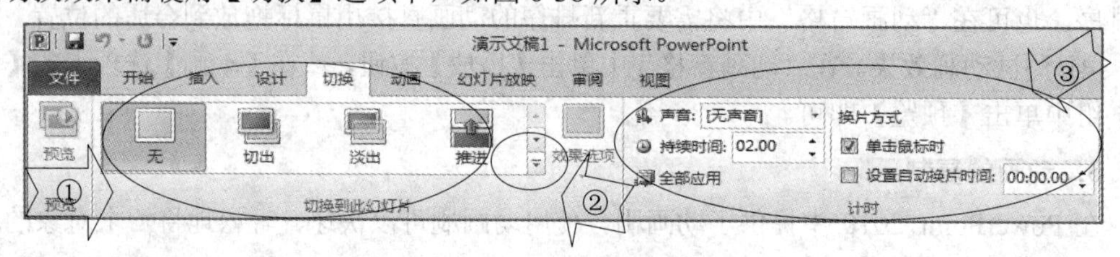

图 6-38　【切换】选项卡

1. 为选定幻灯片添加切换效果

为选定幻灯片添加切换效果，操作步骤如下：

(1) 选定要应用切换效果的幻灯片。

(2) 在【切换】选项卡的【切换到此幻灯片】组中，单击要应用于该幻灯片的切换效果图标即可，如图 6-38①所示。

(3) 若要查看更多切换效果，请单击【其他】按钮▾，如图 6-38②所示，在其列表中选择即可。

(4) 根据需要设置【效果选项】，设置方法同前。

2. 设置计时、音效等效果

为选定幻灯片设置计时、音效等效果，操作方法如下：

(1) 选择要设置计时或音效效果的幻灯片。

(2) 在【切换】选项卡的【计时】组中，单击【声音】下拉按钮，在列表框中选择要添加的声音即可，如图 6-38③所示。若要添加列表中没有的声音，请选择【其他声音】，找到要添加的声音文件，然后单击【确定】。

(3) 设置切换效果的时间计时。设置上一张幻灯片与当前幻灯片之间的切换效果的持续时间，执行的操作是：在【切换】选项卡【计时】组中的【持续时间】框中，键入或选择所需的时间。

3．设置换片方式

换片方式是指当前幻灯片在多长时间后切换到下一张幻灯片。有多种方式可以实现换片。

(1) 鼠标控制方式。若要在单击鼠标时切换幻灯片，请在【切换】选项卡的【计时】组中，勾选【单击鼠标时】复选框。

(2) 自动换片方式。若希望幻灯片自动换片，请在【切换】选项卡的【计时】组中，勾选【设置自动换片时间】复选框，并在其后的框中输入换片时间。

(3) 鼠标控制和自动换片并用。在图 6-38③中，同时勾选【计时】组中的【单击鼠标时】和【设置自动换片时间】复选框。

4．为所有幻灯片应用相同切换效果

如果演示文稿中的所有幻灯片需要应用相同的切换、计时、换片等效果，操作方法如下：

(1) 设置好切换、计时、换片等效果。

(2) 在图 6-38③所示的【切换】选项卡的【计时】组中单击【全部应用】，即可将所有效果应用于所有幻灯片。

说明：若希望将设置的效果应用于指定幻灯片，请不要单击【全部应用】按钮。

5．删除切换效果

(1) 删除指定幻灯片的切换效果。在【切换】选项卡的【切换到此幻灯片】组中的效果框中选择“无”。

(2) 删除所有幻灯片的切换效果。在【切换】选项卡的【切换到此幻灯片】组中的效果框中选择“无”，然后再在【计时】组中单击【全部应用】按钮。

6.3.5　任务实现：制作“毕业风采”演示文稿动画版

1．创建“毕业风采-动画版”演示文稿

打开“毕业风采-多媒体版”演示文稿，将其另存为“学号-姓名-毕业风采-动画版.pptx”。

2．设置对象的简单动画效果

(1) 选择第一张幻灯片，动画制作如下：

① 给主标题对象设置“飞入”“左侧飞入”动画效果。

② 给“班级”“姓名”两个占位符同时设置“轮子”“四轮　图案”动画效果。

③ 给图片对象设置“翻转式由远及近”动画效果。

④ 计时开始均为“上一动画之后”。

(2) 选择第二张幻灯片，动画制作如下：

① 给文字对象设置“轮子”“四轮　图案”动画效果。

② 给图片对象设置“形状”“放大”动画效果。

③ 计时开始均为“上一动画之后”。

(3) 放映并观看动画效果，然后保存演示文稿。

3．设置对象的高级动画效果

(1) 选中第一张幻灯片，给标题“毕业风采”设置高级动画(进入、强调、退出、再进入、动作路径等多个动画)，动画效果为自动、快速、连续，并按序播放。

(2) 选择第二张幻灯片，给四个超链接的占位符对象同时添加“进入”动画效果，并设置效果选项，播放时动作同时出现。

(3) 选中第三张幻灯片，给两个文字占位符按顺序添加相同动画效果，并按序播放。给三个图片对象同时添加多个相同动画效果，播放时动作同时出现。

(4) 选中第四张幻灯片，给表格添加三个动画效果，并按序自动快速播放。

(5) 使用动画刷将第三张幻灯片的动画复制给第五、六张幻灯片中的所有对象。

(6) 保存演示文稿。

4. 设置幻灯片切换效果

(1) 为所有幻灯片设置切换效果为“门”，自动换片时间为 1 秒。

(2) 将第三张幻灯片切换效果更改为“旋转”。

5. 其他操作

(1) 适当调整各张幻灯片布局和动画顺序，放映幻灯片，观看效果，直到满意为止。

(2) 完成任务后保存为“学号-姓名-毕业风采-动画版.pptx”。

说明：各幻灯片上的动画可在完成规定动画的基础上自行添加。

6.4 任务：综合操作——制作“毕业风采”演示文稿应用版

6.4.1 任务描述

在一些场合或一些单位，要求演示文稿要有统一的风格或统一的模板。我们可以使用 PowerPoint 提供的“模板”“母版”等功能来实现。

任务描述如下：

(1) 打开“毕业风采-动画版.pptx”，将其另存为“学号-姓名-毕业风采-应用版.pptx”。

(2) 使用“母版幻灯片”，在每张幻灯片上显示自己的“学号-姓名”和一个 GIF 小图标。

(3) 将演示文稿保存为模板，名称为“我的风采”。

(4) 使用“我的风采”模板，快速创建一个新的演示文稿，更改演示文稿的部分内容，将其保存为“快建演示文稿”，然后关闭。

(5) 自定义“毕业风采-应用版”演示文稿的放映方式。

(6) 将“毕业风采-应用版”演示文稿发布为 Word 文档。

(7) 打包“毕业风采-应用版”演示文稿。

6.4.2 知识点：使用自定义模板和自定义主题

1. 自定义模板及其使用

1) 模板的概念

PowerPoint 模板是另存为 .potx 文件的一张幻灯片或一组幻灯片的图案或蓝图。当为一张幻灯片时和主题的作用一样；当为多张幻灯片时，模板可将多张幻灯片的格式保存起

来，快速生成一个类似于模板的演示文稿。

模板可以包含版式(幻灯片上标题和副标题文本、列表、图片、表格、图表、形状和视频等元素的排列方式)、主题颜色(文件中使用的颜色的集合)、主题字体(应用于文件中的主要字体和次要字体的集合)、主题效果(应用于文件中元素的视觉属性的集合)和背景样式，甚至还可以包含内容。主题颜色、主题字体和主题效果三者构成一个主题。

在制作幻灯片时，可以使用系统自带的模板，也可以在 Office.com 和其他合作　伴网站上获取多种不同类型的 PowerPoint 免费模板，还可以创建自己的自定义模板，然后存储，就可以反复使用以及与他人共享。使用模板的好处是可以快速制作出漂亮、专业的有多张不同版式、样式的演示文稿。

2) 自定义模板

用户可以将自己制作好的演示文稿存成模板，以备后用。操作步骤如下：

(1) 准备好一个具有多张不同版式、不同内容、不同背景的演示文稿。

(2) 将其另存为模板。文件名为“我的风采”，保存类型为 PowerPoint 模板(*.potx)。保存位置为 Templates 文件夹，操作如图 6-39 所示。

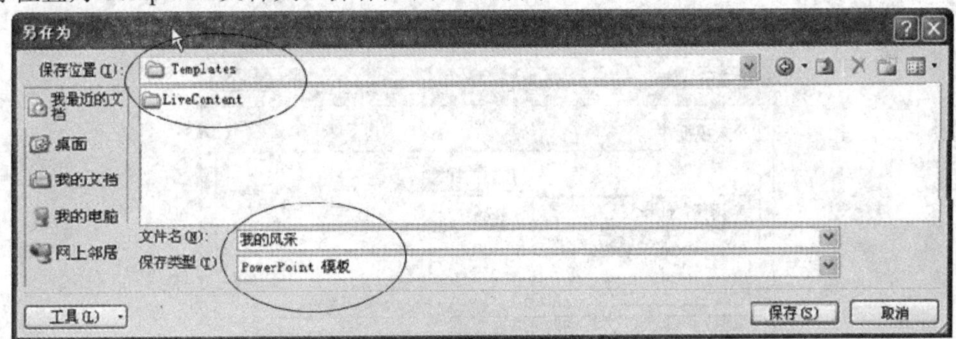

图 6-39　“另存为”对话框——“PowerPoint 模板”保存类型

注：模板文件存储路径默认是 C:\Documents and Settings\Administrator\Application Data\Microsoft\Templates，建议使用默认路径。

3) 使用系统内置模板

在新建演示文稿时使用模板，可快速生成一个与模板相同的演示文稿，用户只需更改部分内容即可。操作步骤如下：

(1) 在【文件】选项卡单击【新建】，在【可用的模板和主题】中含有“空白演示文稿”“最近打开的模板”“样本模板”“主题”“我的模板”“根据现有内容创建”和【Office.com 模板】组，如图 6-40 所示。

(2) 在其中选择一个模板，即可快速创建一个演示文稿。

4) 使用自定义的“我的模板”

(1) 单击【文件】|【新建】|“我的模板”，打开“新建演示文稿”|【个人模板】项，如图 6-41 所示。在列表框中选择一个模板，如“我的风采”。

(2) 单击【确定】按钮，即可快速创建一个与模板相同的演示文稿。

自定义的模板只有存放在默认路径下的“Templates”文件夹中，才能在“我的模板”列表中显示。若存放在其他位置，可用“最近打开的模板”找到。

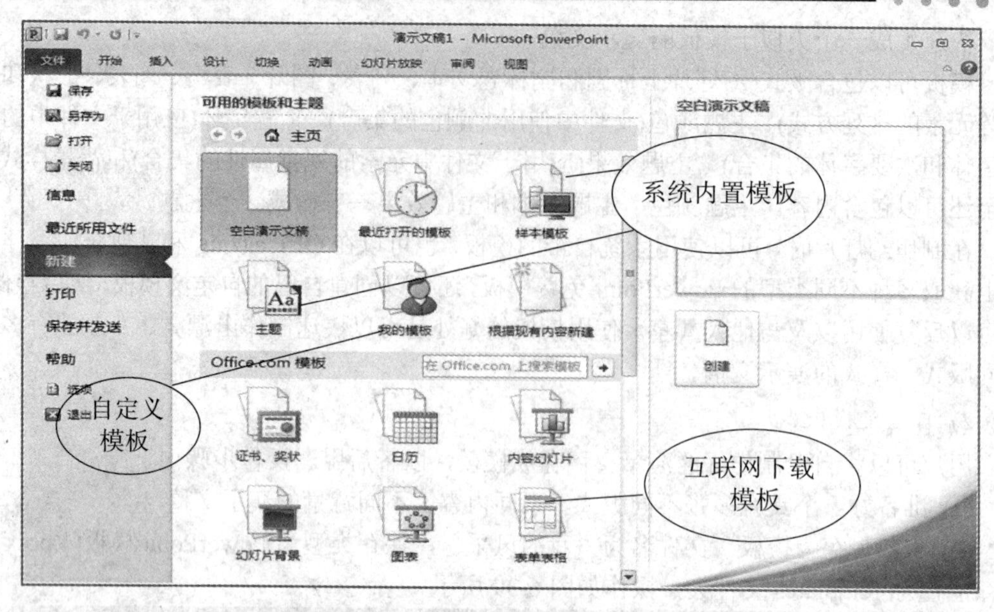

图 6-40 【可用的模板和主题】

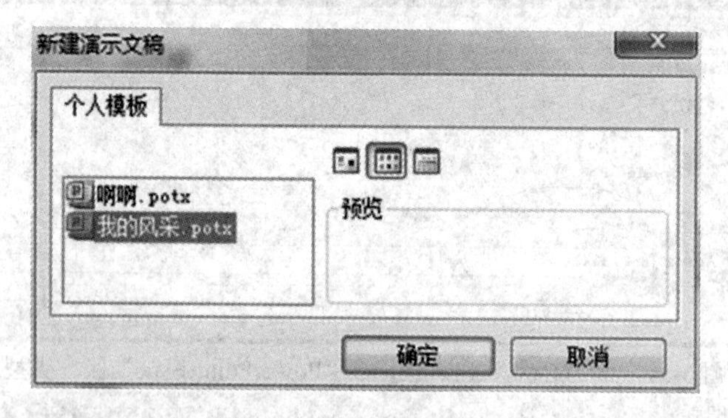

图 6-41 “新建演示文稿”对话框中的【个人模板】项

2. 自定义主题及其应用

自定义主题即将一张自己设计好的幻灯片保存到“当前主题”中，以便作为主题直接应用。

1) 自定义主题

把设计好的一张幻灯片保存为当前主题的操作如下：

(1) 制作好一张幻灯片(包括字体、颜色、背景、图形、图片对象)。

(2) 在【设计】选项卡的【主题】组中，单击其右边的“其他”按钮，如图 6-42(a)中的①所示。打开“所有主题”对话框，如图 6-42(b)所示。

(3) 在“所有主题”对话框中，选择下方的【保存当前主题】命名，如图 6-42(b)②所示。打开“保存当前主题”对话框，如图 6-43 所示。

(4) 在“保存当前主题”对话框中，在【文件名】框中输入主题的名称(注意：不要更改文件的扩展名)，然后单击【保存】按钮。这样即可将该幻灯片保存为一个主题(保存它的颜色和字体、背景)，并将该主题显示在“所有主题”列表框中的“自定义”下面。

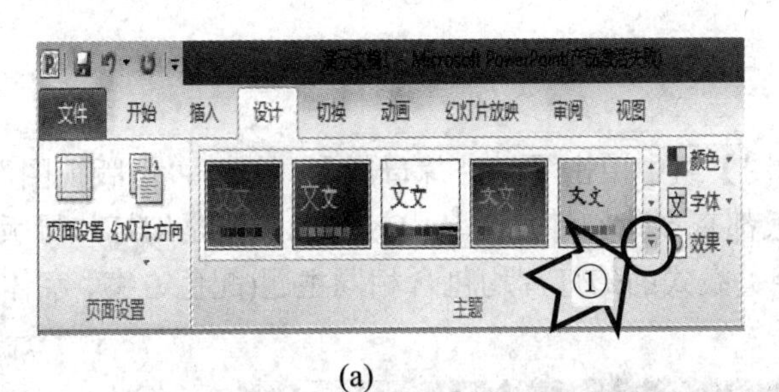

(a)

(b)

图 6-42　自定义主题

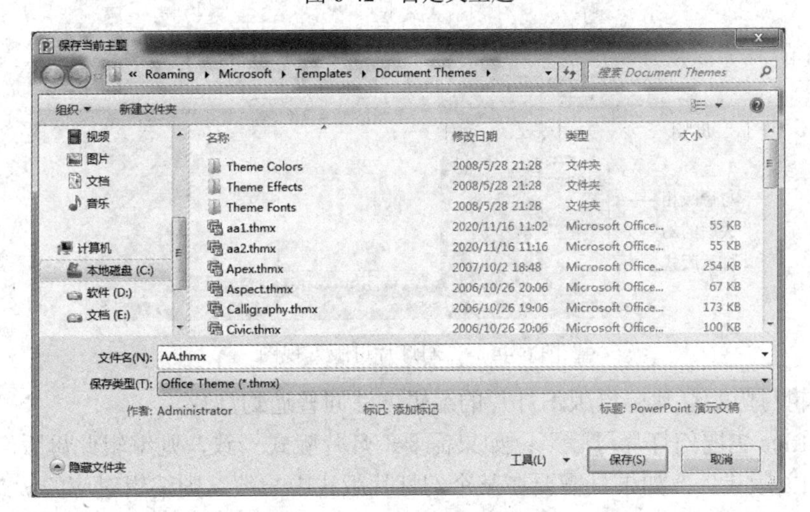

图 6-43　“保存当前主题”对话框

在 PowerPoint 2010 中，自定义主题的默认存储路径是 C:\Documents and Settings\Administrator\Application Data\Microsoft\Templates\Document Themes，主题文件的扩展名为 .thmx。只有保存在此路径下的自定义主题才能在主题快速样式列表中显示供用户应用。保存的主题自动添加到“设计”选项卡上“主题”组中的自定义主题列表中。

2) 应用自定义主题

自定义主题使用方法同内置主题。当把鼠标指针停留在某个主题的缩略图上时，在鼠标的尾部显示该主题的名称。

6.4.3　知识点：使用幻灯片母版

1. 母版

幻灯片母版是幻灯片层次结构中的顶层幻灯片，用于存储有关演示文稿的和幻灯片版式的信息，包括背景、颜色、字体、效果、占位符大小和位置。每个演示文稿至少包含一个幻灯片母版。

使用母版的优点是可以对演示文稿中的每张幻灯片(包括以后添加到演示文稿中的幻灯片)进行统一的样式设置，只需要在幻灯片母版上放置内容或设置格式，无须在多张幻灯片上键入或设置相同的信息。

2. 使用母版

使用母版的操作步骤如下：

(1) 打开或新建一个演示文稿。

(2) 在【视图】选项卡的【母版视图】组中单击【幻灯片母版】，打开“母版视图”。在“母版视图”中，每一个幻灯片母版都有多张幻灯片，其中较大的那张是幻灯片母版，位于其下方的较小图像是相关版式，相关版式的幻灯片均包含相同主题(配色方案、字体和效果)，如图 6-44 所示。

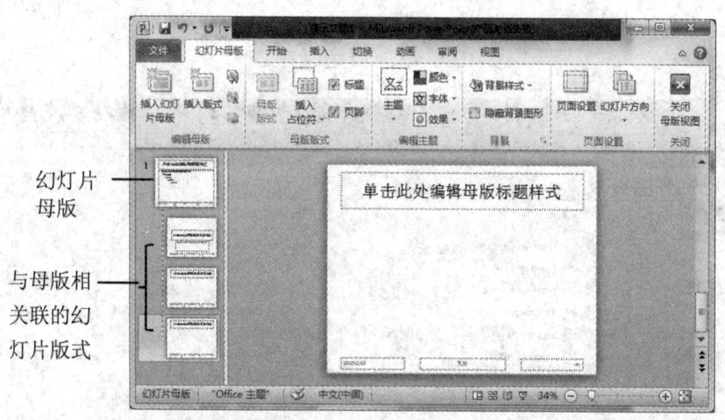

图 6-44 “幻灯片母版”视图

(3) 编辑母版幻灯片。母版幻灯片的编辑方法同普通幻灯片。

①“Office 主题幻灯片母版”：如果需要幻灯片版式一致，则编辑此母版。

②“相关版式”：如果只需要在某个幻灯片版式中一致，则编辑对应的版式。

(4) 关闭母版视图。母版编辑完成，在【幻灯片母版】选项卡的【关闭】组中单击【关闭母版视图】。在“普通视图”中，即可看到使用了母版后的效果。

说明：

(1) 最好在开始构建各张幻灯片之前创建幻灯片母版，而不要在构建了幻灯片之后再创建母版。如果先创建了幻灯片母版，则添加到演示文稿中的所有幻灯片都会基于该幻灯片母版和相关联的版式。如果在构建了各张幻灯片之后再创建幻灯片母版，则幻灯片上的某些项目可能不符合幻灯片母版的设计风格，需要调整，也可用文本框覆盖。

(2) 更改时，请务必在幻灯片母版上进行。其他内容(如页脚和 标)则只能在“幻灯片母版”视图中修改。

3. 将幻灯片母版从一个演示文稿复制到另一个演示文稿

复制幻灯片母版的操作步骤如下：

(1) 打开包含要复制幻灯片母版的源演示文稿和要向其中粘贴母版的目标演示文稿。

(2) 在源演示文稿中的【视图】选项卡上的【母版视图】组中，单击【幻灯片母版】，

在幻灯片缩略图窗格中，右键单击要复制的幻灯片母版，然后单击【复制】。

(3) 在【视图】选项卡上的【窗口】组中，单击【切换窗口】，然后选择要向其中粘贴该幻灯片母版的目标演示文稿，并切换至“幻灯片母版”视图，滚动至最后一个幻灯片版式所在位置的底部，在该位置下方单击右键，执行【粘贴选项】中的【使用目标主题】或【保留源格式】，最后关闭母版视图。

6.4.4　知识点：自定义幻灯片放映

1. 设置放映方式

若要设置幻灯片的放映方式，需在【幻灯片放映】选项卡上进行。操作方法如下所述。

(1) 单击【幻灯片放映】选项卡，如图 6-45 所示，进行幻灯片放映设置。

图 6-45　【幻灯片放映】选项卡

(2) 在【开始放映幻灯片】组中选择幻灯片开始放映的位置。

① “从头开始”命令：不管当前在什么位置，放映时都会从第一张幻灯片开始。

② “从当前幻灯片开始”命令：幻灯片的放映会从当前所在的幻灯片开始。

③ “广播幻灯片”命令：演示者可以在任意位置通过 Web 与任何人共享幻灯片放映。当向访问群体发送链接(URL)之后，　请的每个人都可以在他们的浏览器中观看幻灯片放映的同步视图。(不常用)

④ “自定义幻灯片放映”命令：用于选择并放映部分不连续的幻灯片。方法为单击【自定义幻灯片放映】按钮，再单击【自定义放映】命令，打开“自定义放映”对话框，如图 6-46 所示。单击【新建】按钮，打开“定义自定义放映”对话框，如图 6-47 所示。在左边列表框中选择要放映的幻灯片，然后单击【添加】按钮，将其添加到右侧列表框中，添加完毕后，在【幻灯片放映名称】框中输入名称，然后单击【确定】按钮，返回“自定义放映”对话框，单击【关闭】按钮。

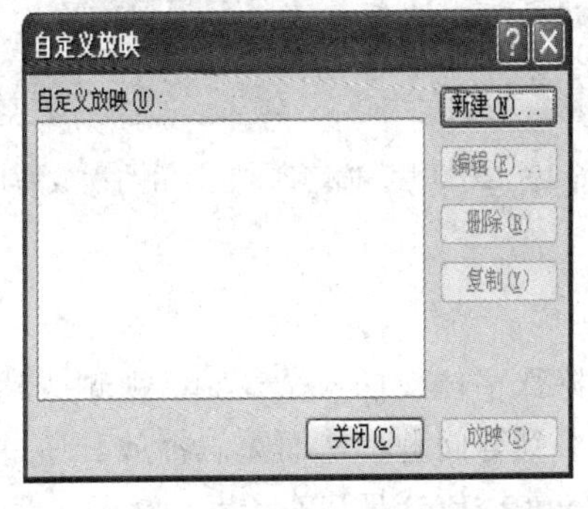

图 6-46　“自定义放映”对话框

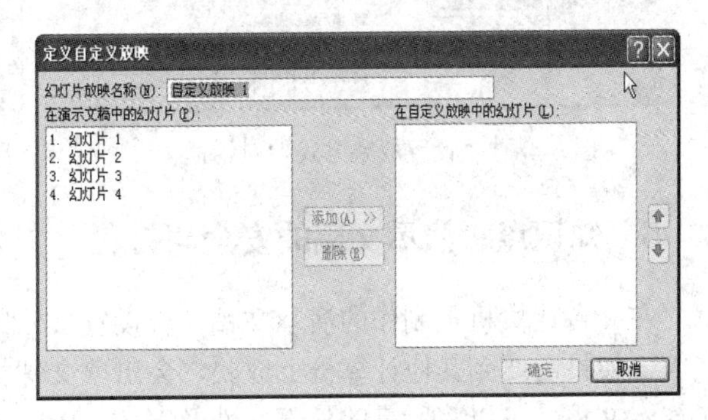

图 6-47　“定义自定义放映”对话框

⑤ 若要放映幻灯片，请单击【自定义幻灯片放映】按钮下的【自定义放映】。

注：放映幻灯片还可通过快捷按钮完成：单击视图按钮区的按钮即可自动播放(从当前幻灯片开始放映)。

(3) 在【设置】组单击【设置幻灯片放映】，打开“设置放映方式”对话框进行设置，如图 6-48 所示。其中，放映类型包括演讲者放映、观众自行浏览、在展台浏览。

①“演讲者放映”：全屏显示演示文稿，但是必须要在有人控制的情况下进行放映。

②“观众自行浏览”：观众可以移动、编辑、复制和打印幻灯片。

③“在展台浏览”：可以自动运行演示文稿，不需要专人控制。

放映选项可以设置演示文稿在放映时不播放动画或声音等效果，以加快演示文稿的播放速度。

放映幻灯片时，可选择全部放映或自定义放映内容。

①“全部”：放映演示文稿中的所有幻灯片。

②“从××到××”：可以自行设置幻灯片的放映范围。

③“自定义放映”：选择用户自定义的放映方式。

换片方式为“手动”，表示在播放时需要单击鼠标才能切换到下一张幻灯片。如果为演示文稿设置了排练计时功能，则选中【如果存在排练时间，则使用它】。

2．在编辑演示文稿过程中查看放映效果

在编辑幻灯片的过程中，随时按下【Ctrl + 】键，均可在屏幕左上角出现幻灯片播放小窗口，如图 6-49 所示。在播放小窗口若发现错误或者某个动画效果不理想，则可直接单击幻灯片编辑区，定位到需要修改的幻灯片上进行必要的修改。修改完成后，再次单击播放小窗口中的幻灯片，可继续播放演示文稿。这种方式在修改幻灯片时十分便于切换，非常有用。

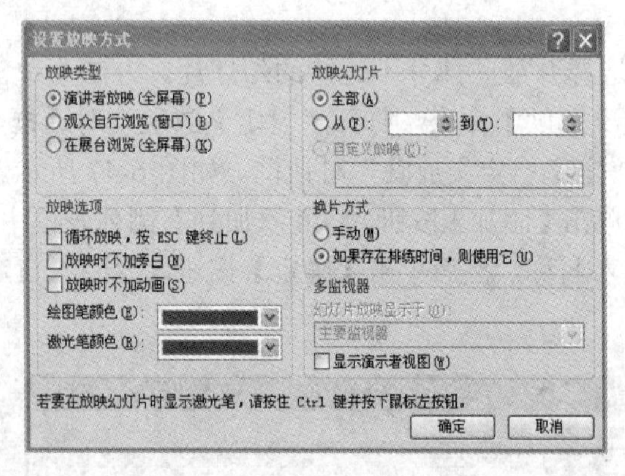

图 6-48 “设置放映方式”对话框

图 6-49 幻灯片编辑窗口左上角的播放窗口

6.4.5 知识点：演示文稿的安全与打包

在一台计算机上制作的演示文稿，若设置了一些特殊字体或插入了音频、视频或超链接等，如果需要到其他计算机上放映，会出现文件找不到等问题，从而无法播放。通过打包演示文稿，可以将所需的外部文件及字体、PowerPoint 播放器打包在一起。

1. 打包演示文稿

打包演示文稿的操作步骤如下：

(1) 打开演示文稿。

(2) 打包演示文稿。在【文件】选项卡单击【保存并发送】，在列表中单击【将演示文稿打包成 CD】，单击【打包成 CD】按钮，如图 6-50 所示。

(3) 打开“打包成 CD”对话框，如图 6-51 所示，进行如下设置：

① 在【将 CD 命名为】框中输入要打包的文件夹名称。

② 单击【添加】按钮，打开“添加文件”对话框，选择要添加的文件，单击【添加】。

③ 单击【删除】按钮，可删除已添加的错误文件。

④ 重复【添加】按钮，将需要的文件一一添加完成。

⑤ 单击【选项】按钮，可以进行“链接的文件”“嵌入字体”以及密码等设置。

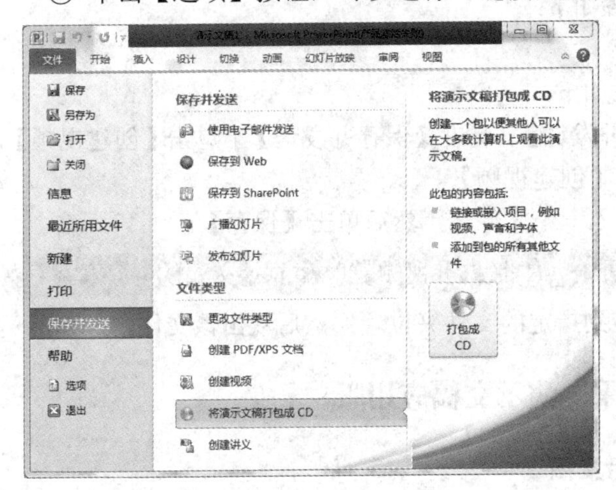

图 6-50　“保存并发送”界面

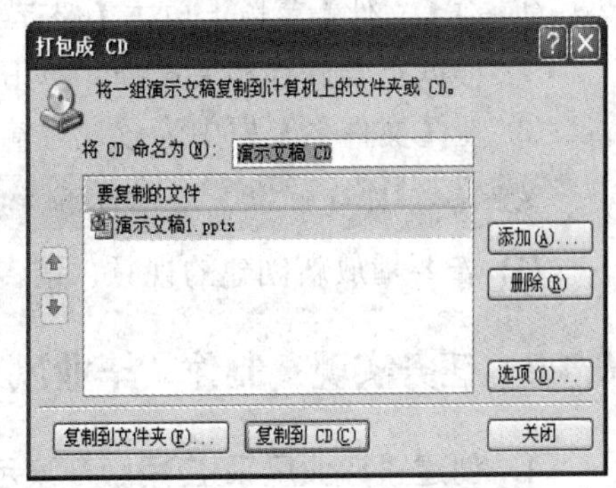

图 6-51　“打包成 CD”对话框

(4) 单击【复制到文件夹】按钮，打开“复制到文件夹”对话框，在【位置】框用【浏览】按钮选取文件夹的位置，系统默认为“在完成后打开文件夹”，不需要时可以取消掉前面的勾选，如图 6-52 所示。

(5) 单击【确定】按钮后，系统会自动打包，在完成之后自动弹出打包好的文件夹，其中看到一个名为 AUTORUN.INF 的自动运行文件，如果我们是打包到 CD 光盘上的话，它是具备自动播放功能的。打包后的文件夹如图 6-53 所示。

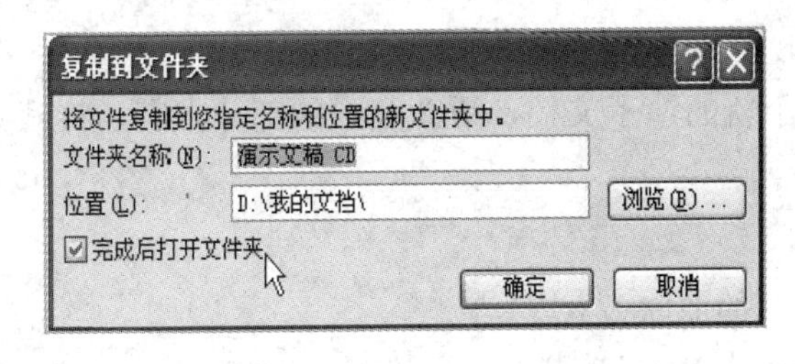

图 6-52　“复制到文件夹”对话框

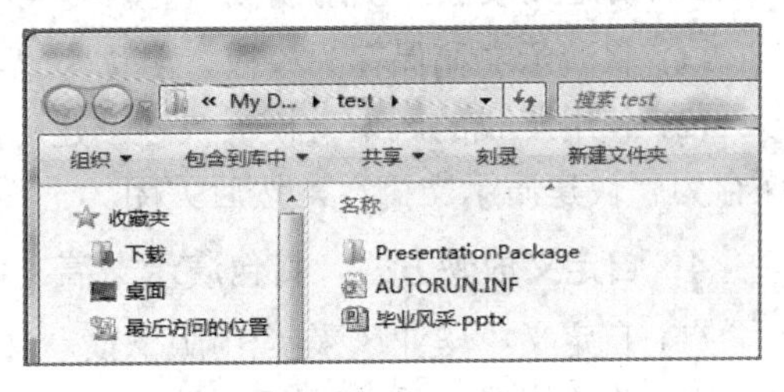

图 6-53　打包后的文件夹

(6) 打包好的文档可以进行复制或刻录成 CD 光盘，也可以拿到没有安装 PowerPoint

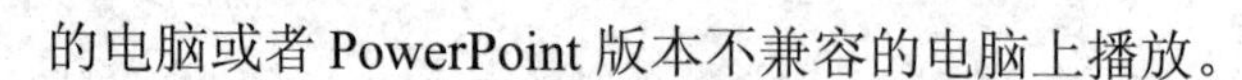

的电脑或者 PowerPoint 版本不兼容的电脑上播放。

2．将演示文稿发布为讲义

有时需要将演示文稿格式转换为 Word 文档，操作方法如下：

在【文件】选项卡单击【保存并发送】，在列表中单击【创建讲义】，打开“发送到 Microsoft Word”对话框，选择需要的 Word 文档版式，单击【确定】按钮即可进行转换。

3．将演示文稿另存为视频

在 PowerPoint 2010 中，可以将演示文稿另存为 Windows Media 视频文件(.wmv)，这样可以确保自己演示文稿中的动画、旁白和多媒体内容顺畅播放，分发时可更加放心。如果不想使用 .wmv 文件格式，可以使用首选的第三方实用程序将文件转换为其他格式(.avi、.mov 等)。将演示文稿另存为视频的操作步骤如下：

(1) 创建演示文稿，保存演示文稿。

(2) 将演示文稿发布为视频。方法如下：

① 在【文件】菜单上单击【保存并发送】，再在【保存并发送】下单击【创建视频】。

② 根据需要进行相关选择，单击【创建视频】。

③ 在【文件名】框中为该视频输入一个文件名，然后单击【保存】。

说明：创建视频可能需要较长时间，具体取决于视频长度和演示文稿的复杂程度。

(3) 若要播放新创建的视频，请转到指定的文件夹位置，然后双击该文件。

6.4.6 任务实现：制作“毕业风采”演示文稿应用版

1．创建“毕业风采-应用版”演示文稿

打开“毕业风采-动画版.pptx”，将其另存为“学号-姓名-毕业风采-应用版.pptx”。

2．使用“幻灯片母板”，统一在每张幻灯片上显示个人信息

(1) 切换至“母版视图”，在幻灯片母版上放置自己的“学号”“姓名”和一个 GIF 小图标，调整好位置使其能够在普通视图中看到，不影响幻灯片的整个版面效果。不满意的话在幻灯片母版上进行修改，直至满意为止。

(2) 关闭“母版视图”，切换至“普通视图”，查看放置结果。预播演示文稿。

3．自定义模板并使用模板

(1) 将演示文稿保存为模板，名称为“我的风采”(记住保存的位置)。

(2) 使用“我的风采”模板快速创建一个新的演示文稿，更改其中的部分内容，将其保存为“快建演示文稿”，然后关闭。

4．自定义放映方式，打包演示文稿

(1) 自定义“毕业风采-应用版”演示文稿的放映方式。

(2) 将“毕业风采-应用版”演示文稿发布为 Word 文档。

(3) 打包“毕业风采-应用版”演示文稿。

6.5　习　　题

一、选择题

1．PowerPoint 2010 演示文稿的扩展名是__________。

A．.DOC　　B．.XLS　　C．.PPT　　D．.PPTX

2．在 PowerPoint 2010 中，若想同时查看多张幻灯片，应选择__________视图。

A．备注母版视图　　B．阅读视图　　C．大纲视图　　D．幻灯片浏览

3．如要终止幻灯片的放映，可直接按__________键。

A．【Ctrl+C】　　B．【Esc】　　C．【End】　　D．【Alt+F4】

4．当幻灯片中插入声音后，幻灯片中将出现__________。

A．喇叭标记　　B．链接标记　　C．文字说明　　D．链接说明

5．为所有幻灯片设置统一、特有的外观风格，应使用__________。

A．母板　　B．配色方案　　C．自动版式　　D．幻灯片切换

6．演示文稿中的每张幻灯片都是基于某种__________创建的，它预定义了新建幻灯片的各种占位符的布局情况。

A．模板　　B．模型　　C．视图　　D．版式

二、填空题

1. 要让作者名字出现在所有幻灯片中，应将其加入到__________中。

2. PowerPoint 2010 执行了插入新幻灯片的操作，被插入的幻灯片将出现在__________。

3. PowerPoint 2010 模板文件的扩展名是__________。

三、操作应用题

1. 给自己或家人用 PowerPoint 2010 做一个电子相册。

2. 用 PowerPoint 2010 或尝试用 PowerPoint 的其他版本制作一个演示文稿，介绍自己的城市或学校或家乡。

项目 7 综合实训——实用文档处理

计算机基础是一门操作性很强的基础课，除了正常的教学之外，一些专业还安排有实训周，通过实训强化学生的计算机操作能力和应用能力。在此给出实训环节的教学内容。

【项目介绍】

本项目是为计算机文化基础课的实训环节特别编写的，旨在为实训环节提供系统、丰富、实用的内容。该项目也可作为没有实训环节的课程的综合提高训练部分，以增强学生的综合操作能力和 Office 软件的熟练应用能力。任务分解如下：

7.1 任务：计算机基础操作和常用软件的使用

(1) 熟练掌握计算机的基本操作。

(2) 熟练掌握常用软件的使用方法。

7.2 任务：Word 2010 综合实训——制作多种实用型文档

(1) 制作时尚风格的简历。

(2) 制作图文并茂的电子小报。

(3) 根据主题搜索、下载素材，制作风格 明的宣传小报。

(4) 针对流程图、公式、表格、制表位、台标等不同的版面效果设置进行综合训练。

(5) 使用邮件合并功能制作录取通知书。

(6) 使用样式或大纲级别、导航等功能，对长文档进行排版，并制作目录。

7.3 任务：Excel 2010 综合实训——工资/运费管理

(1) 创建工作簿，制作工作表。

(2) 完成各种工资的计算和各种数据的统计。

(3) 完成运费等数据的计算、统计。

(4) 制作图表，筛选数据、保护数据。

7.4 任务：PowerPoint 2010 综合实训——制作多姿多彩的演示文稿

(1) 在给定的素材中任选一种素材，或自行准备素材，设计、制作多姿多彩的演示文稿。演示文稿中至少要有六张幻灯片。

(2) 每张幻灯片要版面清新，主题　明，图文并茂，选择一张精美的幻灯片创建为自己的模板并应用该模板。

(3) 演示文稿中要有自定义的动画、超链接、连续的背景音乐、短视频等。

(4) 使用母版将演示文稿风格统一，制作完成后将演示文稿打包并发布。

说明：读者或教师可根据具体情况，选做部分内容。

7.1　任务：计算机基础操作和常用软件的使用

1. 按要求完成下列操作

(1) 利用网络或去电脑市场了解相关资讯，完成一份计算机最新配置的市场调查报告，给自己定制一个最佳的购机方案，保存成 Word 文档，文件名为“我的购机方案”。

(2) 利用下载工具，下载一款杀毒软件(360 杀毒、熊猫云、小红伞等)，自行安装，然后查杀计算机病毒，将查杀结果抓屏，保存为图片文件，文件名为“查杀病毒”。

(3) 试着安装几款常用软件(Office 2010、看图软件、浏览器、PDF 阅读器等软件)。

(4) 在桌面创建一个文件夹，以自己的姓名命名，并将任务中所有文件保存到这个文件夹中。

2. 按要求完成下列任务

(1) 为电子小报和演示文稿准备素材。选择一个健康的主题(如中国文化、城市风景、美食文化、环保、运动等)，下载一些素材(图片、文字)，压缩为一个压缩包，保存为“XX 主题下载-素材”。

(2) 将上述任务完成的文件打成一个压缩包，文件名为“学号-姓名-基础”，以邮件中的附件发送给授课教师(没有邮箱的请先注册免费邮箱)。

7.2　任务：Word 2010 综合实训——制作多种实用型文档

7.2.1　任务及实现(1)：图文混排训练

1. W 综合训练 1——制作时尚风格的简历

1) 制作时尚风格的简历

参照图 7-1 所示的样张，制作时尚风格的简历。

2) 操作要求及方法要点

(1) 页面格式：纸张大小为 A4，纵向；页边距设置为适中。

(2) 表格名称：“个人简历”，华文琥珀，小一；段前、段后间距为 0.5 行。

(3) 正文：宋体，五号；行距为固定行距，22 磅；左缩进 2 字符；悬挂缩进 2 字符；使用项目符号；行距可根据页面情况作适当调整。

(4) 栏目分隔符号：个人概况 由图片和文本框 个人概况 (无框线)组合而成，之后嵌入文档；段前间距为 0.5 行。

(5) 照片高度为 3.52 厘米；照片宽度为 2.6 厘米；紧密型环绕。

(6) “睿智”“　”“成功”：使用“SmartArt”中的公式样式。

(7) 预览文档。

(8) 保存文档为“学号-姓名-时尚简历.docx”。

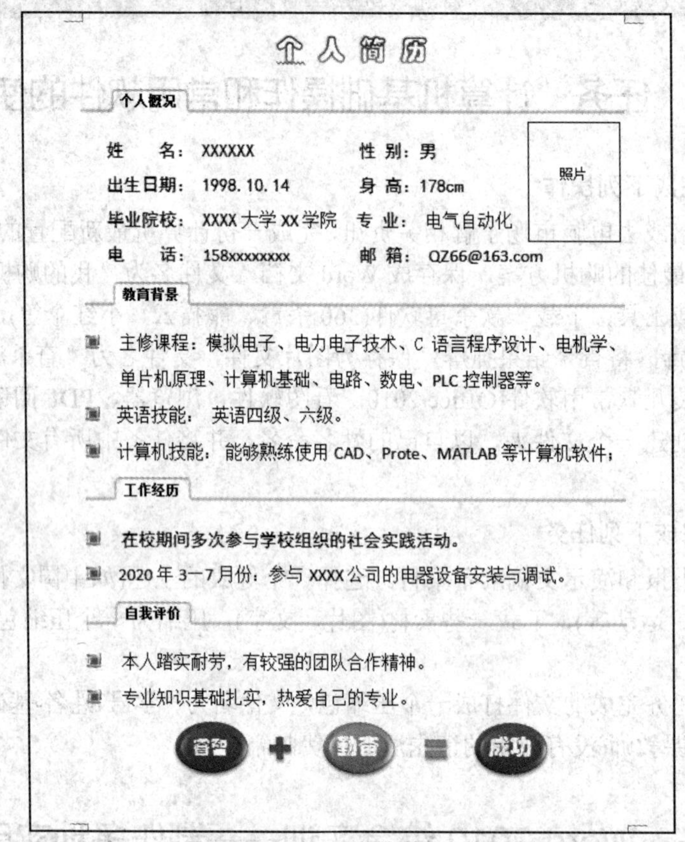

个人简历

个人概况

姓　　名：XXXXXX　　性 别：男

出生日期：1998. 10. 14　　身 高：178cm

毕业院校：XXXX 大学 XX 学院　　专 业：电气自动化

电　　话：158xxxxxxxx　　邮 箱：QZ66@163.com

照片

教育背景

- 主修课程：模拟电子、电力电子技术、C 语言程序设计、电机学、单片机原理、计算机基础、电路、数电、PLC 控制器等。
- 英语技能：英语四级、六级。
- 计算机技能：能够熟练使用 CAD、Prote、MATLAB 等计算机软件；

工作经历

- 在校期间多次参与学校组织的社会实践活动。
- 2020 年 3—7 月份：参与 XXXX 公司的电器设备安装与调试。

自我评价

- 本人踏实耐劳，有较强的团队合作精神。
- 专业知识基础扎实，热爱自己的专业。

睿智 + 勤奋 = 成功

图 7-1　“时尚风格简历”样张

2. W 综合训练 2——制作图文并茂的环保小报

1) 打开素材，制作环保小报

打开素材文件“环保小报素材”，参照图 7-2 所示的样张，制作精美的环保小报。环保素材可以选给定的素材，也可以自行准备，但应健康、活泼。版面格式提倡自主创新。

2) 操作要求及方法要点

(1) 页面格式：纸张大小为 A4，纵向；两页。

(2) 页面边框：艺术型；宽度为 15 磅；距页边上、下、左、右间距为 16 磅。

(3) 奇数页页眉：输入作者信息；偶数页页眉输入环保口号(自定)；字号为小四号。

(4) 版芯可参照样张，自由排版。

(5) 预览文档，直到满意。

(6) 保存文档为“学号-姓名-环保小报.docx”。

图 7-2　“环保小报”样张

3. W 综合训练 3——搜索、下载素材，制作古色古香的文化小报

1) 准备素材

参照图 7-3 所示的样张，选择一个主题(城市风光、地方美食、地方民俗、地方文化等)，搜索、下载相关素材。

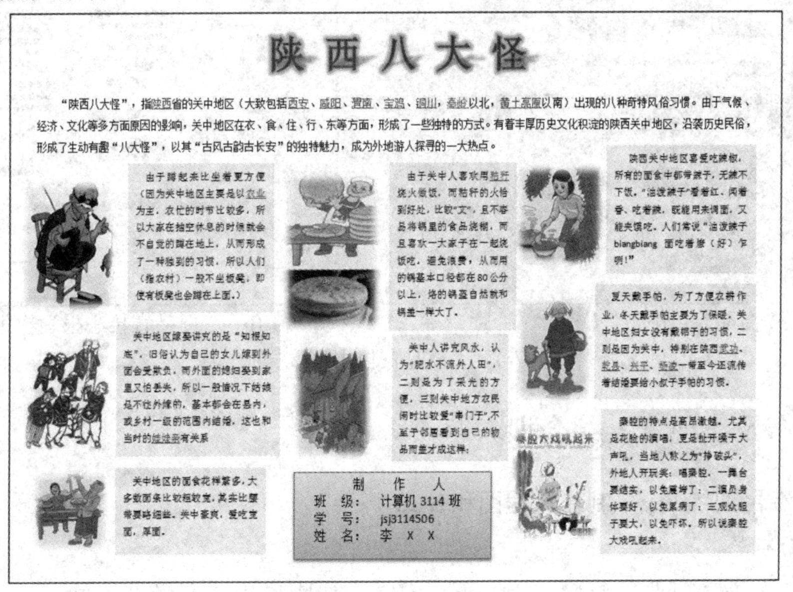

陕西八大怪

“陕西八大怪”，指陕西省的关中地区（大致包括西安、咸阳、渭南、宝鸡、铜川，秦岭以北，黄土高原以南）出现的八种奇特风俗习惯。由于气候、经济、文化等多方面原因的影响，关中地区在衣、食、住、行、东等方面，形成了一些独特的方式。有着丰厚历史文化积淀的陕西关中地区，沿袭历史民俗，形成了生动有趣“八大怪”，以其“古风古韵古长安”的独特魅力，成为外地游人探寻的一大热点。

由于蹲起来比坐着更方便（因为关中地区主要是以农业为主，农忙的时节比较多，所以大家在抽空休息的时候就会不自觉的蹲在地上，从而形成了一种独到的习惯，所以人们（指农村）一般不坐板凳，即使有板凳也会蹲在上面。）

由于关中人喜欢用秸秆烧火做饭，而秸秆的火焰到好处，比较“文”，且不容易将锅里的食品烧糊，而且喜欢一大家子在一起烧饭吃，避免浪费，从而用的锅基本口径都在 80 公分以上，烙的锅盔自然就和锅盖一样大了。

陕西关中地区喜爱吃辣椒，所有的面食中都带辣子，无辣不下饭，“油泼辣子”看着红、闻着香、吃着辣，既能用来调面，又能夹馍吃。人们常说“油泼辣子biangbiang 面吃着嫽（好）咋咧!”

关中地区嫁娶讲究的是“知根知底”，旧俗认为自己的女儿嫁到外面会受欺负，而外面的媳妇娶到家里又怕丢失，所以一般情况下姑娘是不往外嫁的，基本都会在县内，或乡村一级的范围内结婚，这也和当时的娃娃亲有关系

关中人讲究风水，认为“肥水不流外人田”，二则是为了采光的方便，三则关中地方农民闲时比较爱“串门子”,不至于邻居看到自己的物品而盖才成这样。

夏天戴手帕，为了方便农耕作业，冬天戴手帕主要为了保暖，关中地区妇女没有戴帽子的习惯，二则是因为关中，特别在陕西武功、乾县、兴平、扶风一带至今还流传着结婚要给小叔子手帕的习惯。

关中地区的面食花样繁多，大多数面条比较粗较宽，其实比腰带要略细些。关中豪爽，爱吃宽面，厚面。

制　作　人
班　级：　计算机 3114 班
学　号：　jsj3114506
姓　名：　李　X　X

秦腔大戏吼起来

秦腔的特点是高昂激越，尤其是花脸的演唱，更是扯开嗓子大声吼，当地人称之为“挣破头”，外地人开玩笑：唱秦腔，一舞台要结实，以免震垮了；二演员身体要好，以免累病了；三观众胆子要大，以免吓坏，所以说秦腔大戏吼起来。

图 7-3　“文化小报”样张

2) 制作图文并茂的文化小报

(1) 构思、设计版面。

(2) 在一页 A4，横向，上、下、左、右边距为 1.5 厘米的纸张上，制作图文并茂的文

化小报。要求图、文一致并组合，页面中下部用文本框显示制作人信息。

(3) 保存文档为“学号-姓名-文化小报.docx”。

4. W 综合训练 4——制作图文并茂的商品宣传小报(可根据实训情况，两种小报二选一)

1) 准备素材

自行选择一种商品或一个品 ，搜索、下载相关素材，制作图文并茂的商品宣传小报。选择的主题和下载的素材应健康、活泼。主题、素材也可以由教师提供。

2) 操作要求及方法要点

(1) 页面格式：纸张大小为 A4，一页，上、下、左、右边距均为 1.5 厘米。

(2) 版芯可参照样张，版面格式不限，可自由排版，提倡自主创新。

(3) 将占满整行的图片设置为嵌入型，小图片设置为紧密型环绕。

(4) 每个图片的文字说明使用文本框，每个图片和对应文字的文本框放置好位置之后，应组合为一个整体。预览文档，直到满意为止。效果参见图 7-4。

(a) “商品宣传小报”样张 A

(b) “商品宣传小报”样张 B

图 7-4 “商品宣传小报”样张

7.2.2 任务及实现(2)：综合训练

1. W 综合训练 5——制作流程图和公式

1) 页面布局

页面布局：A4 纸张，纵向，上、下、左、右边距均为 2 厘米，一页。

2) 流程图的操作要点

(1) 使用【插入】|【形状】|【基本形状】中的图形和【线条】中的直线、箭头、文本框绘制流程图。

(2) 各个框的对齐和均匀分布使用【图片工具】|【格式】|【对齐】中的【左右居中】【纵向分布】命令。

(3) 每个框中的文字用快捷菜单【添加文字】命令实现或直接输入，文字居于框的中部(水平、垂直方向均居中)，垂直方向的居中可使用段前间距。

(4) 框外的“真(1)”“假(0)”用文本框实现，形状轮廓选“无轮廓”。

(5) 制作好流程图后，选中所有框和线，组合图形，然后嵌入文档，居中。

(6) 预览文档，直到满意为止。效果参见图 7-5(上半部分)。

3) 公式的操作要点

(1) 使用【插入】|【公式】|【插入新公式】命令，打开【公式工具】|【设计】选项卡。一次可以编辑多行文字和多个公式。格式为宋体，小四，单倍行距。效果参见图 7-5(下半部分)。

(2) 请体会 Word 2010 模式和兼容模式两个版本操作方法的不同。

4) 流程图和公式的版面效果和编辑内容

流程图和公式的版面效果如图 7-5 所示。

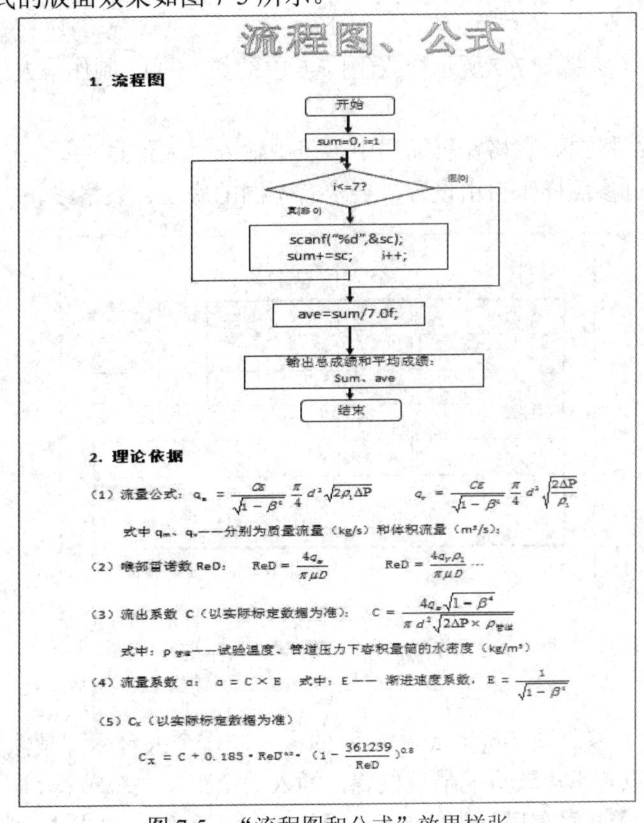

流程图、公式

1. 流程图

2. 理论依据

（1）流量公式：$q_m = \frac{C\varepsilon}{\sqrt{1-\beta^4}} \frac{\pi}{4} d^2 \sqrt{2\rho_1 \Delta P}$　　$q_v = \frac{C\varepsilon}{\sqrt{1-\beta^4}} \frac{\pi}{4} d^2 \sqrt{\frac{2\Delta P}{\rho_1}}$

式中 q_m、q_v——分别为质量流量（kg/s）和体积流量（m³/s）；

（2）喉部雷诺数 ReD：　$ReD = \frac{4q_m}{\pi \mu D}$　　$ReD = \frac{4q_v \rho_1}{\pi \mu D}$ …

（3）流出系数 C（以实际标定数据为准）：　$C = \frac{4q_m\sqrt{1-\beta^4}}{\pi d^2 \sqrt{2\Delta P \times \rho_{管道}}}$

式中：$\rho_{管道}$——试验温度、管道压力下容积量筒的水密度（kg/m³）

（4）流量系数 α：　$\alpha = C \times E$　式中：E—— 渐进速度系数，$E = \frac{1}{\sqrt{1-\beta^4}}$

（5）C_x（以实际标定数据为准）

$$C_x = C + 0.185 \cdot ReD^{0.2} \cdot (1 - \frac{361239}{ReD})^{0.8}$$

图 7-5　“流程图和公式”效果样张

2. W 综合训练 6——表格、制表位、节的应用

1) 整体任务和页面布局

在三页自定义纸张上制作个人信息卡、台标和商品采供表，效果样张如图 7-6 所示。纸张大小：自定义纸张，宽度 18 厘米，高度 14 厘米，页眉、页脚距页边界为 0 厘米，上、下、左、右边距均为 1.5 厘米。

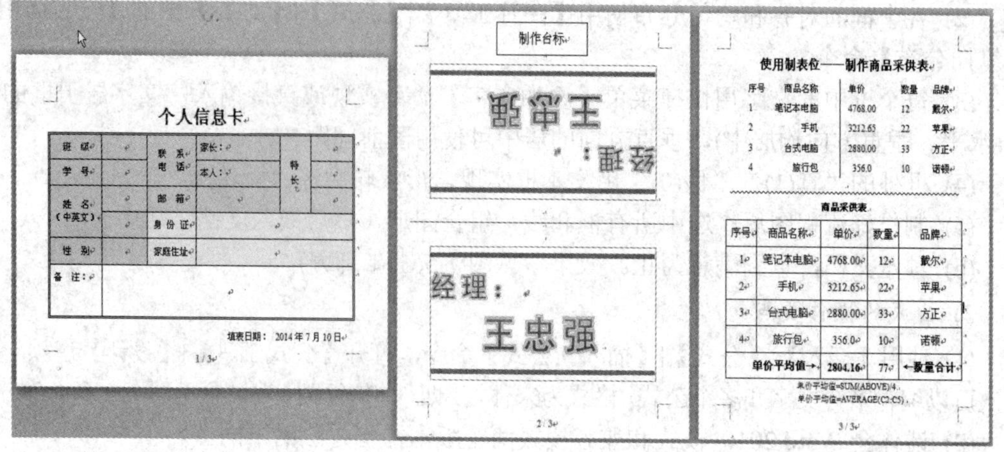

第一页“个人信息卡”　　　　第二页“台标”　　　　第三页“商品采供表”

图 7-6　“W 综合训练 6”样张

2) 制作个人信息卡

在第一页面上，参照图 7-7 所示样张(图 7-6 中的第一页)，制作个人信息卡。具体要求如下：

(1) 纸张方向：横向。表格在页面居中，表中输入个人信息。

(2) 表格格式可参照样张自由设置，要求有不同的底纹、表格线。

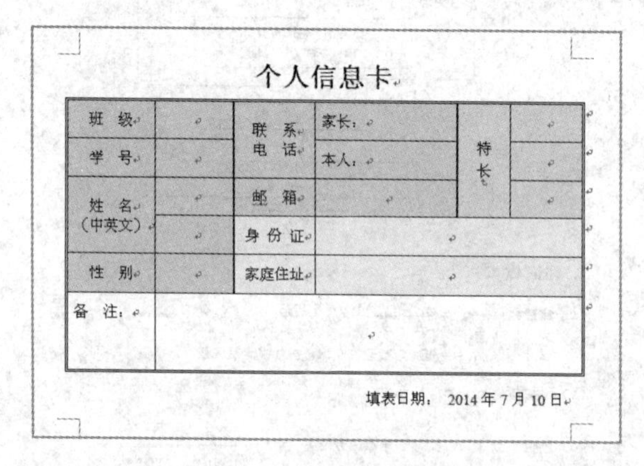

图 7-7　“个人信息卡”样张

3) 制作台标

在第二页面上，参照图 7-6(第 2 页)所示的样式制作个人台标。具体要求和步骤如下：

(1) 光标插入点置于第一页的最后位置，插入一个下一页分节符。

方法为：单击【页面布局】选项卡，在【页面设置】组中单击【分隔符】，在下拉菜单中选择【分节符】组中的【下一页】命令，即可插入一个分节符和新的一页，并在新的一页上开始新节。

(2) 纸张方向为纵向，应用于“本节”。

(3) 在页面垂直方向的中间放置一条分割线，用【插入】|【形状】|【直线】绘制。

(4) 制作台标 四个字用简单文本框，格式设置：浮于文字上方，大小自定。

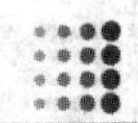

(5) 先制作下半部分台标。文字放在文本框中，文本框高度为 7.6 厘米，宽度为 10.8 厘米；职务的字号大小为小初；名字的字号大小为 48 磅；文本框格式设置为嵌入型。

(6) 上半部分台标用复制下半部分台标的方法实现，嵌入型。

(7) 更改上半部分台标的文字方向。选中“文本框”，在【绘图工具】|【格式】选项卡中的【排列】组中，单击【旋转】|【垂直翻转】命令即可。

(8) 适当调整格式，也可创新设置，直到在一页纸上显示清新的台标。

4) 使用制表位制作商品采供表

在第三页面，参照图 7-8 所示样张制作商品采供表。具体要求和步骤如下所述。

制表位的应用——制作商品采供表

序号　商品名称　单价　数量　品牌
1　笔记本电脑　4768.00　12　戴尔
2　手机　3212.65　22　苹果
3　台式电脑　2880.00　33　方正
4　旅行包　356.0　10　诺顿

商品采供表

序号	商品名称	单价	数量	品牌
1	笔记本电脑	4768.00	12	戴尔
2	手机	3212.65	22	苹果
3	台式电脑	2880.00	33	方正
4	旅行包	356.0	10	诺顿
单价平均值→		**2804.16**	**77**	**←数量合计**

单价平均值=SUM(ABOVE)/4
单价平均值=AVERAGE(C2:C5)

图 7-8　“商品采供表”样张

(1) 光标插入点置于第二页的最后位置，插入一个下一页分节符。

(2) 参照图 7-9 所示的制表位，在标尺上放置对应的制表符，也可在制表位对话框中设置(段落对话框中的制表位)。

2　4　6　8　10　12　14　16　18　20　22　24　26　28

图 7-9　“使用制表位——制作商品采供表”样张

(3) 输入内容。注意：每输入完一项，按【Tab】制表键对齐到下一个制表位，每输入完一行，敲回车键。

(4) 输入完所有内容后，敲回车键，产生一个新的空行，新空行上仍然有制表符。在【开始】选项卡的字体组中，单击【清除格式】按钮，清除制表符。

制作完成的样式如图 7-8 上半部分所示。

5) 使用“文本转换成表格”快速制作商品采供表

在第三页面下方参照图 7-8 所示样张(下半部分)，用“文本转换成表格”方法制作商品采供表。具体要求和步骤如下：

(1) 在页面的垂直方向中间绘制波浪型或艺术型分割线。使用给段落加下框线的方法加一条长的波浪线。也可使用给段落加艺术型横线的方法 (在“边框和底纹”对话框的【边框】选项卡中，单击【横线】按钮，选择一种艺术型横线样式)。

(2) 复制制表位制作的“商品采供表”文本方法为选中—复制—粘贴。

(3) 将复制的“商品采供表”文本转换为表格。选中复制的文本，在【插入】|【表格】组中单击【表格】下的【文本转换为表格】命令，即可将文本转换为表格。

(4) 参照样张在表格最后插入一空行，并修改、调整表格的格式。

(5) 使用公式计算单价平均值，公式为=SUM(ABOVE)/4，或=AVERAGE(C2:C5)。使用公式计算数量合计，公式为=SUM(ABOVE)。

(6) 将所用公式复制到表格的最后。

6) 其他操作

(1) 在页面底部中间插入页码(小四号)。

(2) 调整文档的显示比例，在屏幕上显示整个文档，效果如图 7-6 所示。

(3) 保存文档为“学号-姓名-表格.docx”。

7.2.3 任务及实现(3)：邮件合并综合训练

1. W 综合训练 7——使用邮件合并功能制作录取通知书

使用邮件合并功能制作录取通知书，操作步骤及方法要点如下所述。

1) 制作主控文档

(1) 页面格式：A4 纸张，上、下、左、右页边距均为 2 厘米。

(2) 参照图 7-10 所示样张，在 A4 页面上部插入一个文本框，高度为 10 厘米，宽度为 16 厘米，在文本框中制作录取通知书样式，制作好之后一定要将文本框嵌入文档。

(3) 在文本框下面插入 4 行空行(合并文档时，间隔每个通知书)。

(4) 保存文档名为“主控文档-录取通知书.docx”。

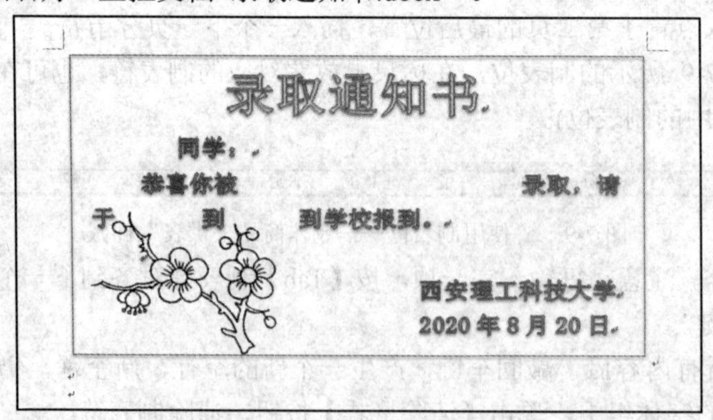

图 7-10 “主控文档”样张

2) 制作数据源文档

(1) 将表 7-1 制作在一个新建的 Excel 工作簿中，工作表命名为“数据源”，工作簿保存为“E 数据源-录取院校.xlsx”。

(2) 关闭文档。

表 7-1　数　据　源

姓名	录取学院	专　业	报到开始时间	截止日期
超	自动化学院	电气工程及其自动化	2014 年 8 月 10 日	2014 年 9 月 10 日
王	自动化学院	电气工程及其自动化	2014 年 8 月 15 日	2014 年 9 月 15 日
马强	自动化学院	电子信息科学与技术	2014 年 8 月 21 日	2014 年 9 月 21 日
程	水利水电学院	给排水科学与工程	2014 年 8 月 25 日	2014 年 9 月 25 日
蒙	水利水电学院	电气工程及其自动化	2014 年 8 月 10 日	2014 年 9 月 10 日
单	水利水电学院	环境工程	2014 年 8 月 25 日	2014 年 9 月 25 日
程言	理学院	应用数学	2014 年 8 月 10 日	2014 年 9 月 10 日
张	高等技术学院	计算机网络技术	2014 年 8 月 10 日	2014 年 9 月 10 日

3) 合并文档

(1) 关闭数据源文档，打开主控文档。

(2) 进行邮件合并。

① 在【邮件】选项卡中，单击【选择收件人】|【使用现有列表】命令，打开“选取数据源”对话框，在此对话框中找到数据源文件“E 数据源-录取院校.xlsx”，单击【打开】按钮。打开“选择表格”对话框，选中存放数据的工作表，然后按【确定】按钮。

② 插入域。

③ 完成合并操作。

(3) 将合并后的文档保存为“合并文档-批量通知书.docx”。

4) 整理合并文档，使每页放置两份录取通知书

(1) 将合并文档切换至页面视图中，若一页只显示了一份通知书或格式不对，需要删除每页的分页符或调整格式。

方法：将视图切换至草稿视图，逐个删除文档中的分节符(下一页)，删除完后将视图切换至页面视图。

(2) 调整行距，使每页放置两份录取通知书。做好的合并文档如图 7-11 所示。

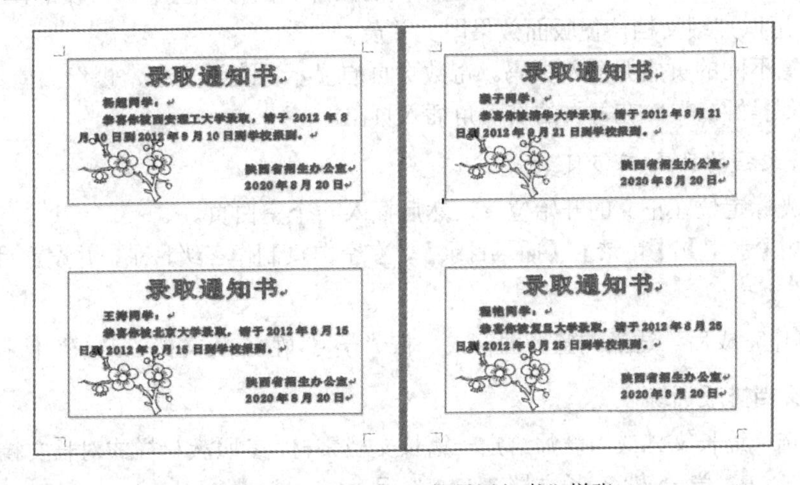

图 7-11　“合并文档—批量通知书”样张

(3) 文档保存为“批量通知书.docx”。

说明：若希望日期格式为中文格式，可以在 Excel 数据源工作表中将日期格式设为文本格式，或者将数据源做成 Word 文档。

2．使用邮件合并功能批量制作新年贺卡

样式、新年 词自由选择，应体现快乐气氛，能带给人们正能量。

7.2.4 任务及实现(4)：长文档排版训练

1．W 综合训练 8——长文档排版

1) 具体任务

使用样式或大纲级别、导航、目录等功能，对长文档进行排版，并制作目录。

2) 页面设置要求

打开素材文档“交通安全常识”。设置页面格式：纸张大小为 16K，页边距为 2 厘米。

3) 自主设计封面

要求：以交通安全常识为主题，自主设计封面，可在封面插入图片、艺术字等对象，图文主题应一致，封面主题应 明、清新美观。

4) 设置标题格式，将文档标题添加到导航窗格

按下述要求，利用样式或大纲级别(在段落对话框中)将文档中的下列三级标题添加到导航窗格中。也可自行定义样式。

第一级：第一部分 …… (建议用样式：标题 1)。

第二级：一、道路交通安全常识 ……(建议用样式：标题 2)。

第三级：1、指挥灯信号的含义 ……(建议用样式：标题 5)。

5) 对素材正文及版面进行排版

(1) 参照《计算机应用基础项目教程》教材，对文档进行版面设置。

正文：首行缩进 2 字符，宋体，五号。

可根据内容，在页面适当插入与主题相关的图片、图形、艺术字、表格、SmartArt 图形等对象，用以点缀文档，使版面效果图文并茂。

(2) 设置不同的页眉并插入页码。奇数页页眉显示“交通安全常识”，偶数页页眉显示“班级-学号-姓名”。在每页的右下角插入页码。

6) 制作文档的目录(三级目录)

(1) 将光标定位在正文的开始位置，然后插入一个空白页。

(2) 使用【引用】|【目录】|【插入目录】，在空白页制作三级目录，并设置目录的格式。

7) 保存文档

文档制作完成后，适当调整页面格式，按“学号-姓名-长文档 1.docx”保存。

2．长文档排版训练

(1) 自选一篇长文档或由教师给定一篇长文档素材，参照教材样式对长文档进行排版，并制作目录。按“学号-姓名-长文档 2.docx”保存。

(2) 尝试用“审阅”|“修订”组和“更改”组中命令，对文档进行审阅、修订。按“学号-姓名-修订.docx”保存。

7.3　任务：Excel 2010 综合实训——工资/运费管理

7.3.1　任务及实现(1)：工资管理

工资管理是办公业务中常见的事务，需要处理的数据多且重复性强。用 Excel 处理极为方便，但需要学习相关函数与操作。

操作如下：

1) 创建“工资管理”工作簿

(1) 参照图 7-12 所示素材样张，创建并制作“工资管理”工作簿及“工资表”工作表。

(2) 设置工资表格式。

(3) 将工作簿保存为“E-学号-姓名-工资管理.xlsx”。

职工工资表

职员编号	姓名	身份证号码	参加工作时间	职称	部门	年龄	工龄	基本工资	岗位工资	加班费	缺勤扣除	实发工资	备注	出勤天数
001	黄建强	210213195812060410	1979/4/7	高工	生产部									24
002	司马项	210204196502080403		高工	技术部									
003	黄平	210201196812090612	1990/12/9	高工	市场部									22
004	贾申平	203204197180500611	1957/8/29	工程师	生产部									21
005	涂咏虞		1997/11/20	高工	生产部									
006	俞志强	210208197506224454	1996/5/11	高工	技术部									19
007	殷豫群			助工	市场部									
008	肖琪	210204197304067002	1960/10/11	高工	生产部									17
009	苏武	210200198202115832	1999/1/20	工程师	市场部									12
010	张悦群			工程师	生产部									
011	李巧	210207197306255302	1994/1/1	高工	技术部									24
012	鲁帆	210213196308251631	1998/1/19	工程师	生产部									25
013	章戎			助工	市场部									
014	王晓	210210197605173121	2003/1/20	助工	生产部									20
出勤工资（元/天）		50				合计：								

工资表

图 7-12　“工资表”素材样张

2) 设置有效性条件并输入数据

(1) 设置下列数据列的有效性验证条件：

①“身份证号码”为 18 位文本。

②“参加工作时间”介于 1950 年 12 月和 2020 年 12 月之间。

③“出　天数”介于 0~26 之间。

(2) 手工输入缺失的“身份证号码”“参加工作时间”和“出　天数”列数据。

3) 使用下拉列表快速输入数据

(1) 创建“职称”列、“部门”列下拉列表。使用“数据”|“数据有效性”|“设置”|“序列”设置“职称”“部门”两列的下拉列表。“职称”列的列表项有：助工、工程师、高工；“部门”列的列表项有：生产部、技术部、商场部。

(2) 在“职称”列、“部门”列使用下拉列表快速输入数据。

4) 完成表中的计算操作

(1) 根据职工的身份证号码，计算每位职工的年龄。年龄=现在的年份－出生的年份。使用 NOW( )、YEAR( )函数、MID( )函数从身份证号码中取出出生年份。

年龄的计算公式为 =YEAR(NOW( ))－MID(C4，7，4)。

(2) 计算每位职工的工龄。工龄=现在的年份－参加工作的年份。

工龄的计算公式为 =YEAR(NOW ())－YEAR(D4)。

(3) 计算每位职工的基本工资：基本工资=工龄*100。

(4) 使用 IF 函数的嵌套计算每位职工的　位工资。

高工：2500　　　　工程师：2000　　　　助工：1500

　位工资的计算公式为 =IF(E4="高工"，2500，IF(E4="工程师"，2000，IF(E4="助工"，1500，"职称出错")))。

(5) 使用 IF 函数计算每位职工的加班费。出　天数超过 20 天为加班。缺　、加班费标准按每天出　工资计算，参见 A19:C19 单元格中数据。

加班费的计算公式为 =IF(O4>20，(O4－20)*$C$19，0)。

(6) 用 IF 函数计算每位职工的缺　　除，按正数计算。出　天数不足 20 天为缺　。

缺　　除的公式为 =IF(O4<20，(20-O4)*$C$19，0)。

(7) 计算每位职工的实发工资，公式为实发工资=基本工资+　位工资+加班费－缺　　除。

(8) 在“备注”列按实发工资计算名次(RANK 函数)。

(9) 在“合计”行(即每列工资的最后一行)，统计各种工资的合计总数。

5) 完成表中的统计操作

(1) 参照图 7-13 右边的“统计结果”样张，在工资表(图 7-13 中隐藏了 C 列～L 列)的右边制作各种统计表。

职工工资表

职员编号	姓名	实发工资	备注	出勤天数
001	黄建强			24
002	司马项			
003	黄平			22
004	贾申平			21
005	涂咏虔			
006	俞志强			19
007	殷豫群			
008	肖琪			17
009	苏武			12
010	张悦群			
011	李巧			24
012	鲁帆			25
013	章戎			
014	王晓			20
出勤工资（元/天）				

统计结果

统计1 —— 基本统计

平均年龄		高于平均年龄人数	
平均工龄		高于平均工龄人数	
平均工资		低于平均工资人数	
平均出勤天数		低于平均出勤人数	

统计2 —— 各年龄段、职称人数统计

分段点	年龄层次	人数1	人数2	职称	人数
	青年			高工	
	中年			工程师	
	老年			助工	

统计3 —— 汇总统计

	分类汇总统计结果			COUNTIF、sumif统计结果		SUBTOTAL统计结果	
部门	人数	实发工资总数	加班费总数	人数	工资总数	人数	工资总数
技术部							
生产部							
市场部							
合计							

图 7-13　“统计结果”初表样张

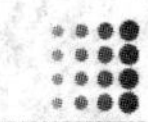

(2) 使用 AVRAGE 函数在指定单元格(R4、R5、R6 单元格)分别计算所有职工的平均年龄、平均工龄、平均工资、平均出　天数。

平均工资公式为 =AVERAGEA(M4:M17)。

(3) 使用 COUNTIF 函数统计高于平均年龄、高于平均工龄的人数；统计低于平均工资、低于平均出　天数的人数。

高于平均年龄人数的公式为 =COUNTIF(G4:G17, ">"&R4)。

低于平均年龄人数的公式为 =COUNTIF(G4:G17, "<"&R4)。

低于平均工资人数的公式为 =COUNTIF(M4:M17, "<"&R6)。

(4) 统计　年、中年、老年各年龄段的人数。

年龄段划分标准：　年(年龄<=30)，中年(30<年龄<=50)，老年(年龄>50)。

① 用 FREQUENCY( )函数统计各年龄段人数，将结果放于人数 1 下面的单元格中。分段点的数值为：30、50，请先将分段点的数值放入单元格 Q10、Q11 中。

年龄段人数 1 的计算公式为{=FREQUENCY(G4:G17, Q10:Q11)}。注意：要用数组公式，同时按【Ctrl + Shift + Enter】。

② 用 COUNTIFS( )函数统计各年龄段人数，将结果放于人数 2 下面的单元格中。

　年年龄段的计算公式为 =COUNTIFS($G$4:$G$17, "<=30")。或用公式 = COUNTIFS ($G$4:$G$17, "<="&Q10)也可。

中年年龄段的计算公式为 =COUNTIFS(G4:G17, ">"&Q10，G4:G17, "<="&Q11)。

(5) 统计各职称级别的人数，用 COUNTIF 函数进行统计。例如，职称级别为“高工”的人数公式为

　　= COUNTIF(E4:E17,"="&U10)

或　　= COUNTIF(E4:E17, U10)

　　=COUNTIF(E4:E17，"高工")

试比较这三个公式的不同。

(6) 制作各年龄段的人数饼图和各职称级别的人数柱形图。

(7) 进行分类汇总操作。

① 插入一张工作表，命名为“汇总表”。

② 将数据(A3:O17)复制到“汇总表”工作表中，先按“部门”排序，然后按“部门”分类汇总各部门的人数(对“部门”计数)。

③ 再将数据复制一份到分类汇总各部门的人数的下方，再按“部门”分类汇总各部门的工资总数、加班费总数(对“实发工资”“加班费”求和)。

④ 分类汇总结果如图 7-14 所示。

⑤ 在“工资表”的“分类汇总统计结果”区(R16:T18 单元格区域)，分别使用公式引用“汇总表”中的分类汇总结果数据。

(8) 引用“工资表”中的数据，使用 COUNTIF、SUMIF 函数统计各部门人数和工资总数。

(9) 引用“汇总表”中的数据使用 SUBTOTAL 函数统计各部门的人数及工资总数。

(10) 制作各部门的人数和工资总数柱形图表。

(11) 将“身份证号码”列数据隐藏，对原始数据进行保护。

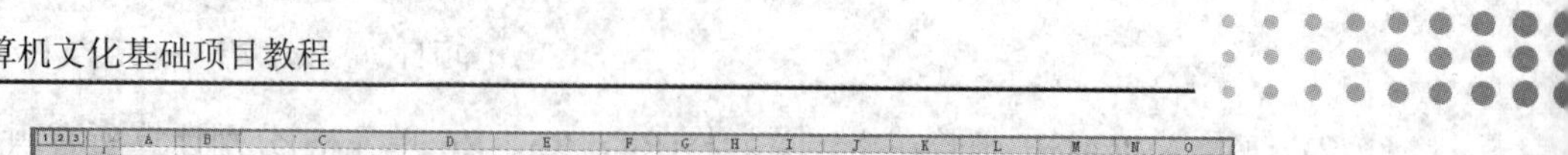

	A	B	C	D	E	F	G	H	I	J	K	L	M	N	O
1															
2						按部门汇总人数									
3	职员编号	姓名	身份证号码	参加工作时间	职称	部门	年龄	工龄	基本工资	岗位工资	加班费	缺勤扣除	实发工资	备注	出勤天数
4	002	司马项	210204196502080403	1987/4/7	高工	技术部	49	27	2700	2500	150.00	0.00	5350.00	2	23
5	006	俞志强	210208197506224454	1996/5/11	高工	技术部	39	18	1800	2500	0.00	50.00	4250.00	7	19
6	011	李巧	210207197306255302	1994/1/1	高工	技术部	41	20	2000	2500	200.00	0.00	4700.00	5	24
7					技术部 计数	3					0.00	1000.00	3.00		
8	001	黄建强	210213195812060410	1979/4/7	高工	生产部	56	35	3500	2500	200.00	0.00	6200.00	1	24
9	005	涂咏虎	203204197080500612	1997/8/29	高工	生产部	44	17	1700	2500	0.00	0.00	4200.00	8	20
10	008	肖琪	210204197304067002	1994/10/11	高工	生产部	41	20	2000	2500	0.00	150.00	4350.00	6	17
11	004	贾申平	203204197180500611	1994/8/29	工程师	生产部	43	20	2000	2000	50.00	0.00	4050.00	9	21
12	010	张悦群	210200198402115832	2005/1/20	工程师	生产部	30	9	900	2000	150.00	0.00	3050.00	11	23
13	012	鲁帆	210213196308251631	1985/1/19	工程师	生产部	51	29	2900	2000	250.00	0.00	5150.00	3	25
14	014	王晓	210210197605173121	2000/1/20	助工	生产部	38	14	1400	1500	0.00	0.00	2900.00	12	20
15					生产部 计数	7					0.00	1000.00	7.00		
16	003	黄平	210201199912090612	1990/12/9	高工	市场部	15	24	2400	2500	100.00	0.00	5000.00	4	22
17	009	苏武	210200198202115832	1999/1/20	工程师	市场部	32	15	1500	2000	0.00	400.00	3100.00	10	12
18	007	殷豫群	210200198902115832	2009/5/11	助工	市场部	25	5	500	1500	0.00	100.00	1900.00	14	18
19	013	章戎	210213199208251631	2012/1/19	助工	市场部	22	2	200	1500	300.00	0.00	2000.00	13	26
20					市场部 计数	4							4.00		
21					总计数	14							14.00		
22					按部门汇总实发工资总数、加班费总数										
23	职员编号	职员姓名	身份证号码	参加工作时间	职称	部门	年龄	工龄	基本工资	岗位工资	加班费	缺勤扣除	实发工资	备注	出勤天数
24	002	司马项	210204196502080403	1987/4/7	高工	技术部	49	27	2700	2500	150.00	0.00	5350.00	4	23
25	006	俞志强	210208197506224454	1996/5/11	高工	技术部	39	18	1800	2500	0.00	50.00	4250.00	9	19
26	011	李巧	210207197306255302	1994/1/1	高工	技术部	41	20	2000	2500	200.00	0.00	4700.00	7	24
27						技术部 汇总					350.00		14300.00		
28	001	黄建强	210213195812060410	1979/4/7	高工	生产部	56	35	3500	2500	200.00	0.00	6200.00	3	24
29	005	涂咏虎	203204197080500612	1997/8/29	高工	生产部	44	17	1700	2500	0.00	0.00	4200.00	10	20
30	008	肖琪	210204197304067002	1994/10/11	高工	生产部	41	20	2000	2500	0.00	150.00	4350.00	8	17
31	004	贾申平	203204197180500611	1994/8/29	工程师	生产部	43	20	2000	2000	50.00	0.00	4050.00	11	21
32	010	张悦群	210200198402115832	2005/1/20	工程师	生产部	30	9	900	2000	150.00	0.00	3050.00	13	23
33	012	鲁帆	210213196308251631	1985/1/19	工程师	生产部	51	29	2900	2000	250.00	0.00	5150.00	5	25
34	014	王晓	210210197605173121	2000/1/20	助工	生产部	38	14	1400	1500	0.00	0.00	2900.00	14	20
35						生产部 汇总					650.00		29900.00		
36	003	黄平	210201199912090612	1990/12/9	高工	市场部	15	24	2400	2500	100.00	0.00	5000.00	6	22
37	009	苏武	210200198202115832	1999/1/20	工程师	市场部	32	15	1500	2000	0.00	400.00	3100.00	12	12
38	007	殷豫群	210200198902115832	2009/5/11	助工	市场部	25	5	500	1500	0.00	100.00	1900.00	16	18
39	013	章戎	210213199208251631	2012/1/19	助工	市场部	22	2	200	1500	300.00	0.00	2000.00	15	26
40						市场部 汇总					400.00		12000.00		
41						总计					1400.00		56200.00		

工资表 汇总表

图 7-14 “汇总表”分类汇总结果样张

6) 自行设计制作工资条

用 Word 中的“邮件合并”功能，自行设计制作工资条。

7) 自行设计汇总报表字段和格式

用“数据透视表”完成下列汇总，根据题目要求自行设计汇总报表字段和格式。

(1) 汇总各部门的人数、实发工资总额。

(2) 汇总各部门、各职称级别的人数。

(3) 汇总各部门职工的平均年龄。

(4) 汇总各部门的加班费。

8) 保存工作簿

保存工作簿为“E-学号-姓名-工资管理.xlsx”。

完成所有任务后的“工资表”结果样张如图 7-15 所示。

职工工资表

	职员编号	姓名	身份证号码	参加工作时间	职称	部门	年龄	工龄	基本工资	岗位工资	加班费	缺勤扣除	实发工资	备注	出勤天数
4	001	黄建强	210213195812060410	1979-4-7	高工	生产部	56	35	3500	2500	200	0	6200	1	24
5	002	司马项	210204196502080403	1987-4-7	高工	技术部	49	27	2700	2500	150	0	5350	2	23
6	003	黄平	210201199912090612	1990-12-9	高工	市场部	15	24	2400	2500	100	0	5000	4	22
7	004	贾申平	203204197180500611	1994-8-29	工程师	生产部	43	20	2000	2000	50	0	4050	9	21
8	005	涂咏虎	203204197080500612	1997-8-29	高工	生产部	44	17	1700	2500	0	0	4200	8	20
9	006	俞志强	210208197506224454	1996-5-11	高工	技术部	39	18	1800	2500	0	50	4250	7	19
10	007	殷豫群	210200198902115832	2009-5-11	助工	市场部	25	5	500	1500	0	100	1900	14	18
11	008	肖琪	210204197304067002	1994-10-11	高工	生产部	41	20	2000	2500	0	150	4350	6	17
12	009	苏武	210200198202115832	1999-1-20	工程师	市场部	32	15	1500	2000	0	400	3100	10	12
13	010	张悦群	210200198402115832	2005-1-20	工程师	生产部	30	9	900	2000	150	0	3050	11	23
14	011	李巧	210207197306255302	1994-1-1	高工	技术部	41	20	2000	2500	200	0	4700	5	24
15	012	鲁帆	210213196308251631	1985-1-19	工程师	生产部	51	29	2900	2000	250	0	5150	3	25
16	013	章戎	210213199208251631	2012-1-19	助工	市场部	22	2	200	1500	300	0	2000	13	26
17	014	王晓	210210197605173121	2000-1-20	助工	生产部	38	14	1400	1500	0	0	2900	12	20
18															
19	勤工资（元/天	50						合计：	25500	30000	1400	700	56200		

统计1 —— 基本统计

平均年龄	37.57	高于平均年龄人数	9
平均工龄	18.21	高于平均工龄人数	7
平均工资	2142.86	低于平均工资人数	12
平均出勤天数	21.00	低于平均出勤人数	6

统计2 —— 各年龄段、职称人数统计

分段点	年龄段	人数1	人数2	职称	人数
30	青年	4	4	高工	7
50	中年	8	8	工程师	4
	老年	2	2	助工	3

统计3 —— 汇总统计

	分类汇总统计结果			COUNTIF、sumif统计结果		SUBTOTAL统计结果	
部门	人数	实发工资总数	加班费总数	人数	工资总数	人数	工资总数
技术部	3	14300	350	3	14300	3	14300
生产部	7	29900	650	7	29900	7	29900
市场部	4	12000	400	4	12000	4	12000
合计	14	56200	1400	14	56200	14	56200

作业要求：（每题10分）
1. 将工作簿保存为：E-学号-姓名。
2. 手工自行输入缺失“身份证号码”和“参加工作时间”的单元格数据。
3. 完成表中的计算操作：
   1）根据每个职工的身份证号码，计算每位职工的年龄。
   年龄 = 现在的年份 - 出生的年份
   （使用NOW()、YEAR()函数，使用MID函数从身份证号码中取出出生年份）
   2）计算每位职工的工龄。
   工龄 = 现在的年份 - 参加工作的年份
   3）计算每位职工的基本工资：基本工资=工龄*100
   4）使用IF函数的嵌套计算每位职工的岗位工资： 高工：2500；工程师：2000，助

年龄结构图
青年
中年
老年

职称结构图
8
6
4
2
0
高工
工程师
助工
人数

部门人数图
10
5
0
技术部
生产部
市场部
人数

实发工资总数
30000
20000
10000
0
技术部
生产部
市场部
实发工资总数

图 7-15 “工资表”结果样张

7.3.2　任务及实现(2)：车队运费管理

工作中，类似车队运费管理的事务也较多，在此以其为例，学习相关函数与操作。

1. 打开素材文件

打开素材文件：车队运费管理，将工作簿保存为：E-学号-姓名-运费管理.xlsx。或者在 Excel 中，参照图 7-16 中的 A1:I14 区域手工制作“车队运费管理”文件中的“第 1 周里程表”工作表原始数据区。

	A	B	C	D	E	F	G	H	I	J	K
1	XX单位2020年 5 月第1周汽车运行里程数									单位：公里	
2	车号	车型	星期一	星期二	星期三	星期四	星期五	星期六	星期日	每车每周里程数总计	每车每周里程平均值
3	陕A16115	大型卡车	359	165	32	134	48	127	61	926	132.29
4	陕A13219	小型卡车	368	34	233	332	334	33	345	1679	239.86
5	陕A16117	小汽车	0	23	23	0	32	44	39	161	23.00
6	陕AZ6118	大型客车	430	67	38	22	342	34	18	951	135.86
7	陕A16119	小汽车	778	578	234	0	0	17	10	1617	231.00
8	陕A1612Q	小汽车	379	43	65	54	23	0	54	618	88.29
9	陕A16121	中巴车	401	36	87	98	76	56	73	827	118.14
10	陕AZ4522	小型卡车	357	0	0	324	0	33	54	768	109.71
11	陕AWF983	大型卡车	368	31	39	41	51	0	0	530	75.71
12	陕AGZ124	大型客车	0	134	143	132	154	162	124	849	121.29
13	陕AHJ125	大型客车	345	0	[illegible]	0	0	12	15	372	53.14
14	陕AOZ126	小汽车	401	65	88	78	56	34	53	775	110.71
15	每日里程总计		4186	1176	982	1215	1116	552	846	10073	1439.00
16	每日里程平均值		348.83	98.00	81.83	101.25	93.00	46.00	70.50	839.42	119.92

图 7-16　“第 1 周里程表”工作表结果样张

2. 计算“第 1 周里程表”数据

在“第 1 周里程表”工作表中，完成下述操作与计算：

(1) 计算每车每周里程数的总计、平均值，计算结果如图 7-16①所示。

(2) 计算每日里程数的总计、平均值，计算结果如图 7-16②所示

(3) 设置工作表的格式(格式自定)，完成任务后的结果样张如图 7-16 所示。

3. 计算“第 2 周里程表”数据

(1) 打开“第 2 周里程表”工作表，或者参照图 7-17 中手工制作“车队运费管理”文件中的“第 2 周里程表”工作表。

(2) 计算“第 2 周里程表”中数据。计算方法同“第 1 周里程表”工作表。

	A	B	C	D	E	F	G	H	I	J	K
1	XX单位2020年5月第2周汽车运行里程数(单位：公里)										
2	车号	车型	星期一	星期二	星期三	星期四	星期五	星期六	星期日	每车每周里程数总计	每车每周里程平均值
3	陕A16115	大型卡车	0	0	0	0	0	53	22		
4	陕A13219	小型卡车	432	56	0	75	85	32	0		
5	陕A16117	小汽车	0	0	33	0	432	236	52		
6	陕AZ6118	大型客车	453	56	222	563	86	0	0		
7	陕A16119	小汽车	452	332	235	0	0	0	0		
8	陕A1612Q	小汽车	324	35	64	332	45	0	0		
9	陕A16121	中巴车	42	567	0	0	0	466	645		
10	陕AZ4522	小型卡车	432	36	64	24	234	0	0		
11	陕AWF983	大型卡车	0	78	0	32	546	0	0		
12	陕AGZ124	大型客车	65	210	74	0	0	162	152		
13	陕AHJ125	大型客车	62	73	54	87	98	12	31		
14	陕AOZ126	小汽车	76	227	0	75	98	443	56		
15	每日里程总计										
16	每日里程平均值										

图 7-17　“第 2 周里程表”工作表初表样张

4. 计算“半月费用报表”工作表中数据

根据“第 1 周里程表”和“第 2 周里程表”工作表和图 7-18 所示工作表(运费单价表)中数据，在“半月运费报表”工作表中完成下述操作与计算。

说明：“第 1 周里程表”“第 2 周里程表”“半月运费报表”工作表中的车号、车型顺序不同，计算时需要注意。应先将三张表中车号、车型顺序调整为一致，以方便数据统计。

(1) 利用排序功能将三张表中的车型、车号顺序调整为一致。操作方法如下：

① (因为有合并的单元格，可能不能正常排序)在“第 1 周”和“第 2 周”里程表工作表的第 16 行(每日里程总计)上方插入一个空行，隔离出数据清单区域。

② 分别对“第 1 周”“第 2 周里程表”和“半月运费报表”三张工作表进行自定义排序操作。排序主要关键字为车型，次要关键字为车号，“排序”操作如图 7-19 所示。

③ 请认真核查排序结果，三张工作表中的车型、车号列数据顺序应一致。

	A	B
1	汽车运费单价	
2	车型	运费(元)/km
3	大型卡车	2.8
4	小型卡车	2.2
5	小汽车	2.4
6	大型客运车	3.6
7	中巴车	2.6

图 7-18 “运费单价表”样张

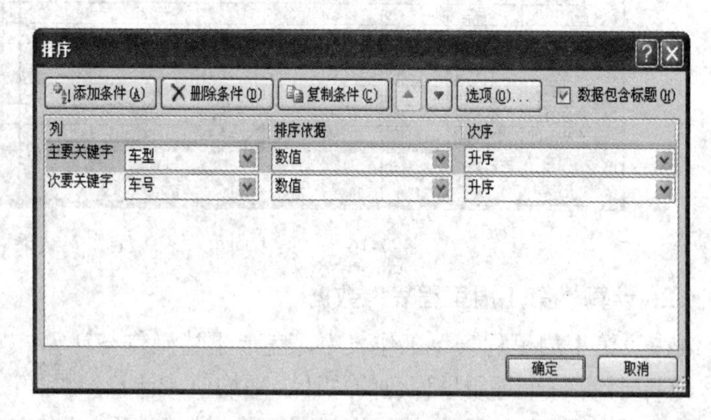

图 7-19 “排序”操作

(2) 使用 COUNTIF( )函数引用“第 1 周里程表”和“第 2 周里程表”工作表中的数据，计算“半月出　天数”列的数据，数字格式为整数。公式为

= COUNTIF('第 1 周里程表'!C3:I3',">0")+COUNTIF('第 2 周里程表'!C3:I3,">0")

(3) 计算每个车型的“半月公里数”。公式为

='第 1 周里程表 (2)'!J3 + '第 2 周里程表 (2)'!J3

(4) 查找每个车号的运费单价。

方法 1：使用 IF( )函数的嵌套，在“运费单价表”中找到对应车型，引用对应的“运费单价”数据。公式为

=IF(B4=运费单价表!A$3，运费单价表!B$3， IF(B4=运费单价表!A$4，运费单价表!B$4，IF(B4=运费单价表!A$5，运费单价表!B$5，IF(B4=运费单价表!A$6，运费单价表!B$6，IF(B4=运费单价表!A$7，运费单价表!B$7，"车型出错")))))

方法 2：使用 LOOKUP( )函数查找每个车号的运费单价。公式为

=LOOKUP(B4, 各类汽车运行费表!A$3:A$7, 各类汽车运行费表!B$3:B$7)

(5) 计算“运行总费用”对应列的数据。公式为

运行总费用 = 对应车型的运费单价*半月总共里程数。

(6) 按车型统计半月公里数、运行总费用，并制作“车型-运行总费用”饼图。

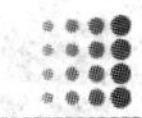

(7) 制作“车号-运行总费用”柱形图。完成任务后的效果样张如图 7-20 所示。

XX单位2020年5月半月各类汽车运行情况统计

车号	车型	半月出勤天数（天）	半月公里数（公里）	运费单价（元/km）	运行总费用（元）
陕A16115	大型卡车	9.00	1001.00	2.80	2802.80
陕AWF983	大型卡车	8.00	1186.00	2.80	3320.80
陕AGZ124	大型客车	11.00	1512.00	3.60	5443.20
陕AHJ125	大型客车	10.00	789.00	3.60	2840.40
陕AZ6118	大型客车	12.00	2331.00	3.60	8391.60
陕A16117	小汽车	9.00	914.00	2.40	2193.60
陕A16119	小汽车	8.00	2636.00	2.40	6326.40
陕A1612Q	小汽车	11.00	1418.00	2.40	3403.20
陕AOZ126	小汽车	13.00	1750.00	2.40	4200.00
陕A13219	小型卡车	12.00	2359.00	2.20	5189.80
陕AZ4522	小型卡车	9.00	1558.00	2.20	3427.60
陕A16121	中巴车	11.00	2547.00	2.60	6622.20
合计		123.00	20001.00		54161.60

按车型统计

车型	半月公里数	运行总费用
大型卡车	2187.00	6123.60
大型客车	4632.00	16675.20
小汽车	6718.00	16123.20
小型卡车	3917.00	8617.40
中巴车	2547.00	6622.20
合计	20001.00	54161.60

图 7-20　“半月费用报表”工作表计算后效果样张

5. 使用“数据透视表”制作下列报表

(1) 统计每一种车型的数量、半月平均出　天数、半月总公里数、运行总费用。

(2) 求出　天数最多的车号、车型。

6. 其他操作

(1) 设置工作表格式，并对工作表中的原始数据进行保护。

(2) 对“运行总费用”列数据按降序排序。

(3) 使用“条件格式”将“第 1 周里程表”“第 2 周里程表”“半月费用报表”三张工作表中高于平均值的单元格设置为红色字体。

(4) 设置三张工作表的页面格式：A4 纸张，边距、字体大小自定，页面美观、清晰、整洁。抓取每张工作表的页面预览效果图，将其插入到各自的工作表中。

(5) 将工作簿保存为“E-学号-姓名-运费管理.xlsx”。

7.4　任务：PowerPoint 2010 综合实训
——制作多姿多彩的演示文稿

1. 创建演示文稿

(1) 在给定的素材中任选一种素材，或自行准备素材，设计、制作多姿多彩的演示文稿。演示文稿中至少要有六张幻灯片(封面一张、导航一张、内容四张)。给定的素材有：

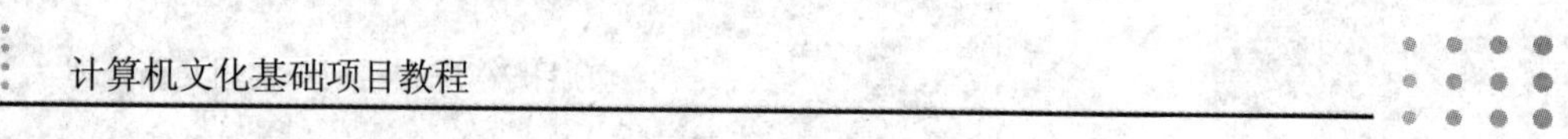

陕西美食、中国梦、中国 、 岁月、花 欣赏等。

(2) 演示文稿另存为“学号-姓名-陕西美食 .pptx”。

(3) 每张幻灯片要版面清新，主题 明，图文并茂。选择一张精美的幻灯片创建为自己的模板并应用该模板。

2．添加高级动画

(1) 演示文稿中要有自定义的动画、超链接、连续的背景音乐、短小的视频等。

(2) 设置幻灯片切换效果，其中一张的切换效果不同。

3．使用“幻灯片母板”统一在每张幻灯片上显示个人信息

在幻灯片母版上放置自己的“学号”“姓名”和一个 GIF 小图标，调整好位置，能够在普通视图中看到。使用母版将演示文稿风格统一。

4．自定义模板并使用模板

(1) 将演示文稿保存为模板，名称为“我的模板”(记住保存的位置)。

(2) 使用自定义的模板快速创建一个新的演示文稿，更改其中的部分内容，将其保存为“我的演示文稿”。

5．自定义放映方式，打包演示文稿

(1) 自定义演示文稿的放映方式，保存演示文稿。

(2) 将演示文稿发布为 Word 文档。

(3) 打包演示文稿(包含超链接的文件、发布的 Word 文档、使用模板创建的演示文稿等)。

附 录
部分实例样张

【项目介绍】

由于书中篇幅和版面的限制，教材项目中的实例样张尺寸较小，读者看不清楚，故在此给出项目 4 中的部分大尺寸实例样张供读者学习。

本教材为新型立体化教材，配套有齐全的课程资料，尤其是项目的实例素材、实例样张、实例源文档，对读者的学习非常有帮助，读者可扫描书籍的二维码获得。

说明：

因在工作中文档大多用 A4 纸张，故本教材项目中的实例文档全部用 A4 页面，但由于书籍版面采用 16K 纸张，因此本附录中的大尺寸实例样张与项目中的样张、配套的素材有点差异。附录中的大尺寸实例样张因页面变小，删减了少量文字，重点是让读者参照其版面效果。

本附录中的大尺寸实例样张见后页。

附录1 项目4"求职书"简单版实例样张

- 姓　　名：XXXXXX
- 学　　校：西安 XXXX 大学
- 院　　系：工商管理学院
- 专　　业：电子商务
- 联系方式：15012345678

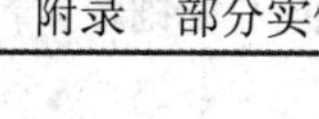

自 荐 信

尊敬的领导：您好！

我非常感谢您在百忙之中抽空阅读我的自荐材料！

我叫 XXXX，来自广东湛江，今年 21 岁，现为西安 XX 大学 XX 学院电子商务专业

在校大三学生，面临毕业。

在大学三年的光阴岁月里，我更是惜时如金，不断从各方面严格地要求自己。因为自己深知未来就是“知识就是力量”的社会，我利用本专业知识和自己感兴趣的领域的信息，对有关信息进行分析并得出自己的结论，掌握相关领域的动态，熟悉相关企业的用人需求和管理风格，更主要是可以培养提升自己分析信息能力的水平。除了完成大学里面的教学大纲要求，并且取得成绩优秀总评之外，我还大量涉猎各方面的知识，通过看报、听广播、看电视、上网、与老师、同学讨论等等，不仅扩大自己的知识面、增长见识，而且帮助自己正确地树立了人生观、价值观：对社会做出自己的贡献！

随着知识经济的来临，社会将更加需要“专业突出，素质全面”的复合性人才。课外的我积极投身于各种班级、学院及社交活动，从不同层次、不同角度锻炼自己，例如培养自己的沟通能力，创新能力，团队合作精神，增强自己的责任心和自信心等个人技能，个人技能的形成更多依赖于自我的修养，而从我一进校园，我就尝试对未来的职业生涯进行规划，这可以帮助自己更好的了解自己。

诚实正直的我，使我懂得如何用真心与付出去获取别人的回报，我会用努力与智慧去争取我的空间，让社会来容纳我。尊敬的领导，相信你伯乐的慧眼，相信我的能力，我真诚地希望能够成为你的麾下，共同创造美好的未来.

顺祝贵单位事业蒸蒸日上！也祝你身体健康，工作顺利！

热切期盼您的回音，谢谢！

自荐人：XXXXXX

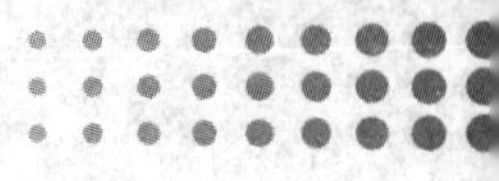

2020 年 5 月 21 日

个人简历

姓　名：XXXX　　**出生年月：**1998.9　　**籍　　贯：**广东湛江

性 别：男　　**政治面貌：**团员　　**联系电话：**1596666xxxx

民 族：汉　　**健康状况：**良 好　　**E-mail：**66666@qq.com

学 历：大　专　　**家庭住址：**广东湛江　　**毕业院校：**西安 XX 大学

专 业：电子商务　**求职意向：**从事电子商务、营销、信息管理等

主要课程：

大学语文、大学英语、经济数学、基础会计、经济学原理、网络技术基础、计算机程序设计、电子商务导论、网络营销、电子商务网站建设、网络信息与安全、国际贸易实务、电子商务数据库、广告策划、物流技术等。

个人特长：

大二时通过全国大学英语等级考试四级考试，具备较强的英文阅读、听力、口头表达能力；大三时通过全国计算机二级考试，能熟练操作办公室软件。

社会实践：

1） 2018 年 6 月— 09 月：在西安科技园做企业策划
2） 2018 年 9 月—12 月：在大唐电信公司做业务员
3） 2019 年 1 月—12 月：在上海市长江公司做销售员

兴趣爱好：

阅读，听歌，打篮球、乒乓球和台球

个人评价：

我性格活泼开朗、自信大方、责任心强，善于交际，待人热情，能吃苦耐劳；上进、认真、“实事求是、精益求精”是我的学习、处事宗旨。

附录2　项目4“求职书”图文版/完美版实例样张

求职书

知识改变命运

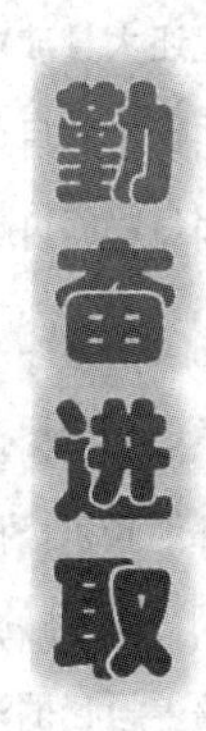

- 姓　　名：　XXXXXX
- 学　　校：　西安XX大学
- 院　　系：　工商 管理 系
- 专　　业：　电 子 商 务
- 联系方式：　15012345678

自荐信

尊敬的领导：您好！

我非常感谢您在百忙之中抽空阅读我的自荐材料！

我叫 XXX，来自广东湛江，今年 21 岁，现为西安 XX 大学工商管理系电子商务专业在校大三学生，面临毕业。

在大学三年的光阴岁月里，我更是惜时如金，不断从各方面严格地要求自己。因为自己深知未来就是“知识就是力量”的社会，我利用本专业知识和自己感兴趣的领域的信息，对有关信息进行分析并得出自己的结论，掌握相关领域的动态，熟悉相关企业的用人需求和管理风格，更主要是可以培养提升自己分析信息能力的水平。除了完成大学里面的教学大纲要求，并且取得成绩优秀总评之外，我还大量涉猎各方面的知识，通过看报、听广播、看电视、上网、与老师、同学讨论等等，不仅扩大自己的知识面、增长见识，而且帮助自己正确地树立了人生观、价值观：对社会做出自己的贡献！

随着知识经济的来临，社会将更加需要“专业突出，素质全面”的复合性人才。课外的我积极投身于各种班级、学院及社交活动，从不同层次、不同角度锻炼自己，例如培养自己的沟通能力，创新能力，团队合作精神，增强自己的责任心和自信心等个人技能，个人技能的形成更多依赖于自我的修养，而从我一进校园，我就尝试对未来的职业生涯进行规划，这可以帮助自己更好的了解自己。

诚实正直的我，使我懂得如何用真心与付出去获取别人的回报，我会用努力与智慧去争取我的空间，让社会来容纳我。尊敬的领导，相信你伯乐的慧眼，相信我的能力，我真诚地希望能够成为你的麾下，共同创造美好的未来。热切期盼您的回音，谢谢！

顺祝贵单位事业蒸蒸日上！也祝你身体健康，工作顺利！

自 荐 人：XXXXXX

2020年5月 21日

姓　名：XXXXXX　　**出生年月**：1998.9

性　别：男　　**政治面貌**：团员

民　族：汉　　**健康状况**：良 好

学　历：大　专　　**家庭住址**：广东湛江

专　业：电子商务　　**E-mail**：66666@qq.com

籍　贯：广东湛江　　**联系电话**：1596666xxxx　**毕业院校**：西安XX大学

照片

求职意向：从事电子商务、营销、信息管理等专门人才

主要课程：

大学语文、大学英语、经济数学、基础会计、经济学原理、网络技术基础、计算机程序设计、电子商务导论、商品学、网页设计与制作、电子商务网站建设、网络信息与安全、国际贸易、商务数据库、广告策划、物流技术、多媒体技术、市场营销学等。

个人特长：

大二时通过全国大学英语等级考试A级考试，具备较强的英文阅读、听力、口头表达能力；大三时通过全国计算机二级考试，能熟练操作办公室软件（Office 2010）

社会实践：

1）2018年6月— 09月：在西安科技园做企业策划
2）2018年9月—12月：在大唐电信公司做业务员
3）2019年1月—12月：在上海市长江公司做销售员

兴趣爱好：阅读，听歌，打篮球、乒乓球和台球

个人评价：

性格活泼开朗、自信大方、责任心强，善于交际，待人热情，能吃苦耐劳；上进、认真、“实事求是、精益求精”是我的学习、处事宗旨。

我的人生公式：（公式字体格式要求：宋体、四号、加粗）

勾股定理：$a^2+b^2=c^2$ ，　　**极限公式：**$\lim\limits_{n\to\infty}\left(1+\frac{1}{n}\right)^n=e$，

我的公式：$\frac{1}{2}+x^2+\frac{\sqrt{a^2+b^2}}{x^2}\cdot\left(a^{\frac{1}{2}}+b^{\frac{1}{2}}\right)-\int_1^2\sqrt[2]{x^2+\beta}\,\mathrm{dx}+2\sin(\varphi\alpha)$

附录3 项目4“求职书”表格实例样张

个人简历表

<table>
<tr><td>姓名</td><td>XXXXXX</td><td>性别</td><td>男</td><td rowspan="4">照片</td></tr>
<tr><td>出生年月</td><td>19982.9.</td><td>籍贯</td><td>广东湛江</td></tr>
<tr><td>政治面貌</td><td>团员</td><td>民族</td><td>汉</td></tr>
<tr><td>家庭住址</td><td>广东湛江</td><td>健康状况</td><td>良 好</td></tr>
<tr><td>联系电话</td><td>1596666xxxx</td><td>E-mail</td><td colspan="2">66666@qq.com</td></tr>
<tr><td>学历</td><td>大 专</td><td>专业</td><td colspan="2">电子商务</td></tr>
<tr><td>毕业院校</td><td colspan="4">西安 XXXX 大学</td></tr>
<tr><td>求职意向</td><td colspan="4">从事电子商务、营销、信息管理等专门人才</td></tr>
<tr><td>主要课程</td><td colspan="4">大学语文、大学英语、经济数学、基础会计、经济学原理、网络技术基础、计算机程序设计、电子商务导论、商品学、网页设计与制作、电子商务网站建设、网络信息与安全、国际贸易、商务数据库、广告策划、物流技术、多媒体技术、市场营销学等。</td></tr>
<tr><td>个人特长</td><td colspan="4">大二时通过全国大学英语等级考试 A 级考试，具备较强的英文阅读、听力、口头表达能力；大三时通过全国计算机二级考试，能熟练操作办公室软件（Office 2010）。</td></tr>
<tr><td>社会实践</td><td colspan="4">1）2018 年 6 月— 09 月：在西安科技园做企业策划
2）2018 年 9 月—12 月：在大唐电信公司做业务员
3）2019 年 1 月—12 月：在上海市长江公司做销售员</td></tr>
<tr><td>兴趣爱好</td><td colspan="4">阅读，听歌，打篮球、乒乓球和台球</td></tr>
<tr><td>个人评价</td><td colspan="4">我性格活泼开朗、自信大方、责任心强，善于交际，待人热情，能吃苦耐劳；上进、认真、“实事求是、精益求精”是我的学习、处事宗旨。</td></tr>
</table>

主要课程学时与成绩表

序号	课程名	学时	考试成绩	备注
1	电子商务导论	48	82	
2	基础会计	56	93	
3	经济学原理	60	90	
4	网络技术基础	54	88	
5	网络营销	60	94	
6	商品学	60	91	
7	计算机程序设计	56	85	
8	网页设计与制作	64	90	
9	电子商务网站建设	64	94	
10	网络信息与安全	60	93	
11	国际贸易实务	60	91	
12	电子商务数据库	64	92	
13	广告策划	32	89	
14	营销心理学	32	82	
15	物流技术	60	96	
16	贸易洽谈	60	90	
17	市场营销学	60	86	
合　计		950	1526	
平　均　值		55.88	89.76	

附录4 项目4“求职书”作品实例样张

不要以为……

不要以为不惑就是睿智
不要以为沉默就是回避
不要以为放弃就是懦弱
不要以为刻薄就是个性
不要以为蜜语就是爱情
不要以为酒肉就是朋友
不要以为努力都是白费

不要以为

不要以为金钱就是幸福
不要以为财富就是人生
不要以为谄媚就是忠心
不要以为学友就是知己
不要以为施舍都能回报
不要以为怜悯都能回应
不要以为……

总是想……

总是想沉默，总是想什么也不说，总是想昏昏我我，总是想闭上眼睛什么也不思索，总是想忘掉失落，总是想不去议论他人的是非功过，总是想停下，劳累的双脚，总是想有所收获，总是想躲到一处无人的角落，总是想把红尘都看破，总是想过平淡无奇的生活，总是想什么，其实根本就没有什么！

总在学……

第1个公式：$1+2-3\times4\div5$，$a>b$，$x\neq y$，$\alpha\leftrightarrow\beta$

第2个公式：$\frac{1}{2}$，$\frac{1}{2}(a+b+c)$，$a^2+b^2=c^2$，$\frac{(a+b)\times h}{2}$

第3个公式：x^2+y^2，$\sqrt[2]{x_1^2+x_2^2}+\frac{1}{2ab}$，$\int_a^b(x+y)dx \therefore \because \cdots$

荣誉证书

XXXXXX　同学在我校第六届技能大赛中获优秀选手奖，以资鼓励。

西安 XX 大学

2020 年　7 月

横排成绩表

西安 XX 大学——XXXX 学院在校生课程成绩单

专业：电子商务　　班级：商务 322 班　　学号：12345001　　姓名：XXXXXX　　日期：2020 年 7 月 30 日

第一学年					第二学年					第三学年				
序号	课程名	学时	学分	成绩	序号	课程名	学时	学分	成绩	序号	课程名	学时	学分	成绩
1	道德修养与法律	56	3.5	82	1	大学英语 3	56	3.5	88	1	电子商务数据库	48	3	92
2	中国近现代史纲要	48	3	93	2	大学英语 4	56	3.5	92	2	广告策划	56	3.5	83
3	马克思主义原理	48	3	90	3	电子商务导论	48	3	96	3	营销心理学	60	4	90
4	中国特色理论概论	60	4	88	4	基础会计	60	4	85	4	物流技术	54	3.5	89
5	大学英语 1	64	4	94	5	经济学原理	60	4	90	5	贸易洽谈	60	4	93
6	大学英语 2	64	4	91	6	网络技术基础	60	4	93	6	市场营销学	60	4	94
7	高等数学 1	64	4	85	7	商品学	56	3.5	87	7	国际贸易实务	56	3.5	97
8	高等数学 2	64	4	90	8	计算机程序设计	64	4	100	8	网络营销	56	3.5	93
9	体育 1	32	2	91	9	网页设计与制作	64	4	95	9				
10	体育 2	32	2	93	10	商务网站建设	60	4	96	10				
11	大学计算机基础	56	3.5	94	11	网络信息与安全	60	4	90	11				
合计		588	37	991	合计		644	41.5	1012	合计		450	17	731
平均值		53.45	3.36	90.09	平均值		58.55	3.77	92	平均值		56.25	3.4	91.38

主办:XXX　　协办：西安XXX大学团委　　时间：2020年4月14日

保护环境　人人有责

绿色环保知识

在经济发展和社会进步的过程中,世界各国都产生程度不同的环境问题。有些问题,如酸雨、臭氧层的破坏、"温室效应"等,已开始越出国家的界限而成为地区性、甚至是全球性的环境问题。

一、温室效应——二氧化碳等温室气体过度排放，大量吸收地面长波辐射，致使气候变暖的效应。过去100年，大气中二氧化碳浓度约增加了55PPM，地球气温升高0.6摄氏度！二氧化碳排放量预计2000年将达260亿吨，是1860年工业革命开始时的50多倍。

金点子：

我们所关注的环境问题：

植物是地球最宝贵的财富，我们学生的用纸浪费现象很严重，造纸的原料很多都来自于植物，会导致对生态平衡的破坏。一些生活中的木制易耗品也要注意恰当使用。

1、将旧练习本中未用完的纸张装订起来，做草稿本。
2、收集用过的草稿纸和旧作业本及试卷，找到合适的途径，送到造纸厂重新加工成可以使用的纸张。
3、节约用纸，把草稿纸写满，不要只写几个字就扔

环保小笑话

动物举行大聚会，袋鼠：我每次出门购物，都是自己带，从来不会用污染环境的塑料袋。蜘蛛：现在低碳时代很少上网了，专心做十字绣呢；蚊子一言不发地在萤火虫身上一阵乱摁，萤火虫怒了，干嘛呢你？我在找电源开关呢，节约用电！

水资源总量多人均占有量少

我国多年平均年水资源总量为28124亿m3,其中多年平均河川径流量为27115亿m3,多年平均地下水资源量为8288亿m3。重复计算水量为7279亿m3。

我国黄河、淮河、海河流域（片）人均水资源占有量在350～750立方米之间，松辽河流域（片）人均水资源占有量只有1700立方米，这些地区的用水紧张情况将长期存在。

全球变暖是指全球气温升高。近100多年来，全球平均气温经历了冷－暖－冷－暖两次波动，总得看为上升趋势。导致全球变暖的主要原因是人类在近一个世纪以来大量使用矿物燃料（如煤、石油等），排放出大量的CO2等多种温室气体。就是常说的温室效应。导致全球气候变暖。全球变暖的后果，会使全球降水量重新分配，冰川和冻土消融，海平面上升等，既危害自然生态系统的平衡，更威胁人类的食物供应和居住环境。

绿色家园

控制家庭噪音

家庭噪声主要来自家庭中各种电器。在1米的距离内，电风扇的噪声为42-70分贝、电冰箱34-50分贝、电动剃须刀47-60分贝、洗衣机42-50分贝、抽油烟机70-80分贝。如果把电视机、音响等各种电器的声音混在一起，其噪声相当一台拖拉机的轰鸣。

新世纪高职高专规划教材

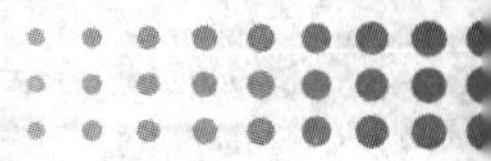

参考文献

[1] 龚沛曾，杨志强．大学计算机[M]. 7 版．北京：高等教育出版社，2017.

[2] 徐志伟，孙晓明．计算机科学导论[M]. 北京：清华大学出版社，2018.

[3] 邵燕．计算机文化基础[M]. 北京：清华大学出版社，2015.

[4] 田小梅．计算机文化基础[M]. 北京：北京大学出版社，2015.

[5] 杨继平．Office[M]．北京：清华大学出版社，2004.

[6] 刘建忠．办公技巧查询宝典(Office 2010)[M]．北京：清华大学出版社，2014.

[7] 吴宁．大学计算机基础[M]．北京：电子工业出版社，2014.

[8] 霍成义．计算机应用基础项目化教程[M]．西安：西安交通大学出版社，2014.

[9] 戴锐青．计算机应用基础[M]. 3 版．北京：清华大学出版社，2014.

[10] 董卫军．大学计算机[M]. 北京：电子工业出版社，2014.

[11] 李畅．计算机应用基础(Windows7+Office2010)[M]. 北京：人民邮电出版社，2014.

[12] 宋晏，刘勇，杨国兴．计算机应用基础[M]. 2 版．北京：电子工业出版社，2013.

[13] 曾海文．计算机应用基础项目化教程[M]. 北京：电子工业出版社，2014.